高职公共基础课"十三五"创新教材

U0650787

计算机应用技术
项目化教程

主　审◎郭飞军

主　编◎周剑敏　吴娜炯

副主编◎赵　洁　袁雅萍　金悦奇　朱　杰

大连海事大学出版社

图书在版编目(CIP)数据

计算机应用技术项目化教程 / 周剑敏,吴娜炯主编
. —大连：大连海事大学出版社，2020.10(2022.6 重印)
ISBN 978-7-5632-4021-0

Ⅰ．①计…　Ⅱ.①周…　②吴…　Ⅲ．①电子计算机—
高等职业教育—教材　Ⅳ.①TP3

中国版本图书馆 CIP 数据核字(2020)第 163229 号

大连海事大学出版社出版

地址:大连市黄浦路523号　邮编:116026　电话:0411-84729665(营销部)　84729480(总编室)
http://press.dlmu.edu.cn　E-mail:dmupress@dlmu.edu.cn

大连永盛印业有限公司印装　　　　　　　　　**大连海事大学出版社发行**

2020 年 10 月第 1 版　　　　　　　　　　　2022 年 6 月第 3 次印刷
幅面尺寸:184 mm×260 mm　　　　　　　　　　　　　　印张:24
字数:592 千　　　　　　　　　　　　　　　印数:4001~5000 册

出版人:刘明凯

责任编辑:张　华　　　　　　　　　　　　　　责任校对:刘长影
封面设计:张爱妮　　　　　　　　　　　　　　版式设计:张爱妮

ISBN 978-7-5632-4021-0　定价:58.00 元

前　言

随着计算机及网络技术的迅猛发展,计算机应用能力已经成为高校学生今后职业生涯工作与生活中必备的基本能力之一,信息素养是学生就业综合素养的重要组成部分。

《计算机应用技术项目化教程》针对目前国内信息技术应用创新形势的发展需要,编者参考全国计算机等级考试一级考试"计算机基础及 WPS Office 应用"的新版考试标准、浙江省高校计算机等级考试大纲(2019 版),结合了目前热门的计算机应用新技术,如大数据、"互联网+"、云计算、物联网、区块链、虚拟现实等内容,组织资深教师进行编写。

本书面向高职项目化教学进行内容组织,全书按学习目标或教学场景分为 8 个项目,每个项目根据知识点和学习目标分为若干任务,明确项目和任务的学习目标,指导学生按任务完成各知识点的学习。

根据我国信息技术应用创新的实际应用现状及考纲的标准,书中办公编辑软件教学内容软件版本采用的是 WPS Office 2019 校园版。

本书由周剑敏、吴娜炯担任主编,周剑敏统稿。其中项目 1 由金悦奇编写,项目 2 由朱杰编写,项目 3 由袁雅萍编写,项目 4 由周剑敏编写,项目 5 和项目 6 由赵洁编写,项目 7 和项目 8 由吴娜炯编写。

本书适合高职院校师生作为教材或自学用书。

因编写水平有限,书中存在的不足,敬请读者批评指正。

编　者

2020 年 7 月

出版说明

新科技革命的蓬勃发展正加速带动产业转型升级,催生新的经济发展方式。这使得经济社会发展对劳动力市场中的人的知识和技能提出了更高要求,未来工作和生活所需要的人才不仅应具有高技能,还应该具有良好的职业素质和职业精神。

公共基础课是高职教育课程体系的重要组成部分,既承担着对学生基础能力和综合素质的培养任务,又可为学生的专业学习奠定基础,在促进人的全面发展、培养职业道德、提升综合素质和可持续发展能力等方面,均具有不可替代的地位和作用。切实发挥好公共基础课在人才培养过程中的基础性作用,是当前高职院校落实立德树人根本任务、创新教育教学育人模式和深化产教融合、提高人才培养质量的前提和基础。

教材建设对教育事业的改革发展和人才培养至关重要,为使高职公共基础课教材适应新技术、新形势的发展,与现行教学相匹配,中国交通教育研究会职业教育分会学术委员会主办,大连海事大学出版社承办,召开了高职院校公共基础课教材编写研讨会。此次编写研讨会得到了江苏航运职业技术学院、江苏海事职业技术学院、天津海运职业学院、浙江国际海运职业技术学院、浙江交通职业技术学院、上海交通职业技术学院、云南交通运输职业学院、大连航运职业技术学院等众多职业院校的积极响应和大力支持,在此对这些院校的领导及老师表示衷心的感谢。

在大连海事大学出版社前期对公共课教学、教材现状的充分调研和深入调查的基础上,在各职业院校近百位一线教学专家的精心打磨下,高职公共基础课"十三五"创新教材顺利出版。本系列教材具有如下特色:

(1)目标明确、针对性强。本系列教材围绕高职院校教学要求和课程标准进行编写,结合学科特点进行设计,既注重了公共基础课的基础性,又体现了职业教育公共基础课程的职业性。

(2)内容创新、与时俱进。从新时期高职公共基础课面临的新要求出发,在内容选择上注重素质、知识、能力、技能的创新结合,在掌握知识的基础上,又突出技能的培养。

(3)框架合理、适应性强。部分教材采用模块式编写体例,融入现代教育新理念,各模块间既各自独立又相互联系,主次分明又有机结合,具有较强的适应性。

(4)图文并茂、难度适中。文字语言通俗易懂,部分教材配有图片,知识性与趣味性并存,符合高职院校学生的心理特点。

(5)资源丰富、立体教学。部分教材有配套电子资源,扫描二维码即可下载资源,方便教师教学。

作为出版高校教材的大学出版社,我们继续精益求精、殚精竭虑,充分发挥出版人在知识传播中的桥梁和纽带作用,也欢迎广大师生能与出版社密切互动,有任何问题与建议及时反馈给我们,以使教材日后的修订臻于至善、创新不止,确保本系列教材的高水平使用。

目　录

项目1
认识计算机系统与结构

项目学习目标

计算机如何进行工作,这是每一位刚刚学习计算机的人最想知道的事。计算机技术日新月异,新的硬件和新的应用层出不穷,在学习计算机进行文档处理之前,有必要掌握计算机的系统和结构的概念,才能夯实基础,从而不断接受计算机新技术,掌握必要的操作和应用技能。通过学习本项目,学生应了解计算机信息技术的相关基本概念,熟悉计算机原理及计算机系统、结构等概念,了解计算机软硬件知识,为在今后工作中进行计算机选配、计算机维护和计算机使用打下扎实的基础。

项目要求

1. 理解信息技术基本概念和发展趋势;
2. 基本掌握计算机硬件系统的组成与工作原理;
3. 基本掌握计算机软件系统的基础知识,理解程序设计的基本概念。

任务1.1 理解信息技术基本概念和发展趋势

学习目的

通过学习本任务,应对当下计算机信息技术的发展产生较深的了解,熟悉信息及信息化的基本概念,了解信息化的作用,了解信息技术的发展及其对现代社会所起的作用。

1.1.1 信息与信息化

1.1.1.1 信息

信息指音讯、消息;通信系统传输和处理的对象,泛指人类社会传播的一切内容。人通过获得、识别自然界和社会的不同信息来区别不同事物,得以认识和改造世界。在一切通信和控制系统中,信息是一种普遍联系的形式。1948 年,数学家香农在题为《通信的数学理论》的论文中指出:"信息是用来消除随机不定性的东西。"美国数学家、控制论的奠基人诺伯特·维纳在他的《控制论——动物和机器中的通信与控制问题》中认为,信息是"我们在适应外部世界,控制外部世界的过程中同外部世界交换的内容的名称"。英国学者阿希贝认为,信息的本性在于事物本身具有变异度。

电子学家、计算机科学家们认为"信息是电子线路中传输的信号"。

我国著名的信息学专家钟义信教授认为"信息是事物存在方式或运动状态,以这种方式或状态直接或间接地表述"。

美国信息管理专家霍顿给信息下的定义是:"信息是为了满足用户决策的需要而经过加工处理的数据。"简单地说,信息是经过加工的数据,或者说,信息是数据处理的结果。

根据对信息的研究成果,科学的信息概念可以概括如下:

信息是对客观世界中各种事物的运动状态和变化的反映,是客观事物之间相互联系和相互作用的表征,表现的是客观事物运动状态和变化的实质内容。

1.1.1.2 信息化

信息化是指培养、发展以计算机为主的智能化工具为代表的新生产力,并使之造福于社会的历史过程。智能化工具又称信息化的生产工具。它一般必须具备信息获取、信息传递、信息处理、信息再生、信息利用的功能。与智能化工具相适应的生产力,称为信息化生产力。智能化生产工具与过去生产力中的生产工具不一样的是,它不是一件孤立分散的东西,而是一个具有庞大规模的、自上而下的、有组织的信息网络体系。这种网络性生产工具将改变人们的生产方式、工作方式、学习方式、交往方式、生活方式、思维方式等,将使人类社会发生极其深刻的变化。

信息化是以现代通信、网络、数据库技术为基础,将所研究对象各要素汇总至数据库,供特定人群生活、工作、学习、辅助决策等和人类息息相关的各种行为相互结合的一种技术,使用该技术后,可以极大地提高各种行为的效率,为推动人类社会进步提供极大的技术支持。

信息化代表了一种信息技术被高度应用,信息资源被高度共享,从而使得人的智能潜力以及社会物质资源潜力被充分发挥,个人行为、组织决策和社会运行趋于合理化的理想状态。同时信息化也是建立在 IT 产业发展与 IT 在社会经济各部门扩散的基础之上的,不断运用 IT 改造传统的经济、社会结构从而通往如前所述的理想状态的一段持续的过程。

此定义综合了以下学者的定义:

(1)1963 年,日本学者 Tadao Umesao 在题为《论信息产业》的文章中提出,"信息化是指通信现代化、计算机化和行为合理化的总称"。其中行为合理化是指人类按公认的合理准则与规范进行;通信现代化是指社会活动中的信息交流基于现代通信技术基础上进行的过程;计算机化是社会组织和组织间信息的产生、存储、处理(或控制)、传递等广泛采用先进计算机技术和设备管理的过程,而现代通信技术是在计算机控制与管理下实现的。因此,社会计算机化的程度是衡量社会是否进入信息化的一个重要标志。

(2)林毅夫等指出:"所谓信息化,是指建立在 IT 产业发展与 IT 在社会经济各部门扩散的基础之上,运用 IT 改造传统的经济、社会结构的过程。"

(3)赵苹等给信息化所下的定义则是:"信息化是指人们对现代信息技术的应用达到较高的程度,在全社会范围内实现信息资源的高度共享,推动人的智能潜力和社会物质资源潜力充分发挥,使社会经济向高效、优质方向发展的历史进程。"

随着计算机技术的迅猛发展,信息化日益与人们的工作、生活结合在一起。信息化时代已经到来,给我们带来的有产品信息化、企业信息化、产业信息化、国民经济信息化、社会生活信息化等。

产品信息化是信息化的基础,包含两层意思:一是产品所含各类信息比重日益增大、物质比重日益降低,产品日益由物质产品的特征向信息产品的特征迈进;二是越来越多的产品中嵌入了智能化元器件,使产品具有越来越强的信息处理功能。

企业信息化是国民经济信息化的基础,指企业在产品的设计、开发、生产、管理、经营等多个环节中广泛利用信息技术,并大力培养信息人才,完善信息服务,加速建设企业信息系统。

产业信息化指农业、工业、服务业等传统产业广泛利用信息技术,大力开发和利用信息资源,建立各种类型的数据库和网络,实现产业内各种资源、要素的优化与重组,从而实现产业的升级。

国民经济信息化指在经济大系统内实现统一的信息大流动,使金融、贸易、投资、计划、通关、营销等组成一个信息大系统,使生产、流通、分配、消费等经济的四个环节通过信息进一步联成一个整体。国民经济信息化是各国急需实现的目标。

社会生活信息化指包括经济、科技、教育、军事、政务、日常生活等在内的整个社会体系采用先进的信息技术,建立各种信息网络,大力开发有关人们日常生活的信息内容,丰富人们的精神生活,拓展人们的活动时空。等社会生活极大程度信息化以后,我们也就进入了信息社会。

1.1.2 信息化的作用

信息化对经济发展的作用是信息经济学研究的一个重要课题,很多学者都对此进行了尝试。比较有代表性的有两种论述:一种是将信息化的作用概括为支柱作用与改造作用两个方面;另一种是将信息化的作用概括为先导作用、软化作用、替代作用、增值作用与优化作用等五个方面。这些观点对我们充分认识信息化的经济功能(或作用)具有一定的参考价值,对此不可忽视。信息化对促进中国经济发展具有不可替代的作用,这种作用主要是通过信息产业的经济作用予以体现。主要有以下几个方面:

1.1.2.1 信息产业的支柱作用

信息产业是国民经济的支柱产业。其支柱作用体现在两个方面:

(1)信息产业是国民经济新的增长点。信息产业以 3 倍于国民经济的速度发展,增加值在国内生产总值(GDP)中的比重不断攀升,对国民经济的直接贡献率不断提高,间接贡献率稳步提高。

（2）信息产业将发展成为最大的产业。到 2005 年年底，中国电子信息产品出口占全国外贸出口比重将超过 30%，其在国家外贸出口中的支柱地位将得到进一步巩固和提高。信息产业在国民经济各产业中位居前列，将发展成为最大的产业。

1.1.2.2　信息产业的基础作用

信息产业是关系国家经济命脉和国家安全的基础性和战略性产业。这一作用体现在两个方面：

（1）通信网络是国民经济的基础设施，网络与信息安全是国家安全的重要内容；强大的电子信息产品制造业和软件业是确保网络与信息安全的根本保障。

（2）信息技术和装备是国防现代化建设的重要保障；信息产业已经成为各国争夺科技、经济、军事主导权和制高点的战略性产业。

1.1.2.3　信息产业的先导作用

信息产业是国家经济的先导产业。这一作用体现在四个方面：

（1）信息产业的发展已经成为世界各国经济发展的主要动力和社会再生产的基础。

（2）信息产业作为高新技术产业群的主要组成部分，是带动其他高新技术产业腾飞的龙头产业。

（3）信息产业的不断拓展，信息技术向国民经济各领域的不断渗透，将创造出新的产业门类。

（4）信息技术的广泛应用，将缩短技术创新的周期，极大提高国家的知识创新能力。

1.1.2.4　信息产业的核心作用

信息产业是推进国家信息化、促进国民经济增长方式转变的核心产业。这一作用体现在三个方面：

（1）通信网络和信息技术装备是国家信息化的物资基础和主要动力。

（2）信息技术的普及和信息产品的广泛应用，将推动社会生产、生活方式的转型。

（3）信息产业的发展大量降低了物资消耗和交易成本，这对实现中国经济增长方式向节约资源、保护环境、促进可持续发展的内涵集约型方式转变具有重要推动作用。

1.1.3　信息技术

信息技术（Information Technology，IT），在我国台湾地区称作资讯科技，是主要用于管理和处理信息所采用的各种技术的总称。它主要是应用计算机科学和通信技术来设计、开发、安装和实施信息系统及应用软件。它也常被称为信息和通信技术（Information and Communications Technology，ICT），主要包括传感技术、计算机技术和通信技术。

信息技术的研究包括科学、技术、工程以及管理等学科。这些学科在信息的管理、传递和处理中广泛应用，在相关的软件和设备中相互作用。

信息技术的应用包括计算机硬件和软件、网络和通信技术、应用软件开发工具等。计算机和互联网普及以来，人们日益普遍地使用计算机来生产、处理、交换和传播各种形式的信息

（如书籍、商业文件、报刊、唱片、电影、电视节目、语音、图形、影像等）。

　　在企业、学校和其他组织中，信息技术体系结构是一个为达成战略目标而采用和发展信息技术的综合结构。它包括管理和技术的成分。其管理成分包括使命、职能与信息需求、系统配置和信息流程；技术成分包括用于实现管理体系结构的信息技术标准、规则等。由于计算机是信息管理的中心，计算机部门通常被称为"信息技术部门"。有些公司称这个部门为"信息服务"（IS）或"管理信息服务"（MIS）。另一些企业选择外包信息技术部门，以获得更好的效益。

　　物联网和云计算作为信息技术新的高度和形态被提出、发展。根据中国物联网校企联盟的定义，物联网为当下几乎所有技术与计算机互联网技术的结合，让信息更快更准地收集、传递、处理并执行，是科技的最新呈现形式与应用。

1.1.4　信息技术的发展

　　信息技术推广应用的显著成效，促使世界各国致力于信息化，而信息化的巨大需求又驱使信息技术高速发展。当前信息技术发展的总趋势是以互联网技术的发展和应用为中心，从典型的技术驱动发展模式向技术驱动与应用驱动相结合的模式转变。

　　微电子技术和软件技术是信息技术的核心。集成电路的集成度和运算能力、性能价格比继续按每 18 个月翻一番的速度呈几何级数增长（摩尔定律），支持信息技术达到前所未有的水平。每个芯片上包含上亿个元件，构成了"单片上的系统"（SOC），模糊了整机与元器件的界限，极大地提高了信息设备的功能，并促使整机向轻、小、薄和低功耗方向发展。软件技术已经从以计算机为中心向以网络为中心转变。软件与集成电路设计的相互渗透使得芯片变成"固化的软件"，进一步巩固了软件的核心地位。软件技术的快速发展使得越来越多的功能通过软件来实现，"硬件软化"成为趋势，出现了"软件无线电""软交换"等技术领域。嵌入式软件的发展使软件走出了传统的计算机领域，促使多种工业产品和民用产品的智能化。软件技术已成为推进信息化的核心技术。

　　三网融合和宽带化是网络技术发展的大方向。电话网、有线电视网和计算机网的三网融合是指它们都在数字化的基础上在网络技术上走向一致，在业务内容上相互覆盖。电话网和电视网在技术上都要向互联网技术看齐，其基本特征是采用 IP 协议和分组交换技术；在业务上以话音为主或以单向传输发展成交互式的多媒体数据业务为主。三网融合不能简单地理解为把三个网合成一个网，但它的确打破了原有的行业界限，将引起产业的重组与政策的调整。随着互联网上数据流量的迅猛增加，特别是多媒体信息的增加，对网络带宽的要求日益提高。增大带宽，是相当长时期内网络技术发展的主题。在广域网和城域网上，以密集波分复用技术（DWDM）为代表的全光网络技术引人注目，带动了光信息技术的发展。宽带接入网技术多种方案展开了激烈的竞争，鹿死谁手尚难见分晓。无线宽带接入技术和建立在第三代移动通信技术之上的移动互联网技术，正向信息个人化的目标前进。

　　互联网的应用开发也是一个持续的热点。一方面电视机、手机、个人数字助理（PDA）等家用电器和个人信息设备都向网络终端设备的方向发展，形成了网络终端设备的多样性和个性化，打破了计算机上网一统天下的局面；另一方面，4G 通信和 5G 通信技术的实用化和普及化，更是变革了人们的传统习惯，电子商务、电子政务、远程教育、电子媒体、网上娱乐技术日趋成熟，不断降低对使用者的专业知识要求和经济投入要求；互联网数据中心（IDC），网门服务等技术的提出和服务体系的形成，构成了对使用互联网日益完善的社会化服务体系，使信息技术日益广泛地进入社会生产、生活各个领域,从而促进了网络经济的形成。

1.1.5 人工智能

人工智能(AI)是一门极富挑战性的科学,从事这项工作的人必须懂得计算机知识、心理学和哲学。人工智能是包括十分广泛的科学,它由不同的领域组成,如机器学习、计算机视觉等。总体说来,人工智能的目的就是让计算机这台机器能够像人一样思考。

1955年,香农等人开发了 The Logic TheoriST 程序,它是一种采用树形结构的程序,在程序运行时,它在树中搜索,寻找与可能答案最接近的树的分枝进行探索,以得到正确的答案。这个程序在人工智能的历史上可以说是有重要地位的,它在学术上和社会上都带来了巨大的影响,以至于我们所采用的思想方法有许多还是来自20世纪50年代的程序。

1956年,人工智能领域另一位著名科学家麦卡锡召集了一次会议来讨论人工智能未来的发展方向。从那时起,人工智能的名字才正式确立,这次会议虽然没有使人工智能在人工智能历史上取得巨大进展,但是这次会议给人工智能奠基人相互交流的机会,并为未来人工智能的发展起了铺垫的作用。在此以后,人工智能的重点开始变为建立实用的能够自行解决问题的系统,并要求系统具有自学能力。在1957年,香农和另一些人又开发了一个程序 General Problem Solver(GPS),它对 Wiener 的反馈理论有一个扩展,并能够解决一些比较普遍的问题。别的科学家在努力开发系统时,科学家麦卡锡做出了一项重大的贡献,创建了表处理语言 LISP,直到现在许多人工智能程序还在使用这种语言,它几乎成了人工智能的代名词,直到今天,LISP 仍然在不断发展。

1963年,麻省理工学院在美国政府和国防部的支持下进行人工智能的研究,美国政府不是为了别的,而是为了在冷战中保持与苏联的均衡,虽然这个目的是带点火药味的,但是它的结果却使人工智能得到了巨大的发展。其后发展出的许多程序都十分引人注目,其中麻省理工学院开发出了 SHRDLU。在这个大发展的20世纪60年代,STUDENT 系统可以解决代数问题,而 SIR 系统则开始理解简单的英文句子了,SIR 的出现促进了新学科的出现:自然语言处理。现在深受欢迎的苹果公司开发的 iPhone 手机中集成的苹果智能语音助手 Siri 与之不无关系。在20世纪70年代出现的专家系统成了一个巨大的进步,它头一次让人知道计算机可以代替人类专家进行一些工作了。由于计算机硬件性能的提高,人工智能得以进行一系列重要的活动,甚至作为生活的重要方面开始改变人类生活了。在理论方面,20世纪70年代也是大发展的一个时期,计算机开始有了简单的思维和视觉,而不能不提的是在20世纪70年代,另一个人工智能语言 Prolog 语言诞生了,它和 LISP 一起几乎成了人工智能工作者不可缺少的工具。不要以为人工智能离我们很远,它已经在进入我们的生活,模糊控制、决策支持等方面都有人工智能的影子。让计算机这个机器代替人类进行简单的智力活动,把人类解放用于其他更有益的工作,这是人工智能的目的。

人工智能的应用领域如下。

1.1.5.1 问题求解

人工智能的第一大成就是下棋程序,在下棋程序中应用的某些技术,如向前看几步,把困难的问题分解成一些较容易的子问题,发展成为搜索和问题归纳这样的人工智能基本技术等。今天的计算机程序已能够达到下各种方盘棋和国际象棋的锦标赛水平。但是,尚未解决包括人类棋手具有的但尚不能明确表达的能力,如国际象棋大师们洞察棋局的能力。另一个问题是涉及问题的原概念,在人工智能中叫问题表示的选择,人们常能找到某种思考问题的方法,从而使求解变易而解决该问题。到目前为止,人工智能程序已能知道如何考虑它们要解决的问题,即搜索解答空间,寻找较优解答。

1.1.5.2　逻辑推理与定理证明

逻辑推理是人工智能研究中最持久的领域之一,其中特别重要的是要找到一些方法,只把注意力集中在一个大型的数据库中的有关事实上,留意可信的证明,并在出现新信息时适时修正这些证明。对数学中臆测的题,不仅需要有根据假设进行演绎的能力,而且许多非形式的工作,包括医疗诊断和信息检索都可以和定理证明问题一样加以形式化。因此,在人工智能方法的研究中定理证明是一个极其重要的论题。

1.1.5.3　自然语言处理

自然语言的处理是人工智能技术应用于实际领域的典型范例,经过多年艰苦努力,这一领域已获得了大量令人注目的成果。该领域的主要课题是:计算机系统如何以主题和对话情境为基础,注重大量的常识——世界知识和期望作用,生成和理解自然语言。这是一个极其复杂的编码和解码问题。

1.1.5.4　智能信息检索技术

受互联网云技术迅猛发展的影响,信息获取和精化技术已成为当代计算机科学与技术研究中迫切需要研究的课题,将人工智能技术应用于这一领域的研究是人工智能走向广泛实际应用的契机与突破口。

1.1.5.5　专家系统

专家系统是目前人工智能中最活跃、最有成效的一个研究领域,它是一种具有特定领域内大量知识与经验的程序系统。在"专家系统"或"知识工程"的研究中已出现了成功和有效应用人工智能技术的趋势。人类专家由于具有丰富的知识,所以才能达到优异的解决问题的能力。那么计算机程序如果能体现和应用这些知识,也应该能解决人类专家所解决的问题,而且能帮助人类专家发现推理过程中出现的差错,这一点已被证实。如在矿物勘测、化学分析、规划和医学诊断方面,专家系统已经达到了人类专家的水平。成功的例子如:PROSPECTOR 系统发现了一个钼矿沉积,价值超过 1 亿美元。DENDRL 系统的性能已超过一般专家的水平,可供数百人在化学结构分析方面的使用。MY CIN 系统可以对血液传染病的诊断治疗方案提供咨询意见。经正式鉴定结果,对患有细菌血液病、脑膜炎方面的诊断和提供治疗方案已超过了这方面的专家。

1.1.5.6　机器翻译

机器翻译也是目前人工智能中最活跃的一个研究领域,它是建立在语言学、数学和计算机科学这三门学科的基础之上的。语言学家提供适合于计算机进行加工的词典和语法规则,数学家把语言学家提供的材料形式化和代码化,计算机科学家给机器翻译提供软件手段和硬件设备,并进行程序设计。缺少上述任何一方面,机器翻译就不能实现,机器翻译效果的好坏,也完全取决于这三个方面的共同努力。就已有的成就来看,机译的质量离终极目标仍相差甚远。中国数学家、语言学家周海中教授曾在论文《机器翻译五十年》中指出:要提高机译的质量,首先要解决的是语言本身问题而不是程序设计问题;单靠若干程序来做机译系统,肯定是无法提高机译质量的。同时,他还指出,在人类尚未明了人脑是如何进行语言的模糊识别和逻辑判断的情况下,机译要想达到"信、达、雅"的程度是不可能的。

思考题

1. 讨论:信息化为政府、工业、农业、旅游、商贸等带来了什么变革?
2. 举例说明信息化为您个人带来的学习和生活方面的影响。
3. 您所了解的信息技术的应用具体有哪些内容?

任务 1.2　了解计算机基础知识

学习目的

本任务旨在让学习者初步掌握计算机的基本工作原理,掌握计算机的工作特点和数据处理方式,熟悉计算机的发展历程,掌握计算机的应用领域,从而对计算机的迅猛发展有清楚的了解。

随着计算机应用深入到社会的各个领域,计算机在人们的工作、学习和社会生活等各个方面正在发挥着越来越重要的作用。计算机技术带动的高新技术正在不断地改变着人们的生产方式、工作方式、学习方式和生活方式。对社会劳动者的素质和知识构成提出了新的要求,操作使用计算机已经成为社会各行各业劳动者必备的基本技能。计算机应用的普及加快了社会信息化进程。

这一新技术革命的挑战,对我们的职业教育提出了两个方面的要求:一是要培养大量高素质、高水平的计算机专业人才,以适应计算机科学的发展需要;二是普及计算机基础教学,使计算机知识和应用能力成为每个学生知识和能力结构中必要的组成部分。

从小学到大学,各学习阶段都有不同程度的计算机基础知识课程,但由于各学校计算机教育实施程度的差异,学生在掌握这部分知识时也表现出程度上较大的差异,因此本章内容以高校计算机等级考试一级考试大纲为目标,对计算机基础知识进行了较系统的整理,便于学生理清必要的知识。

1.2.1　计算机诞生的理论基础

1.2.1.1　二进制数的优点

（1）运算规则简单。二进制数的运算在原理上与十进制没有什么差别,由于二进制数只有 0 和 1 两个数码,因此在运算法则上比十进制数简单得多。

（2）二进制数便于实现逻辑运算。逻辑运算是计算机的重要功能,逻辑变量的取值和运算结果"真"或"假",正好用二进制数的两个数码"1"和"0"来表示。因此计算机采用二进制数还便于进行逻辑运算。

（3）"0"和"1"两种状态在选择物理部件上比较容易实现,比如用高低两种电平就可分别表示这两种状态。

（4）可靠性高。由于二进制数只有 0 和 1 两个数码符号,因此在存储、传输和处理时不易出错,保障了系统的可靠性。

（5）采用二进制数可以节省元器件。若采用十进制数,由于十个数码的每个数位上都要设置 10 个元件,而二进制数的每个数位只需 2 个元件。例如要表示 $(10)_{10}$,则需要设置 $2 \times 10 = 20$ 个元件;十进制数 10 的二进制数表示为 1010,则所需设置的元件总数为 $4 \times 2 = 8$ 个。

1.2.1.2　逻辑代数,又称布尔代数

著名的论文《继电器和开关电路的符号分析》,首次用布尔代数进行开关电路分析,并证明布尔代数的逻辑运算,可以通过继电器电路来实现,明确地给出了实现加、减、乘、除等运算的电子电路的设计方法,为计算机的研制奠定了坚实的基础。

1.2.1.3　图灵机

图灵机是一种定义算法的理想机器。图灵(1912—1954,英国数学家、逻辑学家)于 1936 年首次设计了一种理想的计算机(后称图灵机),并于次年发表论文《论可计算数及其在判定问题上的应用》,提出了理想计算机的理论。人们认为,图灵提出的这种机器实际上是现代数字计算机的数学模型,因此人们把这种机器称为图灵机。1939 年,图灵把图灵机概念推广为带有外部信息源的图灵机。图灵在设计了上述模型后提出,凡可计算的函数都可用这样的机器来实现,这就是著名的图灵论题。现在图灵论题已被当成公理一样在使用着,成为数学的基础之一。

图灵在《计算机与智能》中给人工智能下了一个定义,而且论证了人工智能的可能性。1951 年,他被选为英国皇家学会会员。图灵是计算机理论和人工智能的奠基人之一。计算机领域内的最高学术奖是"图灵奖"。

1.2.1.4　"存储程序"和"程序控制"理论

冯·诺依曼(1903—1957,美籍匈牙利数学家)提出了"存储程序"和"程序控制"的概念:
（1）采用二进制形式表示数据和指令;
（2）计算机应包括运算器、控制器、存储器、输入设备和输出设备五大基本部件;
（3）采用存储程序和程序控制的工作方式。

存储程序是把解决问题的程序和需要加工处理的原始数据存入到计算机的存储器中；程序控制是计算机在程序控制下逐条执行程序中的每条指令。

冯·诺依曼的这个创造奠定了现代计算机的理论基础，并研制了世界上第一台按存储程序控制方式设计的计算机（EDVAC）。直到今天，计算机仍然采用冯·诺依曼所阐述的设计思想，因此用这种设计的计算机统称为"冯氏计算机"。

1.2.2 计算机的发展及其特点

1.2.2.1 第一台电子计算机

1946 年 2 月 15 日，世界上第一台通用电子数字计算机 ENIAC（Electronic Numerical Integrator And Calculator）诞生于美国宾夕法尼亚大学。ENIAC 的成功，是计算机发展史上的一座里程碑，是人类在发展计算技术的历程中达到的一个新的起点。

ENIAC 由 18 000 个电子管、1 500 个继电器以及其他器件组成，占地面积达 170 m^2，每秒钟可以执行 5 000 次加法运算。ENIAC 的存储量很小，只能存放 20 个 10 位的十进制数，并且是按照十进制数来操作。当时它用于弹道计算，如图 1.1 所示。

图 1.1 世界上第一台电子计算机 ENIAC

1.2.2.2 电子计算机发展的 4 个阶段

计算机从最初的用电子管作元器件、具体管、中小规模集成电路，发展到今天的超大规模集成电路作为元器件，仅仅只有 60 年，人们根据计算机所用的逻辑器件的种类对计算机进行了分类，大致上分成 4 个发展时期。

第一代电子计算机（1946—1958 年）：电子管计算机。这一代计算机的主要特点是采用电子管作为逻辑元件，用水银延迟线或阴极射线管作为主存储器，用磁鼓作为辅助存储器，用机器语言和汇编语言编写程序。

第二代电子计算机（1959—1964 年）于 20 世纪 50 年代中期问世，以晶体管代替电子管，并增加了浮点运算。主存储器采用铁氧磁芯和磁鼓、磁盘，开始用高级语言编写程序，出现了管理程序。

第三代电子计算机（1965—1971 年）：集成电路计算机。这一代的特征是用中、小集成电路代替了晶体管,用微程序技术和流水线技术提高了计算机的灵活性和运行速度;在软件方面,把管理程序发展为操作系统,并出现了诊断程序。

第四代电子计算机(1972 至今):超大规模集成电路计算机。这一代计算机的物理元件采用了超大规模集成电路,采用半导体存储器;软件更加丰富,并出现了固件和数据库,开始形成网络。

微型计算机又称个人计算机,是以微处理器芯片为核心构成的计算机。它除了具有电子计算机的普遍特性外,还具有一般电子计算机无法比拟的优点:体积小、组装灵活、使用方便、价格低廉、省电、对工作环境要求不高等,深受用户的喜爱。

微型计算机的发展历程,从根本上说是微处理器发展历程。微型计算机的换代,通常以其微处理器的字长和系统的功能来划分。从 1971 年以来,微型计算机经历了 4 位、8 位、16 位、32 位和 64 位微处理器的发展阶段。

美国 ILLIAC-Ⅳ计算机,是第一台全面使用大规模集成电路作为逻辑元件和存储器的计算机,它标志着计算机的发展已到了第四代。1975 年,美国阿姆尔公司研制成 470V/6 型计算机,随后日本富士通公司生产出 M-190 机,这些是比较有代表性的第四代计算机,如图 1.2 所示。

计算机的发展趋势是巨型化、微型化、智能化和网络化。

图 1.2 采用第四代技术生产的用于航空管制的 IBM 计算机

1.2.2.3 计算机的特点

计算机的特点是处理速度快、计算精度高、存储容量大、可靠性高、工作全自动、适用范围广、通用性强。

1.2.3 计算机的分类

1.2.3.1 巨型计算机

巨型计算机也称超级计算机,研制巨型机是计算机发展的一个重要方向,是衡量一个国家经济实力和科学水平的重要标志。巨型机的运算速度可达百万亿次每秒。我国自行设计和研制的第一台每秒运算速度达亿次的巨型计算机是"银河-Ⅰ"。由于历史原因,我国的高性能计算机未曾向国际公布性能测试结果,故而未列入 TOP500 排行榜。而我国以"联想""神威""曙光"为代表的高性能计算机性能指标已跨入国际先进行列,我国曙光信息产业公司的超级计算机 TC4000A 已达到每秒 10 万亿次,标志着我国成为世界上继美、日之后第三个跨越 10 万亿次计算机研发和应用的国家。美国 IBM 公司不久将开发出 1 048 万亿次/秒,可连接 CPU 数量达 104 万个的超级计算机。

1.2.3.2　大、中型计算机

这类计算机具有较高的运算速度,每秒可以执行几千万条指令,而且有较大的存储空间。往往用于科学计算、数据处理或作为网络服务器使用。

1.2.3.3　小型计算机

在工业自动控制、测量仪器、医疗设备中的数据采集等方面使用一种规模较小、结构简单、运行环境要求较低的计算机。例如:DEC 公司的 PDP-11 系列是 16 位小型机的早期代表。小型机在用作巨型计算机系统的辅助机方面也起了重要作用。

1.2.3.4　微型计算机

中央处理器(CPU)采用微处理器芯片,体积小巧轻便,广泛用于商业、服务业、工厂的自动控制、办公自动化以及大众化的信息处理。目前,微机中的微处理器芯片主要采用 Intel 公司的 Pentium 系列、AMD 公司的 K 系列以及 Cyrix 公司的 M 系列等。

1.2.3.5　工作站

工作站是以个人计算环境和分布式网络环境为前提的高机能计算机,工作站不但是进行数值计算和数据处理的工具,而且是支持人工智能作业的作业机,通过网络连接包含工作站在内的各种计算机可以互相进行信息的传送,资源、信息的共享和负载的分配。高机能计算机至少需要具有与过去的小型计算机相同的计算能力,同时还需具有过去的计算机所没有的机能。在硬件方面,支持多窗口的位映像显示器和面向网络的接口等是不可缺少的;在软件方面,系统构成必须重视以个人使用为前提的操作系统及窗口系统等用户接口。

1.2.3.6　服务器

服务器是在网络环境下为多个用户提供服务的共享设备,一般分为文件服务器、打印服务器、计算服务器和通信服务器等。网络用户可以在通信软件的支持下共享资源。

1.2.4　计算机的应用领域

1.2.4.1　科学计算

计算机最早应用于科学计算方面,世界上第一台计算机就是为研制原子弹而制造的。在解决科学实验和工程技术中所提出的数学问题,以及物理、化学、生物、材料等领域的数据测算方面,计算机的作用非常显著,在航天技术中卫星轨道的计算更是离不开计算机。我们每天收看到的天气预报,也要用计算机来对大量的数据做快速的计算处理,用巨型计算机计算就能快速、及时、准确地获得计算结果。

1.2.4.2　信息处理

信息处理主要是指非数值形式的数据处理。计算机信息处理在社会和经济的发展中的作用越来越为人们所重视。信息处理包括对数据资料的收集、存储、加工、分类、排序、检索和发布等一系列工作。计算机信息处理包括办公自动化(OA)、企业管理、电子商务、情报检索、报刊编排处理等。计算机数据处理的特点是信息处理及时、数据量大、处理速度快,并能给出各种形式的输出格式。目前计算机应用已深入经济、金融、保险、商业、教育、档案、公安、法律、行政管理、医疗、社会普查等各个方面。计算机在科学计算、信息处理、过程控制三大应用中,80%左右应用于信息处理。

1.2.4.3　过程控制

自动控制指使用计算机及时地搜集检测被控对象运行情况的数据,通过计算机的分析处理后,按照某种最佳的控制规律发出调节信号,控制过程的进展。在科学技术、军事领域、工业、农业以及我们的日常生活等各个领域都应用到自动控制。用于自动控制的计算机,先将模拟信息如压力、速度、电压、温度等量,转换成数字量,然后再由计算机进行处理。计算机处理后输出数字量结果,再将其转换成模拟量去控制对象。过程控制一般都是实时控制,有时对计算机运算速度的要求不高,但要求可靠性高、响应及时,这样才能保证被控对象的准确动作。

1.2.4.4　计算机辅助系统

计算机辅助系统有计算机辅助教学(CAI)、计算机辅助设计(CAD)、计算机辅助制造(CAM)、计算机辅助测试(CAT)、计算机集成制造(CIMS)等系统。

(1)计算机辅助教学(CAI)是指利用计算机进行教授、学习的教学系统,将教学内容、教学方法以及学习情况等存储在计算机中,使学生能够直观地从中看到并学习所需要的知识。

(2)计算机辅助设计(CAD)是指利用计算机来帮助设计人员进行设计工作。用辅助设计软件对产品进行设计,如飞机、汽车、船舶、机械、电子、土木建筑以及大规模集成电路等机械、电子类产品的设计。计算机辅助设计系统除配有必要的 CAD 软件外,还应配备图形输入设备(如数字化仪)和图形输出设备(如绘图仪)等。设计人员可借助这些专用软件和输入输出设备把设计要求或方案输入计算机,计算处理后把结果显示出来。

(3)计算机辅助制造(CAM)是指利用计算机进行生产设备的管理、控制与操作,从而提高产品质量,降低成本,缩短生产周期,并且能大大改善制造人员的工作条件。

(4)计算机辅助测试(CAT)是指利用计算机来进行自动化的测试工作。

(5)计算机集成制造(CIMS),在产品制造中许多生产环节都采用自动化生产作业,但每一环节的优化技术不一定就是整体的生产最佳化,CIMS 就是将技术上的各个单项信息处理和制造企业管理信息系统集成在一起,将产品生命周期中所有有关功能,包括设计、制造、管理、市场等的信息处理全部予以集成。其关键是建立统一的全局产品数据模型和数据管理及共享的机制,以保证正确的信息在正确的时刻以正确的方式传到所需的地方。CIMS 的进一步发展方向是支持"并行工程",即力图使那些为产品生命周期单个阶段服务的专家尽早地并行工作,从而使全局优化并缩短产品的开发周期。

1.2.4.5　人工智能

人工智能是研究理解和模拟人类智能、智能行为及其规律的一门学科。其主要任务是建立智能信息处理理论,进而设计可以展现某些近似于人类智能行为的计算系统。人工智能是计算机科学的一个分支,也为某些相关学科如心理学等所关注。人工智能学科包括知识工程、机器学习、模式识别、自然语言处理、智能机器人和神经计算等多方面的研究。

1.2.4.6　网络通信

计算机通信是计算机应用中近几年发展最为迅速的一个领域。它是计算机技术与通信技术结合的产物,计算机网络技术的发展将处在不同地域的计算机用通信线路连接起来,配以相应的软件,达到资源共享的目的。

目前,世界各国都特别重视计算机通信的应用。多媒体技术的发展,给计算机通信注入了新的内容,使计算机通信由单纯的文字数据通信扩展到音频、视频图像的通信。Internet 的迅速普及,使诸如远程会议、远程医疗、远程教育、网上聊天、网络电话、电子商务等网上通信活动进入了人们的生活。

1.2.4.7　多媒体技术

多媒体技术的发展始于 20 世纪 80 年代。

从 1987 年 macitouch 计算机制作成能处理多媒体信息的计算机开始,随着大容量光盘的制作发展,解决了媒体信息的存储问题。到 1990 年 11 月,Microsoft、Philips 等 14 家厂商为多媒体技术的建立制定了统一的标准;在 1991 年第六届国际多媒体和 CD-ROM 大会上宣布了 MPC 的第一个标准,1993 年推出了 MPC 的第二个标准,确定将第一个标准中的音频信号数字化时的采样量化标准提高到 16 位,之后信息压缩技术也在不断发展。

多媒体计算机是应用计算机技术将文字、图像、图形、声音等信息以数字化的方式进行综合处理,从而使计算机具有表现、处理、存储各种媒体信息的能力。目前多媒体计算机技术的应用领域正在不断拓宽,除了知识学习、电子图书、商业及家庭应用外,在远程医疗、视频会议中都得到了极大的推广。

多媒体的关键技术标准——数据压缩标准也已制定。静态图像压缩标准 JPEG（Joint Photographic Experts Group）成为 ISO/IEC 的 10918 标准。1994 年 11 月,动态视频压缩标准 MPEG-1（Motion Picture Experts Group）成为国际标准,经过扩充和完善后,MPEG-2 标准也被确认。随着网络传输技术的发展,高清视频传输技术有了极大突破,新一代高清数字视频传输技术在高清视频会议、高清影视点播、网络电视直播等多媒体技术方面得到了应用与发展。

思考题

1.计算机的应用领域有哪些方面?

2.计算机的工作原理是谁最早进行系统论述的,其核心内容是什么?

3.我们平时所用的 PC 机属于哪一类计算机? 上网搜索这类计算机 CPU 的发展概况。

任务 1.3　熟悉和掌握计算机硬件系统与组成

学习目的

通过对计算机系统组成与功能的学习,基本掌握计算机硬件系统的组成结构,熟悉计算机的工作原理,了解计算机的体系结构和指令系统,认识常用的计算机部件及其功能,对计算机的性能指标有清晰的了解。

一个完整的计算机系统包括硬件系统和软件系统两大部分。

1.3.1　计算机硬件系统

计算机的硬件系统是指组成计算机的物理实体,到目前为止该系统仍由 5 个基本部分组成,它们是控制器、运算器、存储器、输入设备和输出设备。各部件之间传递着 3 类不同的信息:数据(指令)、地址、控制信号,图 1.3 所示为以这 5 部分构成计算机硬件组成框图。

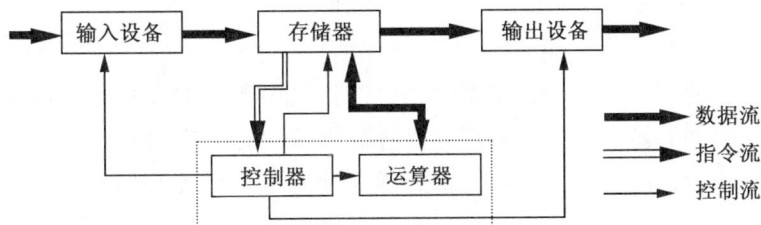

图 1.3　以存储器为中心的计算机组成框图

1.3.1.1　总线

为了节省计算机硬件连接的信号线,简化电路结构,计算机各部件之间采用公共通道进行信息传送和控制。计算机部件之间分时占用着这些公共通道进行数据的控制和传送,这样的通道简称为总线,共分成以下 3 类。图 1.4 为总线结构的逻辑框图。

1. 数据总线 DBUS(Data Bus)

数据总线用来传输数据信息,是双向传输的总线:CPU(Central Processing Unit,中央处理器)既可通过 DBUS 从内存或输入设备读入数据,又可通过 DBUS 将内部数据送至内存或输出设备。

2. 地址总线 ABUS(Address Bus)

地址总线用于传送 CPU 发出的地址信号,是一条单向传输总线,目的是指明与 CPU 交换信息的内存单元或 I/O 设备的地址。

3. 控制总线 CBUS(Control Bus)

控制总线用来传送控制信号、时序信号和状态信息等。其中有的是 CPU 向内存和外设发

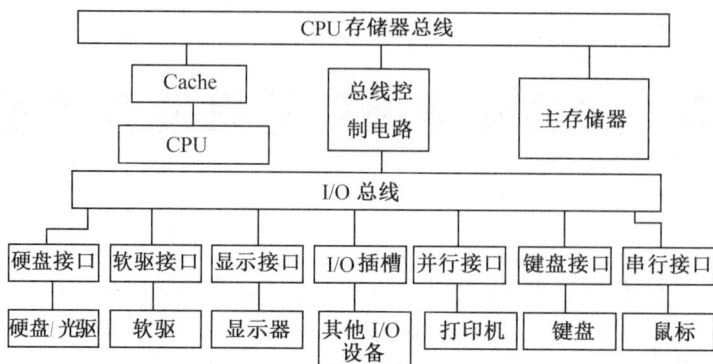

图 1.4　总线结构逻辑框图

出的控制信号,有的则是内存或外设向 CPU 传递的状态信息。CBUS 中每一根线的方向是一定的、单向的,但作为一个整体则是双向的,所以在结构框图中,凡涉及控制总线,均标明方向或以双向线表示。

1.3.1.2　CPU

CPU 是计算机的核心部件,它由控制器和运算器组成。

1. 控制器

控制器是计算机的控制中心。控制器的主要工作是不断地取出指令、分析指令和执行指令。控制器在主频时钟的协调下控制着计算机各部件按照指令的要求进行有条不紊的工作。它从存储器中取出指令,分析指令的意义,根据指令的要求发出控制信号,进而使计算机各部件协调地工作。

2. 运算器

运算器是计算机中实现运算的部件,运算包括算术运算和逻辑运算。运算器内部包括算术逻辑运算部件(Arithmetical Logic Unit,ALU)和若干种寄存器。运算器主要工作是数据处理(运算)和暂存运算数据。

1.3.1.3　存储器

存储器(Memory)是计算机中用来存放程序和数据的器件,Memory 是指内存储器,通常把控制器、运算器和内存储器称作主机。

存储器中有许多存储单元,一个存储单元由数个二进制位组成,每个二进制位可存放一个 0 或 1。通常一个存储单元由 8 个二进制位组成,为一个字节。向存储单元保存信息的操作称作"写"操作,向存储单元获取信息的操作称作"读"操作,"读""写"时一般都以字节为单位。"读"操作不会影响存储单元中的信息,"写"操作将新的信息取代存储单元中原有的信息。

1. 计算机中信息存储单位

位(bit):位是计算机中度量数值的最小单位,表示一位二进制信息。

字节(Byte):一个字节由 8 位二进制数组成,1 Byte(字节)= 8 bit。字节是信息存储中最常用的基本单位。

计算机的存储器通常使用字节数来表示其容量大小,常用的单位有:

KB——1 KB = 2^{10} Byte = 1 024 Byte

MB——1 MB = 2^{10} KB = 1 024 KB

GB——1 GB = 2^{10} MB = 1 024 MB

TB——1 TB = 2^{10} GB = 1 024 GB

字(Word):字是位的组合,通常由若干个字节组成,取决于机器的类型,用作信息处理的单位。

2.计算机中的存储地址

每个存储单元都有一个编号,称为"地址"。通常用十六进制数表示地址。

通过地址编号寻找在存储器中的数据单元称为"寻址"。CPU 的寻址能力由地址线的多少来决定,每一条地址线有 0 和 1 两种状态,这样,一条地址线可访问 2 个地址,即称 CPU 的寻址能力为 2 个字节。例如有 20 根并行地址线的计算机,则寻址能力为 2^{20} = 1 MB,如图 1.5 所示为存储单元的地址和存储内容的示意图。

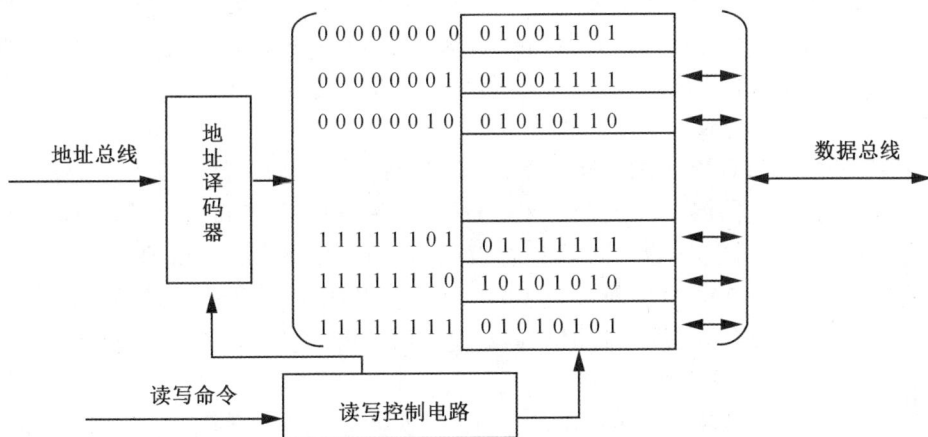

图 1.5　存储单元的地址和存储内容的示意图

3.地址和容量的计算

(1)由地址线,求寻址空间。

例 1.1　若地址线有 32 根,则它的寻址空间为多大?

32 根地址线有最多 2^{32} B 的寻址能力。

2^{32} B = $2^{32}/2^{10}$ KB = $2^{22}/2^{10}$ MB = $2^{12}/2^{10}$ GB = 4 GB(4 096 MB)

(2)由起始地址和末地址,求存储空间。

例 1.2　编号为 4000H~4FFFH 的地址中,包含了多少个单元?

4FFFH−4000H+1 = FFFH+1 = 1000H = $1×16^3$ Byte = 4 096 Byte = 4 KB

(3)由存储容量和起始地址,求末地址。

例 1.3　有一个 32 KB 的存储器,用十六进制对它的地址进行编码,起始编号为 0000H,末地址应是多少?

0000H+32KB−1H = 32KB−1 = $(32×2^{10})$ −1 = $2^5×2^{10}$ −1 = 2^{15} −1 = 1000,0000,0000,0000B−1

=8000H−1＝7FFFH

4. 内存储器

存储器可分为内存储器与外存储器,简称为内存与外存,内存也称为主存储器。

（1）主存储器

在计算机中,内部直接与 CPU 进行信息交换的存储器称为主存储器,或内部存储器,简称内存。

内存是计算机主机的一个重要部件,是采用大规模集成电路制成的半导体存储器,由于其直接和运算器、控制器交换信息,因此要求存取速度快,但存储容量较外存储器小。半导体存储器具有存储密度大、体积小、重量轻、存取速度快等优点,并且使用灵活。

内存分为随机存取存储器 RAM（Random Access Memory,内容可以通过指令随机读写的主存储器）和只读存储器 ROM（Read-Only Memory,内容只能被读出,而不能写入）两种,RAM 中的信息可随机地读出或写入,用来存放正在运行的程序和数据,一旦关机（断电）后,RAM 上存储的信息将随之消失不再保存。

ROM 中的信息只有在特定条件下才能写入,一般只能读出而不能写入,断电后,ROM 中的原有内容保持不变不会丢失,在计算机重新接通电源后,ROM 中的内容仍可被读出。因此,ROM 常用来存放一些固定的程序或信息,如自检程序、配置信息等。

（2）高速缓冲存储器 Cache

为了提高 DRAM 与 CPU 之间的传输速率,在 CPU 和主存储器之间增加了一层用 SRAM（静态存储器）构成的高速缓冲存储器,简称 Cache。SRAM 的存取速度要比 DRAM 快,只要将当前 CPU 要使用的那一小部分程序和数据存放到 Cache 内,就可大大提高 CPU 从存储器存取数据的速度。由于 SRAM 价格较高,所以 Cache 容量比主存容量小得多,但它决定了 CPU 存取存储器的速度。现在有些厂商把 Cache 设计到 CPU 内部,称为一级 Cache;主板上的 Cache 称为二级 Cache,且容量相对大一些。

一般采用动态存储器 DRAM。DRAM 在通电时,必须定时进行刷新,才能保证其存储的信息不丢失。DRAM 相对于 CPU 来说速度很慢,通常采用存储器层次结构策略来提高存储器和 CPU 之间的传输速率,在这种结构中主存储器的容量主要由 DRAM 的容量决定,速度由静态存储器 SRAM 决定。

用于计算机缓存（Cache）的内存片采用 SRAM,SRAM 在不断电的情况下,不用刷新数据可长时间保存数据,数据的存取在很高的速度下进行。SRAM 的容量一般不大,制造成本较高。

5. 外存储器

外存储器简称为外存,是计算机中的外部设备,用来存放大量的暂时不参加运算或处理的数据和程序,计算机若要运行存储在外存中的某个程序时须将它从外存读到内存中才能执行。外存又称为辅助存储器,典型的外存如磁盘存储器、半导体集成电路存储器、光盘存储器、磁带等。

外存的特点是存储容量大、可移动、可靠性高、价格低,可以长期保存信息。

外存按存储介质分为磁存储器、光存储器和半导体集成电路存储器。

磁存储器中较常用的有磁带、硬盘存储器和软盘存储器,它们的工作原理都是将信息记录在带有磁介质的盘基上,要靠磁头存取磁盘上的信息。

1.3.1.4　输入设备

输入设备是把数据和程序输入到计算机中的硬件装置。

键盘是最常用的输入设备,用来输入字符和数字。键盘的按键包括数字键、字母键、符号键、功能键和控制键。键盘通过连线和主机的 COM(串行)口相连接。

随着计算机应用的变化,键盘多种多样,在银行储蓄中使用的键盘由十几个键组成,主要以数字键为主,功能单一。微机中使用的键盘随着应用的变化,功能也相应在提高,从开始的86 键、101 键到 104 键键盘,以及适应于 Windows 95 的 Win 95 键盘和为 Windows 98 开发的 Win 98 键盘,主要的键名和功能都差不多。键盘的形式可分为有线键盘、无线键盘和带 USB 接口的键盘。

无线键盘是通过红外线的方式来操作计算机。它的优点是使操作人员不受环境的限制,减轻操作者的疲劳。键盘上带一个鼠标。

带 USB 接口键盘是为方便使用 USB(通用串行接口)设备而设计的一种键盘,键盘通过通用串行接口(USB)与计算机主机连接,这种键盘同普通键盘没有多大的差别,只是接口不同。

功能最强的要称多功能键盘,它的功能键比标准键盘多许多。用户通过键盘上的多功能键上网、开启 CD-ROM 欣赏 CD 音乐、观看 VCD,通过多功能键盘上的麦克风,把它连接到声卡上可以上网聊天。多功能键盘的一个主要功能是通过与计算机上的 ATX 电源连接,实现键盘开关计算机的功能。

基本键盘共有 4 个键区,分成主键盘区、控制键区、光标功能键区和数字小键盘键区,如图 1.6 所示。

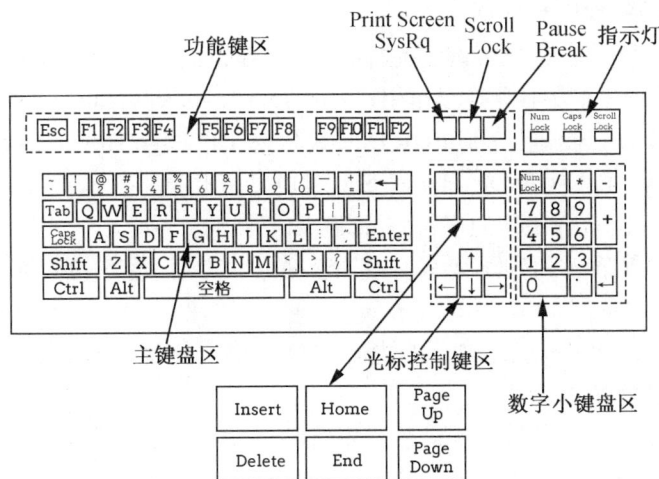

图 1.6　键盘操作结构

1. 主键盘区

主键盘区有以下几种类型的按键,具有标准的英文打字机键盘格式。它们的键符是:

字母键:字母键 A,B,…,Z,共 26 个。

数字键:数字 10 个。

运算符号、标点符号等各种符号键:"–""=""\""["""]"""";"""'"",""."""/",共 10 个。

字母锁定键(Caps Lock):按下此键,字母锁定为大写;再按此键,字母锁定为小写。

换档键(Shift):左右各有一个,按下此键时再按打字键,输入上档符号,或改变字母大小写。

制表键(Tab):光标向右移动至下一个 8 格的头一位;同时按换档键,光标向左移动至上一个 8 格的头一位。

退格键(←):又称 BackSpace,光标回退一格。

回车键(Enter):结束命令行或结束逻辑行。

空格键:光标右移一格,使光标所在处出现空格。

换码键(Esc):删除当前行。如果输入的命令有错,可按此键删除,以重新输入命令。

控制键(Ctrl):左右各有一个,与其他键配合使用,完成特殊的控制功能。

组合键(Alt):在空格键的左右各有一个,与其他键配合使用。

其中,Ctrl 键和 Alt 键应与其他键配合使用,以完成特殊的功能,因此常被称为组合键。如 Ctrl+Alt+Del 键的功能是使系统热启动,Ctrl+Break 键的功能是中止当前执行中的命令。

另外,Windows 键盘还有 Windows 徽标键:位于 Ctrl 和 Alt 两键之间的键,左右各有一个,上有 Windows 徽标,按此键可快速启动 Windows 的"开始"菜单。与其他键配合使用,可完成多种 Windows 的窗口操作。

2. 功能键区

功能键区有 12 个功能键 F1～F12。功能键也称可编程序键(Programmable Keys),可编制一段程序来设定每个功能键的功能。因此,不同的软件系统中各个功能键的功能也不相同。

3. 光标控制键区和小键盘数字键区

小键盘区共有 17 个键,是数字键和光标控制键、编辑键的组合。若数字锁定键 Num Lock 未按下(Num Lock 灯亮),数字键盘起作用;按下 Num Lock 键(Num Lock 灯灭),光标控制键和下档键起作用。光标控制键区的 Insert、Delete、Page Up、Page Down、Home、End 键的功能和小键盘区中的 Ins、Del、PgUp、PgDn、Home、End 键的功能相同。

删除键(Del):将光标所在处的字符删除,光标不移动。

插入键(Ins):切换插入和改写状态。当处于插入状态时,输入的字符插在光标前,光标向右移。

屏幕复制键(Print Screen):把屏幕的内容在打印机上复制下来,在 Windows 中按此键可以把屏幕内容拷贝到剪贴板上。

鼠标器(Mouse)是一些图形交互式系统中常用的输入设备,用以定位显示器屏幕的坐标位置。鼠标有 2 键和 3 键两种规格,3 键鼠标用于上网浏览翻页使用,在软件的支持下,用户移动鼠标时,鼠标指针就在显示屏幕上相应移动,定位到所选位置,单击左键(又称作点击),就可将输入信号传给计算机。

输入设备还有:图形数字化仪,它是将图形的模拟量转换成数字量输入计算机的图形输入设备;光笔,在显示器屏幕上输入、修改图形或写字的设备;写字板,一种文字输入的设备,用写字板中的笔将书写的图形符号,通过软件转换成字符编码;条形码阅读器,广泛应用于商品流通管理、图书管理等领域。摄像头、数码相机、扫描仪以及各种模/数（A/D）转换器等。

1.3.1.5　输出设备

输出设备是将计算机的处理结果显示给人们的设备。最常用的输出设备是打印机和显示器。另外,绘图仪、X/Y 记录仪、数/模（D/A）转换器等在一些特殊场合也是必不可少的输出设备。

打印机的种类主要有以下 3 类:

(1)针式打印机:属于击打式打印机的一种,它通过打印头上的排列细密的钢针冲击色带撞击在打印纸上,打印的效果由点阵组成。针式打印机常见的型号有 EPSON LQ 系列,针式打印机噪声很大。

(2)喷墨打印机:用打印头上的电路系统将储存在打印墨盒中的墨水形成射流喷射到纸上,喷墨打印机价格低廉,而墨盒稍贵,一般都配有彩色和黑色两个墨盒,用完后需要更换。喷墨打印机噪声较低,打印效果比针式打印机好。

(3)激光打印机:采用激光扫描系统扫描原件,成像后将图像投影在半导体材料做成的硒鼓上,充电后的硒材料可保持光照部分的电压,电压可达上万伏,再用静电方式吸附墨粉,然后将成像的墨粉转印到打印纸上,加温烘干后输出。激光打印机打印的效果最好,速度快,噪声低,只是耗材大,打印成本较高,硒鼓在工作时频繁地冲放高压电,经过长期工作就会产生疲劳,影响打印质量,这时就需要更换。

新一代的 3D 打印机可以通过局部加热的技术,将聚合材料融化,在计算机的控制下,"打印"生成立体模型,突破了传统平面打印的概念,开拓了信息技术新的应用领域,如图 1.7 所示。

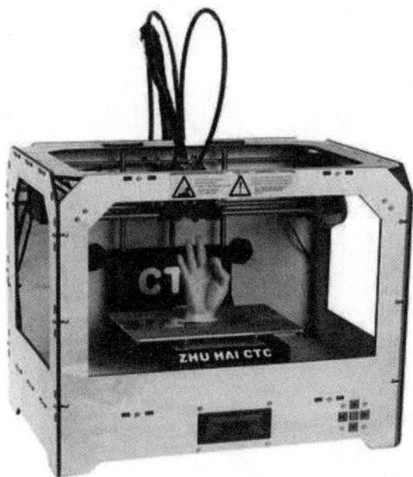

图 1.7　3D 打印机

显示器将计算机中的输出信息暂留在显示屏上供使用者浏览和阅读,显示器分 CRT 显示器、液晶显示器、等离子显示器。

从读取、保存数据的角度看,硬盘、软盘、磁带机、光盘、电子盘也可以被看作输入/输出设备。当从磁盘、光盘、电子盘或磁带读取文件时,它们是输入设备;当向磁盘、光盘、电子盘或磁带保存文件时,它们是输出设备。

输入设备和输出设备又称 I/O 设备。输入设备和输出设备以及外存储器属于计算机的外部设备。

1.3.1.6 计算机性能指标

计算机性能的优劣可以用多种指标衡量,主要的指标包括存取周期、内存容量、字长、运算速度。

1. 存取周期

信息存入计算机存储器中,称为"写"操作;把信息从存储器中取出,称为"读"操作。存储器完成一次"读"或"写"操作所需的时间称为存储器的访问时间(或读写时间),而连续启动两次独立的"读"或"写"操作(如连续的两次"读"操作)所需的最短时间,称为存取周期。显然存取周期的长短是衡量计算机性能的一个标准。

2. 内存容量

存储器中能存储的信息总数量简称为内存容量,以字节(Byte)为单位。内存容量越大,一次读入的程序、数据就越多,这样可以减少频繁地读取外存储器中的信息,由于内存的运行速度很快,所以可以大大提高计算机的运行速度。

3. 字长

字长又称"数据宽度",是指处理器在一次操作中能处理的最大数据位,它体现了一条指令所能处理数据的能力。字长是字节的倍数。如一个字长为 8 位的处理器,它一条指令只能处理 8 位二进制数据。字长有 8 位、16 位、32 位和 64 位等。字长是衡量计算机运精度和算速度的主要技术指标。字长越长速度越快。

4. 运算速度

运算速度是一项综合性的性能指标,其单位是 MIPS(百万条指令/秒)。因为各种指令的类型不同,执行不同指令所需的时间也不一样。过去以执行定点加法指令作为标准来衡量运算速度,现在用一种等效速度或平均速度来衡量。等效速度是由各种指令平均执行时间以及相对应的指令运行比例计算得出来的,即用加权平均法求得。影响机器运算速度的因素很多,如主频、存取周期等。

1.3.2 微型计算机

微机是现在常用的计算机,了解其性能和特点对使用计算机有很大的帮助。微型计算机的主体是主机箱,里面一般由主板、CPU、内存、显示卡、硬盘、软驱、光驱、电源组成,另外还应有显示器、键盘和鼠标等外部设备。

1.3.2.1 微机的启动与关闭

微机启动时应先打开外设电源后,再打开主机电源。

用打开电源开关的方法启动微机,称作冷启动。

按机箱上的 RESET 按钮,可进行复位启动,RESET 启动往往用于计算机死锁状态(死机)

时的解除操作,效果和冷启动时一样,要从自检步骤开始引导系统,也属于冷启动。

另一种方法是同时按下键盘上的 3 个键:Ctrl、Alt、Del(也有的键盘上标明为"Delete"),这种启动被称作热启动。它在启动时不经过自检程序这一过程。在现在常用的 Windows 操作系统中,按下 Ctrl、Alt、Del 组合键并不会立刻进行热启动,而是激活一个任务管理器程序,供操作者操控使用。

需要注意的是,计算机切断电源后不能立即加电启动,须间隔 15 s 以上才可打开主机电源,否则容易损坏计算机中的开关电源。

关机时则顺序相反,先关上主机电源,然后再关外设电源。

1.3.2.2　微机的主要性能指标

主频:主频即是 CPU 工作的时钟频率,是指计算机 CPU 在单位时间内工作的脉冲数,它在很大程度上决定了计算机的运行速度。主频的单位是 MHz(兆赫兹)。例如 P4 的主频在 2.66 GHz 以上。

IBM 公司已研制出速度高达 110 GHz 的微芯片,如图 1.8 所示,这意味着它每秒钟可以处理超过 280 万页的文本信息。在这之前速度最快的芯片也是由 IBM 公司生产的,速度接近 80 GHz。新型芯片基于硅锗芯片制造技术。目前大多数计算机上安装的芯片均是硅芯片,而硅锗芯片除了含有硅层之外还含有锗层,后者使得信息转换的速度更快、性能也更佳,而且这种芯片的耗电量较之同类产品更低。

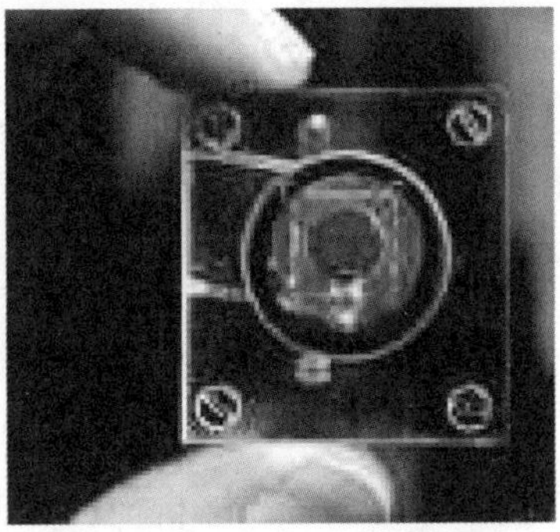

图 1.8　IBM 110 GHz 高速芯片

1.3.2.3　微处理器

微机中的 CPU 又称作微处理器,目前微处理器生产厂家有 Intel 公司、IBM 公司、AMD 公司等。微处理器产品不断更新,主频从 5 MHz 已达到了 3 GHz 以上,全球领先的芯片制造商 Intel 公司推出了运算速度高达 2.53 GHz 的"Pentium-4"芯片,并已展示出 4.6 GHz 的处理器。微处理器的发展有 30 多年的历史,迄今已发展了 4 代产品。

第一代微处理器产品是 1971 年 Intel 公司制成的 4 位微处理器 4004 和 1972 年研制的 8 位微处理器 8008。

第二代微处理器以 Intel 公司 1974 年研制成功的 8080 为标志。

第三代微处理器的代表产品是 1978 年制造的 8086 和 1979 年研制的 8088,以及在 1982 年制造的全 16 位的微处理器 80286。很快,Zilog 公司和 Motorola 公司,在差不多时期也制造了 Z-80000 和 M68020。

第四代微处理器的产品始于 1985 年,该年 Intel 公司制造出 32 位字长的微处理器 80386,1989 年 4 月又成功研制了 80486,80486 微处理器芯片内集成了 120 万个晶体管。我国现在也制造出了 80486 处理器。1993 年 3 月 Intel 公司制造出 Pentium(奔腾)微处理器,芯片采用了 0.6 μm 线宽的制造工艺,Pentium 芯片内的晶体管集成度为 310 万个,1995 年 11 月,推出了 Pentium Pro,芯片内集成了 550 万个晶体管。1997 年 Intel 推出了 Pentium$^©$ Ⅱ Processor,集成了 750 万个晶体管,使用了 MMX 指令集(多媒体增强指令集技术)。1999 年 11 月推出 P Ⅲ 微处理器,第一代 Pentium Ⅲ 处理器采用了 0.25 μm 的制造工艺,集成了 950 万个晶体管,内部使用了 32 KB 一级高速缓存和 512 KB 二级高速缓存,该二级高速缓存的数据传输速度是处理器速度的一半,处理器的制造成本较高。第二代 Pentium Ⅲ 处理器采用 0.18 μm 的制造工艺,内置 256 KB 与处理器主频同步运行的二级高速缓存,比起第一代 Pentium Ⅲ 处理器的 512 KB 外置半速二级高速缓存来说,处理器访问二级高速缓存的速度被大大提高。

2000 年 11 月,Intel 推出更新的微处理器芯片 P4,目前 Intel 已经确立了 4 GHz 的开发目标,今后还将把处理器的工作频率提高到 10 GHz。Intel 全力主推 P4 成为市场中主流的 CPU,为了这个目标,Intel 停产了 P Ⅲ。图 1.9 所示的是 Pentium 4 微处理器。2001 至 2002 年 Intel 还研制了 Itanium Ⅰ 和 Itanium Ⅱ 处理器芯片,这是一款用于服务器和工作站的 64 位字长的处理器。目前,Itanium Ⅱ 已带有 6 MB 的三级高速缓存。2003 年 Intel 公司研制了 Pentium$^©$ M 处理器,主要用于移动式的便携机中,它在无线网络上有了突破,并且更为省电。

图 1.9 Pentium 4 微处理器

Intel 微机芯片是 CISC(复杂指令集计算机)结构的微处理器,在其发展的同时另一种体系结构的 CPU 也在迅猛发展,这就是 RISC(精简指令集计算机)结构的处理器芯片。20 世纪 80 年代初诞生的 RISC 结构计算机,性能优于 CISC 结构计算机,20 世纪 80 年代后期向 PC 微机市场进军,20 世纪 90 年代初打入微机领域。其中以 IBM 推出的 PPC(Power PC)最为成功。因此,市场上存在两大类不同体系结构的 PC 计算机,我国主要是 Intel i86 系列及其兼容的个人计算机。

1.3.2.4 主板

微型计算机中最大的一块电路板是主板,如图 1.10 所示。微处理器、内存、显示接口卡以及各种外设接口卡都插在这块主板上。不同的 CPU 能用的主板不一定相同。主板中最主要的是选用的集成电路芯片组。主板的主要组成部件有:

1. 主板中的芯片组

芯片组是主板的主要部件,是 CPU 与各种设备连接的桥梁。现在大多数主板上,芯片组

图 1.10 主板

一般被分为南桥和北桥。如 845G 芯片组的南桥芯片组 82801DB(ICH4),负责管理 PCI、USB、COM、LPT Ports 以及硬盘和其他外设的数据传输;Intel 845G 北桥芯片组 845GMCH 负责管理 CPU、Cache 和内存以及 AGP 接口之间的数据传输等功能。

2. 基本输入/输出系统(BIOS)

微机在开机后自动将操作系统正常地运行起来,称为系统引导。在主板上有一块 Flash Memory(快速电擦除可编程只读存储器,也称为"闪存")集成电路芯片,其中存放着一段启动计算机的程序,称为基本输入/输出系统(Basic Input/Output System,BIOS),它是高层软件和硬件之间的接口。早期 BIOS 写在 EPROM 芯片中,20 世纪 90 年代后期的微机大多采用 Flash Memory 存放 BIOS。

BIOS 主要实现系统启动、系统的自检诊断、基本外部设备输入输出驱动和系统配置分析等功能。BIOS 显然十分重要,一旦损坏,机器将不能工作,有一些病毒(如 CIH 等)专门破坏 BIOS,使电脑无法正常开机工作,以至瘫痪,造成严重后果。

3. CMOS

从 IBM AT-286 开始,微机主板增加了一片 CMOS 集成芯片,它有两大功能:一是实时时钟控制,二是由 SRAM 构成的系统配置信息存放单元。CMOS 采用电池和主板电源供电,当开机时,由主板电源供电;断电后由电池供电,从而保证了时钟(指示时间)不间断的运作和 CMOS 的配置信息不丢失。用户在系统引导时,一般可以通过 Del 键,进入 BIOS 系统配置分析程序修改 CMOS 中的参数。

4. 系统总线

主板上还配有连接插槽,插槽又称总线接插口,计算机中的外设是通过接口电路板连接到主板上的总线接插口中,与系统总线相连接。

系统总线也在不断发展,早期的有 ISA(工业标准体系结构总线,用在 286 微机、386 和早期的 486 微机上)、EISA(扩展的 ISA)、VESA(486 微机所使用);现在主板上配备较多的是

PCI 和 AGP 及它们的升级产品。

（1）软、硬盘插槽

用于连接磁盘驱动器的标准接口槽有软盘驱动器连接插座 FDD、硬盘驱动器连接插座 IDE。

（2）PCI 插槽

外部器件互连总线（Peripheral Component Internet，PCI）是一种局部总线标准，诞生于 20 世纪 90 年代。PCI 的工作频率有 33 MHz、66 MHz；数据宽度有 32 位、64 位；传输频宽是 133 MB/s、266 MB/s。

主板的 PCI 插槽现在主要用来连接高速外设，如声卡、网卡、内置 MODEM 等外部设备的接口电路。

（3）AGP 插槽

图形加速接口（Accelerated Graphics Port，AGP），是 Intel 公司开发的新一代局部视频接口标准，它将主存和显存直接连接起来，其总线宽度是 32 位。它是在 PCI 2.1 接口标准的基础上发展产生的，专门用于图形控制设备。AGP 技术的两个核心内容是：①使用 PC 的主内存作为显存的扩展延伸，以大大增加显存的潜在容量；②使用更高的总线频率 66 MHz、133 MHz，甚至 266 MHz，极大地提高数据传输率。

微机在工作中绝大部分时间是在用于显示设备图像信息的输出上，显示部分数据的流量取决于显示适配卡和显示线路的畅通，AGP 总线结构可以解决视频带宽不足而引起的瓶颈问题。它的连接方式是通过主板中的北桥芯片组直接连接到 CPU 中，而 PCI 接口要先连接到南桥芯片组，然后再由北桥芯片连接到 CPU 上，因此 AGP 总线的传输速度比 PCI 总线接口的传输速度快，AGP 接口标准大大加快 3D 图形数据的传输，使 3D 动画及 3D 游戏为主的一些 3D 程序受益匪浅。

AGP 总线的工作速度从 AGP1.0 标准确定的 1X（66 MHz）、2X（133 MHz）模式已发展到 AGP 2.0 标准确定的 4X（266 MHz）模式。目前市场上大部分主板 AGP 插槽，属于 AGP4X 规格。

现在已出现了 AGP 8X 接口标准，新标准使用的频率为 533 MHz，是原来的 2 倍，并且传输率高达 2 133 MB/s。部分新款的 AOpen 主板由于支持 AGP 8X，传输带宽达到了 2 133 MB/s，使用户可以大幅度提高图形处理的性能。

5. 微机内存

微机中使用的内存储器一般采用动态存储器（DRAM）和静态存储器（SRAM）两种，它们构成主存储器和高速缓冲存储器。

近年来，为了提高 DRAM 存储器的性能，存储器厂商采用了很多改进技术。现在微机中动态存储器主要采用同步动态存储器（Synchronous Dynamic RAM，SDRAM）、双速率（Double Data Rate SDRAM，DDR SDRAM）内存储器。美国 Rambus 公司研制了（Rambus DRAM，RDRAM）是一种性能更高、速度更快的内存。

微机中实际选用的内存容量与使用的软件规模有关，现在计算机标配内存一般为 2~4 GB，如安装 Windows 7 操作系统，至少选择 2 048 MB 以上的内存为好。

现在微机的内存储器都采用内存条，可以直接插在主板的内存条插槽上。内存条如图 1.11 所示，是由中央处理器直接访问的存储器，它存放着现在运行的程序和数据。

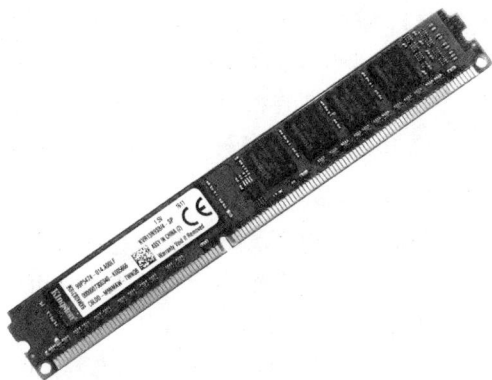

图 1.11　内存条

2014 年上市的 DDR4 内存的有效运行频率设定在 2 133~4 266 MHz 之间,运行电压降低至 1.2 V、1.1 V,甚至有 1.05 V 的超低压节能版,生产工艺首批采用 36 nm 或者 32 nm 生产,单条内存的容量达到 8 GB。根据计算机领域十分著名的摩尔法则,芯片上能够集成的晶体管数量每 18~24 个月将增加 1 倍。

1.3.2.5　外存储器

1. 硬盘驱动器

硬盘驱动器如图 1.12 所示,它将磁盘片完全密封在驱动器内,盘片不可更换。大多数硬盘驱动器的盘片转速高达 7 200 r/min,甚至 15 000 r/min,因此存取速度很快,而且容量已从过去的几十 MB,发展到现在的几千个 GB。目前,移动硬盘也正被广泛使用,它因具有数据存储量大、携带方便等优点而受到人们的青睐。

图 1.12　一款 SATA 硬盘存储器内部结构

由于在 Windows 系统对于多媒体、娱乐功能的强调,这不仅是对于显卡、内存,对于硬盘也提出了更高的要求。为了防止在数据传输上出现瓶颈,从而影响整体系统性能,使用 SATA 硬盘较为合适,毕竟 IDE 硬盘在安装、传输速率及功耗、抗震、噪声等多方面都要逊于 SATA 硬盘,加之现在两者的市场价格相差无几,这也是选择 SATA 硬盘的一个重要原因。

SATA 1.0 规范规定的标准传输率可以达到 750 MB/s,新诞生的 SATA 3.0 可达到 6 GB/s 的传输率,这样可以充分发挥 Serial ATA 接口的性能优势。另外,在安装上首先 SA-TA 的连接线非常方便,而且 SATA 最重要的特性就是支持热插拔。串行 SATA 方式通过更好的数据校验方式,信号电压低可以有效减小各种干扰,从而大大提高数据传输的效率。

2. 用集成电路制成的可移动外存。

目前,一种用半导体集成电路制成的电子盘正在逐渐成为可移动外存的新宠。电子盘分为优盘和移动硬盘,其原理相同,是用"闪存"作为存储介质的,可反复存取数据,不需另外的硬驱动设备,使用时只要插入计算机中的 USB 插口即可。USB 接口的传输速度为:USB 1.1 接口可达 12 MB/s,USB 2.0 接口可达 480 MB/s,USB 3.0 接口则达到 5 ~ 10 GB/s (640 MB/s)。"电子盘"在 Windows 2000、Windows XP、Windows 2003 操作系统中使用时不必另外安装驱动程序,在 Windows 98 下则需要安装相应的驱动程序。

第一代"优盘"数据读取速度可达 800 KB/s,存取可靠性高,容量可超过 512 MB,数据保存可达 10 年,而现在市场上最快的 USB 3.0 优盘读取速度可达 240 MB/s,如图 1.13 所示。随着 Flash RAM 价格的不断降低,64 GB 以上的优盘也已诞生,软盘的地位已经被它所取代,新配计算机软驱已经不再是标配件。

图 1.13   优盘(电子盘)

移动硬盘容量大,里面一般安装有 3.5 in 笔记本硬盘或 1.8 in 的微型硬盘,容量可达 2~3 TB。它因携带方便而受到了用户的喜爱,其外形如图 1.14 所示。

3. 光盘存储器

光盘存储器根据所用存储介质和读写激光类型的不同,分为 CD、DVD、蓝光 DVD(即蓝光光碟 Blu-ray Disc,BD)等几类。

CD 类型光盘存储器的容量在 650 MB 左右,存取速度要慢于硬盘。CD 光盘存储器有三种类型:只读型(CD-ROM)、一次写入型(CD-R)、可擦写型(CD-RW)。光盘存储器中引人注目的是 DVD-ROM,特别是可擦写的 DVD-RAM,可重写数千次,而且容量更大,是 CD 盘片的 7~20 倍,读取速度更快。正在逐步普及的蓝光 DVD 是高清电影存储的最佳载体,其一个单层的蓝光光碟的容量为 25 GB 或是 27 GB,通常一个光盘是双层的,可以实际保存近 50 GB 的数据,足够保存一部全高清(1 920×1 080 分辨率)3D 电影(含多个声道环绕声音频、多个语言版本的字幕)数据。

光盘中数据是怎样存放的?数据的存放格式是:CD 的中心是导入区,记录了数据开始记录的位置,接着是目录表,记载了文档目录以及结构的信息,CD 的主体数据紧接着目录表区

图 1.14　移动硬盘

域,由中心向外以螺旋状放置。CD 的表面上用激光刻录了许多凹凸不平的信号点,凹凸两种状态分别表示 0 和 1。

CD 上数据的读取原理是:光盘驱动器中有一个激光束发射装置,当激光束打到圆滑凸起的部分时,激光会散射开来,以至于不会传回激光读取头,这时光感测器就会记录一个 OFF 的记号。相反的,如果激光打到凹面的地方时,激光会反射回到激光读取头上面,光感测器便会记下一个 ON 信号。CD-ROM 驱动器不断地把 ON、OFF 信号传给解码电路,由解码电路将信号解释为计算机可识别的 0、1 数字信号,这就是 CD-ROM 驱动器读取 CD 数据的过程。光盘驱动器如图 1.15 所示。

图 1.15　光盘驱动器

1.3.2.6　显示系统

显示系统由显示卡(又称显示适配卡)和显示器构成,是外设中十分重要的设备。

1. 显示卡

显示卡是连接显示器与主机的接口电路板,它传送数据的能力也很大地影响计算机整体运行的速度,如图 1.16 所示,显示卡的主要指标包括显示内存的大小、支持分辨率、产生的色彩多少、刷新速率以及图形加速性能等。一般来说,显示内存越大产生的分辨率越高,色彩显示能力越强。显示存储空间和水平分辨率、垂直分辨率以及色彩数目之间的关系如下:

显示存储空间=水平分辨率×垂直分辨率×$\log_2$(色彩数目)/8 Bytes

图 1.16 显示卡

不同的色彩制式所占的内存是不同的。例如,16 色的制式每个像素只需要 4 个 bit(0.5 个字节)就可表示。若显示 16 M 的色彩,则需 24 bits($\log_2 16$ M=24),每个像素要用 3 个字节才能表示。由此可得:640×480,16 M 色显示模式,需要 640×480×$\log_2 16$/(8×1 024)=150 KB 的存储空间,而 800×600,16 M 色的显示模式,则需要 800×600×$\log_2$(16 M)/(8×1 024×1 024)≈1.4 MB 的显存。

微机中所采用的显示卡主要有:彩色图形显示控制卡(Color Graphics Adapter,CGA)、增强型图形显示控制卡(Enhanced Graphics Adapter,EGA)和视频图形显示控制卡(Video Graphics Array,VGA)几种。标准的 VGA 卡的分辨率是 640×480,16 种颜色,现在流行的全是增强型的 VGA 卡,如 SVGA(Super VGA)和 TVGA,它的分辨率可达到 1 024×768,甚至可达到 1 280×1 024,目前 PCI-E 显卡的分辨率可达到 2 048×1 536。随着宽屏显示器的流行,16:9 或 16:10 比例,1 920×1 080 或 1 920×1 200 显示分辨率成为主流。

2. 显示器

显示器直接作用于人们的视觉感官。显示器主要有采用 CRT 显像管的显示器、液晶材料的显示器,还有近几年发展起来的 OLED 显示器。

显示器的指标:点距,照片中图像的清晰由显示颗粒的大小和密度决定,显示屏幕上的图形、图像的清晰度取决于点距的大小,事实上,用户在画面上看到的一个点是由 R、G、B(红、绿、蓝)3 个小点组成,点距的数值为相邻的两组同种颜色像素(Pixel)点的距离,显然点距越小,像素间隔越紧,图像就显得越细腻。像素的规格有 0.31 mm、0.28 mm、0.26 mm、0.24 mm、0.20 mm。显示器的另一个指标是扫描频率:荧光屏由一颗颗磷质发光体组成,当电子束打在磷质发光体上,形成一个发亮的图点,电子束从左到右由上而下不停地做周期性的扫描,使得只有很短暂的发光时间的磷质发光体不断地激发亮起,这个过程称为屏幕刷新。

那么,1 个画面 1 s 内究竟要刷新多少次才算平稳呢? 这就是所谓的垂直扫描频率。如果一秒钟扫描 60 次,就称该显示器的扫描频率为 60 Hz。对于分辨率为 640×480 的画面,60 Hz 的扫描频率是基本要求。更高分辨率的设置画面最好用 75 Hz 以上的扫描频率才能使画面不闪烁。水平扫描频率是指显示器每秒钟可以产生的水平线数目。标准的 VGA 的水平扫描频率为 31.5 kHz,一般家庭用电视机的水平扫描频率为 15.75 kHz,因此,近看电视画面时会有闪动的感觉。一台显示器产生的垂直扫描频率和水平扫描频率越高,就越能得到较大的应用调整范围。

常用的显示器的屏幕尺寸逐渐向宽屏大尺寸发展,CRT 显像管显示器已经被淘汰;低能耗、高清低辐射的液晶显示器成为市场主流,价格也在不断下降中。

1.3.3　多媒体计算机

多媒体计算机技术是 20 世纪 80 年代展现在人们面前的一种能处理多种媒体信息的计算机技术。以前使用的纯粹处理数学信息的计算机与人们日常生活没有什么联系,计算机似乎是科学、数学计算等相关概念的一种代名词,自从多媒体技术在计算机上的应用和多媒体产品的开发,多媒体计算机成为当今社会男女老少皆可使用的计算机。购买多媒体电脑成为人们的时髦消费。多媒体技术的发展和应用,打开了它的巨大的市场潜力,极大地推动了工业、农业、科学技术的相互渗透和飞速发展,对人类社会产生的影响和作用将是长期的和深远的。利用多媒体技术和通信技术的协同工作,人们普遍认为,在 21 世纪的信息社会中,它正在改变着人们的思维观念、人们的生活习惯,使计算机有了更广泛的用途。

1.3.3.1　媒体的基本概念

媒体在计算机领域中有两种含义:一是指用以存储信息的载体,例如磁盘、光盘、磁带和半导体存储器等;二是指表示信息的载体,例如文本、声音、图形、图像、动画、音频和视频等。

1.3.3.2　多媒体计算机技术

多媒体计算机技术是一种基于计算机的处理多种信息媒体的综合技术,包括数字化信息的处理技术、多媒体计算机系统技术、多媒体数据库技术、多媒体通信技术和多媒体人机界面技术等。多媒体技术具有集成性、交互性、数字化、可控制性、实时性、非线性等特点,从而得到广泛的应用。

1. 数字化技术

数字化技术是在采样过程中将音频从模拟信号到数字信号的硬件转换技术(A/D 转换器);在音频还原过程中从数字信号到模拟信号的转换器(D/A 转换器)。另外还要实现的是视频信息的数字化技术,这其中由 3 个模块组成,分别是视频信号采集模块,将模拟视频信号转换成数字视频信号;音频信号采集模块,完成对音频信号的采样和量化;总线接口模块,用来实现对视频、音频信息采集的控制,并将采样、量化后的数字信息存储到计算机中。

2. 数据的压缩和解压缩技术。

多媒体信息中主要处理的是视频和音频数据,而视频和音频数据一经数字化后,数据量非常庞大,例如一帧分辨率为 800×600 真彩色 16 M 的图像,数字视频图像的数据量可按前面介绍的计算方法得出约占 1.4 MB 的存储空间,以 NTSC(National Television Systems Committee)的播放制式,每秒播放 30 幅的速度,那么每秒钟的数据将达 42 MB,一张 650 MB 的光盘也就可放 15 s 时间;双通道立体声的音频数字数据量为 1.4 MB/s,一张 650 MB 的光盘只能存储 7 min 多一点声音的音频数据。一部放映时间为 2 h 的电影或电视剧,其视频和音频的数据量约占 312 480 MB 的存储空间,用一般的 CD 盘存放这样的信息几乎没有什么实用价值,存储空间成为人们有效获取和利用信息的一个瓶颈问题。解决的方法是在存放时把这些信息压缩,在使用时把数据解压缩还原。压缩就是将信息数据原有的存储格式,经过变换,得到另一种记录格式,从而缩短数据的保存量;数据信息在使用时再经过还原处理,还原处理称为解压缩。

需要说明的是,压缩和解压缩这些算法都有一定的不对称性,这种不对称性分为两种:第一种是压缩时间的不对称,压缩以软件方法完成,要花费大量的时间,解压缩则可用硬件解码器实施完成,速度较快。第二种不对称属于压缩和解压缩过程的不可逆性。例如,将一个视频信号经过压缩后,再解压还原,解压缩结果与压缩前信号稍有不同,一般来说是可以接受的。称此为有损压缩,而把处理前后完全一致的压缩与解压缩系统称为无损压缩系统。实际上有损压缩十分重要,它可以用少量的数据损失换取更大的压缩。

无损压缩的图像格式有 BMP、TIFF、PCX 等,有损压缩常用的图像压缩技术有 JPEG、GIF,压缩可获得 10∶1 到 80∶1 的压缩比;视频压缩有 MPEG,压缩可获得 50∶1 到 100∶1 的压缩比。

3. 大规模集成电路(VLSI)制造技术

声音和图像信息的压缩处理要求进行大量的计算,有些数据的处理(例如视频图像的压缩)还要求实时完成。VLSI 技术的进步,使生产价格低廉的数字信号处理器(DSP)芯片成为可能。DSP 芯片是为完成某种特定信号处理而设计的信号处理器,在通用计算机上需要多条指令才能完成处理,在 DSP 上用一条指令即可完成。可以说是 VLSI 技术为多媒体技术的普遍应用创造了必要条件。另外,为了使用个人计算机在多媒体应用中有较为理想的处理能力,目前的 CPU 增加了处理多媒体信息的指令和功能。

4. 大容量存储器。

数字化的多媒体信息虽然经过压缩处理,但是仍包含大量数据。视频图像在未经压缩处理时的每秒数据量为 28 MB,经压缩处理后,每分钟的数据量降至 8.4 MB。大容量只读光盘存储器(CD-ROM)的出现,正好解决了这些数据的存储问题。每张 CD-ROM 可以存储约 650 MB 的数据;每张 DVD-ROM 可存储 5 GB 的数据,而且价格也相当低廉。

5. 实时多任务操作系统。

多媒体技术需要同时处理声音、文字、图像等多种媒体信息,其中声音和视频图像还要求实时处理。因为声音的播放不能中断,视频图像要求以视频速率(即 30 帧/秒)来显示。因此,需要能支持对多媒体信息进行实时处理的多任务操作系统。目前的 Linux、Windows 等操作系统均能满足这样的需求。

1.3.3.3 多媒体计算机

具有多媒体功能的计算机叫多媒体计算机(MPC),现在配置的微型计算机都趋向多媒体要求组合,MPC 的主要硬件配置是在普通计算机配置(CPU、内存、硬盘、显示器、键盘、鼠标、显示卡)的基础上,增加 CD-ROM(或 DVD)、音频卡和音响、视频卡(不是必需)即可。CD-ROM(或 DVD)可解读大容量的光盘,解决多媒体信息的大容量存储问题,CD-ROM 的主要衡量指标之一是数据传输速度,以 150 KB/s 为倍速,目前已发展到 52 倍速,如有可能配置

DVD-ROM(16倍速)甚至蓝光DVD则可储存更多的信息量,一部电影的信息用CD存放需要3张盘片,而用DVD存放只要一张就可以了,而全高清电影非得用蓝光DVD存储不可;音频卡完成声音信号的数字化、压缩、存储、解压和回放等功能,并提供各种声音设备的接口与集成能力;视频卡以硬件方式快速有效地解决活动图像信号的数字化、压缩、存储、解压和回放等重要视频处理和标准化问题,并提供各种视频设备的接口与集成能力,为多媒体计算机与电视机、录音机、摄像机提供一个接口。如果用户仅想利用计算机观看VCD或DVD,目前微机上配置的显示卡,都能满足观看的要求。

思考题

1.上网查询全高清显示技术和超清显示技术发展和产品概况。
2.上网进入太平洋电脑网,尝试模拟消费者从计算机产品报价及性能介绍中为自己配置一套计算机。

任务1.4 掌握计算机软件系统与信息表示

学习目的

通过该任务的学习,同学们应该熟悉计算机软件系统,掌握二进制、八进制、十进制和十六位进制数值的相互转换,掌握二进制数据的基本运算,熟悉计算机中信息的表示方法,为下阶段的计算机应用学习打下基础。

1.4.1 计算机软件系统

软件是指计算机程序及其有关文档的集合,计算机软件系统中分为系统软件和应用软件。没有任何软件支持的计算机称为裸机,裸机几乎是不能工作的。因此,计算机功能的强弱也取决于软件配备的丰富程度。

1.4.1.1 系统软件

系统软件是负责管理、控制、维护、开发计算机的软硬件资源,提供给用户一个便利的操作界面和提供编制应用软件的资源环境。

系统软件中最主要的是操作系统,另外还包括语言处理程序、系统实用程序、各种工具软件等。

1.操作系统

操作系统(Operating System, OS)是对所有软硬件资源进行统一管理、调度及分配的核心软件,是用户同计算机之间的接口。

例如,如果想从硬盘中读取一个文件,运行后,其结果从显示器上输出;只要用键盘输入该硬盘名及程序名,这时操作系统先分析键入的命令的有效性,然后定位文件所在的设备位置,找出该文件,将其读入内存,动态地分配到内存的空间中,按文件程序编写的指令顺序,控制 CPU 逐条执行,这时若有另外的程序也要运行,操作系统还要保证这几个作业的同步进行,按轻重缓急运行,最后操作系统将结果送到输出设备——显示器上。

因此,用户操作计算机实际上是通过使用操作系统来进行的,操作系统是用户和计算机的一个接口。操作系统是所有软件的基础和核心,常见的操作系统有 Windows XP、Windows 7、Linux 等。

2. 语言处理程序

语言处理程序属于系统软件的范畴。

编写程序是利用计算机解决问题的主要方法和手段。计算机语言不断地发展及完善,编制程序的环境,描述问题的方法越来越贴近人的思维方式。

(1)低级语言

①机器语言

机器语言表现为由"0"和"1"组成的二进制编码形式,是 CPU 能直接执行的最低层语言,是计算机发展初期或硬件工作人员经常使用的语言,属于第一代程序设计语言。这种语言是面向机器的语言,用机器语言编写的程序只能在同类型(具有相同的指令集)的机器上使用,不同的 CPU 有不同的指令系统,机器语言是唯一计算机硬件能直接识别并执行的语言,不需做任何处理,所以运行速度很快,但缺点是用它来编写程序是一件十分困难的事情,指令代码的含义不直观、不易阅读和记忆,编写时费力、容易出错、难以修改。例如下面的一串二进制代码在 PC 微机中表示:清除累加器 AX,并将 105 单元中的值加到累加器中。

10111000 00000000 00000000 00000011 00000110 00000101 00000001

②汇编语言

汇编语言也是面向机器的语言,用助记符来表示机器语言的指令代码,基本上和机器指令一一对应,例如:MOV AX,0;ADD AX,[105]就是前述机器语言指令对应的汇编语言指令,属于第二代程序设计语言。助记符仅仅是机器语言的符号而已,同样从属于不同类型的机器,所以与机器语言相比,除了较为直观、容易理解和记忆外,通用性也不强。而且编写的程序机器不能直接识别,必须经汇编程序翻译成计算机能够识别处理的二进制目标代码程序(目标程序),再经过连接,形成可执行程序才能运行。将汇编语言源程序用汇编程序翻译成目标程序的过程称作汇编的过程,如图 1.17 所示。

图 1.17　用汇编语言生成可执行代码的示意图

汇编语言和机器指令一样,与计算机的硬件密切相关,因此被称为"面向机器的语言"。

（2）高级语言

高级语言也称算法语言,属于第三代程序设计语言。它的语句一般都采用自然语言的词汇,并且使用与自然语言语法相近的封闭语法体系,使得程序易于阅读和理解,它克服了低级语言在编程和识别上的不便,与自然语言和数学语言比较接近,它不必熟悉指令系统;另一方面,高级语言是面向问题的求解过程而独立于具体的机器系统,具有较强的通用性和可移植性,高级语言由语句组成,每一条语句对应着一组机器指令,高级语言程序不能直接执行,高级语言必须经过翻译程序译成机器语言目标代码才能执行。翻译有两种方式:编译方式和解释方式。编译方式是通过相应语言的编译程序将源程序一次全部翻译成目标程序,再通过连接程序的连接,最终处理成可直接运行的可执行程序;解释方式是通过相应语言的解释程序将源程序逐句解释成一组机器指令(目标代码),解释一句,执行一句,直到程序执行完毕,如图 1.18 所示。

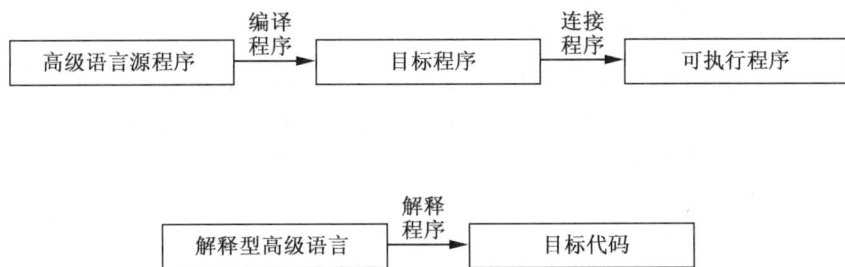

图 1.18 两种类型的高级语言生成可执行代码的示意图

典型的高级语言有 BASIC、FORTRAN、COBOL、PASCAL、C、LISP 等,高级语言虽然方便了编程人员,提高了编程效率,但运行速度比低级语言慢。

计算机语言还在发展中,图形操作系统的出现,使程序设计语言发生了很大的变化,产生了系列面向对象的编程语言,如 Visual Basic、Visual C++和 Delphi 等。随着 Internet 技术的发展,又出现了一些用于 Web 开发的语言,如 Java。

1.4.1.2 应用软件

应用软件是为解决实际问题而专门编制的程序。

字表编辑软件(如 Word 2000)、表格处理软件、辅助设计软件、信息管理软件、绘图软件、计算软件、机器维护软件、杀病毒软件及其他工具软件等,都属于应用软件。

操作系统位于整个软件的核心位置,其他系统软件处于操作系统的外层,应用软件则处于计算机软件的最外壳,如图 1.19 所示。

至今为止,计算机的工作原理仍然采用存储程序和程序控制原理,计算机能够完成一系列的工作是根据指令功能控制程序的执行来实现的。

1.4.1.3 指令

指令是计算机所要执行的一种基本操作命令,是对计算机进行程序控制的最小单位,计算机根据指令的性质完成一个操作步骤。一条指令包括操作码和操作数两部分:操作码决定指

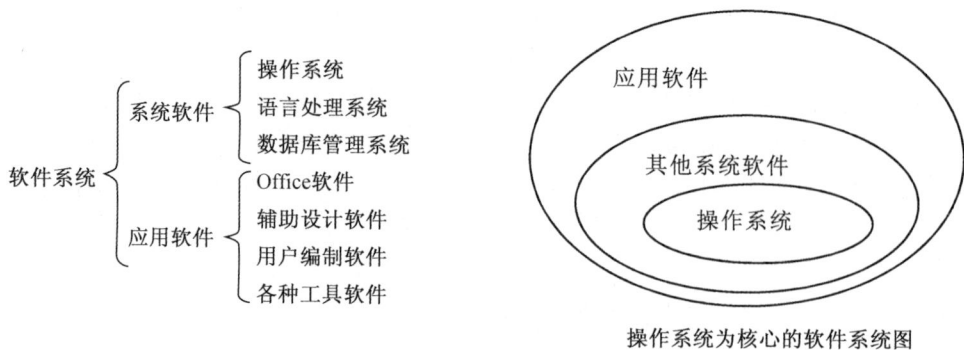

操作系统为核心的软件系统图

图 1.19 软件系统分类示意图

令的功能;操作数提供操作对象的数据或数据存放的地址。

一台计算机可以有许多指令,所有指令的集合称为指令系统。各种类型的计算机的指令系统都不相同,不同的指令系统中的指令数目和功能有着很大的差异。指令系统的内核是硬件,随着硬件成本的下降,人们为提高计算机的适用范围,不断增加指令系统中的指令,以求尽可能缩小指令系统与高级语言的语义差异,并且在增加新的指令系统时仍然保留了老机器指令系统中的所有指令。

1.4.1.4 程序

程序是由设计者为完成既定任务的一组指令序列,并取以文件名,称为程序文件,存放在外存储器上。程序要读入计算机的内存中才能运行,计算机执行程序的过程是按照程序设计时的流程依次执行其中的指令,这就是"存储程序"与"程序控制"原理。

1.4.1.5 计算机基本工作原理

计算机在运行时,先从内存中取出第一条指令,通过控制器的译码,按指令的要求,从存储器中取出数据进行指定的运算和逻辑操作等加工,然后再按地址把结果送到内存中去。接下来,再取出第二条指令,在控制器的指挥下完成规定操作。依此进行下去,直至遇到停止指令。程序与数据一样存储,按程序编排的顺序,一步一步地取出指令,自动地完成指令规定的操作是计算机最基本的工作原理。

1.4.2 计算机操作系统

1.4.2.1 操作系统的概念

操作系统是配置在计算机硬件上的第一层软件,是对硬件系统的首次扩充。它在计算机系统中占据了特别重要的地位;而其他的诸如编译程序、数据库管理系统等系统软件,以及大量的应用软件,都依赖于操作系统的支持,取得它的服务。操作系统已成现代计算机系统(大、中、小及微型机)、多处理机系统、计算机网络、多媒体系统以及嵌入式系统中都必须配置的、最重要的系统软件,操作系统在计算机系统中的作用可以从以下三个方面来理解。

1.操作系统是用户与计算机硬件之间的接口

操作系统作为计算机硬件上的第一层软件,其主要作用就是向用户提供良好的工作环境,使用户可以直接调用操作系统提供的各种功能,而无须了解软、硬件本身的细节。从用户的角度来看,操作系统便成为用户与计算机硬件之间的一个接口。通过这个接口,用户可以方便地使用计算机。

2.操作系统为用户提供了一个虚拟的计算机

在机器语言级上,计算机的体系结构是原始的且编程是很困难的,尤其是输入和输出操作。例如,当用户使用磁盘来进行文件操作时,必须得了解磁盘的各种参数(如磁盘的扇区数、物理介质的记录格式等)。很显然,这对程序员的编程造成了很大的困难。而操作系统隐藏了计算机硬件的底层特性,向用户提供了一个虚拟的计算机系统,使用户在无须了解硬件特性的情况下,方便地访问计算机的硬件功能。从某种意义上说,操作系统为用户提供了一台扩展的机器,称为虚拟机,它比底层硬件的功能更强,更易于编程和使用。

3.操作系统是计算机系统的资源管理者

用户程序的运行需要相应的资源,如处理器、内存、输入法和输出设备等。在现代操作系统中,计算机系统的这些资源是被其他程序共享的,因而程序的性能受到资源和其他同时执行程序的影响。这就要求操作系统必须监视系统资源的使用状态,优化各种计算资源,合理分配资源以保证各个程序的正确执行。操作系统类似于政府,管理着各种资源,并对提出资源要求的程序(或人)做出相应的应答。

总之,操作系统是计算机系统中最重要的系统软件,是其他程序运行的基础。目前对操作系统的定义,比较通用的一个是:操作系统是控制和管理计算机硬件和软件资源,合理地进行资源的分配和调度,规范计算机工作流程,以方便用户使用的程序集合。

1.4.2.2 操作系统的分类

按照操作系统提供的服务进行分类,大致可以将操作系统分成以下几类。

1.批处理操作系统

批处理(Batch Processing)操作系统的工作方式是用户将作业交给系统操作员,系统操作员将许多用户的作业组成一批作业,之后输入到计算机中,在系统中形成一个自动转接的连续的作业流,然后启动操作系统,系统自动、依次执行每个作业。最后由操作员将作业结果交给用户。批处理操作系统可以最大限度地利用CPU,提高计算机系统的使用效率。批处理操作系统又分为单道批处理系统与多道批处理系统,它们之间的区别在于,多道批处理系统可以在内存中放入多个作业,而单道批处理系统则不行。

2.分时操作系统

分时操作系统允许多个用户同时与计算机系统进行一系列的交互,并使得每个用户感到好像自己独占一台支持自己请求服务的计算机系统就是分时系统。在分时系统中,为了使一个计算机系统能同时为多个终端用户服务,系统采用了分时技术,即把CPU时间划分成许多时间片,每个终端用户可以使用一个由时间片规定的CPU时间。这样,多个终端用户就可以轮流地使用CPU时间。

3. 实时操作系统

实时操作系统能使计算机系统接收到外部信号后及时进行处理，并且在严格的规定时间内处理结束，再给出反馈信号的操作系统称为实时操作系统。实时操作系统特别强调的实时性，即对时间的要求是非常严格的。如果在规定的时间段内不能及时做出响应，那么产生的后果将会是非常严重的。

4. 网络操作系统

网络操作系统是在单机操作系统的基础上发展起来的，能够管理网络通信和网络上的共享资源，协调各个主机上任务的运行，并向用户提供统一、高效、方便易用的网络接口的一种操作系统。

5. 分布式操作系统

分布式操作系统是适用于分布式系统的操作系统。分布式系统由多个处理单元构成，每个处理单元都有独立的处理能力，能够独立承担系统分配的任务。各个处理单元通过网络连接起来，在统一的分布式操作系统的控制和管理下，实现各处理单元间的通信、资源共享，动态地分配任务，并对任务进行并行处理。

1.4.2.3 常用操作系统简介

目前常用的操作系统有：MS-DOS、Windows、UNIX、Linux 等。

1. MS-DOS

MS-DOS 操作系统是微软公司在 1981 年为 IBM-PC 微型机开发的操作系统。它是一种单用户、单任务的操作系统。在运行时，单个用户的唯一任务占用计算机上的软、硬件资源。MS-DOS 有很明显的弱点：一是它作为单任务操作系统已不能满足需要。二是由于最初是为 16 位微处理器开发的，因而所能访问的主存地址空间太小，限制了微型机的性能。三是由于是字符界面，使用起来比较困难。现在 MS-DOS 操作系统已退出了历史舞台。

2. Windows 操作系统

Windows 是基于图形用户界面的操作系统，因其生动、形象的用户界面，简便的操作方法，吸引着成千上万的用户。Windows 系列的操作系统从最初的 Windows 95、Windows 98 到 Windows 2000、Windows XP、Windows 7，功能不断强大，系统的稳定性、易用性不断得到提高。本章以 Windows 7 操作系统为例，讲述在 Windows 7 系统下的计算机的基本操作。

3. UNIX 操作系统

UNIX 操作系统是一个强大的多用户、多任务操作系统，支持多种处理器架构，最早由 Ken Thompson、Dennis Ritchie 和 Douglas McIlroy 于 1969 年在 AT&T 的贝尔实验室开发。经过长期的发展和完善，目前已成长为一种主流的操作系统技术和基于这种技术的产品大家族。由于 UNIX 具有技术成熟、可靠性高、网络和数据库功能强、伸缩性突出和开放性好等特点，可满足各行各业的实际需要，特别能满足企业重要业务的需要，已经成为主要的工作站平台和重要的企业操作平台。基于 UNIX 的操作系统有 IBM 的 AIX、HP 的 HP-UX、SUN 公司的 Solaris 等。互联网上的服务器，有许多使用的就是 UNIX 系列的操作系统。

4. Linux 操作系统

Linux 最早由一位名叫 Linus Torvalds 的计算机爱好者开发,当时他是芬兰赫尔辛基大学的学生。他的目的是设计一个代替 Minix(由一位名叫 Andrew Tannebaum 的计算机教授编写的一个操作系统示范教学程序)的操作系统,这个操作系统可用于 386、486 或奔腾处理器的个人计算机上,并且具有 UNIX 操作系统的全部功能。Linux 以它的高效性和灵活性著称。它能够在个人计算机上实现全部的 UNIX 特性,具有多任务、多用户的能力。Linux 可在 GNU 公共许可权限下免费获得,是一个符合 POSIX 标准的操作系统。Linux 操作系统软件包不仅包括完整的 Linux 操作系统,还包括文本编辑器、高级语言编译器等软件。它还包括带有多个窗口管理器的 X-Windows 图形用户界面,如同我们使用 Windows 一样,允许我们使用窗口、图标和菜单对系统进行操作。

目前国内具有自主知识产权的操作系统基本采用 Linux 开发。

1.4.3　进位计数制

计算机的基本功能是对数据进行运算和加工处理。数据有两种:一种是数值数据,如 3.141 6、−2.718 28…;另一种是非数值数据(信息),如 A、b、+、=…。无论哪一种数据,在计算机中都是用二进制数码表示的。数值处理采用二进制运算;非数值处理采用二进制编码,它们具有运算简单、电路实现方便、成本低廉等优点。

一种进位计数制包含一组数码符号和两个基本因素:

(1)数码——一组用来表示某种数制的符号。如:1、2、3、4、5、6、A、B。

(2)基数——数制所用的数码个数,用 R 表示,称 R 进制,其进位规律是"逢 R 进一、借一当 R"。如:十进制的基数是 10,逢 10 进 1、借 1 当 10。

(3)位权——数码在不同位置上的权值。在某进位制中,处于不同数位的数码,代表不同的数值,某一个数位的数值是由这位数码的值乘上这个位置的固定常数构成,这个固定常数称为"位权"。如:十进制的个位的位权是"1",百位的位权是"100"。

1.4.3.1　十进制

十进制数,它的数码是用 10 个不同的数字符号 0、1、…、8、9 来表示的。由于它有 10 个数码,因此基数为 10。数码处于不同的位置表示的大小是不同的,如 3 468.795 这个数中的 4 就表示 $4 \times 10^2 = 400$,这里把 10^n 称作位权,简称为"权",十进制数又可以表示成按"权"展开的多项式。例如:

$1\ 234.567 = 1 \times 10^3 + 2 \times 10^2 + 3 \times 10^1 + 4 \times 10^0 + 5 \times 10^{-1} + 6 \times 10^{-2} + 7 \times 10^{-3}$

十进制数的运算规则是逢 10 进 1、借 1 当 10。

1.4.3.2　二进制

计算机中的数据是以二进制形式存放的,二进制数的数码是用 0 和 1 两个字符来表示的。二进制的基数为 2,权为 2^n。对于一个二进制数,也可以表示成按权展开的多项式。例如:

$10110.101 = 1 \times 10^4 + 0 \times 10^3 + 1 \times 10^2 + 1 \times 10^1 + 0 \times 10^0 + 1 \times 10^{-1} + 0 \times 10^{-2} + 1 \times 10^{-3}$

二进制数的运算规则是逢 2 进 1,借 1 当 2。

1.4.3.3 八进制和十六进制

八进制数的数码是用0、1、…、6、7八个字符来表示的。八进制数基数为8,权为8^n,八进制数的运算规则是:逢8进1,借1当8。

十六进制数的数码是用0、1、…、9、A、B、C、D、E、F十六个字符来表示的。十六进制数的基为16,权为16^n,十六进制数的运算规则是:逢16进1,借1当16。

其中符号A对应十进制中的10,B表示11,…,F表示十进制中的15。

八进制和十六进制数主要是用来表示二进制数的,3位二进制数可用1位八进制数表示,4位二进制数可用1位十六进制数表示,使得用二进制数表示的指令易读、易写。

1.4.3.4 各种数制数的表示方式

各种数制的表示方式有以下3种格式:

第1种:$1011.101_{(2)}$,$13.5_{(8)}$,$11.625_{(10)}$,$B.A_{(16)}$

第2种:$(1011.101)_2$,$(13.5)_8$,$(11.625)_{10}$,$(B.A)_{16}$

第3种:1011.101B,13.5O,11.625D,B.AH

这里字母B、O、D、H分别表示二进制、八进制、十进制、十六进制。

1.4.4 数制之间的转换

1.4.4.1 二进制数、八进制数、十六进制数转换为十进制数

各种进制的数按权展开后求得结果即为十进制数。

例1.4 将二进制数$(1011.101)_2$转换成等值的十进制数。

$(1011.101)_2 = 1×2^3+0×2^2+1×2^1+1×2^0+1×2^{-1}+0×2^{-2}+1×2^{-3}$

$= 8+0+2+1+1/2+0+1/8$

$= (11.625)_{10}$

八进制数和十六进制数均可按位权展开转换成十进制数。

例1.5 将$(13.5)_8$,$(B.A)_{16}$分别转换成十进制数。

$(13.5)_8 = 1×8^1+3×8^0+5×8^{-1} = (11.625)_{10}$

$(B.A)_{16} = 11×16^0+10×16^{-1} = (11.625)_{10}$

1.4.4.2 十进制数转换为二进制数

对于十进制数的整数部分和小数部分在转换时须做不同的计算,分别求得后再组合。

(1)十进制整数转换为二进制数(除2取余法)

方法:逐次除以2,每次求得的余数即为二进制数整数部分各位的数码,直到商为0。

(2)十进制纯小数转换为二进制数(乘2取整法)

方法:逐次乘以2,每次乘积的整数部分即为二进制数小数各位的数码。

例1.6 把十进制数69.8125转换为二进制数。

对整数部分69转换:

$$\begin{array}{ccc}
\times \quad 2 & & \\
\overline{1.625\,0} & 0.625 & \\
& \times \quad 2 & \\
\cdot & \overline{\quad} & 0.25 \\
\cdot & \cdot & \times \quad 2 \\
\cdot & \cdot & \overline{0.50} \quad 0.5 \\
& & \times \quad 2 \\
\cdot & \cdot & \cdot \quad \overline{1.0}
\end{array}$$

取整数部分　　　1　　　　1　　　　0　　　　1

b_{-1}　　　b_{-2}　　　b_{-3}　　　b_{-4}

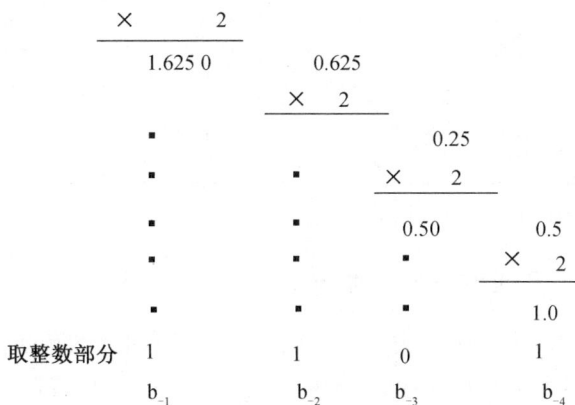

小数部分可得：　$(0.812\,5)_{10}=(0.110\,1)_2$

整数部分：$(69)_{10}=(1000101)_2$

十进制小数 0.8125 转换为二进制小数。

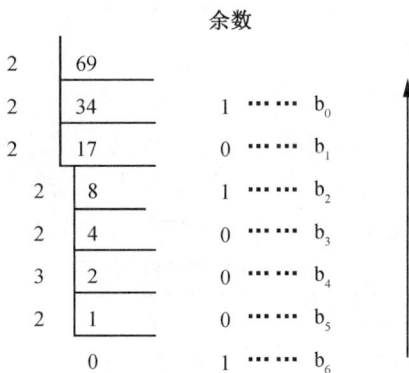

余数

$$\begin{array}{r|l l}
2 & 69 & \\
2 & 34 & 1 \cdots\cdots b_0 \\
2 & 17 & 0 \cdots\cdots b_1 \\
2 & 8 & 1 \cdots\cdots b_2 \\
2 & 4 & 0 \cdots\cdots b_3 \\
3 & 2 & 0 \cdots\cdots b_4 \\
2 & 1 & 0 \cdots\cdots b_5 \\
& 0 & 1 \cdots\cdots b_6
\end{array}$$

因此 69.8125D = 1000101.1101B

十进制数转换成八进制数和十六进制数也可用上述方法进行。

1.4.4.3　二进制数与八进制数的互相转换

1. 二进制数转换成八进制数

二进制数转换成八进制数的方法是：将二进制数从小数点开始分别向左（整数部分）和向右（小数部分）每 3 位二进制分成一组，转换成八进制数码中的一个数字，连接起来。不足 3 位时，对原数值用 0 补足 3 位。

例 1.7　把二进制数 $(11111010.11100011)_2$ 转换为八进制数。

二进制 3 位分组：	011	111	010	.	111	000	110
转换成 8 进数：	3	7	2	.	7	0	6

$(11111010.1110011)_2=(372.706)_8$

2. 八进制数转换成二进制数。

八进制数转换成二进制数方法是：将每一位八进制数写成相应的 3 位二进制数，再按顺序排列好。

例 1.8　把八进制数(3 273.24)₈转换为二进制数。

八进制 1 位	3	2	7	3	.	2	4
二进制 3 位	011	010	111	011	.	010	100

$(3\ 273.24)_8 = (11010111011.0101)_2$

1.4.4.4 二进制数与十六进制数的互相转换

二进制数与十六进制数的转换方法：和二进制数与八进制数的转换方法类似，这里十六进制数的 1 位与二进制数的 4 位数相对应，再按顺序排列好；而十六进制数与二进制数的转换，显然是将 4 位二进制数码为一组对应成 1 位十六进制数。

例 1.9　把二进制数(111000011110110.1)₂转换为十六进制数。

二进制 4 位分组：	0111	0000	1111	0110	.	1000
转换成 8 进数：	7	0	F	6	.	8

$(111,0000,1111,0110.1)_2 = (70F6.8)_{16}$

在这里我们看到二进制和八进制、十六进制之间的转换非常直观，因此，要把一个十进制数转换成二进制数也可以先转换为八进制数或十六进制数，然后再快速地转换成二进制数。

同样在转换中若要将十进制数转换为八进制数和十六进制数时。也可以先把十进制数转换成二进制数，然后再转换为八进制数或十六进制数，如表 1.1 所示为常用计数制对照表。

表 1.1　常用计数制对照表

十进制数	二进制数	八进制数	十六进制数
0	0000	0	0
1	0001	1	1
2	0010	2	2
3	0011	3	3
4	0100	4	4
5	0101	5	5
6	0110	6	6
7	0111	7	7
8	1000	10	8
9	1001	11	9
10	1010	12	A
11	1011	13	B
12	1100	14	C
13	1101	15	D
14	1110	16	E
15	1111	17	F
16	10000	20	10
…	…	…	…

例如:将十进制数 673 转换为二进制数,可以先转换成八进制数(除以 8 求余法)得 1241,再按每位八进数转为 3 位二进制数,求得 1010100001B,再用 4 位二进制数一组很快就能得到十六进制数 2A1H。

1.4.5 字符的二进制编码

1.4.5.1 ASCII 码

ASCII 码(American Standard Code for Information Interchange)是美国标准信息交换代码。ASCII 码用 7 位二进制数编码,可表示 128 个不同的字符。ASCII 码包括 52 个大小写英文字母、(0~9)10 个数字、32 个运算符号和标点符号和 34 个控制字符,如表 1.2 所示。编码值的大小大致为小写大于大写,大写大于数字,数字大于其他符号。

表 1.2 ASCII 码字符编码表

$b_3b_2b_1b_0$	$b_6b_5b_4$							
	000	001	010	011	100	101	110	111
0000	NUL	DLE	SP	0	@	P	`	p
0001	SOH	DC1	!	1	A	Q	a	q
0010	STX	DC2	"	2	B	R	b	r
0011	ETX	DC3	#	3	C	S	c	s
0100	EOT	DC4	$	4	D	T	d	t
0101	EBQ	NAK	%	5	E	U	e	u
0110	ACK	SYN	&	6	F	V	f	v
0111	BEL	ETB	'	7	G	W	g	w
1000	BS	CAN	(	8	H	X	h	x
1001	HT	EM	)	9	I	Y	i	y
1010	LF	SUB	*	:	J	Z	j	z
1011	VT	ESC	+	;	K	[	k	{
1100	FF	FS	,	<	L	\	l	|
1101	CR	GS	–	=	M	]	m	}
1110	SO	RS	.	>	N	^	n	~
1111	SI	US	/	?	O	_	o	DEL

1.4.5.2 BCD 码

BCD 码用 4 位二进制数表示一位十进制数,例如:BCD 码 1000 0010 0110 1001 按 4 位二进制一组分别转换,结果是十进制数 8269,一位 BCD 码中的 4 位二进制代码都是有权的,从左到右按高位到低位依次权是 8、4、2、1,这种二-十进制编码是一种有权码。1 位 BCD 码最小数是0000,最大数是1001。

1.4.5.3 汉字的国标码、区位码和内码及关系

汉字在计算机中如何表示呢?当然也是采用二进制的数值编码。我国1980年颁布了《信息交换用汉字编码字符集·基本集》,国家标准代号为GB 2312.80。规定了用连续的两个字节对应一个汉字进行编码。

GB 2312.80简称国标码,它规定每个图形字符由两个7位二进制编码表示,每个汉字占两个字节,每个字节内占用低7位,最高位为0。GB 2312.80共收录了汉字6 763个,各种字母符号682个,合计7 445个。这些汉字根据其常用程度又分为一级汉字、二级汉字。一级常用汉字3 755个,以拼音为序,约占近代文献汉字累计使用频度99.9%;二级汉字3008个,以偏旁部首为序。一级、二级汉字占累计使用频度99.99%以上。

GB 2312.80规定,所有的国标汉字与符号组成一个94×94的矩阵。矩阵中的每一行称为一个"区",每一列称为一个"位"。因此共有94个区(区号:01~94),每区94个位(位号:01~94)。例如:"啊"的国标码为3021H(即00110000,00100001)。

区位码是国标码的一种简单变形,将汉字和图形符号分成94个区,每个区分为94个位,用高字节表示区号,低字节表示位号,采用双字节(即区号和位号)对汉字和符号进行编码,即用连续的两个字节表示一个汉字的编码。一个汉字所在的区号和位号(十进制数)简单地组合在一起就构成了该汉字的"区位码"。区位码的分布如下:

1 区	常用符号(94)	8 区	汉语拼音字母、注音字母(63)
2 区	序号、数字(72)	9 区	制表符号(76)
3 区	GB1988.80 图形字符(94)	10~15 区	空白
4 区	日文平假名(83)	16~55 区	一级汉字(3755)
5 区	日文平假名(86)	56~87 区	二级汉字(3008)
6 区	希腊字母(48)	88~94 区	空白
7 区	俄文字母(33)		

区位码的编码范围是:0101D~9494D。例如,16区的01位是汉字"啊",则输入十进制数1601即可输入汉字"啊"。它是汉字输入码,区位码输入汉字没有重码,但背诵区位码表比较困难,而且无法输入词组,效率低。

区位码和国标码的关系:将某个汉字的区码和位码(十进制)分别转换成十六进制后,分别在区码和位码加上20H,即可得到相应的区位码。例如:"啊"的区码为16D,位码为01D转换成十六进制后区码为10H,位码为01H,分别加上20H后得到相应的国标码:3021H。

1.4.5.4 汉字机内码

计算机系统中用来表示中文或西文信息的代码称为机内码,简称内码。ASCII码是一种西文机内码,用一个字节表示。汉字机内码用连续两个字节表示,每个字节的最高位是1。

GB 2312.80的内码编码的范围为:A1A1H~FEFEH。汉字机内码与区位码的关系为:

汉字机内码高位字节=区位码高位字节+A0H

汉字机内码低位字节=区位码低位字节+A0H

例如,"啊"的区位码是1601,则:

高字节:$(16)_{10}+(A0)_{16}=(10)_{16}+(A0)_{16}=(B0)_{16}$

低字节:$(01)_{10}+(A0)_{16}=(01)_{16}+(A0)_{16}=(A1)_{16}$

则"啊"的内码为B0A1H。

Windows XP 内置的内码输入法支持区位码、GBK 内码、UNICODE 码的输入。用户可以在区位码的输入状态下输入内码。即在区位码状态下,输入 1601 和 B0A1 都出现"啊"。

GBK 是汉字扩展内码规范,GBK 的目的是解决汉字收字不足、简繁同平面共存、简化代码体系间转换等汉字信息交换的瓶颈问题,它与 GB 2312.80 内码体系完全兼容,并向最终的国际统一双字节字符集标准 ISO 10646.1 迈进。用户可以使用"全拼"输入 GBK 中的汉字,采用"全拼"输入法输入汉字时,只要在切换到"全拼"输入状态后,用小写字母输入拼音原样。例如要输入"俶"字,它在"标准"或"五笔字型"输入法中均不能输入,但在"全拼"中只要输入 chu,再翻几页就可以找到。需要说明的是,该汉字因为不属于 GB 2312.80,故不能以仿宋体及楷体等字体显示,但可以用宋体、黑体、隶书等字体显示。

1.4.5.5 汉字输入码

汉字输入方法一般有两种实现途径:一是由计算机自动识别汉字,要求计算机模拟人的智能;二是由人来完成识别工作,将相应的计算机编码以手动方式用键盘输入计算机。

自动识别主要有 3 种方法:

一是利用汉字识别技术,通过特殊的手写笔在感应板上书写汉字进行输入;

二是利用语音识别技术,通过声音输入汉字;

三是扫描识别输入,即把印在纸上或写在纸上的汉字通过扫描仪输入计算机,再用相应的软件将输入的信息转换成汉字机内码。

计算机用的标准键盘只有几十个键,而汉字至少有数千个,因此用键盘输入汉字,需对汉字进行编码。从 20 世纪 80 年代开始,到目前已经有数百种汉字输入编码方案产生,如区位码、全拼、智能 ABC 等,它们属于外码。

按照编码原理,汉字输入码主要分为 4 类:顺序码(无重码)、音码、形码和以汉字的音、形相结合的音形码或形音码。

顺序码是将 GB 2312.80 中的所有汉字按一定顺序排列起来,予以编码,如区位码、国标码、电报码,它们无重码。音码是指采用汉语拼音的编码方式,常见的有智能 ABC、微软拼音、全拼、简拼、双拼等。形码是采用汉字字形(如偏旁、字根)来编码的,如五笔字型、五笔画等。音形码是结合汉字的拼音和字形信息的一种高效的汉字编码,如章码(后面介绍)。

1.4.5.6 汉字字库

汉字在输出时必须转换成人们熟悉的汉字形式输出才有意义。因此对每一个汉字,都要有对应的字的模型(简称字模)储存在计算机内,字模的集合就构成了字模库,简称字库。汉字输出时,需要先根据内码找到字库中对应的字模,再根据字模输出汉字。

构造汉字字形有两种方法:矢量(向量)法和点阵法。

矢量法是将汉字分解成笔画,每种笔画使用一段段的直线(矢量)近似地表示,这样每个字形都可以变成一连串的向量。

点阵方式又称"字模点阵码"。每一个汉字以点阵形式存储在记录介质上,有点的地方为"1",空白的地方为"0"。例如,可以将"杭"字画在图 1.20 所示的 16×16 的方格上,则"阿"字的字形码是 0000000000100、0111111111111110、…、0100000000010000。每一行为 16 位,共 16 行组成一个汉字的字形码,即共需要二进制位 16×16＝256 位,等于 32 字节。

0	0	0	0	0	0	0	0	0	0	0	0	0	■	0	0
0	■	■	■	■	■	■	■	■	■	■	■	■	■	■	0
0	■	0	0	0	■	0	0	0	0	0	0	■	0	0	0
0	0	0	0	■	0	0	0	0	0	00	0	■	0	0	0
0	■	0	0	0	0	0	0	0	0	0	■	0	0	0	0
0	■	0	0	■	0	0	■	0	0	■	0	0	0	0	0
0	■	0	0	■	0	0	0	0	0	■	0	0	0	0	0
0	■	0	0	■	0	0	0	0	0	■	0	0	0	0	0
0	■	0	0	■	0	0	0	0	0	■	0	0	0	0	0
0	■	0	0	■	0	■	■	0	0	■	0	0	0	0	0
0	■	0	■	■	0	0	■	0	0	■	0	0	0	0	0
0	0	0	■	0	0	0	0	0	0	■	0	0	0	0	0
0	■	0	0	0	0	0	0	0	0	■	0	0	0	0	0
0	■	0	0	0	0	0	0	0	■	0	0	0	0	0	0

图 1.20　用 16×16 点阵组成"阿"的字形

汉字字形点阵的规格可以是 16×16、24×24、32×32、40×40、48×48、64×64、96×96 等,用 96×96 点阵表示一个汉字,需要 96×96÷8＝1 152 个字节。点阵规模越大,每个汉字存储的字节数就越多,字库也就越庞大。但字形分辨率越好,字形也越美观。

大多数汉字信息处理系统把汉字字库存放在磁盘上,这样的字库称为"软字库",使用时全部或部分调入内存储器,并通过专门的软件实现从汉字机内码转变为对应的汉字字模点阵码的地址,根据地址找到相应的字形码。

相对于"软字库",一般将固化在 EPROM 或 MASK-ROM 的芯片中的汉字字库称为"硬字库"。一般打印机等设备中都安装有带有固化汉字库的集成电路芯片,以提高输出汉字的速度。

1.4.6　二进制数的运算

在计算机中,二进制数可作算术运算和逻辑运算。

1.4.6.1　算术运算

加法:0+0=0　　1+0=0+1=1　　1+1=10。

减法:0-0=0　10-1=1　1-0=1　1-1=0。

乘法:0×0=0　0×1=1×0=0　1×1=1。

除法:0/1=0　1/1=1。

1.4.6.2 逻辑运算

1.或:"∨""+"

0∨0=0 0∨1=1 1∨0=1 1∨1=1。

或运算中,当两个逻辑值只要有一个为1时,结果为1,否则为0。

例1.10 要判断成绩X是否处在小于60或者成绩Y是否处在大于95的分数段中,可用这样表示:(X<60)∨(Y>95)

若X=70、Y=88时,这时X<60和Y>95条件都不满足,两表达式结果均为0,"∨"运算结果为0;

若X小于60,则X<60的表达式满足为1,而无论Y取何值,这时"∨"运算结果为1。

同样只要Y大于95分,而无论X取何值,这时"∨"运算结果为1。

如果X=50,Y=98,这时X<60满足(为1),Y>95亦满足(为1);"∨"运算结果为1。

2.与:"∧""·"

0∧0=0 0∧1=0 1∧0=0 1∧1=1

与运算中,当两个逻辑值都为1时,结果为1,否则为0。

例1.11 一批合格产品的标准需控制在205~380之间,要判断某一产品质量参数X是否合格,可用这样表示:(X>205)∧(X<380)

当X的值不在该区间内时,X>205与X<380条件中至少有一个条件不满足("∧"运算规则中的前3种情况),"∧"结果为0,产品为不合格。

当X的值在该区间内时,X>205与X<380条件同时满足都为1,"∧"结果为1。

3.非:"‾"

非运算中,对每位的逻辑值取反。

规则:$\bar{1}=0$　　$\bar{0}=1$

例1.12 若用1表示性别为男,则$\bar{1}$表示女。

4.异或:"⊕"

$$0⊕0=0　　0⊕1=1　　1⊕0=1　　1⊕1=0$$

异或运算中,当两个逻辑值不相同时,结果为1,否则为0。

思考题

1.一部23万的中文小说,至少需要多大的存储容量来存储,一张670 MB的CD光盘,可以存储这样的小说大概多少部?

2.请用准确的语言描述:20周岁(含)以下男共青团员的以外人员。

任务1.5 熟悉和掌握多媒体技术基础知识

学习目的

多媒体技术是信息社会的重要技术,通过本项任务的学习,大家要基本掌握计算机多媒体的相关概念,了解多媒体技术的发展历程,熟悉多媒体系统的组成和多媒体系统的应用,掌握多媒体技术的基本概念。

1.5.1 多媒体计算机技术

1.5.1.1 多媒体技术

多媒体译自英文 Multimedia 一词。媒体在计算机领域中有两个含义:一个是指用来存储信息的实体,如软盘、硬盘、光盘等;另一个是指信息的载体,如文本、图形、图像、动画、音频、视频等媒体信息。根据国际电信联盟标准化部门(ITU-T)的建议,可将媒体分为感觉媒体、表示媒体、表现媒体、存储媒体和传输媒体五大类。

目前可以把媒体看成是先进的计算机技术与音频、视频、通信等技术融为一体而形成的一种新技术。

多媒体技术就是将文本、图形、图像、动画、音频、视频等多种媒体信息通过计算机进行数字化采集、获取、压缩或解压缩、编辑、存储等加工处理,使多种媒体信息建立逻辑连接,集成为一个系统并具有交互性。

从研究和发展的角度来看,多媒体技术具有以下特点:

(1)多样性。多样性是指综合处理多种媒体信息,包括文本、图形、图像、动画、音频、视频等。

(2)集成性。集成性是指将不同的媒体信息有机地组合在一起,形成一个整体以及与这些媒体相关的设备集成。

(3)交互性。交互性是指用户可以介入到各种媒体加工、处理的过程中,从而使用户更有效地控制和应用各种媒体信息。

(4)实时性。实时性是指当多种媒体集成时,需要考虑时间特性、存取数据的速度、解压缩的速度以及最后播放速度的实时处理。

1.5.1.2 多媒体的类型

按国际电信联盟(ITU)下属的国际电报电话咨询委员会(CCITT)的定义,媒体分为感觉媒体(Perception Medium)、表示媒体(Representation Medium)、显示媒体(Presentation Medium)、存储媒体(Storage Medium)和传输媒体(Transmission Medium)五大类。

1. 感觉媒体

感觉媒体是指能直接作用于人的感官,使人能直接产生感觉的一类媒体,如声音、图像、文字、气味以及物体的质地、形状、温度等。在多媒体计算机技术中,我们所说的媒体一般指的是感觉媒体。

2. 表示媒体

表示媒体是为了更有效地加工、处理和传输感觉媒体而人为研究和构造出来的一种媒体,如对声音、文字、视频、图形、图像等信息的数字化编码表示。比如图像编码(JPEG、MPEG等)、文本编码(ASCII 码、GB 2312 等)和声音编码等。

3. 显示媒体

显示媒体是指进行信息输入和输出的媒体,是显示感觉媒体的设备。

显示媒体又分为两类:一类是输入显示媒体,如话筒、摄像机、扫描仪、键盘以及鼠标等;另一类为输出显示媒体,如扬声器、显示器以及打印机等。

4. 存储媒体

存储媒体是用于存放数字化表示媒体的存储介质,如磁盘、光盘、半导体存储器等。

5. 传输媒体

传输媒体是指传输信号的物理载体,比如同轴电缆、光纤、双绞线、电磁波及其他通信信道等都是传输媒体。

在 5 种媒体中,表示媒体是核心,计算机通过显示媒体的输入设备将感觉媒体感知的信息转换为表示媒体信息,并存放在存储媒体中,计算机从存储媒体中取出表示媒体信息,再进行加工处理,然后利用显示媒体的输出设备将表示媒体信息还原成感觉媒体信息,展现给人们。

1.5.1.3 多媒体的特性

多媒体的特性主要包括多样性、集成性、交互性和实时性。

1. 多样性

多媒体技术提供了多维化信息空间下的视频与音频信息的获得和表示方法,使计算机中的信息表达方法不再局限于文字与数字,而广泛采用图形、图像、音频、视频等信息形式,使得人们的思维表达有了更充分、更自由的扩展空间。

多媒体技术就是要把计算机处理的信息多样化或多维化,从而改变计算机信息处理的单一模式,使人们能交互地处理多种信息。

2. 集成性

集成性是指将不同的媒体信息有机地组合在一起,形成一个完整的整体并与这些媒体相关的设备集成。它包括信息媒体的集成和处理这些媒体的设备的集成。对于前者,各种信息媒体应能按照一定的数据模型和组织结构集成为一个有机的整体,以便媒体的充分共享和操作。多媒体的各种处理工具和设备集成,强调了与多媒体相关的各种硬件的集成和软件的集成,为多媒体系统的开发和实现建立了一个集成环境。

3. 交互性

交互性是指用户可以与计算机的多种媒体进行交互操作,从而为用户提供更加有效的控制和使用信息的手段。借助于交互性,人们不再被动地接受文字、图形、声音和图像等媒体信息,而是可以主动地进行检索、提问和回答等操作。交互性是人们获取和使用信息变被动为主动最为重要的特征。

4. 实时性

实时性是指多媒体系统能够实时接受外部信息,实时受操作者或使用者的控制。并且,音频、视频和动画等媒体会随着时间的变化而变化,具有很强的时间特性。这种特性正是多媒体最为强大的吸引力之一。

1.5.1.4　多媒体关键技术

多媒体信息的处理和应用需要一系列相关技术的支持。推动多媒体技术的实用化、产业化和商品化,先要研究多媒体的关键技术,其中主要包括数据压缩与解压缩、媒体同步、多媒体网络、超媒体等关键技术。以下几方面的关键技术是多媒体研究的热点,也是未来多媒体技术发展的趋势。

1. 数据压缩技术

多媒体信息中视频、音频、动画等媒体的数据量非常大,而大量的媒体数据给数据的存储、信息的传输以及计算机的运行速度都带来了极大的压力。使用数据压缩技术减少信息的数据量,将信息以压缩的形式进行存储和传输,既节省了存储空间,又提高了通信干线的传输效率。因此,数据压缩技术成了多媒体技术的关键技术之一。

2. 集成电路制作技术

集成电路制作技术的发展使得具有强大数据压缩运算功能的大规模集成电路问世,为多媒体技术的进一步发展创造了有利条件。多媒体芯片是多媒体计算机硬件体系结构的关键。为了实现音频、视频信号的快速压缩、解压缩和播放处理,需要大量的快速计算,采用专用芯片才能取得满意的效果。多媒体计算机专用芯片可归纳为两种类型:一种是固定功能的芯片;另一种是可编程的数字信号处理器(DSP)芯片。

3. 存储技术

多媒体信息的保存一方面依赖数据压缩技术,另一方面依靠存储技术。存储介质和设备从最初的纸带穿孔到磁带、磁盘、光盘等,光盘存储技术不断地发展,解决了大量多媒体信息的保存问题。不过,存储在服务器上的数据量越来越大,因此对服务器硬盘容量的需求也就越来越高。为了避免磁盘损坏而造成数据丢失,需采用相应的磁盘管理技术,磁盘阵列就是在这种情况下诞生的一种数据存储技术。这些大容量存储设备为多媒体应用提供了便利条件。

4. 操作系统技术

要具备多媒体数据的处理能力,就必须有优良的操作系统。操作系统必须是实时的、多任务的,这样才能处理声音、图像等实时信息。

5. 多媒体数据库技术

传统的数据库只能解决数值与字符数据的存储和检索,这些数据具有格式化、规则性等特点。而多媒体数据往往是非结构化的,这就要求多媒体数据库除了能处理结构化的数据外,还能处理大量非结构化数据。

6. 多媒体网络与通信技术

多媒体通信对多媒体产业的发展、普及和应用有着举足轻重的作用,它是整个产业发展的关键。传统的电信业务如电话、传真等通信方式已不能适应社会的需要,迫切要求通信与多媒体技术相结合,为人们提供更加高效和快捷的沟通途径,如提供多媒体电子邮件、视频会议、远程交互式教学系统、点播电视等新的服务。

7. 多媒体信息检索技术

多媒体信息检索是根据用户的要求,对图形、图像、文本、声音、动画等多媒体信息进行检索以得到用户所需的信息。基于特征的多媒体信息检索系统有着广阔的应用前景,它将广泛用于电视会议、远程教学、远程医疗、电子图书馆、艺术收藏和博物馆管理、地理信息系统、遥感和地球资源管理、计算机协同工作等方面。利用图像理解、语音识别、全文检索等技术,研究多媒体基于内容的处理系统是多媒体信息管理的重要方向。

这里简单介绍下视频与音频的数据压缩技术。

视频信号和音频信号数字化后数据量大得惊人,这是制约多媒体发展和应用的最大障碍。一幅中等分辨率 640×480 的真色彩图像的数据量约占 0.9 MB 的空间,如果存放在 650 MB 的光盘中,以每秒 30 幅的速度播放,只能播放 20 几秒。双通道立体声的音频数字数据量为 1.4 MB/s,一个 650 MB 的光盘只能存储 7 分多钟声音的音频数据,一部放映时间为 2 h 的电影或电视,其视频和音频的数据量有 208 800 MB,这是现代存储设备根本无法解决的。因此必须采用数据压缩与编码技术。ISO 制定的图像信息压缩技术主要有两种:静态图像信息压缩标准 JPEG 和活动图像信息压缩标准 MPEG。

(1)JPEG 标准

联合图像专家组(Joint Photographic Experts Group,JPEG)是由前国际电报电话咨询委员会(CCITT)和国际标准化协会(ISO)联合组成的一个图像专家组。他们开发研制出连续色调、多级灰度、静止图像的数字图像压缩编码方法 JPEG 算法,被确定为 JPEG 国际标准,它是国际彩色、灰度、静止图像的第一个国际标准。JPEG 标准是一个适用范围广泛的通用标准。它不仅适于静图像的压缩,也适于电视图像序列的帧内图像的压缩。

(2)MPEG 标准

运动图像专家组(Moving Picture Expert Group,MPEG)的主要任务是制定各种动态图像及其伴音信号的数字压缩编码国际标准。

MPEG 从 1988 年成立至今已颁布了 4 个国际标准,即 MPEG-1、MPEG-2、MPEG-4 和 MPEG-7。每个标准都有其特定的应用背景,如 MPEG-1 用于多媒体存储和 VHS 质量的广播电视,使得 VCD 取代了传统的录像带,MPEG-1 标准的压缩比规定为 50∶1;MPEG-2 用于常规数字电视和高清晰度电视,使人们逐渐迈进数字或高清晰度电视时代,同时高品质的 DVD 也已取代原有的 VCD;MPEG-4 用于无线窄带多媒体通信和可视电话,并将基于内容的检索与编码结合起来考虑;而 MPEG-7 用于建立多媒体数据库和相应的搜索引擎之间的接口。

1.5.1.5　流媒体技术

1. 什么是流媒体

流媒体就是数字音频、数字视频在网络上传输的方式,目前主要有下载和流式传输两种方式。在下载方式中,用户必须等待媒体文件在 Internet 上下载完成后,才能通过播放器欣赏节目;在流式传输方式中,在播放前并不下载整个文件,而是先在客户端的计算机上创造一个缓冲区,在播放媒体之前预先下载一段资料作为缓冲,当网络实际连线速度小于播放所耗用资料的速度时,播放程序就会取用这一小段缓冲区内的资料,同时再去下载新的资料到缓冲区中,避免播放的中断。这样流式媒体的数据流随时传送随时播放,只是在开始时有一些延迟。流媒体运用可变带宽技术,使人们在从 28 Kbit/s 到 1 200 Kbit/的带宽环境下都可以在线欣赏到连续不断的高品质的音频、视频节目。

实现流媒体的关键技术就是流式传输技术,它融合了网络的传输条件、媒体文件的传输控制、媒体文件的编码压缩效率及客户端的解码等多种技术。流媒体技术涉及流媒体数据的采集、压缩、存储以及网络通信等多项技术。

2. 实时流式传输和顺序流式传输

实现流式传输有两种基本方法——顺序流式传输和实时流式传输。

(1)顺序流式传输

顺序流式传输是顺序下载,在下载文件的同时用户可观看在线媒体。用户只能观看自己下载的那部分,而不能跳到还未下载的部分。顺序流式传输不像实时流式传输在传输期间可以根据用户连接的速度做调整。由于标准的 HTTP 服务器可发送这种形式的文件,也不需要其他特殊协议,所以他经常被称作 HTTP 流式传输。

顺序流式传输比较适合高质量的短片段,不适合于较长的整个影音节目的传输,也不支持随机访问和现场直播。顺序流式文件放在标准 HTTP 或 FTP 服务器上,易于管理,基本上与防火墙无关。

(2)实时流式传输

实时流式传输与顺序流式传输不同,实时流式传输需要专用媒体服务器,如 Darwin Streaming Server、Windows Media Server 与 Real Server。需要特殊的网络协议,如实时传输协议(Real-time Transport Protocol,RTP)、实时流式协议(Real-time Streaming Protocol,RTSP)或微软媒体服务(Microsoft Media Server,MMS)等。

实时流式传输总是实时传送,特别适合现场直播等影音节目,也支持随机访问,用户可快进或后退以观看前面或后面的内容。理论上,实时流式传输一经播放就不可停止,但实际上,可能发生周期性暂停。

实时流式传输的带宽必须匹配,也就是说发送和接收都支持同一带宽。这意味着在以低速度连接网络时,由于带宽不同,速率不同,图像质量会较差。而且网络拥挤,或出现问题时,视频质量会更差。

3. 流媒体传输形式

流媒体有点播和广播两种基本传输形式。

点播是指客户端与服务器主动连接。在点播传输方式中,用户通过选择播放内容来初始化客户端连接。用户可以进行开始、停止、后退、快进或暂停等操作。由于每个客户端各自连接服务器,所以采用这种方式会占用大量的网络带宽。

广播指的是用户被动接收数据流。在广播过程中,客户端只接收数据流,但不能控制数据流。例如,用户不能暂停、快进或后退该流。

1.5.2　多媒体的图像技术理论

1.5.2.1　图像与图形

在计算机中,有两种"图"的表示形式:一种是图像,另一种是图形。

图像又称点阵图像或位图图像,是指在空间和亮度上已经离散化的图像。

图形又称矢量图形、几何图形或矢量图,它是用一组指令来描述的,这些指令给出构成该画面的所有直线、曲线、矩形、椭圆等的形状、位置、颜色等各种属性和参数。

1.5.2.2　分辨率

分辨率是影响图像质量的重要参数。它可以分为显示分辨率、图像分辨率等。

1. 显示分辨率

显示分辨率是指在显示器上能够显示出的像素数量,它由水平和垂直方向的像素总数所构成。例如,某显示器的水平方向为800个像素,垂直方向为600个像素,则该显示器的显示分辨率为800×600像素。设屏幕显示分辨率为1 024×768,字符为16×16点阵,每个字符用4个字节表示,则显示一屏字符所需要的存储空间为:

$$(1\ 024/16)×(768/16)×4\ B = 12\ 288\ B(约合12\ KB)$$

显示分辨率与显示器的硬件条件有关,同时与显示适配器的缓冲存储器容量有关。在同样尺寸的显示器屏幕上,显示分辨率越高,像素的密度越大,显示图像越精细,但是画面的文字越小。

2. 图像分辨率

图像分辨率指数字化图像的实际尺寸,即该图像的水平和垂直方向的像素数量。例如,一幅图像的分辨率为320×240,计算机的显示分辨率为640×480,则该图像在屏幕上显示时只占据了屏幕的四分之一。如果图像分辨率和显示分辨率相同,则所显示的图像正好占满整个屏幕区域;如果图像分辨率大于显示分辨率,则屏幕上只能显示出图像的一部分。

图像数据量:灰度图像在1 024×768分辨率的屏幕上,则满屏幕像点所占用的空间为:

$$1\ 024×768×\log_2 256 = 768\ KB$$

1.5.2.3　色彩理论

色彩和色调调节主要是对图像的明暗度(即亮度)、对比度、饱和度(即彩度)以及色相的调节。

亮度:亮度就是各种色彩模式下的图像原色的明暗度。

对比度:对比度是指不同颜色之间的差异。

饱和度:饱和度是指图像颜色的强度和纯度。

色相:色相是色彩的相貌,也就是色彩的基本特征。

色调:色调是一幅画像的总体色倾向,是上升到一种艺术高度的色彩概括。

图像基色要素:

RGB彩色图像由R(红)、G(绿)、B(蓝)三种基本颜色混合而成,这三种基本颜色被简称为"三原色"。它是全部计算机彩色设备的基色,包括彩色显示器、彩色打印机、彩色扫描仪、数码相机等,都利用三原色原理进行工作。

CMYK 彩色图像由 C(青)、M(品红)、Y(黄)、K(黑)四种基本颜色构成,其图像文件主要提供给印刷厂进行四色彩色印刷。

1.5.2.4 图像文件大小

一般情况下,图像所占用的存储空间较大,把图像数据以文件形式存放时,一般需要某种压缩手段。例如,动画系统和网络系统使用的 GIF 格式、Windows 系统使用的 BMP 格式、印刷系统使用的 TIF 格式、专业动画系统使用的 TGA 格式、以高压缩比著称的 JPG 格式等。

多种图像文件格式并存,是现代计算机图像处理技术的特点。

图像文件的大小是指图像文件数据量的大小,其计量单位是字节(Byte)。

1. 影响图像文件大小的因素

图像文件的大小与图像所表现的内容无关,而只与图像的尺寸、颜色数量的多少(颜色深度)以及压缩形式这三个因素有关。

2. 图像文件大小的计算

图像文件的大小与组成图像的像素数量和颜色深度有关,一幅没有经过压缩的图像,其数据量大小的计算公式如下:

$$S = (h \times w \times c)/8$$

其中,S 表示图像文件的数据量;h 表示图像水平方向的像素数;w 表示图像垂直方向的像素数;c 是颜色深度数值;8 是将二进制位(bit)转换成以字节(Byte)为单位。

例:假设某图像采用 24 bit 的颜色深度(真彩色图像),其图像尺寸为 800×600,则该图像文件的大小为多少?

解:$S = (800 \times 600 \times 24)/8 = 1\ 440\ 000\ B$(约合 1.37 MB)

1.5.3 多媒体的音频技术理论

1.5.3.1 数字音频技术基础

声音是携带信息的重要媒体,它的主要表现形式是语音、自然声和音乐。而数字音频处理技术是多媒体技术的一个重要分支,在多媒体系统中,可以通过声卡直接表达和传递声音信息,或者制造出某种声音效果。

1.5.3.2 声音的基本特点

振幅:声波的振幅通常是指音量,也就是声波波形的高低幅度,表示声音的强弱程度。

周期:声波的周期是指两个相邻声波之间的时间长度,即重复出现的时间间隔,以秒(s)为单位。

频率:声波的频率是指每秒钟声波振动的次数,以赫兹(Hz)为单位。

1.5.3.3 声音的三要素

(1)音调——代表了声音的高低。音调与频率有关,频率越高,音调越高,反之亦然。

（2）音色——具有特色的声音。纯音，是指振幅和周期均为常数的声音；复音则是具有不同频率和不同振幅的混合声音，大自然中的声音大部分是复音。

（3）音强——声音的强度，也被称为声音的响度或声音的大小。它取决于声波振幅的大小，振幅越大，强度越大。

1.5.3.4　数字化声音

数字音频的音质与数据量

这里的数字音频主要指 WAV 格式的波形音频文件。数字音频的声音质量好坏，取决于采样频率的高低、表示声音的基本数据位数和声道形式。音质越好，音频文件的数据量越大。

声音数据量由下式算出：

$$v = f \times b \times s / 8$$

其中，v 代表数据量；f 是采样频率；b 是数据位数；s 是声道数。

例：根据上面的公式，如果一张 CD 质量的参数为，$f = 44.1 \text{ kHz}$，$b = 16 \text{ bit}$，$s = 2$，则每秒钟的数据量为多少？

解：$v = (44\ 100 \text{ Hz} \times 16 \text{ bit} \times 2) \div 8 = 176\ 400 \text{ B}$（约合 172 KB）

例：如果以 CD 激光盘音质（44 100 kHz 的采样频率、16 位立体声形式）记录一首 10 min 的乐曲，参照表 22，则其数据量是多少？

解：$v = 172 \text{ KB/s} \times 10 \times 60 \text{ s} = 103\ 200 \text{ KB}$（合 100.78 MB）

1.5.3.5　常用声音文件格式

声音文件又称"音频文件"，分为两大类：一类是采用 WAV 格式的波形音频文件；另一类是采用 MIDI 格式的乐器数字化接口文件。对于 WAV 格式文件，通过数字采样获得声音素材；而对于 MIDI 格式文件，则通过 MIDI 乐器的演奏获得声音素材。

1. WAV 文件

WAV 文件称为波形文件，是由 Microsoft 公司开发的一种声音文件格式。WAV 格式的文件采用".wav"作为扩展名，代表波形音频文件。

WAV 格式的波形音频文件表示的是一种数字化声音，在采样频率、数据量、声音重放等方面具有明显的特点：

（1）采样频率越高，数字化声音与声源的声音效果越接近，音质越好。

（2）采样精度越高，数据的表达越精确，音质越好。

（3）可选择数字音频信号的立体声或单声道形式，立体声比单声道的数据量大一倍。

（4）采样频率和采样精度越高，音频信号数据量就越大。

（5）声音效果稳定、一致性好。

（6）可真实地记录任何一种声源发出的声音，例如乐器、人声、鸟鸣、海涛声等。

（7）数据记录详尽，音频数据基本上没有经过压缩处理，数据量大。

由于 WAV 文件数据没有经过压缩，所以能够真实地记录声源的声音，虽然数据量大，但音质最好。大多数压缩格式的声音都是在它的基础上经过数据的重新编码来实现的，这些压缩格式的声音信号在压缩前和回放时都要使用 WAV 格式。

2. MIDI 文件

MIDI 文件所描述的信息与 WAV 文件不同，它实际上是一串时序命令，主要用于记录音乐的行为模式，例如乐器的特征音色、乐器的属性等。

由于 MIDI 文件并不记录波形音频信号，因此，MIDI 文件的数据量很小。MIDI 文件形成后，可以对文件细节部分进行修改，例如音乐节拍、音色等。在改变音乐节拍时，MIDI 音乐不会因为节拍的改变而产生变调。

一般而言，MIDI 文件只与乐器之间发生紧密的信息联系，因此，MIDI 文件不太适合用来表现人声和自然界中的声音。

3. CDDA 音频文件

标准激光盘文件，扩展名是".cda"。该格式的文件数据量大、音质好，在 Windows 环境中，使用 CD 播放器进行播放。

4. 压缩音频文件 MP3

在数字音频领域，一种 MP3 格式的压缩数字音频文件很流行。由于该格式文件采用 MPEG 数据压缩技术，以高压缩比而著称，因而被广泛应用在国际互联网和各个领域。

MP3 格式的音频文件具有如下特点：

（1）数据源取自波形音频文件，可获得非常好的音质。

（2）数据压缩比非常高，数据量较小。

（3）通过专用软件，可以很方便地在个人计算机上制作和播放 MP3 格式的音频文件。

（4）播放设备多样化，目前市售的微型 MP3 播放机和 MP3 激光盘播放机都可以播放 MP3 格式的音频文件。

1.5.4 多媒体的视频技术理论

1.5.4.1 视频技术定义

视频与动画一样，由连续的画面组成，只是视频画面是自然景物的动态图像。视频是各种媒体中携带信息最丰富、表现力最强的一种媒体。视频处理技术在多媒体计算机技术中占着不可或缺的位置。

1.5.4.2 视频信息具有以下几个特点：

（1）视频信息具备高分辨率、色彩逼真（真彩色）。

（2）人类接收的信息约 70% 来自视觉，其中视频信息是最直观、生动、具体的一种承载信息的媒体。

（3）视频信息容量大，通过视觉获得的视频信息往往比通过听觉获取的音频信息有更大的信息量。

1.5.4.3 获取数字视频的方法

获取数字视频图像的基本方法有两种：

（1）模拟视频输入。把录像带信号连接到计算机的视频卡输入端，通过视频卡中的模/数转换器,把录像带上的模拟图像转换成数字图像,然后,利用视频处理软件对其进行编辑和处理。

(2)数字视频输入。利用数码摄像机进行拍摄,直接得到数字视频信号,并保存在数码摄像机的磁带上,然后通过 USB 接口,把数字视频信号直接输入到计算机中。

1.5.4.4　数字视频压缩技术

在数字视频压缩技术问世之前,数字视频信号的数据量非常大,例如在有效尺寸为 320×233 的窗口中,以 25 帧/秒的速度播放 1 min 的视频信号(颜色深度为 8 bit),其数据量为:

$$320×233×8×25×60 = 894\ 720\ 000\ bit(约合\ 107\ MB)$$

按照当时的硬盘容量 540 MB 计算,如果全部用来播放视频信号,只能播放 5 分多钟。由此可见,视频数据如果不压缩,将严重阻碍视频技术的发展。

1.5.4.5　动画及视频文件格式描述

1. AVI 文件描述

AVI 是 Audio Video Interleaved 的缩写,意为"音频视频交互"。该格式的文件是一种不需要专门的硬件支持就能实现音频与视频压缩处理、播放和存储的文件。AVI 格式文件可以把视频信号和音频信号同时保存在文件当中,在播放时,音频和视频可同步播放。

2. FLI/FLC 文件描述

FLI 和 FLC 是英文 Flicks 的不同缩写形式,意为"电影",FLI 格式和 FLC 格式的文件是 Autodesk 公司为动画系统开发的,具有电影般的动画效果,主要用于存储一组位图图像,即动画数据。因此,FLI 格式和 FLC 格式的文件又叫"动画文件"。

3. MPEG/MPG/DAT 文件格式

MPEG 也是 Motion Picture Experts Group 的缩写。这类格式包括 MPEG1、MPEG2 和 MPEG4 在内的多种视频格式。MPEG1 目前正被广泛地应用在 VCD 的制作和一些视频片段下载的网络应用上面,大部分的 VCD 都是用 MPEG1 格式压缩的(刻录软件自动将 MPEG1 转为 DAT 格式),使用 MPEG1 的压缩算法,可以把一部 120 min 长的电影压缩到 1.2 GB 左右大小。MPEG2 则是应用在 DVD 的制作,同时在一些 HDTV(高清晰电视)和一些高要求视频编辑、处理上面也有相当多的应用。使用 MPEG2 的压缩算法压缩一部 120 min 长的电影可以压缩到 5~8 GB 的大小(MPEG2 的图像质量比 MPEG1 的图像质量好得多)。

4. RA/RM/RAM 文件格式

该格式文件是 Real Networks 公司所制定的音频/视频压缩规范 Real Media 中的一种,Real Player 能做的就是利用 Internet 资源对这些符合 Real Media 技术规范的音频/视频进行实况转播。在 Real Media 规范中主要包括三类文件:Real Audio、Real Video 和 Real Flash(Real Networks 公司与 Macromedia 公司合作推出的新一代高压缩比动画格式)。Real Video(RA、RAM)格式一开始就是定位在视频流应用方面的,也可以说是视频流技术的始创者。它可以在用 56KMODEM 拨号上网的条件下,实现不间断地视频播放,可是其图像质量比 VCD 差些。

5. MOV 文件格式

MOV 文件是 Apple 公司在其生产的 Macintosh 机中推出的视频文件格式,MOV 格式的视频文件可以采用不压缩或压缩的方式,其压缩算法包括 Cinepak、IntelIndeo Video R3.2 和 Video 编码。其中,Cinepak 和 IntelIndeo Video R3.2 算法的应用和效果与 AVI 格式类似。而 Video 格式编码适合于采集和压缩模拟视频,并可从硬件平台上高质量回放,从光盘平台上回放质量可调。这种算法支持 16 位图像深度的帧内压缩和帧间压缩,帧率可达 10 帧/秒以上。

1.5.5 多媒体应用系统的构成

多媒体系统是一种复杂的硬件和软件有机结合的综合系统。它把音频、视频等媒体与计算机系统融合起来,并由计算机系统对各种媒体进行数字化处理。多媒体系统按其物理结构可分为多媒体硬件和多媒体软件两大部分,其组成结构如图 1.21 所示。

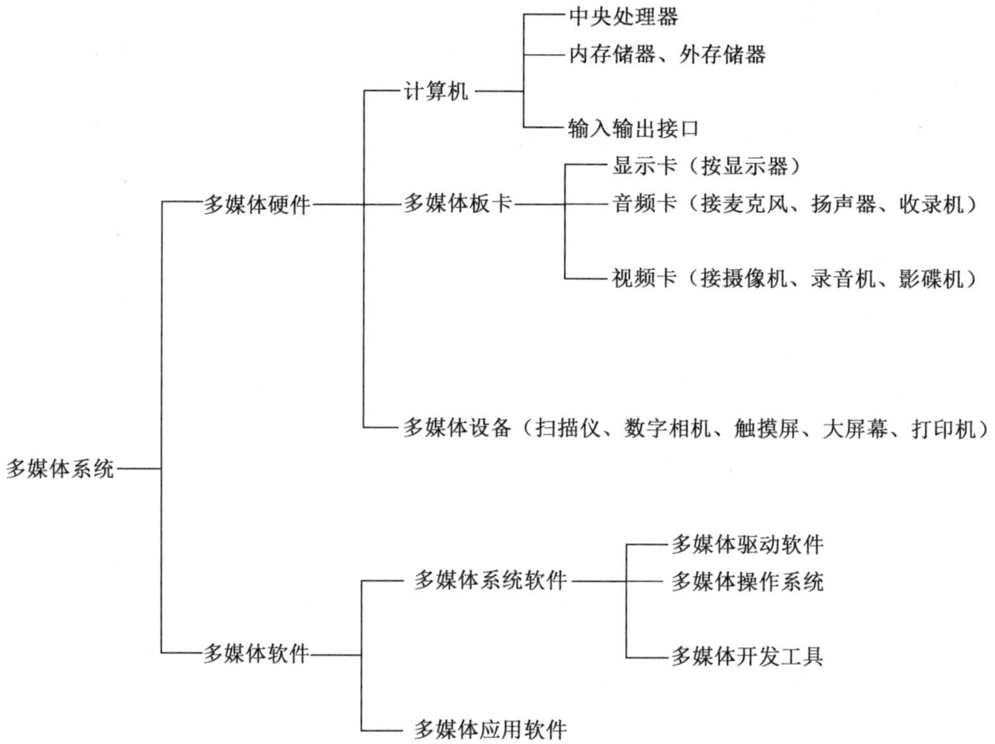

```
                                      ┌─ 中央处理器
                           ┌─ 计算机 ─┼─ 内存储器、外存储器
                           │          └─ 输入输出接口
                           │
                           │                ┌─ 显示卡（按显示器）
              ┌─ 多媒体硬件 ─┼─ 多媒体板卡 ─┼─ 音频卡（接麦克风、扬声器、收录机）
              │            │                └─ 视频卡（接摄像机、录音机、影碟机）
              │            │
              │            └─ 多媒体设备（扫描仪、数字相机、触摸屏、大屏幕、打印机）
  多媒体系统 ─┤
              │                                ┌─ 多媒体驱动软件
              │            ┌─ 多媒体系统软件 ─┼─ 多媒体操作系统
              └─ 多媒体软件 ─┤                  └─ 多媒体开发工具
                           │
                           └─ 多媒体应用软件
```

图 1.21 多媒体系统

1.5.5.1 多媒体系统的硬件

1. 多媒体计算机

在多媒体系统中计算机是基础性部件。如果没有计算机,多媒体就无法实现。

多媒体计算机(MPC)的基本部件由中央处理器(CPU)、内部存储器(ROM 和 RAM)和外部存储器(软盘、硬盘、闪盘、光盘),输入/输出接口三部分组成。中央处理器是关键,例如 Pentium-586/2.4 GHz 的中央处理器就足以使专业级水平的各种媒体制作与播放不成问题。内部存储器的 RAM 是存放计算机运行时的大量程序和数据信息代码的地方,推荐使用 512 MB 以上的内存和 80 GB 以上的硬盘。其次用于多媒体计算机的第二关键部件是扩展总线,它提供了若干个扩展槽,使多媒体硬件接口板与计算机连成一体。

2. 多媒体板卡

多媒体计算机特征部件是多媒体板卡,多媒体板卡根据多媒体系统获取或处理各种媒体信息的需要插接在计算机上,以解决输入和输出问题。多媒体板卡是建立多媒体应用程序工作环境必不可少的硬件设备。常用的多媒体板卡有显示卡、声卡和视频卡等。

3. 多媒体设备

多媒体设备多种多样,工作方式一般是输入或输出。常用的多媒体设备有显示器、打印机、光盘存储器、音箱、摄像机、数码相机、触摸屏、投影机等。

(1)显示器是一种计算机输出显示设备,它由显示器件、扫描电路、视放电路和接口转换电路组成,为了能清晰地显示出文字和图形,其分辨率和视放带宽比电视机要高出许多。目前市场上的显示器主要有阴极射线管显示器(Cathode Tube Display,CRT)和液晶显示器(Liquid Crystal Display,LCD)两种类型。

(2)光盘存储系统是由光盘驱动器和光盘片组成的。驱动器是用于读/写信息的设备,而光盘片是用于存储信息的介质。

(3)音箱是一个能将模拟脉冲信号转换为机械性的振动,并通过空气的振动再形成人耳可以听到的声音的输出设备。

(4)扫描仪是一种静态图像采集设备。它内部有一套光电转换系统,可以把各种图片信息转换成数字图像数据并传送给计算机,然后借助于计算机对图像进行加工处理。如果再配上文字识别OCR软件,扫描仪就可以快速地把各种文稿录入到计算机中。

(5)数码相机(Digital Camera)是一种能够进行拍摄,并把拍摄到的景物转换成以数字格式存放的图像的照相机。数码相机一般利用电荷耦合器件(Charge Coupled Device,CCD)进行图像传感,将光信号转变为电信号记录在存储器或存储卡上,数码相机可以直接连接到计算机、电视机或打印机上,对图像进行加工处理、浏览和打印。

(6)触摸屏是一种定位设备。当用户用手指或者相关设备触摸安装在计算机显示器前面的触摸屏时,所摸到的位置(以坐标形式)被触摸屏控制器检测到,并通过接口送到CPU,从而确定用户所输入的信息。

1.5.5.2　多媒体系统的软件

构建一个多媒体系统,硬件是基础,软件是灵魂。多媒体软件的主要任务是将硬件有机地组织在一起,使用户能够方便地使用多媒体信息。多媒体软件按功能可分为多媒体系统软件和多媒体应用软件。

1. 多媒体系统软件

多媒体系统软件主要包括多媒体操作系统、各种相应的多媒体驱动程序和多媒体开发工具等三种。

多媒体开发工具是多媒体开发人员用于获取、编辑和处理多媒体信息,编辑多媒体应用程序的一系列工具软件的统称。它可以对文本、图形、图像、动画、音频、视频等多媒体信息进行控制和管理,并把它们按要求连接成完整的多媒体应用软件。多媒体开发工具一般可分为多媒体素材制作工具、多媒体著作工具和多媒体编程语言等三类。

多媒体素材制作工具是为多媒体应用软件进行数据准备的软件,其中包括文字特效制作软件 word(艺术字)、COOL 3D;图形图像处理与制作软件 CorelDRAW、Photoshop、FreeHand;音频编辑与制作软件 Wave Studio、Cakewalk、Sound Forge;二维和三维动画制作软件 Animator Studio、3D Studio MAX 等;视频和图像采集编辑软件 ArcSoft 公司的 ShowBiz、Ulead 公司的 VideoStudio、Adobe 公司的 Premiere 等;制作地图软件 MapInfo Prfeesional 等。

多媒体制作工具又称多媒体创作工具,它是利用编程语言调用多媒体硬件开发工具或函数库来实现的,并能使用户方便地编制程序,组合各种媒体,最终生成多媒体应用程序的工具软件。常用的多媒体创作工具有 PowerPoint、Authorware、ToolBook 等。

多媒体编程语言可用来直接开发多媒体应用软件,不过对开发人员的编程能力要求较高。但它有较大的灵活性,适用于开发各种类型的多媒体应用软件。常用的多媒体编程语言有 Visual BASIC、Visual C++、Delphi 等。

2. 多媒体应用软件

多媒体应用软件又称多媒体应用系统或多媒体产品,它是由各种应用领域的专家或开发人员利用多媒体编程语言或多媒体创作工具编制的最终多媒体产品,是直接面向用户的。如,各种多媒体教学软件、培训软件、声像俱全的电子图书等,多以光盘的形式面世。

1.5.6 多媒体技术应用

近年来多媒体技术的发展,大容量光盘、高速 CPU、高速 DSP 以及宽带网络等硬件技术的发展,促使 MPC 进入家庭,改变了传统家电的格局。在 MPC 中可以播放 CD、VCD、DVD 等光碟,组成家庭影院。MPC 以其逼真的音响效果、良好的图形界面和优质的动画效果,使计算机游戏变得更加生动有趣。

多媒体技术在 Internet 上的应用最多,除传统的 E-mail、FTP、Telnet、WWW、Gopher、Talk 等应用外,还包括电子商务、广域电子生产管理系统、视频会议、远程诊断、远程教育和远程合作研究。

1.5.6.1 教育与培训领域

多媒体技术的应用将改变传统的教学模式,使教材和学习方法发生一些重要的变化。多媒体技术可用声、图、文并茂的电子书籍取代部分文字教材,以更直观、更活泼的方式向学生展示丰富的知识,改变以往呆板的学习和阅读方式,更好地因人施教,寓教于乐。

多媒体技术不仅能够展现图文并茂、丰富多彩的信息,而且可以提供人机交互方式,通过这种交互式学习手段,学习者可按自己的基础、兴趣来选择所要学习的内容。这种主动参与模式可提高学习者的主动性和兴趣。

随着 Internet 的发展,"多媒体远程教学"或"交互式教学"已逐步成为现实。以互联网为基础的远程教学,使得远隔千山万水的学生、教师和科研人员突破时空的限制,实时地交流信息、共享资源。目前已经开发出这种用于多媒体交互式教学的计算机网络系统,这是一种必然的趋势。多媒体远程教学相当于创建了一个虚拟教室,它能提供实时的交互功能,还能提供电子白板之类的多媒体教学工具,更利于老师和学生的双向交流。可以预见,今后多媒体技术必将越来越多地应用于现代教学实践中,并将推动整个教育事业的发展。

1.5.6.2　电子商务

通过网络,顾客能够浏览商家在网上展示的各种产品,并获得价格表、产品说明书等其他信息,据此订购自己喜爱的商品。电子商务能够大大缩短销售周期,提高销售人员的工作效率,改善客户服务质量,降低上市、销售、管理和发货的费用,形成新的优势条件。因此,多媒体技术将助力电子商务成为一种重要的销售手段。

1.5.6.3　信息发布

各公司、企业、学校甚至政府部门都可以建立自己的信息网站,用大量的媒体资料详细地介绍本部门的历史、实力、成果、需求等信息,以进行自我展示并提供信息服务。另外,信息的发布并不是大组织机构的特权,每一个人都可以建立自己的信息主页或网站。如今的微信朋友圈使信息发布、传播方便快捷,得到智能手机用户的青睐。

此外,网上众多的讨论区、BBS(Bulletin Board System)也向广大用户提供媒体信息发布平台,让信息发布和交流变得非常容易。

1.5.6.4　商业广告

大型商场、车站、机场、宾馆等地的多媒体广告系统与 LCD 大屏幕、电视墙等显示设备结合,可完成广告制作、广告宣传、商品展示等多种功能。这种广告具有丰富多彩、形象生动的特点,往往给人一种震撼的视觉冲击力。

1.5.6.5　影视娱乐业

计算机刚出现时,人们主要用它进行数学运算和逻辑判断。后来,人们在计算机上开发了声音、图形、图像处理方面的功能,便把娱乐功能加入计算机系统中。随着多媒体技术的发展逐步趋于成熟,在影视娱乐业中,使用多媒体技术已经成为一种趋势,大量的计算机效果被注入影视作品中。

随着多媒体技术的不断发展,人们对娱乐的要求也不断提高。人们不仅欣赏音乐 CD、观看 VCD、制作数字音乐 MIDI 以及播放数字视频 DVD,还使用数字照相机、数字摄像机等电子产品摄像,制作电子相册。多媒体技术将为人类的娱乐生活开创一个新局面。

1.5.6.6　游戏

由于游戏具有多媒体感官的刺激,并且游戏者通过计算机与游戏的交互会很容易进入角色,具有身临其境的感觉,因此游戏大受玩家欢迎。

1.5.6.7　电子出版业

利用多媒体技术制作的光盘出版物,在音像娱乐、电子图书、游戏及产品广告的光盘市场上,呈现出了迅速发展的销售趋势。电子出版物的产生和发展,不仅改变了传统图书的发行、阅读、收藏、管理等方式,也将对人类传统文化概念产生巨大影响。

1.5.6.8 虚拟现实

虚拟现实是一项与多媒体技术密切相关的新技术,它通过综合应用计算机图像、模拟与仿真、传感器、显示系统等技术和设备,以模拟仿真的方式,给用户提供一个真实反映操纵对象变化与相互作用的三维图像环境所构成的虚拟世界,并通过特殊设备(如头盔和数据手套)给用户提供一个与该虚拟世界相互作用的三维交互式用户界面。

1.5.6.9 工业和科学计算领域

多媒体技术在工业生产实时监控系统中,尤其在生产现场设备故障诊断和生产过程参数监测等方面有着非常重大的实际应用价值。特别是在一些危险环境中,多媒体实时监控系统将起到越来越重要的作用。

将多媒体技术用于科学计算可视化,可使本来抽象、枯燥的数据用二维或三维图形、图像动态显示,使研究对象的内因与其外形变化同步显示。将多媒体技术用于模拟实验和仿真研究,会大大促进科研与设计工作的发展。

1.5.6.10 医疗影像

现代先进的医疗诊断技术的共同特点是,以现代物理技术为基础,借助计算机技术,对医疗影像进行数字化和重建处理,计算机在成像过程中起着至关重要的作用。随着临床要求的不断提高以及多媒体技术的发展,出现了新一代具有多媒体处理功能的医疗诊断系统。多媒体医疗影像系统在媒体种类、媒体介质、媒体存储及管理方式、诊断辅助信息、直观性和实时性等方面,都使传统诊断技术相形见绌,引起医疗领域的一场革命。同时,多媒体技术在网络远程诊断中也发挥着至关重要的作用。

1.5.6.11 文物保护

中国是世界闻名的文明古国,有着悠久的历史文化和丰富的文物古迹。有些文物难以保存,随着时间的消逝,色泽发生变化。为了保留文物的原貌,可以拍照留存,用于今后观赏并为有能力修复时做参考。并且,可以对珍贵文物或者濒临灭绝的文物进行三维模型制作。另外,可以将多媒体技术应用在非物质文化遗产保护中,促进非物质文化遗产的传承。多媒体技术在文物图片保护与修复方面发挥着巨大的作用。

除上面所介绍的多媒体技术的应用领域外,多媒体技术也用在旅游业,如旅游景点的导游系统以及世界美景、风土人情的多媒体展示等。事实上,随着多媒体技术的不断更新和发展,新的应用领域也将随着人类丰富的想象力而不断地产生。

1.5.7 多媒体技术的发展趋势

随着计算机软硬件的进一步发展,计算机的处理能力越来越强,应用需求大幅增加,从而促进了多媒体技术的发展和完善。总体来看,多媒体技术朝两方面发展。

一是网络化发展趋势。与宽带网络、通信等技术相互结合,使多媒体技术进入诸如科研、教育、医疗、娱乐、工业等领域。多媒体计算机与通信技术的结合已经成为世界性的大潮流。

技术的创新和发展将使诸如服务器、路由器、转换器等网络设备的性能越来越高,包括用户端 CPU、内存、图形卡等在内的硬件能力空前扩展。交互的、动态的多媒体技术能够在网络环境创建出更加生动逼真的二维、三维场景。人们还可以借助各种摄像设备,把办公室和娱乐工具集合在终端多媒体计算机上,使用户可以在世界任意角落与千里之外的同行或家人实时视频。数字信息家电、个人区域网络、无线宽带局域网、互联网通信协议与标准和新一代互联网络的多媒体软件开发,以及原有的各种多媒体业务,都将使计算机无线网络异军突起,引领网络时代的新浪潮。

二是多媒体终端的部件化、智能化和嵌入化,提高了计算机系统本身的多媒体性能。

过去 CPU 芯片设计要多考虑计算功能,主要用于数学运算及数值处理。随着多媒体技术和网络通信技术的发展,要求 CPU 芯片本身具有更高的综合处理声、文、图信息及通信的功能,因此已将媒体信息实时处理和压缩编码算法做到 CPU 芯片中。

嵌入式多媒体系统可应用在人们生活与工作的各个方面,在工业控制和商业管理领域,如智能工控设备、ATM 机、IC 卡等;在家庭领域,如数字式电视、WebTV、网络冰箱、网络空调等消费类电子产品等。此外,嵌入式多媒体系统还在医疗类电子设备、多媒体手机、掌上电脑、车载导航仪、娱乐、军事等方面有着巨大的应用前景。

思考题

1. 简述多媒体技术的概念。
2. 简述多媒体技术的应用领域。

任务 1.6　掌握必要的计算机法律知识和道德规范

学习目的

通过学习本任务,应对当下计算机领域的法律法规和道德规范有着必要的了解,熟悉软件知识产权的基本概念,了解开源软件、国产自主软件的应用,了解现代社会对计算机道德规范和信息素养的要求。

计算机软件是人类知识、经验、智慧和创造性劳动的成果,具有知识密集和智力密集的特点,是一种非常典型的知识产权。

我国在保护知识产权方面制定并实施了一整套的法律和法规。随着计算机应用的不断深入,软件产业得到了前所未有的发展,软件工程的从业人员队伍迅速壮大。人们的生活质量也对计算机的依赖越来越强。软件从业人员的职业行为和职业道德约束也显得尤其重要。

1.6.1　计算机相关法律

计算机领域常见的相关法律有:

1994 年 2 月 18 日国务院发布《中华人民共和国计算机信息系统安全保护条例》

第二十条　违反本条例的规定,有下列行为之一的,由公安机关处以警告或者停机整顿:

(一)违反计算机信息系统安全等级保护制度,危害计算机信息系统安全的;

(二)违反计算机信息系统国际联网备案制度的;

(三)不按照规定时间报告计算机信息系统中发生的案件的;

(四)接到公安机关要求改进安全状况的通知后,在限期内拒不改进的;

(五)有危害计算机信息系统安全的其他行为的。

第二十三条　故意输入计算机病毒以及其他有害数据危害计算机信息系统安全的,或者未经许可出售计算机信息系统安全专用产品的,由公安机关处以警告或者对个人处以 5 000 元以下的罚款、对单位处以 15 000 元以下的罚款;有违法所得的,除予以没收外,可以处以违法所得 1 至 3 倍的罚款。

第二十四条　违反本条例的规定,构成违反治安管理行为的,依照《中华人民共和国治安管理处罚条例》的有关规定处罚;构成犯罪的,依法追究刑事责任。

第二十五条　任何组织或者个人违反本条例的规定,给国家、集体或者他人财产造成损失的,应当依法承担民事责任。

1997 年 3 月 15 日全国人民代表大会通过《中华人民共和国刑法》

第二百八十五条　违反国家规定,侵入国家事务、国防建设、尖端科学技术领域的计算机信息系统的,处三年以下有期徒刑或者拘役。

第二百八十六条　违反国家规定,对计算机信息系统功能进行删除、修改、增加、干扰,造成计算机信息系统不能正常运行,后果严重的,处五年以下有期徒刑或者拘役;后果特别严重的,处五年以上有期徒刑。

违反国家规定,对计算机信息系统中存储、处理或者传输的数据和应用程序进行删除、修改、增加的操作,后果严重的,依照前款的规定处罚。故意制作、传播计算机病毒等破坏性程序,影响计算机系统正常运行,后果严重的,依照第一款的规定处罚。

第二百八十七条　利用计算机实施金融诈骗、盗窃、贪污、挪用公款、窃取国家秘密或者其他犯罪的,依照本法有关规定定罪处罚。

1997 年 12 月 30 日公安部发布《计算机信息网络国际联网安全保护管理办法》

第四条　任何单位和个人不得利用国际联网危害国家安全、泄露国家秘密,不得侵犯国家的、社会的、集体的利益和公民的合法权益,不得从事违法犯罪活动。

第六条　任何单位和个人不得从事下列危害计算机信息网络安全的活动:

(一)未经允许,进入计算机信息网络或者使用计算机信息网络资源的;

(二)未经允许,对计算机信息网络功能进行删除、修改或者增加的;

(三)未经允许,对计算机信息网络中存储、处理或者传输的数据和应用程序进行删除、修改或者增加的;

(四)故意制作、传播计算机病毒等破坏性程序的;

(五)其他危害计算机信息网络安全的。

第七条　用户的通信自由和通信秘密受法律保护。任何单位和个人不得违反法律规定,利用国际联网侵犯用户的通信自由和通信秘密。

第十三条　使用公用账号的注册者应当加强对公用账号的管理,建立账号使用登记制度。

用户账号不得转借、转让。

第二十条　违反法律、行政法规,有本办法第五条、第六条所列行为之一的,由公安机关给予警告,有违法所得的;没收违法所得,对个人可以并处 5 000 元以下的罚款,对单位可以并处 15 000 元以下的罚款;情节严重的,并可以给予六个月以内停止联网、停机整顿的处罚,必要时可以建议原发证、审批机构吊销经营许可证或者取消联网资格;构成违反治安管理行为的,依照治安管理处罚条例的规定处罚;构成犯罪的,依法追究刑事责任。

2001 年 12 月 20 日国务院修订发布《计算机软件保护条例》

第二十三条　除《中华人民共和国著作权法》或者本条例另有规定外,有下列侵权行为的,应当根据情况,承担停止侵害、消除影响、赔礼道歉、赔偿损失等民事责任:

(一)未经软件著作权人许可,发表或者登记其软件的;

(二)将他人软件作为自己的软件发表或者登记的;

(三)未经合作者许可,将与他人合作开发的软件作为自己单独完成的软件发表或者登记的;

(四)在他人软件上署名或者更改他人软件上的署名的;

(五)未经软件著作权人许可,修改、翻译其软件的;

(六)其他侵犯软件著作权的行为。

1.6.2　软件知识产权

知识产权就是人们对自己的智力劳动成果所依法享有的权利,是一种无形财产。知识产权包括专利权、商标权、版权(也称著作权)、商业秘密专有权等,其中,专利权与商标权又统称为"工业产权"。随着科技的进步,知识产权的外延在不断扩大。

软件知识产权是计算机软件人员对自己的研发成果依法享有的权利。由于软件属于高新科技范畴,目前国际上对软件知识产权的保护法律还不是很健全,大多数国家都是通过著作权法来保护软件知识产权。

1.6.2.1　软件知识产权的法律适用

(1)著作品版权。将研发成果中的文档、程序或其他媒质视为作品,适用著作权法进行保护。

(2)设计专利权。应用端的工程技术、技巧性设计方案,可以申请专利保护。

(3)形式表现商标权。以产品名称、软件界面等形式表现的智力成果,可以申请商标保护。

1.6.2.2　关于软件著作权

目前,大多数国家采用著作权法来保护软件,将包括程序和文档的软件作为一种作品。但实际上对于软件的保护是一个综合的保护,还可以通过专利法、合同法、商标法、反不正当竞争法等法律、法规来进行保护。

中国公民和单位开发的软件,不论是否发表,不论在何地发表,不论是否进行著作权登记,均享有著作权。按照 WTO 规则,协议国之间的版权互相认可。

考虑软件作品的特殊性,国务院根据《中华人民共和国著作权法》制定了《计算机软件保护条例》,软件著作权保护的主要依据是《计算机软件保护条例》。

软件著作权登记不是软件版权保护的必要条件,但在发生著作权纠纷时,版权登记材料法律上是认可的。

1.6.2.3 软件著作权的主要内容

软件著作权包括人身权和财产权,这是法律授予软件著作权的专有权利。人身权是指发表权和开发者身份权,财产权是指使用权、使用许可和获得报酬权、转让权。

(1)发表权。即决定软件是否公之于众的权利。

(2)开发者身份权。即表明开发者身份的权利以及在其软件上署名的权利。

(3)使用权。即在不损害社会公共利益的前提下,以复制、展示、发行、修改、翻译、注释等方式使用其软件的权利。

(4)使用许可权和获得报酬权。即许可他人以规定的部分或者全部方式使用其软件的权利和由此而获得报酬的权利。

(5)转让权。指权利人向他人同时转让使用权、使用许可和获得报酬权,即将所有的财产权让予他人。

1.6.2.4 软件著作权的保护期

软件著作权的保护期为25年,截止于软件首次发表后第25年的12月31日。保护期满前,软件著作权人可以向软件登记管理机构申请续展25年,但保护期最长不超过50年。软件开发者的开发者身份权的保护期不受限制。

1.6.2.5 侵权行为需要承担的法律责任

用户如果有侵权行为,将依情节轻重承担下列责任。

(1)民事责任,包括停止侵害、消除影响、公开赔礼道歉、赔偿损失等。

(2)行政责任,包括责令停止制作和发行侵权复制品、没收非法所得、没收侵权复制品及制作设备、处以最高为10万元人民币或者总定价的5倍的罚款等。

(3)刑事责任,复制或销售侵权产品违法所得数额较大,构成犯罪的,处3年或2年以下有期徒刑、拘役,单处或者并处罚金;数额巨大的,处2年以上7年以下,或2年以上5年以下有期徒刑,并处罚金;单位有犯罪行为的对单位判处罚金,并对直接负责的主管人员和其他直接责任人员处以刑罚。

从1990年9月通过的《中华人民共和国著作权法》首次将"计算机软件"列入了著作权的保护范围算起,中国拉开了为IT业、网络业、电子商务立法的序幕。随后,《计算机软件保护条例》《计算机信息系统安全保护条例》《计算机信息网络国际联网出入口信道管理办法》《中国公用计算机互联网国际联网管理办法》《中华人民共和国计算机信息网络国际联网管理暂行规定》《中国互联网络域名注册暂行管理办法》及《实施细则》《计算机信息网络国际联网安全保护管理办法》《计算机信息系统集成资质管理办法》《计算机信息网络国际联网保密管理规定》《关于严厉打击利用计算机技术制作贩卖传播淫秽物品违法犯罪活动的通知》《电子出版物管理规定》《互联网电子公告服务管理规定》《关于审理涉及计算机网络著作权纠纷案件适用法律若干问题的解释》《中华人民共和国电信条例》《互联网信息服务管理办法》等一大批法律、法规、规章、司法解释相继出台。《中华人民共和国电子签名法》已由中华人民共和国第十届全国人民代表大会常务委员会第11次会议于2004年8月28日通过,自2005年4月1日起施行。该法主要解决三大难题:一是确定交易者的身份;二是保证商业信息在传输过程中不被第三方所截取和篡改;三是防止交易者否认某一商务行为是其所为。这也是世界各国电子签名法的设计原则。

1.6.3 软件版权与开源软件

1.6.3.1 软件的版权形式

常用的几种计算机软件版权形式:

(1)自由软件(Free Software):一种可以不受限制地自由使用、复制、研究、修改和分发的软件。

开源软件与自由软件是两个不同的概念,只有符合开源软件定义的软件才能被称为开放源代码软件。自由软件是一个比开源软件更严格的概念,因此所有自由软件都是开放源代码的,但不是所有的开源软件都能被称为"自由"。

(2)专有软件(Proprietary Software):又称非自由软件、专属软件、私有软件、封闭账户软件等,是指在使用、修改上有限制的软件,这些限制是由软件的所有者制定的。此外,有些软件也有复制和分发的限制,它也属于专有软件的范畴。

通常,与专有软件对应的是自由软件。

相对于开源软件,专有软件源码可以公布,但不能自由地改动、复制或再发布。

专有软件和开源软件都可以免费或者收费分发。它们之间的区别在于:专有软件的所有者可以决定是否可以分发该软件以及费用的数额;而开源软件可以被任何持有者随意分发,相关的复制以及服务费用可自行决定,但仅仅是发行的费用及服务费用。

(3)商业软件(Commercial Software):在计算机软件中,商业软件指被作为商品进行交易的软件。商业软件的源代码不一定是封闭的。

商业软件与专有软件并不等同,但专有软件中大部分都属于商业软件。

商业软件与开源软件的区别是:开源软件是自由型的,商业软件是非自由型的;开源软件无须付费购买,商业软件必须付费购买。

(4)免费软件(Freeware):可以免费得到及使用的软件。

相对于开源软件,免费软件源码可以不公开。

(5)共享软件或试用软件(Shareware):这是商业软件的一种营销方式,可以免费获取及安装,但有时效性,同时源代码不开放。

1.6.3.2 开源软件

软件的发展史就像人类社会发展史的一个缩影。从最初小众间自由修改和分享为主的原始社会,过渡到比尔·盖茨所引领的软件商业化大潮铸就的强大的城堡时代,以及自由软件领袖理查德·马修·斯托曼随之抗争而发起的"浪漫启蒙"的尝试,到后来在自由和商业间做出更好平衡的开源运动,软件业的先驱们也同人类社会的领袖们一样,在曲折中探索着理想与现实的完美融合之道。

黑客们的理想主义,兴起了开源软件运动。今天的各种志愿者组织、开放教育等,都能看到这种理想主义的色彩。这种理想主义色彩产生了巨大的正能量,推动了人类社会的文明进程。

开源,不仅意味着以开放的姿态进行知识共享,还代表着自由、平等、协作、责任和乐趣等理念。Linux 内核的创造者林纳斯·本纳第克特·托瓦兹曾说:"一个人做事情的动机可以分为三类:一是求生,二是社会生活,三是娱乐。当我们的动机上升到一个更高的阶段时,我们才会取得进步,不是仅仅为了求生,更是为了改变社会,更理想的是——为了兴趣和快乐。"

然而现实的商业社会不断冲击着黑客们的乌托邦。开源运动的开展需要资金的支持,开源软件面临着在市场经济中生存与发展的问题。

令人欣慰的是,经过这些年的艰苦努力,开源软件同样向人类社会展现了其在法律、经济、社会中的生命力,实现了由理想向现实的飞跃。

我们看到,Linux 取代了 Unix 的主导地位,互联网上 90% 的 Web 服务器运行 Apache,LAMP 架构已成为互联网上的主流。

我们发现,商业公司有的通过使用免费的开源软件降低了运营成本,有的由于得到了优良的基础代码而加快了产品的开发升级;有的通过支持开源实现了推广标准、打压对手的战略目的;有的依托开源软件提供自己独创的技术和服务从而获利。

众所周知,开源软件促进了互联网的发展,互联网的发展又促进了开源软件的繁荣。如今,开源运动已为全人类提供了巨大的代码共享资源。正是这些代码资源属于全球共享,成为发展中国家缩小技术差距的重要支撑,也是保持其独立性的重要保障。例如,借助 Linux 核心代码,古巴等发展中国家才能得以自主开发本国的操作系统,避开美国的制裁。

1.6.3.3 国产自主软件

1. 基础软件——作为 IT 行业发展的中流砥柱

操作系统是软件"自主可控"的攻坚重点,软件自主可控的根本保障。云计算是国产操作系统和数据库发展的重大机遇,这使得以统信、中标麒麟、普华基础软件为代表的国产操作系统产品化持续推进。目前我国国产操作系统受限于下游应用软件生态环境,使用量无法和主流系统 Windows 比拟,根据中科院软件所的研究报告,2014 年我国国产操作系统市场占有率不足 1%。但部分党政军敏感单位已经在使用国产操作系统,并且能够应对日常办公要求。国产数据库市场占有率较低,在"自主可控"背景下提升空间巨大。作为基础软件的重要一环,国产数据库虽然也处于弱势地位,但相比操作系统来说市场份额已经达到能够和某些国外产品相比较的程度。据悉,武汉达梦、人大金仓、神舟通用、阿里巴巴等企业都推出了基于国产处理器架构的数据库产品。中间件是牵手系统软件和应用软件的纽带。中间件领域国产化进展相对较好,通过捆绑云服务巨头,中间层厂商将有机会借势发展。

2. 通用软件——信息化运转的后勤保障

我国通用软件的自主可控主要关注点在类 Office 办公软件应用和 OA 类继承办公系统软件上。由于微软 Office 系列因为先发优势形成了事实上的行业标准,其他厂商只能处于追赶地位。目前自主可控的安全计算机主要用于党政军办公替代,办公套件也就成了不可缺少的一环,中标软件、金山 WPS、永中软件纷纷推出了自己相关的全国产化办公套件。在办公软件领域,以金山 WPS 为代表的国产化软件攻城略地,移动化助力其第二次腾飞。据统计,WPS2012 年时用户已经达到 4 000 万,已经在部分功能上能够替代微软 Office 产品。桌面市场平稳发展,"云化"助国产办公软件渗透率提升。ERP 软件得到企业云化助力,中小企业"上云"有望加速 ERP 国产化进程。安全软件作为"自主可控"的基石,在网络信息安全的"重心"显著改变的大背景下,安全应用场景日趋复杂化。我国信息安全行业保持高速增长,安全软件提升空间大。

3. 垂直行业应用软件——变幻万千的良兵利器

在金融软件领域,金融科技市场保持快速增长,金融核心系统、券商基金系统软件和金融信息软件国产化进程良好。在医疗软件领域,伴随医疗卫生信息化东风,HIS 软件和 DRG 医保支付软件未来空间巨大。在车载系统领域,数字座舱车载系统引起多方重视。在政务软件领域,电子政务市场快速增长,财政和法务国产化软件大有作为。在电力软件领域,智能电网建设持续推进、"电改"不断加深,设计类软件、基建管理类软件、配售电软件备受关注。在地理信息领域,导航地图软件和 GIS 服务软件国产化厂商崭露头角。在教育、应急管理、酒店管理以及建筑等其他领域,各垂直行业应用软件均有极高的国产化率,在个性化解决方案上表现不俗。

1.6.4　计算机职业道德

为推动我国互联网行业健康、有序地发展,在工业与信息化部(原信息产业部)等国家有关部门的指导下,由中国互联网协会发起,经过反复修改,于 2002 年制定了《中国互联网行业自律公约》。该公约共 31 条,分别对我国互联网行业自律的目的、原则、互联网信息服务、运行服务、运用服务、上网服务、网络产品的开发、生产以及其他与互联网有关的科研、教育、服务等领域从业者的自律事项等做了规定。

计算机职业道德是指在计算机行业及其应用领域所形成的社会意识形态和伦理关系下,调整人与人之间、人与知识产权之间、人与计算机之间以及人和社会之间的关系的行为规范总和。

根据计算机信息系统及计算机网络发展过程中出现过的种种案例,以及保障每一个法人权益的要求,美国计算机伦理协会总结、归纳了以下计算机职业道德规范,称为"计算机伦理十戒"供读者参考。

(1)不应该用计算机去伤害他人。

(2)不应该影响他人的计算机工作。

(3)不应该到他人的计算机里去窥探。

(4)不应该用计算机去偷窃。

(5)不应该用计算机去做假证明。

(6)不应该复制或利用没有购买的软件。

(7)不应该在未经他人许可的情况下使用他人的计算机资源。

(8)不应该剽窃他人的精神作品。

(9)应该注意正在编写的程序和正在设计的系统的社会效应。

(10)应该始终注意,使用计算机是在进一步加强对人类同胞的理解和尊敬。

1.6.5 信息素养

信息素养(Information Literacy)的概念于 1974 年由美国信息产业协会主席保罗·泽考斯基提出。1989 年,美国图书馆协会下属的信息素养总统委员会给信息素养下的定义是:"知道何时需要信息,并已具有检索、评价和有效使用所需信息的能力。"

信息素养是信息时代人才培养模式中出现的一个新概念,已引起了世界各国越来越广泛的重视。现在,信息素养已成为评价人才综合素质的一项重要指标。

美国图书馆协会和美国教育传播与技术协会在 1998 年制定的学生学习的 9 大信息素养标准如下:

(1)能够有效、高效地获取信息。

(2)能够熟练、批判性地评价信息。

(3)能够精确、创造性地使用信息。

(4)能够探求与个人兴趣有关的信息。

(5)能够欣赏作品和其他对信息创造性表达的内容。

(6)能够力争在信息查询和知识创新中做得更好。

(7)能够认识信息对民主化社会的重要性。

(8)能够履行与信息和信息技术相关的符合伦理道德的行为规范。

(9)能够积极地参加活动来探求和创建信息。

我国学者认为,信息素养主要包括三个方面的内容,即信息意识、信息能力和信息品质。

信息意识就是要具备信息第一意识、信息抢先意识、信息忧患意识以及再学习和终身学习意识。

信息能力主要包括信息挑选与获取能力、信息免疫与批判能力、信息处理与保存能力和创造性的信息应用能力。

信息品质主要包括有较高的情商、积极向上的生活态度、善于与他人合作的精神和自觉维护社会秩序和公益事业的精神。

思考题

1.高校学生应该具备哪些信息素养?

2.你有一项作业是要求你使用某一软件来练习创造一个作品。你的学校已经购买了这一软件,并将它安装在机房,但是因为某种原因,你很难有时间去实验室。一个朋友将软件发给你,你将它安装在自己的电脑上,你认为这是合法的吗?

任务 1.7　掌握必要的计算机安全知识

学习目的

为在工作中减少因计算机安全问题而造成的损失,必须掌握必要的计算机安全知识,重点掌握计算机病毒和木马的工作原理、特点,熟悉主要的计算机安全技术对策,并对计算机病毒和木马有一定的防范和控制能力。

1.7.1　计算机安全

1.7.1.1　网络安全概述

随着计算机技术的迅速发展,在计算机上处理的业务也由基于单机的数学运算、文件处理,基于简单连接的内部网络的内部业务处理、办公自动化等发展到基于复杂的内部网(Intranet)、企业外部网(Extranet)、全球互联网(Internet)的企业级计算机处理系统和世界范围内的信息共享和业务处理。在系统处理能力提高的同时,系统的连接能力也在不断提高。但在连接能力、流通能力提高的同时,基于网络连接的安全问题也日益突出,整体的网络安全主要表现在以下几个方面:网络的物理安全、网络拓扑结构安全、网络系统安全、应用系统安全和网络管理的安全等。

因此计算机安全问题,应该像每家每户的防火防盗问题一样,做到防患于未然。因为甚至不会想到你自己也会成为目标的时候,威胁就已经出现了,一旦发生,常常措手不及,造成极大的损失。

1.7.1.2　物理安全分析

网络的物理安全是整个网络系统安全的前提。在校园网工程建设中,由于网络系统属于弱电工程,耐压值很低。因此,在网络工程的设计和施工中,必须优先考虑保护人和网络设备不受电、火灾和雷击的侵害;考虑布线系统与照明电线、动力电线、通信线路、暖气管道及冷热空气管道之间的距离;考虑布线系统和绝缘线、裸体线以及接地与焊接的安全;必须建设防雷系统,防雷系统不仅考虑建筑物防雷,还必须考虑计算机及其他弱电耐压设备的防雷。总体来说物理安全的风险主要有:地震、水灾、火灾等环境事故;电源故障;人为操作失误或错误;设备被盗、被毁;电磁干扰;线路截获;高可用性的硬件;双机多冗余的设计;机房环境及报警系统、安全意识等。因此要尽量避免网络的物理安全风险。

1.7.1.3　网络结构的安全分析

网络拓扑结构设计也直接影响网络系统的安全性。假如在外部和内部网络进行通信时,内部网络的机器安全就会受到威胁,同时影响在同一网络上的许多其他系统。透过网络传播,还会影响连上 Internet/Intrant 的其他网络;影响所及,还可能涉及法律、金融等安全敏感领域。

因此,我们在设计时有必要将公开服务器(如 WEB、DNS、E-mail 等)和外网及内部其他业务网络进行必要的隔离,避免网络结构信息外泄;同时还要对外网的服务请求加以过滤,只允许正常通信的数据包到达相应主机,其他的请求服务在到达主机之前就应该遭到拒绝。

1.7.1.4　系统的安全分析

所谓系统的安全,是指整个网络操作系统和网络硬件平台是否可靠且值得信任。目前恐怕没有绝对安全的操作系统可以选择,无论是 Microsfot 的 Windows NT 或者其他任何商用 UNIX 操作系统,其开发厂商必然有其 Back-Door。因此,我们可以得出如下结论:没有完全安全的操作系统。不同的用户应从不同的方面对其网络做详尽的分析,选择安全性尽可能高的操作系统。因此不但要选用尽可能可靠的操作系统和硬件平台,并对操作系统进行安全配置。而且,必须加强登录过程的认证(特别是在到达服务器主机之前的认证),确保用户的合法性;还应该严格限制登录者的操作权限,将其完成的操作限制在最小范围内。

1.7.1.5　应用系统的安全分析

应用系统的安全跟具体的应用有关,它涉及面广。应用系统的安全是动态的、不断变化的。应用的安全性也涉及信息的安全性,它包括很多方面。

(1)应用系统的安全是动态的、不断变化的。

(2)应用的安全涉及方面很多,以目前 Internet 上应用最为广泛的 E-mail 系统来说,其解决方案有 Sendmail、Netscape Messaging Server、Lotus Notes、ExchangeServer、SUN CIMS 等不下二十多种。其安全手段涉及 LDAP、DES、RSA 等各种方式。应用系统是不断发展且应用类型是不断增加的。在应用系统的安全性上,主要考虑尽可能建立安全的系统平台,而且通过专业的安全工具不断发现漏洞、修补漏洞,提高系统的安全性。

(3)应用的安全性涉及信息、数据的安全性。

(4)信息的安全性涉及机密信息泄露、未经授权的访问、破坏信息完整性、假冒、破坏系统的可用性等。在某些网络系统中,涉及很多机密信息,如果一些重要信息遭到窃取或破坏,它的经济、社会影响和政治影响将是很严重的。因此,对用户使用计算机必须进行身份认证,对于重要信息的通信必须授权,传输必须加密。采用多层次的访问控制与权限控制手段,实现对数据的安全保护;采用加密技术,保证网上传输的信息(包括管理员口令与账户、上传信息等)的机密性与完整性。

1.7.1.6　管理的安全风险分析

管理是网络中安全最为重要的部分。责权不明、安全管理制度不健全及缺乏可操作性等都可能引起管理安全的风险。当网络出现攻击行为或网络受到其他一些安全威胁时(如内部人员的违规操作等),无法进行实时的检测、监控、报告与预警。同时,当事故发生后,也无法提供黑客攻击行为的追踪线索及破案依据,即缺乏对网络的可控性与可审查性。这就要求我们必须对站点的访问活动进行多层次的记录,及时发现非法入侵行为。

建立全新网络安全机制,必须深刻理解网络并能提供直接的解决方案,因此,最可行的做法是制定健全的管理制度和严格管理相结合。保障网络的安全运行,使其成为一个具有良好的安全性、可扩充性和易管理性的信息网络便成为首要任务。一旦上述的安全隐患成为事实,那么对整个网络所造成的损失将是难以估计的。因此,网络的安全建设是校园网建设过程中重要的一环。

1.7.1.7　网络安全措施

(1)物理措施:例如,保护网络关键设备(如交换机、大型计算机等),制定严格的网络安全规章制度,采取防辐射、防火以及安装不间断电源(UPS)等措施。

(2)访问控制:对用户访问网络资源的权限进行严格的认证和控制。例如,进行用户身份认证,对口令加密、更新和鉴别,设置用户访问目录和文件的权限,控制网络设备配置的权限等。

(3)数据加密:加密是保护数据安全的重要手段。加密的作用是保障信息被人截获后不能读懂其含义。

(4)防止计算机网络病毒,安装网络防病毒系统。

(5)其他措施:其他措施包括信息过滤、容错、数据镜像、数据备份和审计等。近年来,围绕网络安全问题提出了许多解决办法,例如数据加密技术和防火墙技术等。数据加密是对网络中传输的数据进行加密,到达目的地后再解密还原为原始数据,目的是防止非法用户截获后盗用信息。防火墙技术是通过对网络的隔离和限制访问等方法来控制网络的访问权限,从而保护网络资源。其他安全技术包括密钥管理、数字签名、认证技术、智能卡技术和访问控制等。

1.7.2　计算机病毒知识

1.7.2.1　计算机病毒概念

1983 年 11 月美国首次提出了计算机病毒(Virus)的概念。简单地说,计算机病毒是有些人蓄意编制的一种寄生性的计算机程序,它能在计算机系统中生存,通过自我复制来传播,达到一定条件时即被激活,从而给计算机系统造成一定损害甚至严重破坏。

定义:计算机病毒是指编制或者在计算机程序中插入的破坏计算机功能或者破坏数据,影响计算机使用,并能自我复制的一组计算机指令或者程序代码。

近几年来,计算机病毒的种类不断增多,破坏性也越来越大,对计算机系统造成极大的干扰和破坏。计算机病毒使程序不能正常运行,数据被更改或摧毁,严重的甚至导致系统瘫痪。

有些计算机病毒隐藏在文件里,主要感染可执行文件(.COM 和.EXE)。当执行被感染的文件时,病毒也开始工作,并又向其他未感染的可执行文件传染。文件型病毒分为非常驻型病毒和常驻型病毒两种。

有的隐藏在引导区中(引导型病毒),主要感染磁盘引导区和硬盘的主引导区。当开机工作时病毒也开始运行,比系统文件先调入内存。

网络型病毒是近几年来传播最广、最迅速,危害更大的计算机病毒。网络病毒的传播和攻击主要通过两个途径:用户邮件和系统漏洞。网络型病毒分为两种:一种是在浏览网页时传播到上网的计算机中;另一种以电子邮件作为载体,当你接收到邮件并打开邮件时病毒开始攻击计算机系统。这些病毒更隐蔽,破坏性更大。

病毒的传播途径主要通过软盘、光盘、网络来扩散,现在网络的连接范围日益扩大,通过网络传播的病毒只要几天就可在全世界范围内流行。

1.7.2.2 计算机病毒的特点

1. 破坏性

计算机病毒在没有爆发时对计算机中的资源环境不会造成破坏,当病毒的自身条件满足激活它运行时,对计算机的程序或数据造成破坏,破坏的范围和程度视病毒程序设计而定,有的仅干扰计算机的正常运行,降低计算机的运行速度,或出现一些文字提示和画面,有的则破坏程序和数据,或使系统瘫痪,使用户造成极大的损失。

2. 传染性

病毒程序在运行时,总是会搜寻符合其传染条件的程序或存储介质,确定目标后就将自身代码插入其中以达到自我复制的目的,即具有传染性。病毒能确定程序或系统的特定部位,如可执行文件、Office 文件和系统的引导区,甚至是计算机的某种芯片(如 BIOS 所在的 E^2ROM)。软盘、光盘和网络是病毒程序传染的载体。一个文件不但可以被感染上单种病毒,也可以同时感染上数种不同的病毒。

3. 隐蔽性

计算机被病毒程序传染上,不经特殊手段检查是很难发现它的。病毒程序由设计者编制得十分精练,大多数病毒的代码之所以设计得非常短小,也是为了隐蔽,有些病毒在不爆发时,甚至感觉不到它的存在,用户不会感到任何异常,这样的病毒危险性更大。

4. 潜伏性和可触发性

计算机病毒感染后,不一定立即爆发,但仍然处于活动状态,还在继续向其他程序或计算机传播,病毒的这种状态称作是它的潜伏期,当病毒设计者制定的特定条件满足时该病毒才会被激活,开始造成破坏。例如,令计算机用户都十分憎恨的 CIH 病毒,在潜伏期内可以毫无感觉,但在 4 月 26 日,就会发作。

1.7.2.3 计算机病毒类型

计算机病毒种类繁多,有些病毒具有多种入侵和爆发的特征,不能明显区分。根据以往对计算机病毒的研究,使用科学的、系统的、严密的方法,按照计算机病毒属性的方法进行分类,计算机病毒可以有以下分类方法。

1. 根据存在媒体(储存介质)进行分类

根据病毒存在的媒体,病毒可以划分为网络病毒、文件病毒、引导型病毒。网络病毒通过计算机网络传播感染网络中的可执行文件,文件病毒感染计算机中的文件(如 COM、EXE、DOC 等),引导型病毒感染启动扇区(Boot)和硬盘的系统引导扇区(MBR),还有这三种情况的混合型,例如:多型病毒(文件和引导型)感染文件和引导扇区两种目标,这样的病毒通常都具有复杂的算法,它们使用非常规的办法侵入系统,同时使用了加密和变形算法。

2. 根据传染渠道进行分类

根据病毒传染的方法可分为驻留型病毒和非驻留型病毒。驻留型病毒感染计算机后,把自身的内存驻留部分放在内存(RAM)中,这一部分程序挂接系统调用并合并到操作系统中去,它处于激活状态,一直到关机或重新启动。非驻留型病毒在得到机会激活时并不感染计算机内存,一些病毒在内存中留有小部分,但是并不通过这一部分进行传染,这类病毒也被划分为非驻留型病毒。

3. 根据破坏能力进行分类

(1)无害型:除了传染时减少磁盘的可用空间外,对系统没有其他影响。

(2)无危险型:这类病毒仅仅是减少内存、显示图像、发出声音及同类音响。

(3)危险型:这类病毒在计算机系统操作中造成严重的错误。

(4)非常危险型:这类病毒删除程序、破坏数据、清除系统内存区和操作系统中重要的信息。这些病毒对系统造成的危害,并不是本身的算法中存在危险的调用,而是当它们传染时会引起无法预料的和灾难性的破坏。由病毒引起的其他程序产生的错误也会破坏文件和扇区,这些病毒也按照它们引起的破坏能力划分。

4. 根据算法进行分类

伴随型病毒,这一类病毒并不改变文件本身,它们根据算法产生 EXE 文件的伴随体,具有同样的名字和不同的扩展名(COM),例如:XCOPY. EXE 的伴随体是 XCOPY-COM。病毒把自身写入 COM 文件并不改变 EXE 文件,当 DOS 加载文件时,伴随体优先被执行到,再由伴随体加载执行原来的 EXE 文件。

"蠕虫"型病毒,通过计算机网络传播,不改变文件和资料信息,利用网络从一台机器的内存传播到其他机器的内存,计算网络地址,将自身的病毒通过网络发送。它们有时存在于系统,一般除了内存不占用其他资源。

寄生型病毒,除了伴随型和"蠕虫"型,其他病毒均可称为寄生型病毒,它们依附在系统的引导扇区或文件中,通过系统的功能进行传播,按其算法不同可分为很多种,其中有一种在调试阶段的被称为练习型病毒,其病毒自身包含错误,因此不能进行很好的传播。

诡秘型病毒一般不直接修改 DOS 文件和扇区数据,而是通过设备技术和文件缓冲区等来对 DOS 进行内部修改,病毒资源不易被看到,使用的技术比较高级。利用 DOS 空闲的数据区进行工作。

变型病毒(又称幽灵病毒)使用复杂的算法,使自己每传播一份都具有不同的内容和长度。它们一般是由一段混有无关指令的解码算法和被变化过的病毒体组成。

1.7.2.4 典型及流行病毒介绍

1. "尼姆达"(Nimda)病毒

2001 年 9 月 18 日在全球蔓延,"尼姆达"病毒是一个传播性非常强的黑客病毒。它通过邮件传播、主动攻击服务器、即时通信工具传播、FTP 协议传播、网页浏览传播等传播手段,全面地向我们展示了网络病毒迅捷传播的特性。

这种病毒对许多企业的网络影响很大,有的甚至已经瘫痪,就个人使用的 PC 机来说,速度也会有明显的下降。

2. "求职信"(Wantjob)病毒

该病毒不仅具有尼姆达病毒自动发信、自动执行、感染局域网等破坏功能,而且在感染计算机后还不停地查询内存中的进程,检查是否有杀毒软件的存在(如 AVP/NAV/NOD/Macfee 等)。如果存在,则将该杀毒软件的进程终止。每隔 0.1 s 就循环检查进程一次,以至于这些杀毒软件无法运行。该病毒如果感染的是 Windows NT/2000 系统的计算机,便会把自己注册为系统服务进程,用一般方法很难杀灭。它还不停地向外发送邮件,把自己伪装成"HTM、DOC、JPG、BMP、XLS、CPP、HTML、MPG、MPEG"类型文件中的一种,文件名也是随机产生的,极具隐蔽性。

3. VBS. LoveLetter(我爱你)病毒

2000 年 5 月 4 日,一种叫作"我爱你"的电脑病毒开始在全球各地迅速传播。这个病毒是通过 Microsoft Outlook 电子邮件系统传播的,邮件的主题为"ILOVEYOU",并包含一个附件。一旦在 Microsoft Outlook 里打开这个邮件,系统就会自动复制并向地址簿中的所有邮件地址发送这个病毒。

"我爱你"病毒是一种蠕虫病毒,它与 1999 年的"Melissa"病毒非常相似。这个病毒可以改写本地及网络硬盘上面的某些文件。用户机器染毒以后,邮件系统将会变慢,并可能导致整个网络系统崩溃。

4. CIH 病毒

CIH 病毒是一位名叫陈盈豪的我国台湾大学生所编写的,发作日是每年 4 月 26 日。v1.4 版本将发作日改为每月 26 日。CIH 是一个纯粹的 Windows 95/98 病毒,1998 年 6 月 2 日我国台湾传出首例 CIH 病毒报告。它通过软件之间的相互拷贝、盗版光盘的使用、Internet 的传播而大面积传染。CIH 病毒发作时将用杂乱数据覆盖硬盘前 1 024 KB 的存储区域,破坏主板 BIOS Flash 芯片,使机器无法启动。CIH 病毒破坏硬件,只有允许写 Flash 内存时才有可能传染,通常用 DIP 开关写 Flash 内存时无效。然而现代主板大多数不能由 DIP 开关对 Flash 内存写保护,因此该病毒发作时会破坏大多数可升级主板 Flash BIOS。它具备彻底摧毁计算机系统的能力,覆盖硬盘主引导区的 Boot 区,改写硬盘数据。

5. 宏病毒

宏病毒是随着 Microsoft Office 软件的使用而产生的,Word 宏病毒是一些制作病毒的专业人员利用 Microsoft Word 的开放性即 Word 中提供的 Word BASIC 编程接口,专门制作的一个或多个具有病毒特点的宏的集合,这种病毒宏的集合影响计算机使用,并能通过 DOC 文档及 DOT 模板进行自我复制及传播。它是利用高级语言宏语言编制的寄生于文档或模板的宏中的计算机病毒。

Macro. Word97. Hello 是一个纯粹的宏病毒,用 Word 打开一个被感染的文档并允许宏运行(若未打开宏病毒防护,不提示就会被传染)。这时,将弹出对话框:"How are you! Please tell me your name!"同时会删除所有名为"AutoOpen"的用户模块。

1.7.2.5 病毒的防护

采取防护措施是对付计算机病毒的积极而有效的办法,比等待计算机病毒出现后再去杀毒更能保护计算机系统。虽然会出现新病毒,但只要在思想上有反病毒的警惕性,再加上反病毒技术和管理措施,也可以使新病毒不能广泛传播。

采用的防护措施主要有:

思想防护:要重视病毒对计算机安全运行带来的危害,提高警惕性,以便及时发现病毒感染留下的痕迹,采用补救措施。

管理防护:主要有尊重知识产权;合理设置杀毒软件,如果安装的杀毒软件具备扫描电子邮件的功能,尽量将这些功能全部打开;定期检查敏感文件;采取必要的病毒检测和监控措施;当一台计算机多人使用时,应建立登记制度;加强教育和宣传工作,明确认识编制病毒软件是犯罪行为;建立各种制度,对病毒制造者依法制裁等。

使用防护:对新购的硬盘、软盘、软件等设备资源,使用前应先用病毒测试软件检查已知病毒,硬盘可以使用低级格式化(DOS 中的 FORMAT 格式化可以去掉软盘中的病毒,但不能清除硬盘引导区的病毒);尽量使用硬盘启动计算机,且启动时不要把软盘、优盘插在驱动器内;尽量不要玩游戏;尽量不用来路不明的软件;上网时开启病毒防火墙;不要打开来路不明的邮件;慎重对待邮件附件,如果收到邮件附件中有可执行文件(如.EXE、.COM 等)或者带有"宏"的文档(.DOC 等),不要直接打开,最好先用"另存为"把文件保存到磁盘上,然后用杀毒软件查杀一遍,确认没有病毒后再打开;及时升级邮件程序和操作系统,以修补所有已知的安全漏洞;定期备份文件;如有可能,可以使用优盘写保护;使用优化工具,取消操作系统中可移动设备(如优盘、光盘)的自动播放功能。

1.7.2.6 杀毒软件

"杀毒软件"是由国内的老一辈反病毒软件厂商,如金山毒霸、江民、瑞星等起的名字,后来和世界反病毒业接轨统称为"反病毒软件""安全防护软件"或"安全软件"。注意"杀毒软件"是指电脑在上网过程,被恶意程序将系统文件篡改,导致电脑中毒,系统无法正常运作,然后要用一些杀毒的程序,来杀掉病毒,反病毒则包括查杀病毒和防御病毒入侵两种功能。

集成防火墙的"互联网安全套装""全功能安全套装"等名词,都属一类,是用于消除电脑病毒、特洛伊木马和恶意软件的一类软件。反病毒软件通常集成监控识别、病毒扫描和清除、自动升级等功能,有的反病毒软件还带有数据恢复等功能。

反病毒软件的任务是实时监控和扫描磁盘。部分反病毒软件通过在系统添加驱动程序的方式,进驻系统,并且随操作系统启动。大部分的杀毒软件还具有防火墙功能。

反病毒软件的实时监控方式因软件而异。有的反病毒软件,是通过在内存里划分一部分空间,将电脑里流过内存的数据与反病毒软件自身所带的病毒库(包含病毒定义)的特征码相比较,以判断是否为病毒。另一些反病毒软件则在所划分到的内存空间里面,虚拟执行系统或用户提交的程序,根据其行为或结果做出判断。

而扫描磁盘的方式,则和上面提到的实时监控的第一种工作方式一样,只是在这里,反病毒软件将会将磁盘上所有的文件(或者用户自定义的扫描范围内的文件)做一次检查。

对付计算机病毒的有效方法是利用流行的查杀病毒工具,如国内著名的杀毒软件(瑞星查杀毒软件、KV3000、金山毒霸)和国外著名的杀毒软件(NOD32、卡巴斯基、Norton、小红伞)等进行检查和杀毒。杀毒软件的研制成功给病毒的泛滥造成了遏制,但病毒的功能发展也日益强大,有些病毒能够中断杀毒软件的运行,而杀毒软件本身也存在一些缺陷,目前,这矛盾的两方面都在做技术上的较量,交替地占据优势,可能任何一方都不会始终领先。

随着杀毒软件厂商的竞争以及营销理念的转变,目前市场上个人版杀毒软件或病毒防火墙软件大多采用免费使用的营销方案,专业级或企业级的安全软件则采用收费模式,这几种在功能和防杀能力方面有一定的区别,可以根据实际需求选择使用。

只要新的计算机病毒还在被不断制造出来,那么反病毒软件就需要不断更新、升级。

1.7.3 木马及防范

相信大家对特洛伊木马故事耳熟能详,计算机木马由此而来。从其入侵特性和隐蔽性来看,计算机中常见的木马对计算机应用的危害不亚于计算机病毒,从对人们造成的损失来看,木马有超越病毒而成为互联网时代计算机安全的主要对手,因此也常被称为木马病毒,但其不进行自我复制和传染,因此与计算机病毒有较多区别。

木马与计算机网络中常常要用到的远程控制软件有些相似,但由于远程控制软件是"善意"的控制,因此通常不具有隐蔽性;木马则完全相反,它要达到的是"偷窃"性的远程控制,如果没有很强的隐蔽性的话,那就是"毫无价值"的。

它是指通过一段特定的程序(木马程序)来控制另一台计算机。木马通常有两个可执行程序:一个是客户端,即控制端;另一个是服务端,即被控制端。植入被种者电脑的是"服务器"部分,而所谓的"黑客"正是利用"控制器"进入运行了"服务器"的电脑。运行了木马程序的"服务器"以后,被种者的电脑就会有一个或几个端口被打开,使黑客可以利用这些打开的端口进入电脑系统,安全和个人隐私也就全无保障了!

木马的设计者为了防止木马被发现,而采用多种手段隐藏木马。木马的服务一旦运行并被控制端连接,其控制端将享有服务端的大部分操作权限,例如给计算机增加口令,浏览、移动、复制、删除文件,修改注册表,更改计算机配置等。

随着病毒编写技术的发展,木马程序对用户的威胁越来越大,尤其是一些木马程序采用了极其狡猾的手段来隐蔽自己,使普通用户很难在中毒后发觉。

特洛伊木马不经电脑用户准许就可获得电脑的使用权。程序容量十分轻小,运行时不会浪费太多资源,因此没有使用杀毒软件是难以发觉的,运行时很难阻止它的行动,运行后,立刻自动登录在系统引导区,之后每次在 Windows 加载时自动运行,或立刻自动变更文件名,甚至隐形,或马上自动复制到其他文件夹中,运行连用户本身都无法运行的动作。

1.7.3.1 木马的发展历程

木马程序技术发展可以说非常迅速。主要是有些年轻人出于好奇,或是急于显示自己的实力,不断改进木马程序的编写。至今木马程序已经经历了六代的改进:

第一代,是最原始的木马程序。主要是简单的密码窃取,通过电子邮件发送信息等,具备了木马最基本的功能。

第二代,在技术上有了很大的进步,冰河是中国木马的典型代表之一。

第三代,主要改进在数据传递技术方面,出现了 ICMP 等类型的木马,利用畸形报文传递数据,增加了杀毒软件查杀识别的难度。

第四代,在进程隐藏方面有了很大改动,采用了内核插入式的嵌入方式,利用远程插入线程技术,嵌入 DLL 线程。或者挂接 PSAPI,实现木马程序的隐藏,甚至在 Windows NT/2000下,都达到了良好的隐藏效果。灰鸽子和蜜蜂大盗是比较出名的 DLL 木马。

第五代,驱动级木马。驱动级木马多数都使用了大量的 Rootkit 技术来达到深度隐藏的效果,并深入内核空间,感染后针对杀毒软件和网络防火墙进行攻击,可将系统 SSDT 初始化,导致杀毒防火墙失去效应。有的驱动级木马可驻留 BIOS,并且很难查杀。

第六代,随着身份认证 UsbKey 和杀毒软件主动防御的兴起,黏虫技术类型和特殊反显技术类型木马逐渐开始系统化。前者主要以盗取和篡改用户敏感信息为主,后者以动态口令和硬证书攻击为主。PassCopy 和暗黑蜘蛛侠是这类木马的代表。

1.7.3.2　木马的种类

计算机发展过程中,计算机木马形形色色,种类繁多。根据木马侵入用户的目的不同,以及木马编制的方法的不同,大致上可分为以下这些类型:

1. 网游木马

随着网络在线游戏的普及和升温,中国拥有规模庞大的网游玩家。网络游戏中的金钱、装备等虚拟财富与现实财富之间的界限越来越模糊。与此同时,以盗取网游账号密码为目的的木马病毒也随之发展泛滥起来。

网络游戏木马通常采用记录用户键盘输入、Hook 游戏进程 API 函数等方法获取用户的密码和账号。窃取到的信息一般通过发送电子邮件或向远程脚本程序提交的方式发送给木马作者。

网络游戏木马的种类和数量,在国产木马病毒中都首屈一指。流行的网络游戏无一不受网游木马的威胁。一款新游戏正式发布后,往往在一到两个星期内,就会有相应的木马程序被制作出来。大量的木马生成器和黑客网站的公开销售也是网游木马泛滥的原因之一。

2. 网银木马

网银木马是针对网上交易系统编写的木马病毒,其目的是盗取用户的卡号、密码,甚至安全证书。此类木马种类数量虽然比不上网游木马,但它的危害更加直接,受害用户的损失更加惨重。

网银木马通常针对性较强,木马作者可能首先对某银行的网上交易系统进行仔细分析,然后针对安全薄弱环节编写木马程序。2013 年,安全软件电脑管家截获网银木马最新变种"弼马温",弼马温木马能够毫无痕迹地修改支付界面,使用户根本无法察觉。通过不良网站提供假 QVOD 下载地址进行广泛传播,当用户下载这一挂马播放器文件安装后就会中木马,该木马运行后即开始监视用户网络交易,屏蔽余额支付和快捷支付,强制用户使用网银,并借机篡改订单,盗取财产。

随着中国网上交易的普及,受到外来网银木马威胁的用户也在不断增加。

3. 下载类

这种木马程序的体积一般很小,其功能是从网络上下载其他病毒程序或安装广告软件。由于体积很小,下载类木马更容易传播,传播速度也更快。通常功能强大、体积也很大的后门类病毒,如"灰鸽子""黑洞"等,传播时都单独编写一个小巧的下载型木马,用户中毒后会把后门主程序下载到本机运行。

4. 代理类

用户感染代理类木马后,会在本机开启 HTTP、SOCKS 等代理服务功能。黑客把受感染计算机作为跳板,以被感染用户的身份进行黑客活动,达到隐藏自己的目的。

5. FTP 木马

FTP 型木马打开被控制计算机的 21 号端口(FTP 所使用的默认端口),使每一个人都可以用一个 FTP 客户端程序来不用密码连接到受控制端计算机,并且可以进行最高权限的上传和下载,窃取受害者的机密文件。新 FTP 木马还加上了密码功能,这样,只有攻击者本人才知道正确的密码,从而进入对方计算机。

6.通信软件类

国内即时通信软件百花齐放。QQ、新浪 UC、网易泡泡、盛大圈圈……网上聊天的用户群十分庞大。常见的即时通信类木马一般有三种:

(1)发送消息型

通过即时通信软件自动发送含有恶意网址的消息,目的在于让收到消息的用户点击网址中毒,用户中毒后又会向更多好友发送病毒消息。此类病毒的常用技术是搜索聊天窗口,进而控制该窗口自动发送文本内容。发送消息型木马常常充当网游木马的广告,如"武汉男生2005"木马,可以通过 MSN、QQ、UC 等多种聊天软件发送带毒网址,其主要功能是盗取传奇游戏的账号和密码。

(2)盗号型

主要目标在于即时通信软件的登录账号和密码。工作原理和网游木马类似。病毒作者盗得他人账号后,可能偷窥聊天记录等隐私内容,或将账号卖掉。

(3)传播自身型

2005 年年初,"MSN 性感鸡"等通过 MSN 传播的蠕虫泛滥了一阵之后,MSN 推出新版本,禁止用户传送可执行文件。2005 年上半年,"QQ 龟"和"QQ 爱虫"这两个国产病毒通过 QQ 聊天软件发送自身进行传播,感染用户数量极大,在江民公司统计的 2005 年上半年十大病毒排行榜上分列第一名和第四名。从技术角度分析,发送文件类的 QQ 蠕虫是以前发送消息类 QQ 木马的进化,采用的基本技术都是搜寻到聊天窗口后,对聊天窗口进行控制,来达到发送文件或消息的目的。只不过发送文件的操作比发送消息复杂很多。

7.网页点击类

网页点击类木马会恶意模拟用户进行点击广告等动作,在短时间内可以产生数以万计的点击量。病毒作者的编写目的一般是为了赚取高额的广告推广费用。此类病毒的技术简单,一般只是向服务器发送 HTTP GET 请求。

1.7.3.3 木马的危害

木马危害不可小觑,尤其是近年来盛行的金融木马,给金融企业和用户带来莫大的损失,例如作为目前传播最广泛的金融恶意软件,宙斯木马病毒需要对现今 80% 的金融攻击事件负责,它在自 2007 年诞生起 5 年中造成的全球性损失估计超过 1 亿美元。

木马的主要危害表现在:

(1)盗取我们的网游账号,威胁我们的虚拟财产的安全

木马病毒会盗取我们的网游账号,并立即将账号中的游戏装备转移,再由木马病毒使用者出售这些盗取的游戏装备和游戏币而获利。

(2)盗取我们的网银信息,威胁我们的真实财产的安全

木马采用键盘记录等方式盗取我们的网银账号和密码,并发送给黑客,直接导致我们的经济损失。

（3）利用即时通信软件盗取我们的身份,传播木马病毒

中了此类木马病毒后,可能导致我们的经济损失。在中了木马后电脑会下载病毒作者指定的任意程序,具有不确定的危害性,如恶作剧等。

（4）给我们的电脑打开后门,使我们的电脑可能被黑客控制

如灰鸽子木马等,当我们中了此类木马后,我们的电脑就可能沦为肉鸡,成为黑客手中的工具。

1.7.3.4　木马的查杀

木马的查杀就是要找到感染文件,用手动方法结束相关进程然后删除文件,或者借助木马专杀软件,进行木马文件的删除。

木马和病毒都是一种人为的程序,都属于电脑病毒,但电脑病毒的作用,其实完全就是为了搞破坏,破坏电脑里的资料数据,除此之外无非就是有些病毒制造者为了达到某些目的而进行的威慑和敲诈勒索,或炫耀自己的技术。"木马"不一样,木马是赤裸裸地偷偷监视别人和盗窃别人的密码、数据等,如盗窃管理员密码、子网密码搞破坏;或者为了好玩,偷窃上网密码、游戏账号、股票账号,甚至网上银行账户等,以此来达到偷窥别人隐私和得到经济利益的目的。所以木马的危害比早期的电脑病毒更大,更能够直接达到病毒使用者的目的! 导致许多别有用心的程序开发者大量地编写这类带有偷窃和监视别人电脑的侵入性程序,这就是网上大量木马泛滥成灾的原因。鉴于木马的这些巨大危害和它与早期病毒的作用性质的不同,所以木马虽然属于病毒中的一类,但是要单独从病毒类型中间剥离出来,特称之为"木马"程序。

一般来说常见的杀毒软件程序,会在软件本身查杀某某木马的同时,提供专杀工具使得能够更高效率地杀掉这种木马,这是因为把查杀木马程序单独剥离出来,可以提高查杀效率,很多杀毒软件里的木马专杀程序只对木马进行查杀,不去检查普通病毒库里的病毒代码,也就是说当用户运行木马专杀程序的时候,程序只调用木马代码库里的数据,而不调用病毒代码库里的数据,从而大大提高木马查杀速度。

除了常见的木马查杀软件外,系统自带的一些基本命令也可以发现木马病毒:

1. 检测网络连接

如果你怀疑自己的计算机被别人安装了木马,或者是中了病毒,但是手里没有完善的工具来检测是不是真有这样的事情发生,那可以使用 Windows 自带的网络命令来看看谁在连接你的计算机。

具体的命令格式是:netstat-an 这个命令能看到所有和本地计算机建立连接的 IP,它包含四个部分——proto(连接方式)、local address(本地链接地址)、foreign address(和本地建立连接的地址)、state(当前端口状态)。通过这个命令的详细信息,我们就可以完全监控计算机上的连接,从而达到控制计算机的目的。

2. 禁用不明服务

很多朋友在某天系统重新启动后会发现计算机速度变慢了,不管怎么优化都慢,用杀毒软件也查不出问题,这个时候很可能是别人通过入侵你的计算机给你开放了特别的某种服务,比如 IIS 信息服务等,这样你的杀毒软件是查不出来的。但是别急,可以通过"net start"来查看系统中究竟有什么服务在开启,如果发现了不是自己开放的服务,我们就可以有针对性地禁用

这个服务了。

方法就是直接输入"net start"来查看服务,再用"net stop server"来禁止服务。

3.轻松检查账户

很长一段时间,恶意的攻击者非常喜欢使用克隆账号的方法来控制你的计算机。他们采用的方法就是激活一个系统中的默认账户,但这个账户是不经常用的,然后使用工具把这个账户提升到管理员权限,从表面上看来这个账户还是和原来一样,但是这个克隆的账户却是系统中最大的安全隐患。恶意的攻击者可以通过这个账户任意地控制你的计算机。

为了避免这种情况,可以用很简单的方法对账户进行检测。

首先在命令行下输入 net user,查看计算机上有些什么用户,然后再使用"net user 用户名"查看这个用户是属于什么权限的,一般除了 administrator 是 administrators 组的,其他都不是!如果你发现一个系统内置的用户是属于 administrators 组的,那几乎肯定你被入侵了,而且别人在你的计算机上克隆了账户。快使用"net user 用户名/del"来删掉这个用户吧!

联网状态下的客户端。对于没有联网的客户端,当其联网之后也会在第一时间内收到更新信息将病毒特征库更新到最新版本。不仅省去了用户去手动更新的烦琐过程,也使用户的计算机时刻处于最佳的保护环境之下。

4.对比系统服务项

(1)点击"开始,运行"输入"msconfig. exe"回车,打开系统配置实用程序,然后在"服务"选项卡中勾选"隐藏所有 Microsoft 服务",这时列表中显示的服务项都是非系统程序。

(2)再点击"开始,运行",输入"Services. msc"回车,打开"系统服务管理",对比两张表,在该"服务列表"中可以逐一找出刚才显示的非系统服务项。

(3)在"系统服务"管理界面中,找到那些服务后,双击打开,在"常规"选项卡中的可执行文件路径中可以看到服务的可执行文件位置,一般正常安装的程序,比如杀毒、MSN、防火墙等,都会建立自己的系统服务,不在系统目录下,如果有第三方服务指向的路径是在系统目录下,那么它就是"木马"。选中它,选择表中的"禁止",重新启动计算机即可。

(4)要点:在表的左侧有被选中的服务程序说明,如果没用,它很大可能就是木马。

思考题

1. 计算机病毒和木马有什么区别? 它们的危害有什么共性?
2. 如何防范计算机病毒和木马?

项目2
计算机网络基础学习

项目学习目标

网络技术是现代计算机应用技术的重要基础,掌握计算机网络基础是理解和掌握众多网络应用的保障。通过学习本项目,学生应了解计算机网络的发展、功能及分类,熟悉计算机互联网的原理、概念及应用,了解网络信息安全的概念及防御,为在今后工作中更好地使用计算机网络系统、灵活运用这些知识进行互联网上网操作打下扎实的基础。

项目要求

1. 理解网络技术基本概念和发展趋势;
2. 基本掌握互联网工作原理与常用服务;
3. 基本掌握网络信息安全的概念及防御。

任务 2.1 基本掌握网络基本知识

学习目的

掌握网络的概念、功能,熟悉网络协议、拓扑结构等知识,熟悉网络设备的工作原理及功能,对局域网架构有清晰的了解,了解网络操作系统的种类和特点,为今后操作使用计算机网络系统打下扎实基础。

2.1.1　计算机网络的概念

2.1.1.1　计算机网络的定义和组成

计算机网络是用通信线路和网络连接设备将分布在不同地点的多台独立式计算机系统互相连接,按照网络协议进行数据通信,实现资源共享,为网络用户提供各种应用服务的信息系统。

计算机网络由硬件和软件两部分组成:

硬件包括:主计算机、终端、集中器、前端处理机、通信处理机、通信控制器、线路控制器等。

软件通常包括:

(1)网络操作系统。它是最主要的网络软件,负责管理网络中的各种软硬件资源。

(2)网络通信软件。它实现网络中节点间的通信。

(3)网络协议和协议软件。它通过协议程序实现网络协议功能。

(4)网络管理软件。它用来对网络资源进行管理和维护。

(5)网络应用软件。它为用户提供服务,解决某方面的实际应用问题。

2.1.1.2　计算机网络的功能

计算机网络的功能有:

1. 通信功能

通信功能是计算机网络最基本的功能,且通信功能还是计算机网络其他各种功能的基础。所以通信功能是计算机网络最重要的功能。

2. 资源共享

计算机资源主要指计算机硬件资源、软件资源和数据资源,所以计算机网络中的资源共享包括硬件资源共享、软件资源共享和数据资源共享。

总之,通过资源共享,大大地提高了系统资源利用率,使系统的整体性价比得到改善。

3. 提高系统的可靠性

在一个系统中,当某台计算机、某个部件或某个程序出现故障时,必须通过替换资源的办法来维持系统的继续运行,以避免系统瘫痪。而在计算机网络中,各台计算机可彼此互为后备机,每一种资源都可以在两台或多台计算机上进行备份。这样当某台计算机、某个部件或某个程序出现故障时,其任务就可以由其他计算机或其他备份的资源所代替,避免了系统瘫痪,提高了系统的可靠性。

4. 网络分布式处理与均衡负载

所谓网络分布式处理,是指把同一任务分配到网络中地理上分布的节点机上协同完成。

一方面,对于复杂的、综合性的大型任务,可以采用合适的算法,将任务分散到网络中不同的计算机上去执行。另一方面,当网络中某台计算机、某个部件或某个程序负担过重时,通过网络操作系统的合理调度,可将其任务的一部分转交给其他较为空闲的计算机或资源去完成。

5. 分散数据的综合处理

网络系统还可以有效地将分散在网络各计算机中的数据资料信息收集起来,从而达到对分散的数据资料进行综合分析处理,并把正确的分析结果反馈给各相关用户的目的。

2.1.1.3　计算机网络的应用

计算机提供的服务主要有:

1. WWW 服务

WWW 即 World Wide Web,又称"万维网",它是互联网上集文本、声音、图像、视频等多种媒体信息于一身的信息服务系统。

2. 电子邮件服务

电子邮件服务即 E-mail,以电子方式传递。只要通信双方都有电子邮件地址,便可以交互往返邮件。

3. DNS 服务

DNS 服务用来解析域名与 IP 地址之间的转换工作。

4. FTP 服务

文件传输协议(File Transfer Protocol,FTP)把客户的请求告诉服务器,并将服务器发回的结果显示出来。

5. 数据库服务

传统的数据库分为集中式数据库和分布式数据库两种。

(1)集中式数据库

集中式数据库是以系统共享主存储器为特征。

(2)分布式数据库

分布式数据库主要用于网络系统,特别适合于网络管理信息系统。

6. 多媒体应用

随着网络应用技术的发展,网络应用出现了一种崭新的形式,即结合多种媒体信号,进行信息交流。

(1)可视图文;

(2)电视会议;

(3)VOD(Video-On-Demand)点播系统;

(4)网络电话和 WAP 手机;

(5)网络娱乐。

7. 管理服务

网络管理的服务内容很多,下面列出一些最重要的服务。

(1)流量监测和控制。

(2)负载平衡。

(3)硬件诊断和失效报警。

(4)资产管理。

(5)许可证跟踪。

(6)安全审计。

（7）软件分发。

（8）地址管理。

（9）数据备份和数据恢复等。

2.1.1.4 计算机网络的分类和拓扑结构

1. 按地理范围分类

（1）局域网（Local Area Network）

特点：采用的传输介质类型相对较少；数据传输速率快；传输延迟小，且误码率较低；组网比较灵活、方便、成本较低。

（2）城域网（Metropolitan Area Network）

特点：一般不超过几十千米，采用的传输介质相对要复杂；数据传输速率次于局域网；数据传输距离相对局域网要长，信号容易受到干扰；组网比较复杂，成本较高。

（3）广域网（Wide Area Network，即 Internet）

特点：传输介质复杂；数据传输速率较低；采用的技术比较复杂；是一个公共的网络，即不属于一个机构或国家。

2. 按通信介质分类

（1）有线网络

有线网络是指网络中的通信介质全部为有线介质的网络，常见的介质有同轴电缆、双绞线、光缆、电话线等。

特点：技术成熟；产品较多；实施方便；成本较低；受气候环境的影响较小。

（2）无线网络

无线网络是采用无线电波、卫星、微波、红外线、激光等无线形式来传输数据的网络，即网络中的节点之间没有线缆的连接。

优点：高移动性；保密性强；抗干扰性好；架设与维护容易；支持移动计算机。

缺点：技术发展较慢；费用较高；易受环境因素的影响；安装实施要求的技术高。

3. 其他分类方法

（1）按使用网络的对象来分

①公用网络

它是为全社会所有的人提供服务的网络。

②专用网络

它只为拥有者提供服务，一般不向本系统以外的人提供服务。

（2）按网络的连接方式来分

①全连通型网络，是指所有节点之间的相互通信均可通过相邻的节点实现，可靠性最好。

②交换型网络，是指两个端节点之间可以通过中间节点（即转接节点）实现连接。

③广播型网络，是指多个用户共享同一通信信道。

（3）按照通信子网的交换方式

按照通信子网的交换方式不同，网络可分为公用电路交换网、报文交换网、分组交换网、ATM 交换网等。

2.1.1.4　计算机网络的拓扑结构

1. 计算机网络拓扑的概念

拓扑学是几何学的一个分支,它是从图论演变过来的。拓扑学首先把实体抽象成与其大小、形状无关的点,将连接实体的线路抽象成线,进而研究点、线、面之间的关系。计算机网络拓扑通过网中节点与通信线路之间的几何关系表示网络结构,反映出网络中各实体间的结构关系。拓扑设计是建设计算机网络的首步,也是实现各种网络协议的基础,它对网络性能、系统可靠性与通信费用都有重大影响。计算机网络拓扑主要是指通信子网的拓扑构型。

2. 网络拓扑分类方法

网络拓扑可以根据通信子网中通信信道类型分为两类:

点到点线路通信子网的拓扑和广播信道通信子网的拓扑。

在采用点到点线路的通信子网中,每条物理线路连接一对节点。采用点到点线路的通信子网的基本拓扑构型有五类:星型、总线型、环型、树型和网状型。

（1）星型结构

星型拓扑结构即任何两节点之间的通信都要通过中心节点进行转发,中心节点通常是集线器,如图 2.1 所示。

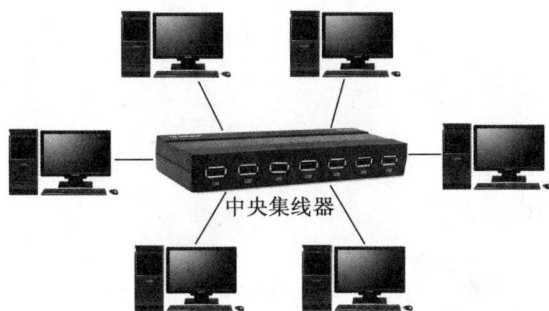

图 2.1　星型拓扑结构

特点:结构简单、便于集中控制和管理;网络易于扩展;故障检测和隔离方便;延迟时间小;传输误码率低;中心节点负担重;网络脆弱;通信线路利用率较低。

（2）总线型结构

总线型网络是将若干个节点平等地连接到一条高速公用总线上的网络。

特点:结构简单灵活,便于扩充;可靠性高;网络节点响应速度快;易于布线,成本较低;实时性差;物理安全性差;故障诊断困难。

（3）环型结构

环型结构的网络指网络中的每个节点均与下一个节点连接,最后一个节点与第一个节点连接,构成一个闭合的环路,如图 2.2 所示。

特点:网络结构简单;路径选择的控制得到简化;扩充

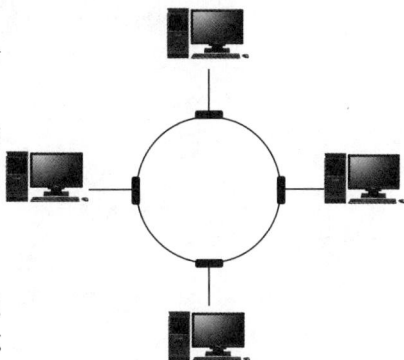

图 2.2　环型网络结构

不方便;环上节点过多时,传输效率严重下降;当环中某一节点出现故障时整个网络将瘫痪,查找故障点不易。

(4)树型结构

树型结构是由星型结构演变而来的。其实质是星型结构的层次堆叠,如图2.3所示。

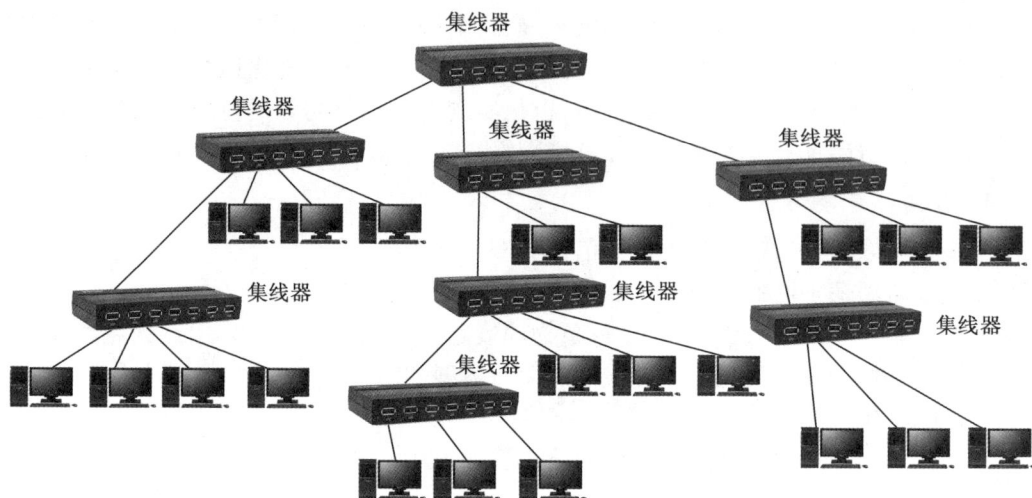

图2.3 树型拓扑结构

特点:扩展方便;故障隔离容易;高层节点性能要求高。

(5)网状结构

网状结构是由星型、总线型、环型演变而来的,是前三种基本拓扑混合应用的结果。网状结构的拓扑图如图2.4所示。

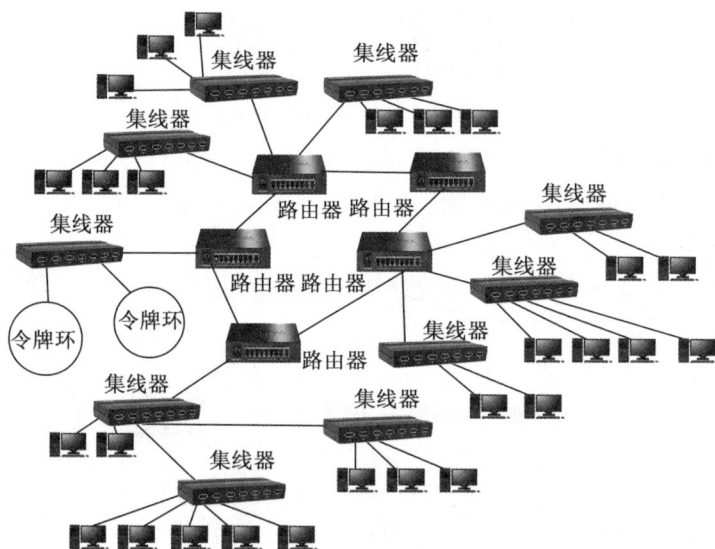

图2.4 网状拓扑示意图

2.1.2　局域网

2.1.2.1　构成局域网的基本构件

要构成 LAN,必须有其基本部件。LAN 既然是一种计算机网络,自然少不了计算机,特别是个人计算机(PC)。几乎没有一种网络只由大型机或小型机构成。因此,对于 LAN 而言,个人计算机是一种必不可少的构件。计算机互联在一起,当然也不可能没有传输媒体,这种媒体可以是同轴电缆、双绞线、光缆或辐射性媒体。第三个构件是任何一台独立计算机通常都不配备的网卡,也称为网络适配器,但在构成 LAN 时,则是不可少的部件。第四个构件是将计算机与传输媒体相连的各种连接设备,如 RJ-45 插头座等。具备了上述四种网络构件,便可将 LAN 工作的各种设备用媒体互联在一起搭成一个基本的 LAN 硬件平台,如图 2.5 所示。

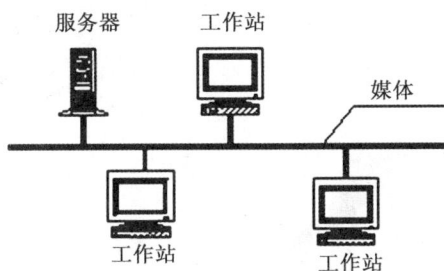

图 2.5　LAN 硬件平台

有了 LAN 硬件环境,还需要控制和管理 LAN 正常运行的软件,即谓 NOS 是在每个 PC 机原有操作系统上增加网络所需的功能。例如,当需要在 LAN 上使用字处理程序时,用户的感觉犹如没有组成 LAN 一样,这正是 LAN 操作发挥了对字处理程序访问的管理。在 LAN 情况下,字处理程序的一个拷贝通常保存在文件服务器中,并由 LAN 上的任何一个用户共享。由上面介绍的情况可知,组成 LAN 需要下述 5 种基本结构:

(1)计算机(特别是 PC 机);

(2)传输媒体;

(3)网络适配器;

(4)网络连接设备;

(5)网络操作系统。

计算机是我们最熟悉不过的了,就不再介绍,其他部分我们将详细介绍。

2.1.2.2　局域网的传输媒体

LAN 常用的媒体有同轴电缆、双绞线和光缆,以及在无线 LAN 情况下使用的辐射媒体。LAN 技术在发展过程中,首先使用的是粗同轴电缆,其直径近似 13 mm(1/2 in),特性阻抗为 50 Ω。由于这种电缆很重,缺乏挠性以及价格高等问题,随后出现了细缆,其直径为 6.4 mm (1/4 in),特性阻抗也是 50 Ω。使用粗缆构成的 Ethernet 称为粗缆 Ethernet,使用细缆的 Ethernet 称为细缆 Ethernet。在 20 世纪 80 年代后期广泛采用了双绞线作为传输媒体的技术,既 10 Base-T 以及其他 LAN 实现技术。为将 LAN 的范围进一步扩大,随后又出现了 10 Base-F,这种技术是使用光纤构成链路段,使用距离可延长到 2 km 但速率仍为 10 MB/s。FDDI 则是与 IEEE802.3、802.4 和 802.5 完全不同的新技术,构成 FDDI 的媒体,不仅是光纤,而且访问媒体的机制有了新的提高,传输速率可达 100 MB/s。下面就这些实现技术所用的媒体逐一进行讨论。

1. 双绞线

双绞线(TP:Twisted Pairwire)是布线工程中最常用的一种传输介质。双绞线是由相互按一定扭距绞合在一起的类似于电话线的传输媒体,每根线加绝缘层并用有色标来标记,如图 2.6 所示,左图为非屏蔽双绞线(UTP:Unshilded Twisted Pair),右图为屏蔽双绞线(STP:Shielded Twisted Pair)。成对线的扭绞旨在使电磁辐射和外部电磁干扰减到最小。

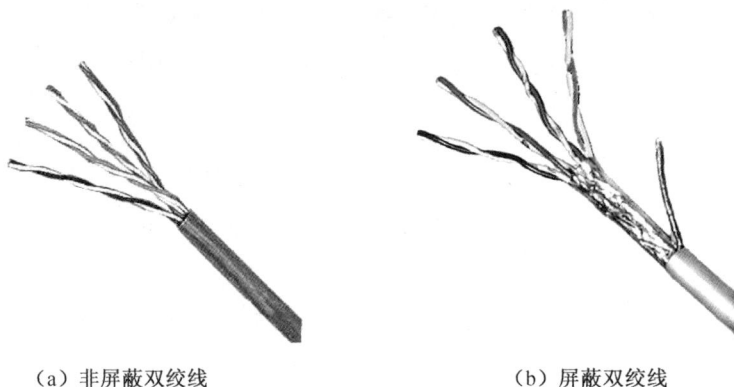

（a）非屏蔽双绞线　　　　　　　　　　　（b）屏蔽双绞线

图 2.6　双绞线

目前 EIA/TIA(电气工业协会/电信工业协会)为双绞线电缆定义了五种不同质量的型号。这五种型号如下:

(1)第一类:主要用于传输语音(一类标准主要用于 20 世纪 80 年代初之前的电话线缆),该类用于电话线,不用于数据传输。

(2)第二类:该类包括用于低速网络的电缆,这些电缆能够支持最高 4 MB/s 的实施方案,这两类双绞线在 LAN 中很少使用。

(3)第三类:这种在以前的以太网中(10 M)比较流行,最高支持 16 MB/s 的传输速率,但大多数通常用于 10 MB/s 的以太网,主要用于 10 Base-T。

(4)第四类:该类双绞线在性能上比第三类有一定改进,用于语音传输和最高传输速率 16 MB/s 的数据传输。4 类电缆用于比 3 类距离更长且速度更高的网络环境。它可以支持最高 20 MB/s 的容量,主要用于基于令牌的局域网和 10 Base-T/100 Base-T。这类双绞线可以是 UTP,也可以是 STP。

(5)第五类:该类电缆增加了绕线密度,外套一种高质量的绝缘材料,传输频率为 100 MHz,用于语音传输和最高传输速率为 100 MB/s 的数据传输,这种电缆用于高性能的数据通信。它可以支持高达 100 MB/s 的容量,主要用于 100 Base-T 和 10 Base-T 网络,这是最常用的以太网电缆。最近又出现了超 5 类线缆,它是一个非屏蔽双绞线(UTP)布线系统,通过对它的"链接"和"信道"性能的测试表明,它超过 5 类线标准 TIA/EIA568 的要求。与普通的 5 类 UTP 比较,性能得到了很大提高。

如今市场上5类布线和超5类布线应用非常广泛,国际标准规定的5类双绞线的频率带宽是100 MHz,在这样的带宽上可以实现100 M的快速以太网和155 M的ATM传输。计算机网络综合布线使用第三、四、五类。

使用双绞线组网,双绞线和其他网络设备(例如网卡)连接必须是RJ45接头(也叫水晶头)。图2.7是RJ45接头,左图为示意图,右图为实物图。

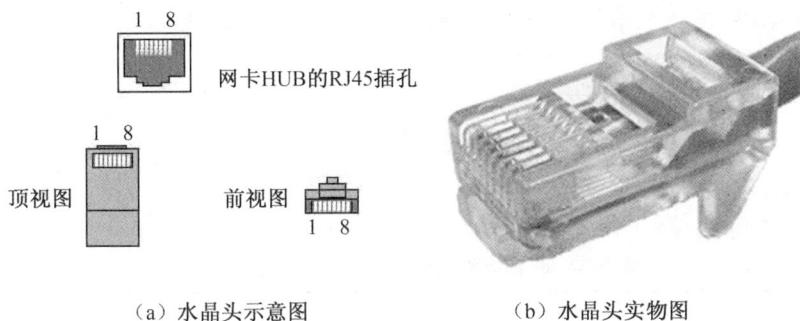

（a）水晶头示意图　　　　　　　　（b）水晶头实物图

图2.7　RJ45接头(水晶头)

双绞线(10 Basw-T)以太网技术规范可归结为"54321规则":
①允许5个网段,每网段最大长度100 m;
②在同一信道上允许连接4个中继器或集线器;
③在其中的3个网段上可以增加节点;
④在另外2个网段上,除做中继器链路外,不能接任何节点;
⑤上述将组建1个大型的冲突域,最大站点数1 024,网络直径达2 500 m;
⑥上述规则只是一个粗略的设计指南,实际的数据因厂家不同而异。

利用双绞线组网,可以获得良好的稳定性,在实际应用中越来越多。尤其是近年来,快速以太网的发展,利用双绞线组建无须再增加其他设备,因此被业界人士看好。

2. 光缆

如图2.8所示,光缆不仅是目前可用的媒体,而且是今后若干年后将会继续使用的媒体,其主要原因是这种媒体具有很大的带宽。光缆是由许多细如发丝的塑胶或玻璃纤维外加绝缘

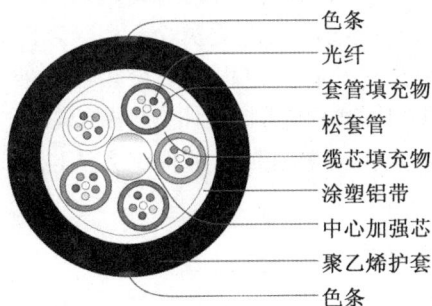

图2.8　光缆剖面图

护套组成,光束在玻璃纤维内传输,防磁防电,传输稳定,质量高,适于高速网络和骨干网。光纤与电导体构成的传输媒体最基本的差别是,它的传输信息是光束,而非电气信号。因此,光纤传输的信号不受电磁的干扰。利用光缆连接网络,每端必须连接光/电转换器,另外还需要

91

一些其他辅助设备。

基于光缆的网络,国际标准化组织 ISO 制定了许多规范,具体如下:

(1)10 Base-FL

(2)10 Base-FB

(3)10 Base-FP

其中 10 Base-FL 是使用最广泛的数据格式,下面是其组网规则:

(1)最大段长:2 000 m。

(2)每段最大节点(NODE)数:2。

(3)每网络最大节点(NODE)数:1 024。

(4)每链的最大 HUB 数:4。

表 2.1 是三种传输媒介的比较:

表 2.1　同轴电缆、双绞线、光缆的性能比较

传输媒介		价格	电磁干扰	频带宽度	单段最大长度
双绞线	UTP	最便宜	高	低	100 m
	STP	一般	低	中等	100 m
同轴电缆		一般	低	高	185 m/500 m
光缆		最高	没有	极高	几十千米

3. 无线媒体

上述三种传输媒体有一个共同的缺点,那便是都需要一根线缆连接电脑,这在很多场合都是不方便的。无线媒体不使用电子或光学导体。大多数情况下地球的大气便是数据的物理性通路。从理论上讲,无线媒体最好应用于难以布线的场合或远程通信。无线媒体有三种主要类型:无线电、微波及红外线。下面我们主要介绍无线电传输介质。

无线电的频率范围在 10 kHz~300 GHz 之间。在电磁频谱里,属于"对频"。使用无线电的时候,需要考虑的一个重要问题是电磁波频率的范围(频谱)是相当有限的。其中大部分都已被电视、广播以及重要的政府和军队系统占用。因此,只有很少一部分留给网络电脑使用,而且这些频率也大部分都由国内"无线电管理委员会(无委会)"统一管制。要使用一个受管制的频率必须向无委会申请许可证,这在一定程度上会相当不便。如果设备使用的是未经管制的频率,则功率必须在 1 W 以下,这种管制的目的是限制设备的作用范围,从而限制对其他信号的干扰。用网络术语来说,这相当于限制了未管制无线电的通信带宽。下面这些频率是未受管制的:

(1)902~925 MHz

(2)2.4 GHz(全球通用)

(3)5.72~5.85 GHz

无线电波可以穿透墙壁,也可以到达普通网络线缆无法到达的地方。针对无线电链路连接的网络,现在已有相当坚实的工业基础,并且在业界也得到了迅速的发展。

2.1.2.3 网络适配器

网络适配器又称网卡或网络接口卡(NIC),英文名 Network Interface Card。它是使计算机联网的设备。平常所说的网卡就是将 PC 机和 LAN 连接的网络适配器。网卡(NIC)插在计算机主板插槽中,负责将用户要传递的数据转换为网络上其他设备能够识别的格式,通过网络介质传输。它的主要技术参数为带宽、总线方式、电气接口方式等。它的基本功能为:从并行到串行的数据转换,包的装配和拆装,网络存取控制,数据缓存和网络信号。目前主要是 8 位和 16 位网卡。

图 2.9 网卡

1. 网卡必须具备两大技术——网卡驱动程序和 I/O 技术

驱动程序使网卡和网络操作系统兼容,实现 PC 机与网络的通信。I/O 技术可以通过数据总线实现 PC 和网卡之间的通信。网卡是计算机网络中最基本的元素。在计算机局域网络中,如果有一台计算机没有网卡,那么这台计算机将不能和其他计算机通信,也就是说,这台计算机和网络是孤立的。

2. 网卡的不同分类

根据网络技术的不同,网卡的分类也有所不同,如大家所熟知的 ATM 网卡、令牌环网卡和以太网网卡等。据统计,目前约有 80% 的局域网采用以太网技术。它是根据工作对象的不同服务器的工作特点而专门设计的,价格较贵,但性能很好。就兼容网卡而言,目前,网卡一般分为普通工作站网卡和服务器专用网卡。为了适应网络服务种类较多,性能也有差异的特点,服务器专用网卡可按以下的标准进行分类:按网卡所支持带宽的不同可分为 10 M 网卡、100 M 网卡、10 M/100 M 自适应网卡、千兆网卡几种;根据网卡总线类型的不同,主要分为 ISA 网卡、EISA 网卡和 PCI 网卡三大类,其中 ISA 网卡和 PCI 网卡较常使用。ISA 总线网卡的带宽一般为 10 M,PCI 总线网卡的带宽从 10 M 到 1 000 M 都有。同样是 10 M 网卡,因为 ISA 总线为 16 位,而 PCI 总线为 32 位,所以 PCI 网卡要比 ISA 网卡快,占 CPU 资源也更少。

3. 网卡的接口类型

根据传输介质的不同,网卡出现了 AUI 接口(粗缆接口)、BNC 接口(细缆接口)和 RJ-45 接口(双绞线接口)三种接口类型。所以在选用网卡时,应注意网卡所支持的接口类型,否则可能不适用于你的网络。市面上常见的 10 M 网卡主要有单口网卡(RJ-45 接口或 BNC 接口)和双口网卡(RJ-45 和 BNC 两种接口),带有 AUI 粗缆接口的网卡较少。而 100 M 和 1 000 M 网卡一般为单口卡(RJ-45 接口)。除网卡的接口外,我们在选用网卡时还常常要注意网卡是否支持无盘启动。必要时还要考虑网卡是否支持光纤连接。

4. 网卡的选购

据统计,目前绝大多数的局域网都采用以太网技术,因而重点以以太网网卡为例,讲一些选购网卡时应注意的问题。购买时应注意以下几个重点:

(1)网卡的应用领域

目前,以太网网卡有 10 M、100 M、10 M/100 M 及千兆网卡。对于大数据量网络来说,服务器应该采用千兆以太网网卡,这种网卡多用于服务器与交换机之间的连接,以提高整体系统的响应速率。而 10 M、100 M 和 10 M/100 M 网卡则属于人们经常购买且常用的网络设备,这三种产品的价格相差不大。所谓 10 M/100 M 自适应,是指网卡可以与远端网络设备(集线器或交换机)自动协商,确定当前的可用速率是 10 M 还是 100 M。对于通常的文件共享等应用来说,10 M 网卡就已经足够了,但对于将来可能的语音和视频等应用来说,100 M 网卡将更利于实时应用的传输。鉴于 10 M 技术已经拥有的基础(如以前的集线器和交换机等),通常的变通方法是购买 10 M/100 M 网卡,这样既有利于保护已有的投资,又有利于网络的进一步扩展。就整体价格和技术发展而言,千兆以太网到桌面机尚需时日,但 10 M 的时代已经逐渐远去。因而对中小企业来说,10 M/100 M 网卡应该是采购时的首选。

(2)注意总线接口方式

当前台式机和笔记本电脑中常见的总线接口方式都可以从主流网卡厂商那里找到适用的产品。但值得注意的是,市场上很难找到 ISA 接口的 100 M 网卡。1994 年以来,PCI 总线架构日益成为网卡的首选总线,目前已牢固地确立了在服务器和高端桌面机中的地位。即将到来的转变是这种网卡将推广到所有的桌面机中。PCI 以太网网卡的高性能、易用性和增强了的可靠性使其被标准以太网网络所广泛采用,并得到了 PC 业界的支持。

(3)网卡兼容性和运用的技术

快速以太网在桌面一级普遍采用 100 BaseTX 技术,以 UTP 为传输介质,因此,快速以太网的网卡设一个 RJ45 接口。由于小办公室网络普遍采用双绞线作为网络的传输介质,并进行结构化布线,因此,选择单一 RJ45 接口的网卡就可以了。适用性好的网卡应通过各主流操作系统的认证,至少具备如下操作系统的驱动程序:Windows、Netware、Unix 和 OS/2。智能网卡上自带处理器或带有专门设计的 AISC 芯片,可承担使用非智能网卡时由计算机处理器承担的一部分任务,因而即使在网络信息流量很大时,也极少占用计算机的内存和 CPU 时间。智能网卡性能好,价格也较高,主要用在服务器上。另外,有的网卡在 BootROM 上做文章,加入防病毒功能;有的网卡则与主板配合,借助一定的软件,实现 Wake on LAN(远程唤醒)功能,可以通过网络远程启动计算机;还有的计算机则干脆将网卡集成到了主板上。

2.1.2.4　局域网连接设备

1. 集线器

集线器(HUB)是对网络进行集中管理的最小单元,像树的主干一样,它是各分枝的汇集点。HUB 是一个共享设备,其实质是一个中继器,而中继器的主要功能是对接收到的信号进行再生放大,以扩大网络的传输距离。正是因为 HUB 只是一个信号放大和中转的设备,所以它不具备自动寻址能力,即不具备交换作用。所有传到 HUB 的数据均被广播到与之相连的各个端口,容易形成数据堵塞,因此有人称集线器为"傻 HUB"。

(1)HUB 在网络中所处的位置

HUB 主要用于共享网络的组建,是解决从服务器直接到桌面的最佳\最经济的方案。在交换式网络中,HUB 直接与交换机相连,将交换机端口的数据送到桌面。使用 HUB 组网灵活,它处于网络的一个星型节点,对节点相连的工作站进行集中管理,不让出问题的工作站影响整个网络的正常运行,并且用户的加入和退出也很自由。

(2)HUB 的分类

依据总线带宽的不同,HUB 分为 10 M、100 M 和 10 M/100 M 自适应三种;若按配置形式的不同可分为独立型 HUB、模块化 HUB 和堆叠式 HUB 三种;根据管理方式可分为智能型 HUB 和非智能型 HUB 两种。目前所使用的 HUB 基本是以上三种分类的组合,例如我们经常所讲的 10 M/100 M 自适应智能型可堆叠式 HUB 等。HUB 根据端口数目的不同主要有 8 口、16 口和 24 口等。

(3)HUB 在组网中的应用

由于 10 M 非智能型 HUB 的价格已经接近于一款网卡的价格,并且 10 M 的网络对传输介质及布线的要求也不高,所以许多喜欢"DIY"的网友完全可以自己动手,组建自己的家庭局域网或办公局域网。在前些年组建的网络中,10 M 网络几乎成为网络的标准配置,有相当数量的 10 M HUB 作为分散式布线中为用户提供长距离信息传输的中继,或作为小型办公室的网络核心。但这种应用在今天已不再是主流,尤其是随着 100 M 网络的日益普及,10 M 网络及其设备将会越来越少。

虽然纯 100 M 的 HUB 给桌面提供了 100 M 的传输速度,但当网络升级到 100 M 后,原来众多的 10 M 设备将无法再使用,所以只有在近期开始组建的网络,才会无任何顾虑地考虑100 M 的 HUB。很多网络设备生产商正是瞄准了 10 M 与 100 M 之间转换的这个时机,纷纷推出了既兼容 10 M 又兼容 100 M 的 10 M/100 M 自适应 HUB。10 M/100 M 自适应 HUB 在工作中的端口速度可根据工作站网卡的实际速度进行调整:当工作站网卡的速度为 10 M 时,与之相连的端口的速度也将自动调整为 10 M;当工作站网卡的速度为 100 M 时,对应端口的速度也将自动调整到 100 M。10 M/100 M 自适应 HUB 也叫作"双速 HUB"。从技术角度来看,双速 HUB 有内置交换模块与无交换模块两类,前者一般作为小型局域网的主干设备,后者一般处于大中型网络应用的边缘。在实际应用中,有些用户为减少交换机的负载,提高网络的速度,在选用与交换机相连的 HUB 时,也选择具有交换模块的双速 HUB,因此内置交换模块的双速 HUB 将是从 10 M 升级到 100 M 时的最佳选择。

在选用 HUB 时,还要注意信号输入口的接口类型,与双绞线连接时需要具有 RJ-45 接口;如果与细缆相连,需要具有 BNC 接口;与粗缆相连需要具有 AUI 接口;当局域网长距离连接时,还需要具有与光纤连接的光纤接口。早期的 10 M HUB 一般具有 RJ-45、BNC 和 AUI 三种接口。100 M HUB 和 10 M/100 M HUB 一般只有 RJ-45 接口,有些还具有光纤接口。

常用的 HUB 品牌。像网卡一样,目前市面上的 HUB 基本由美国品牌和中国台湾品牌占据。其中高档 HUB 主要由美国品牌占领,如 3COM、INTEL 等;中国台湾的 D-LINK 和 AC-CTON 占有了中低端 HUB 的主要份额。图 2.10 是集线器的实例图。

图 2.10　集线器

2.交换机

1993 年,局域网交换设备出现,1994 年,国内掀起了交换网络技术的热潮。其实,交换技术是一个具有简化、低价、高性能和高端口密集特点的交换产品,体现了桥接技术的复杂交换技术在 OSI 参考模型的第二层操作。与桥接器一样,交换机按每一个包中的 MAC 地址相对简单地将决策信息转发。而这种转发决策一般不考虑包中隐藏的更深的其他信息。与桥接器不同的是交换机转发延迟很小,操作接近单个局域网性能,远远超过了普通桥接互联网络之间的转发性能。

交换技术允许共享型和专用型的局域网段进行带宽调整,以减轻局域网之间信息流通出现的瓶颈问题。现在已有以太网、快速以太网、FDDI 和 ATM 技术的交换产品。

类似传统的桥接器,交换机提供了许多网络互联功能。交换机能经济地将网络分成小的冲突网域,为每个工作站提供更高的带宽。协议的透明性使得交换机在软件配置简单的情况下直接安装在多协议网络中;交换机使用现有的电缆、中继器、集线器和工作站的网卡,不必做高层的硬件升级;交换机对工作站是透明的,这样管理开销低廉,简化了网络节点的增加、移动和网络变化的操作。

利用专门设计的集成电路可使交换机以线路速率在所有的端口并行转发信息,提供了比传统桥接器高得多的操作性能。如理论上单个以太网端口对含有 64 个八进制数的数据包,可提供 14 880 B/s 的传输速率。这意味着一台具有 12 个端口、支持 6 道并行数据流的"线路速率"以太网交换器必须提供 89 280 B/s 的总体吞吐率(6 道信息流×14 880 B/s/道信息流)。专用集成电路技术使得交换器在更多端口的情况下以上述性能运行,其端口造价低于传统型桥接器。

如图 2.11 所示,局域网交换机根据使用的网络技术可以分为以太网交换机、令牌环交换机、FDDI 交换机、ATM 交换机、快速以太网交换机等。

如果按交换机应用领域来划分,可分为台式交换机、工作组交换机、主干交换机、企业交换机、分段交换机、端口交换机、网络交换机等。

局域网交换机是组成网络系统的核心设备。对用户而言,局域网交换机最主要的指标是端口的配置、数据交换能力、包交换速度等因素。因此,在选择交换机时要注意以下事项:交换端口的数量、交换端口的类型、系统的扩充能力、主干线连接手段、交换机总交换能力、是否需要路由选择能力、是否需要热切换能力、是否需要容错能力、能否与现有设备兼容,顺利衔接、网络管理能力。

（a）千兆核心交换机

（b）普通交换机

图 2.11　交换机实物

3.路由器

路由器是一种网络设备,(图 2.12 是一款 3COM 路由器)它能够利用一种或几种网络协议将本地或远程的一些独立的网络连接起来,每个网络都有自己的逻辑标识。路由器通过逻辑标识将指定类型的封包(比如 IP)从一个逻辑网络中的某个节点,进行路由选择,传输到另一个网络上的某个节点。

图 2.12　路由器

在互联网日益发展的今天,是什么把网络相互连接起来? 是路由器。路由器在互联网中扮演着十分重要的角色,那么什么是路由器呢? 通俗来讲,路由器是互联网的枢纽、"交通警察"。路由器的定义是:用来实现路由选择功能的一种媒介系统设备。所谓路由,就是指通过相互连接的网络把信息从源地点移动到目标地点的活动。一般来说,在路由过程中,信息至少会经过一个或多个中间节点。通常,人们会把路由和交换进行对比,这主要是因为在普通用户看来两者所实现的功能是完全一样的。其实,路由和交换之间的主要区别就是交换发生在OSI 参考模型的第二层(数据链路层),而路由发生在第三层,即网络层。这一区别决定了路由和交换在移动信息的过程中需要使用不同的控制信息,所以两者实现各自功能的方式是不同的。

路由器是互联网的主要节点设备。路由器通过路由决定数据的转发。转发策略称为路由选择(routing),这也是路由器名称的由来(router,转发者)。作为不同网络之间互相连接的枢纽,路由器系统构成了基于 TCP/IP 的国际互联网络 Internet 的主体脉络,也可以说,路由器构成了 Internet 的骨架。它的处理速度是网络通信的主要瓶颈之一,它的可靠性则直接影响着网络互联的质量。因此,在园区网、地区网,乃至整个 Internet 研究领域中,路由器技术始终处于核心地位,其发展历程和方向,成为整个 Internet 研究的一个缩影。

路由器的一个作用是连通不同的网络,另一个作用是选择信息传送的线路。选择通畅快捷的近路,能大大提高通信速度,减轻网络系统通信负荷,节约网络系统资源,提高网络系统畅通率,从而让网络系统发挥出更大的效益来。

从过滤网络流量的角度来看,路由器的作用与交换机和网桥非常相似。但是与工作在网络物理层,从物理上划分网段的交换机不同,路由器使用专门的软件协议从逻辑上对整个网络进行划分。例如,一台支持 IP 协议的路由器可以把网络划分成多个子网段,只有指向特殊 IP地址的网络流量才可以通过路由器。对于每一个接收到的数据包,路由器都会重新计算其校验值,并写入新的物理地址。因此,使用路由器转发和过滤数据的速度往往要比只查看数据包物理地址的交换机慢。但是,对于那些结构复杂的网络,使用路由器可以提高网络的整体效率。路由器的另外一个明显优势就是可以自动过滤网络广播。从总体上说,在网络中添加路由器的整个安装过程要比即插即用的交换机复杂很多。

一般说来,异种网络互联与多个子网互联都应采用路由器来完成。路由器的主要工作就是为经过路由器的每个数据帧寻找一条最佳传输路径,并将该数据有效地传送到目的站点。由此可见,选择最佳路径的策略即路由算法是路由器的关键所在。为了完成这项工作,在路由器中保存着各种传输路径的相关数据——路径表(Routing Table),供路由选择时使用。路径表中保存着子网的标志信息、网上路由器的个数和下一个路由器的名字等内容。路径表可以由系统管理员固定设置好,也可以由系统动态修改;可以由路由器自动调整,也可以由主机控制。

互联网各种级别的网络中随处都可见到路由器。接入网络使得家庭和小型企业可以连接到某个互联网服务提供商;企业网中的路由器连接一个校园或企业内成千上万的计算机;骨干网上的路由器终端系统通常是不能直接访问的,它们连接长距离骨干网上的 ISP 和企业网络。互联网的快速发展无论是对骨干网、企业网还是接入网都带来了不同的挑战。骨干网要求路由器能对少数链路进行高速路由转发。企业级路由器不但要求端口数目多、价格低廉,而且要求配置起来简单方便,并提供 QoS。

2.1.3　常见局域网的类型

我们知道局域网 LAN(Local Area Network)是将小区域内的各种通信设备互联在一起所形成的网络,覆盖范围一般局限在房间、大楼或园区内。局域网的特点是:距离短、延迟小、数据速率高、传输可靠。

目前常见的局域网类型包括:以太网(Ethernet)、光纤分布式数据接口(FDDI)、异步传输模式(ATM)、令牌环网(Token Ring)、交换网(Switching)等,它们在拓扑结构、传输介质、传输速率、数据格式等多方面都有许多不同。其中应用最广泛的当属以太网——一种总线结构的 LAN,是目前发展最迅速,也最经济的局域网。我们这里简单对以太网(Ethernet)、光纤分布式数据接口(FDDI)、异步传输模式(ATM)进行介绍。

2.1.3.1　以太网 Ethernet

Ethernet 是由 Xerox、Digital Equipment 和 Intel 三家公司共同开发的局域网组网规范,并于 20 世纪 80 年代初首次出版,称为 DIX 1.0。1982 年修改后的版本为 DIX 2.0。这三家公司将此规范提交给 IEEE(电子电气工程师协会)802 委员会,经过 IEEE 成员的修改并通过,变成了 IEEE 的正式标准,并编号为 IEEE 802.3。Ethernet 和 IEEE 802.3 虽然有很多规定不同,但术语 Ethernet 通常认为与 802.3 是兼容的。IEEE 将 802.3 标准提交给国际标准化组织(ISO)第一联合技术委员会(JTC1),再次经过修订变成了国际标准 ISO 8802-3。

早期局域网技术的关键是如何解决连接在同一总线上的多个网络节点有秩序的共享一个信道的问题,而以太网络正是利用载波监听多路访问/碰撞检测(CSMA/CD)技术成功地提高了局域网络共享信道的传输利用率,从而得以发展和流行的。交换式快速以太网及千兆以太网是近几年发展起来的先进的网络技术,使以太网络成为当今局域网应用较为广泛的主流技术之一。随着电子邮件数量的不断增加,以及网络数据库管理系统和多媒体应用的不断普及,迫切需要高速高带宽的网络技术。交换式快速以太网技术便应运而生。快速以太网及千兆以太网从根本上讲还是以太网,只是速度快。它基于现有的标准和技术(IEEE 802.3 标准,CS-MA/CD 介质存取协议,总线性或星型拓扑结构,支持细缆、UTP、光纤介质,支持全双工传输),可以使用现有的电缆和软件,因此它是一种简单、经济、安全的选择。然而,以太网络在发展早期所提出的共享带宽、信道争用机制极大地限制了网络后来的发展,即使是近几年发展起来的链路层交换技术(即交换式以太网技术)和提高收发时钟频率(即快速以太网技术)也不能从根本上解决这一问题,具体表现在:

(1)以太网提供的是一种所谓"无连接"的网络服务,网络本身对所传输的信息包无法进行诸如交付时间、包间延迟、占用带宽等关于服务质量的控制,因此没有服务质量保证(Quality of Service)。

(2)对信道的共享及争用机制导致信道的实际利用带宽远低于物理提供的带宽,因此带宽利用率低。

除以上两点以外,以太网传输机制所固有的对网络半径、冗余拓扑和负载平衡能力的限制以及网络的附加服务能力薄弱等,也都是以太网络的不足之处。但以太网有成熟的技术、广泛的用户基础和较高的性能价格比,所以仍是传统数据传输网络应用中较为优秀的解决方案。

以太网几个术语介绍：

以太网根据不同的媒体可分为：10 Base-2、10 Base-5、10 Base-T 及 10 Base-FL。10 Base-2 以太网是采用细同轴电缆组网，最大的网段长度是 205 m，每网段节点数是 30，它是相对比较便宜的系统；10 Base-5 以太网是采用粗同轴电缆，最大网段长度为 505 m，每网段节点数是 100，它适合用于主干网；10 Base-T 以太网是采用双绞线，最大网段长度为 105 m，每网段节点数是 1 024，它的特点是易于维护；10 Base-F 以太网采用光纤连接，最大网段长度是 2 005 m，每网段节点数为 1 024，此类网络最适于在楼间使用。

交换以太网：其支持的协议仍然是 IEEE 802.3/以太网，但提供多个单独的 10 MB/s 端口。它与原来 IEEE 802.3/以太网完全兼容，并且克服了共享 10 MB/s 带来的网络效率下降。

100 Base-T 快速以太网：与 10BASE-T 的区别在于将网络的速率提高了 10 倍，即 100 M。采用了 FDDI 的 PMD 协议，但价格比 FDDI 便宜。100 Base-T 的标准由 IEEE 802.3 制定。与 10 Base-T 采用相同的媒体访问技术、类似的布线规则和相同的引出线，易于与 10 Base-T 集成。每个网段只允许两个中继器，最大网络跨度为 210 m。

2.1.3.2 FDDI 网络

光纤分布数据接口（FDDI）是目前成熟的 LAN 技术中传输速率最高的一种。这种传输速率高达 100 MB/s 的网络技术所依据的标准是 ANSIX3T9.5。该网络具有定时令牌协议的特性，支持多种拓扑结构，以传输媒体为光纤。使用光纤作为传输媒体具有多种优点：

（1）较长的传输距离，相邻站间的最大长度可达 2 km，最大站间距离为 200 km。

（2）具有较大的带宽，FDDI 的设计带宽为 100 MB/s。

（3）具有对电磁和射频干扰抑制能力，在传输过程中不受电磁和射频噪声的影响，也不影响其设备。

（4）光纤可防止传输过程中被分接偷听，也杜绝了辐射波的窃听，因而是最安全的传输媒体。

光纤分布式数据接口 FDDI 是一种使用光纤作为传输介质的、高速的、通用的环形网络。它能以 100 MB/s 的速率跨越长达 100 km 的距离，连接多达 500 个设备，既可用于城域网络也可用于小范围局域网。FDDI 采用令牌传递的方式解决共享信道冲突问题，与共享式以太网的 CSMA/CD 的效率相比在理论上要稍高一点（但仍远比不上交换式以太网），采用双环结构的 FDDI 还具有链路连接的冗余能力，因而非常适于做多个局域网络的主干。然而 FDDI 与以太网一样，其本质仍是介质共享、无连接的网络，这就意味着它仍然不能提供服务质量保证和更高的带宽利用率。在少量站点通信的网络环境中，它可达到比共享以太网稍高的通信效率，但随着站点的增多，效率会急剧下降，这时候无论是性能还是价格都无法与交换式以太网、ATM 网相比。交换式 FDDI 会提高介质共享效率，但同交换式以太网一样，这一提高也是有限的，不能解决本质问题。另外，FDDI 有两个突出的问题极大地影响了这一技术的进一步推广：一个是其居高不下的建设成本，特别是交换式 FDDI 的价格甚至会高出某些 ATM 交换机；另一个是其停滞不前的组网技术，由于网络半径和令牌长度的制约，在现有条件下 FDDI 将不可能出现高出 100 M 的带宽。面对不断降低成本同时在技术上不断发展创新的 ATM 和快速交换以太网技术的激烈竞争，FDDI 的市场占有率逐年缩减。据相关部门统计，现在各大型院校、教学院所、政府职能机关建立局域或城域网络的设计倾向较集中在 ATM 和快速以太网这两种技术上,原先建立较早的 FDDI 网络,也在向星型、交换式的其他网络技术过渡。

2.1.3.3　ATM 网络

随着人们对集语音、图像和数据为一体的多媒体通信需求的日益增加,特别是为了适应今后信息高速公路建设的需要,人们又提出了宽带综合业务数字网(B-ISDN)这种全新的通信网络,而 B-ISDN 的实现需要一种全新的传输模式,此即异步传输模式(ATM)。在 1990 年,国际电报电话咨询委员会(CCITT)正式建议将 ATM 作为实现 B-ISDN 的一项技术基础,这样,以 ATM 为机制的信息传输和交换模式也就成为电信和计算机网络操作的基础和 21 世纪通信的主体之一。尽管目前世界各国都在积极开展 ATM 技术研究和 B-ISDN 的建设,但以 ATM 为基础的 B-ISDN 的完善和普及却还要等到下一世纪,所以称 ATM 为一项跨世纪的新兴通信技术。不过,ATM 技术仍然是当前国际网络界所关注的焦点,其相关产品的开发也是各厂商想要抢占的网络市场的一个制高点。

ATM 是目前网络发展的最新技术,它采用基于信元的异步传输模式和虚电路结构,从根本上解决了多媒体的实时性及带宽问题。实现面向虚链路的点到点传输,它通常提供155MB/s 的带宽。它既汲取了话务通信中电路交换的"有连接"服务和服务质量保证,又保持了以太、FDDI 等传统网络中带宽可变、适于突发性传输的灵活性,从而成为迄今为止适用范围最广、技术最先进、传输效果最理想的网络互联手段。ATM 技术具有如下特点:(1)实现网络传输有连接服务,实现服务质量保证(QoS)。(2)交换吞吐量大、带宽利用率高。(3)具有灵活的组网拓扑结构和负载平衡能力,伸缩性、可靠性极高。(4)ATM 是现今唯一可同时应用于局域网、广域网两种网络应用领域的网络技术,它将局域网与广域网技术统一。

2.1.3.4　其他局域网

令牌环是 IBM 公司于 80 年代初开发成功的一种网络技术。之所以称为环,是因为这种网络的物理结构具有环的形状。环上有多个站逐个与环相连,相邻站之间是一种点对点的链路,因此令牌环与广播方式的 Ethernet 不同,它是一种按顺序向下一站广播的 LAN。与 Ethernet 不同的另一个诱人的特点是,即使负载很重,仍具有确定的响应时间。令牌环所遵循的标准是 IEEE 802.5,它规定了三种操作速率:1 MB/s、4 MB/s 和 16 MB/s。开始时,UTP 电缆只能在 1 MB/s 的速率下操作,STP 电缆可操作在 4 MB/s 和 16 MB/s 的速率下操作,现已有多家厂商的产品突破了这种限制。

交换网是随着多媒体通信以及客户/服务器(Client/Server)体系结构的发展而产生的。由于网络传输变得越来越拥挤,传统的共享 LAN 难以满足用户需要;曾经采用的网络区段化,由于区段越多,路由器等连接设备投资越大,同时众多区段的网络也难于管理。

当网络用户数目增加时,如何保持网络在拓展后的性能及其可管理性呢?网络交换技术就是一个新的解决方案。

传统的共享媒体局域网依赖桥接/路由选择,交换技术为终端用户提供专用点对点连接,它可以把一个提供"一次一用户服务"的网络,转变成一个平行系统,同时支持多组通信设备的连接,即每个与网络连接的设备均可独立与换机连接。

目前我们学校用得比较多的就是以太网。

2.1.4 局域网的拓扑结构

网络拓扑结构是指用传输媒体互联各种设备的物理布局。也就是采用什么样的结构将网络里面的各种设备连接到一起,一般在局域网中常用的拓扑结构有:星型拓扑结构、总线型拓扑结构和环型拓扑结构。

2.1.4.1 星型拓扑结构

星型拓扑结构是由通过点到点链接到中央节点的各站点组成的。星型网络中有一个唯一的转发节点(中央节点),每一计算机都通过单独的通信线路连接到中央节点。星型拓扑结构的优点是:利用中央节点可方便地提供服务和重新配置网络;单个连接点的故障只影响一个设备,不会影响整个网络,容易检测和隔离故障,便于维护;任何一个连接只涉及中央节点和一个站点,因此控制介质访问的方法很简单,从而访问协议也十分简单。星型拓扑结构的缺点是:每个站点直接与中央节点相连,需要大量电缆,因此费用较高;如果中央节点产生故障,则整个网络不能工作,所以对中央节点的可靠性和冗余度要求很高。Windows 95 对等网络常采用星型拓扑结构。

2.1.4.2 总线型拓扑结构

总线型拓扑结构采用单根传输线作为传输介质,所有的站点都通过相应的硬件接口直接连接到传输介质或称总线上。任何一个站点发送的信号都可以沿着介质传播,而且能被其他所有站点接收。总线型拓扑结构的优点是:电缆长度短,易于布线和维护;结构简单,传输介质又是无源元件,从硬件的角度看,十分可靠。总线型拓扑结构的缺点是:因为总线型拓扑结构的网不是集中控制的,所以故障检测需要在网上的各个站点上进行;在扩展总线的干线长度时,需重新配置中继器、剪裁电缆、调整终端器等;总线上的站点需要介质访问控制功能,这就增加了站点的硬件和软件费用。因特网等常采用总线型拓扑结构。

2.1.4.3 环型拓扑结构

环型拓扑结构是由连接成封闭回路的网络节点组成的,每一节点与它左右相邻的节点连接。环形网络常使用令牌环来决定哪个节点可以访问通信系统。在环形网络中,信息流只能是单方向的,每个收到信息包的站点都向它的下游站点转发该信息包。信息包在环网中"旅行"一圈,最后由发送站进行回收。当信息包经过目标站时,目标站根据信息包中的目标地址判断出自己是否是接收站,如果是,便把该信息拷贝到自己的接收缓冲区中。为了决定环上的哪个站可以发送信息,平时在环上流通着一个叫令牌的特殊信息包,只有得到令牌的站才可以发送信息,当一个站发送完信息后就把令牌向下传送,以便下游的站点可以得到发送信息的机会。环型拓扑结构的优点是它能高速运行,而且为了避免冲突其结构相当简单。

选择网络拓扑结构是网络建设的基础和前提,网络拓扑结构可以决定网络的特点、速度、实现的功能等。

我们最常见的办公室小型局域网的结构一般采用星型,这是因为星型网络的构造简单,连接容易,使用双绞线和网卡再加上 HUB 就可以架设一个局域网,管理也比较简单,建设费用和管理费用都较低。而且这种结构的网络易于改变网络容量,方便增加和减少计算机,并易于扩充和管理,容易发现、排除故障。但是这种结构对中央的 HUB 的依赖性很大,如果中央节点出了问题就会造成整个网络的瘫痪,可靠性低。不适合用在可靠性要求很高的大型网络上。而总线型结构易于布线和维护,结构简单,易于扩充和管理,可靠性高,速率快,但接入节点有限,发现、排除故障困难,实时性较差。环型结构也是常用的大型网络的结构之一,经常配合令牌使用,其网络结构也很简单,只是网络速度慢,排除故障也很困难。掌握了三种网络结构的特点,就可以根据需要采用适合自己的拓扑结构。

2.1.5 局域网的网络操作系统和网络协议

2.1.5.1 网络操作系统

网络操作系统(NOS)是网络的心脏和灵魂,是向网络计算机提供服务的特殊的操作系统。它在计算机操作系统下工作,使计算机操作系统增加了网络操作所需要的能力。例如像前面已谈到的当在 LAN 上使用字处理程序时,用户的 PC 机操作系统的行为像在没有构成 LAN 时一样,这正是 LAN 操作系统软件管理了用户对字处理程序的访问。网络操作系统运行在称为服务器的计算机上,并由联网的计算机用户共享,这类用户被称为客户。

NOS 与运行在工作站上的单用户操作系统或多用户操作系统由于提供的服务类型不同而有差别。一般情况下,NOS 是以使网络相关特性达到最佳为目的的,如共享数据文件、软件应用,以及共享硬盘、打印机、调制解调器、扫描仪和传真机等。一般计算机的操作系统,如 DOS 和 OS/2 等,其目的是让用户与系统及在此操作系统上运行的各种应用之间的交互作用最佳。

为防止一次由一个以上的用户对文件进行访问,一般网络操作系统都具有文件加锁功能。如果系统没有这种功能,用户将不会正常工作。文件加锁功能可跟踪使用中的每个文件,并确保一次只能一个用户对其进行编辑。文件也可由用户的口令加锁,以维持专用文件的专用性。

NOS 还负责管理 LAN 用户和 LAN 打印机之间的连接。NOS 总是跟踪每一个可供使用的打印机,以及每个用户的打印请求,并对如何满足这些请求进行管理,使每个端用户感到进行操作的打印机犹如与其计算机直接相连。

NOS 还对每个网络设备之间的通信进行管理,这是通过 NOS 中的媒体访问法来实现的。

目前局域网中主要存在以下几类网络操作系统:

1. Windows 类

这类操作系统是全球最大的软件开发商——Microsoft(微软)公司开发的。Microsoft 公司的 Windows 系统不仅在个人操作系统中占有绝对优势,它在网络操作系统中也是具有非常强劲的力量。这类操作系统配置在整个局域网配置中是最常见的。但由于它对服务器的硬件要求较高,且稳定性能不是很高,所以微软的网络操作系统一般只是用在中低档服务器中,高端服务器通常采用 UNIX、Linux 或 Solairs 等非 Windows 操作系统。在局域网中,微软的网络操作系统主要有:Windows NT 4.0 Server、Windows 2000 Server/Advance Server,以及最新的 Windows Server 1909 系列等,工作站系统可以采用任一 Windows 或非 Windows 操作系统,包括个人操作系统,如 Windows 7、Windows 10 等。

2. NetWare 类

NetWare 操作系统虽然远不如早几年那么风光,在局域网中早已失去了当年雄霸一方的气势,但是 NetWare 操作系统仍以对网络硬件的要求较低(工作站只要是 286 机就可以了)而受到一些设备比较落后的中、小型企业,特别是学校的青睐。人们一时还忘不了它在无盘工作站组建方面的优势,还忘不了它那毫无过分需求的大度。且因为它兼容 DOS 命令,其应用环境与 DOS 相似,经过长时间的发展,具有相当丰富的应用软件的支持,技术完善、可靠。目前常用的版本有 3.11、3.12、4.10、V4.11 和 V5.0 等中英文版本,NetWare 服务器对无盘站和游戏的支持较好,常用于教学网和游戏厅。目前这种操作系统的市场占有率呈下降趋势,这部分市场主要被 Windows NT/2000 和 Linux 系统瓜分了。

3. UNIX 系统

目前常用的 UNIX 系统版本主要有由 AT&T 和 SCO 公司推出的:UNIX SUR 4.0、HP-UX 11.0 和 Sun 的 Solaris 8.0 等。支持网络文件系统服务,提供数据等应用,功能强大。这种网络操作系统稳定和安全性能非常好,但由于它多数是以命令方式来进行操作的,不容易掌握,特别是初级用户。正因如此,UNIX 一般用于大型的网站或大型的企事业局域网中,小型局域网基本不使用 UNIX 作为网络操作系统。

4. Linux

这是一种新型的网络操作系统,它的最大的特点就是源代码开放,可以免费得到许多应用程序。目前也有中文版本的 Linux,在国内得到了用户充分的肯定,主要体现在它的安全性和稳定性方面,它与 UNIX 有许多类似之处。目前这类操作系统仍主要应用于中、高档服务器中。

对于新组建的局域网,服务器操作系统建议使用微软 Windows 的 Server 版,如 Windows 2000、Windows 2003、Windows 2008 等,因为这个系统能为我们提供许多适合当今 Internet 时代的服务,性能方面也比原来的 Windows NT 稳定许多,可以较容易组建自己的网站。

安装 Windows Server 系统不需要全部安装所有选件,全部安装打开所有服务会占用系统许多内存及 CPU 等资源,而实际上又暂时用不上,对一些暂时不用的服务可以暂不安装,如终端服务、活动目录服务和 IIS 都可以选择暂不安装。

2.1.5.2　局域网常见的网络协议

适合局域网的网络协议最常见的三个是:Microsoft 的 NetBEUI、NOVELL 的 IPX/SPX,以及 TCP/IP。

NetBEUI 是为 IBM 开发的非路由协议,用于携带 NetBIOS 通信。NetBEUI 缺乏路由和网络层寻址功能,这既是其最大的优点,也是最大的缺点。因为 NetBEUI 不需要附加的网络地址和网络层头尾,可以较快有效地适用于只有单个网络或整个环境都桥接起来的小工作组环境。网桥负责按照数据链路层地址在网络之间转发通信,但因为所有的广播通信都必须转发到每个网络中,所以网桥的扩展性不好。联合使用 100 Base-T Ethernet,允许转换 NetBIOS 网络扩展到 350 台主机,才能避免广播通信成为严重的问题。一般而言,桥接 NetBEUI 网络很少超过 100 台主机。

IPX 是 NOVELL 用于 NetWare 客户端/服务器的协议群组,它避免了 NetBEUI 的弱点,但同时带来了新的不同弱点。IPX 具有完全的路由能力,可用于大型企业网。它包括 32 位网络地址,在单个环境中允许有许多路由网络。但 IPX 的可扩展性受到其高层广播通信和高开销的限制。服务广告协议(Service Advertising Protocol,SAP)将路由网络中的主机数限制为几千。尽管 SAP 的局限性已经被智能路由器和服务器配置所克服,但是,大规模 IPX 网络的管理员仍是非常困难地工作。

TCP/IP(Transmission Control Protocol/Internet Protocol)即传输控制协议/网间协议,是一个工业标准的协议集,它是为广域网(WANs)设计的。TCP 和 IP 是其中的两个协议(后面将具体介绍)。由于 TCP 和 IP 是大家熟悉的协议,以至于用 TCP/IP 或 IP/TCP 这个词代替了整个协议集。

TCP/IP 允许与 Internet 完全地连接。TCP/IP 同时具备了可扩展性和可靠性的需求。不幸的是它牺牲了速度和效率。Internet 的普遍性是 TCP/IP 至今仍然使用的原因。用户常常在没有意识到的情况下,就在自己的 PC 机上安装了 TCP/IP 协议,从而使该网络协议在全球应用最广。TCP/IP 的 32 位寻址功能方案不足以支持即将加入 Internet 的主机和网络数,因而正在研究的 IPv6 将是下一代的 Internet 网络协议。

2.1.5.3　局域网中使用 TCP/IP 协议的作用

早期的 Windows 98 默认安装的网络协议是 NetBEUI。这是因为 NetBEUI 采用的是广播式的信息传播方式,这种方式在网络不是很庞大的情况下,传输速度很快。就像一个在大街上找人的例子,当大街上人不多的时候,叫他的名字能很快找到。而且这种找人的方法不用使用什么默认的接头暗号,也就是说不用什么设置就可以使用,而 TCP/IP 需要进行比较复杂的设置。因此在网络用户不多的时候,NetBEUI 可以更方便\更快速地传递信息。

但是现在网络的用户越来越多,采用 NetBEUI 就不适合了,网络广播产生的网络风暴往往会造成网络速度的急剧下降,而此时 TCP/IP 就更为适用,因为用 TCP/IP 协议在计算机间进行通信有它的优势,不采用广播式的发送方法,而采用直接发送的方法,这样可以让网络内的无用噪声减少。更为关键的是,TCP/IP 采用寻址传输,这样一旦找不到正确地址就不会传输信息,不会造成信息的错误传输和无效传输。当然,传输速度也会慢一些。

随着 Internet 的普及,TCP/IP 的优势越来越明显,也越来越为大家所熟悉。由于 TCP/IP 采用地址来组织网络,因此采用 TCP/IP 可以很清晰地进行网络的布局、计算机的标示等,对我们更好地规划、管理和诊断网络都很有好处。

思考题

1. 列举你身边的网络设备名称、型号及主要功能。
2. 叙述网络的层次结构及相关协议概念、拓扑种类。

任务 2.2 互联网基础知识学习

学习目的

通过本阶段学习,学生应掌握互联网必要的基础知识,如 IP 地址、域名、万维网等概念,在下阶段的学习中,灵活运用这些知识进行互联网上网操作。

2.2.1 互联网概述

2.2.1.1 网络的网络

起源于美国的因特网现已发展成为世界上最大的国际性计算机互联网。

我们先给出关于网络、互联网(互连网)及因特网的一些最基本的概念。

网络(network)由若干节点(node)和连接这些节点的链路(link)组成。网络中的节点可以是计算机、集线器、交换机或路由器等。图 2.13(a)给出了一个具有 5 个节点和 4 条链路的网络。我们看到,有 4 台计算机通过 4 条链路连接到一个集线器上,构成了一个简单的网络。在很多情况下,我们可以用一朵云表示一个网络。这样做的好处是,可以不去关心网络中的细节问题,因而可以集中精力研究涉及与网络互联有关的一些问题。

网络还可以通过路由器互连起来,这样就构成了一个覆盖范围更大的网络,即互联网(或互连网),如图 2.13(b)所示。因此互联网是"网络的网络(network of networks)"。

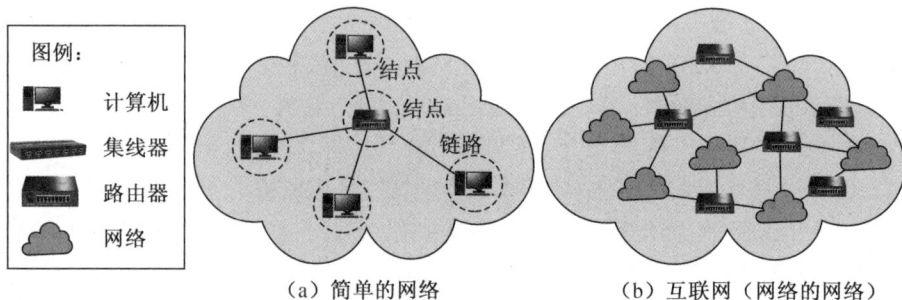

（a）简单的网络　　　　　　（b）互联网（网络的网络）

图 2.13　网络示意图

因特网(Internet)是世界上最大的互联网络(用户数以亿计,互连的网络数以百万计)。习惯上,大家把连接在因特网上的计算机都称为主机(host)。路由器是一种特殊的计算机,它是连接不同网络的专用设备,用户并不直接使用路由器处理信息。因此不能把路由器称为主机。因特网也常常用一朵云来表示,图 2.14 表示许多主机连接在因特网上。这种表示方法是把主机画在网络的外边,而网络内部的细节(即路由器怎样把许多网络连接起来)往往就省略了。

因此,我们可以先初步建立这样的基本概念:网络把许多计算机连接在一起,而互联网则把许多网络连接在一起。因特网是世界上最大的互联网。有时,为了避免意义上的不明确,我们把直接连接计算机的网络称为物理网络,而互联网是由物理网络集合构成的逻辑网络。

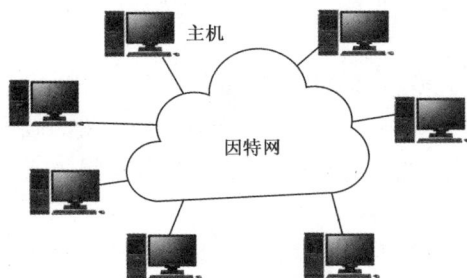

图 2.14　因特网与连接的主机

　　还有一点也必须注意,就是网络互联并不仅仅是把计算机简单地在物理上连接起来,因为这样做并不能达到计算机之间能够相互交换信息的目的。我们还必须在计算机上安装许多使计算机能够交换信息的软件才行。因此当我们谈到网络互联时,就隐含地表示在这些计算机上已经安装了适当的软件,因而在计算机之间可以通过网络交换信息。

　　本书中所谈到的网络都指的是计算机网络。因特网就是世界上最大的计算机网络。

2.2.1.2　因特网发展的三个阶段

　　因特网的基础结构大体上经历了三个阶段的演进。但这三个阶段在时间划分上是有部分重叠的,这是因为网络的演进是逐渐的而不是在某个日期突然发生了变化。

　　第一阶段——从单个网络 ARPANET 向互联网发展。1969 年,美国国防部创建的第一个分组交换网 ARPANET 最初只是一个单个的分组交换网,所有要连接在 ARPANET 上的主机都直接与就近的节点交换机相连。但到了 20 世纪 70 年代中期,人们已认识到不可能仅使用一个单独的网络来满足所有的通信问题。这就导致了后来互联网的出现。这样的互联网就成为现在因特网的雏形。

　　1983 年,TCP/IP 协议成为 ARPANET 上的标准协议,这使得所有使用 TCP/IP 协议的计算机都能利用互联网相互通信,因而人们就把 1983 年作为因特网的诞生时间。1990 年 ARPANET 正式宣布关闭,因为它的实验任务已经完成。

　　请读者注意以下两个意思相差很大的名词:internet 和 Internet。

　　以小写字母 i 开始的 internet(互联网或互连网)是一个通用名词,它泛指由多个计算机网络互联而成的网络。在这些网络之间的通信协议(即通信规则)可以是任意的。

　　以大写字母 I 开始的 Internet(因特网)则是一个专用名词,它指当前全球最大的、开放的、由众多网络相互连接而成的特定计算机网络,它采用 TCP/IP 协议簇作为通信的规则,且其前身是美国的 ARPANET。

　　第二阶段——逐步建成了三级结构的因特网。从 1985 年起,美国国家科学基金会(National Science Foundation,NSF)就围绕 6 个大型计算机中心建设计算机网络,即国家科学基金网 NSFNET。它是一个三级计算机网络,分为主干网、地区网和校园网(或企业网)。这种三级计算机网络覆盖了全美国主要的大学和研究所,并且成为因特网中的主要组成部分。1991 年,NSF 和美国的其他政府机构开始认识到,因特网必将扩大其使用范围,不应仅限于大学和研究机构。世界上的许多公司纷纷接入因特网,使网络上的通信量急剧增大,因特网的容量已满足不了需要。于是美国政府决定将因特网的主干网转交给私人公司来经营,并开始对接入因特网的单位收费。1992 年因特网上的主机超过 100 万台。1993 年因特网主干网的速率提高到 45 MB/s(T3 速率)。

第三阶段——逐渐形成了多层次 ISP 结构的因特网。ISP 就是因特网服务提供者的英文缩写,它表示 Internet Service Provider。从 1993 年开始,由美国政府资助的 NSFNET 逐渐被若干个商用的因特网主干网替代,而政府机构不再负责因特网的运营,而是让各种 ISP 来运营。ISP 又常译为因特网服务提供商。

ISP 可以从因特网管理机构申请到成块的 IP 地址(因特网上的主机都必须有 IP 地址才能进行通信,这一概念我们将在 4.2 节详细讨论),同时拥有通信线路(大的 ISP 自己建设通信线路,小的 ISP 则向电信公司租用通信线路),以及路由器等联网设备。任何机构和个人只要向 ISP 交纳规定的费用,就可从 ISP 得到所需的 IP 地址,并通过该 ISP 接入到因特网。我们通常所说的"上网"就是指"通过某个 ISP 接入到因特网"。IP 地址的管理机构不会把一个单个的 IP 地址分配给某个单个用户(不"零售"IP 地址),而是把一批 IP 地址有偿分配给经审查合格的 ISP(只"批发"IP 地址)。从以上所讲的可以看出,现在的因特网已不是某个单个组织所拥有而是全世界无数大大小小的 ISP 所共同拥有。图 2.15 说明了用户要通过 ISP 才能连接到因特网。

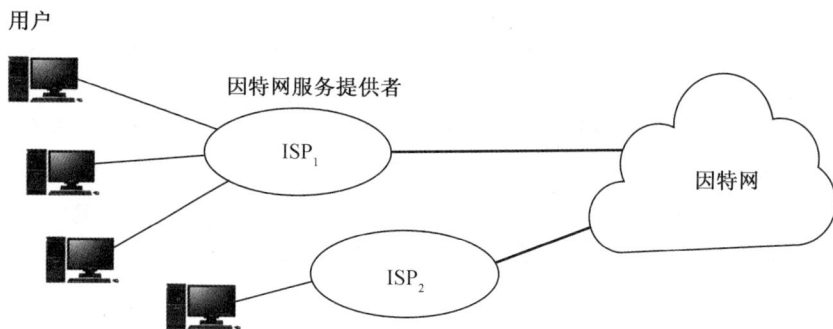

图 2.15　用户通过 ISP 接入因特网

根据提供服务的覆盖面积大小及所拥有的 IP 地址数目的不同,ISP 也分成不同的层次。图 2.16 是具有三层结构的因特网的概念示意图,但这种示意图并不表示各 ISP 的地理位置关系。

在图中,最高级别的第一层 ISP(tier-1 ISP)的服务面积最大,一般能够覆盖国际性区域范围,并拥有高速链路和交换设备。第一层 ISP 通常也被称为因特网主干网(Internet backbone),并直接与其他第一层 ISP 相连。第二层 ISP 和一些大公司都是第一层 ISP 的用户,通常具有区域性或国家性覆盖规模,与少数第一层 ISP 相连接。第三层 ISP 又称为本地 ISP,它们是第二层 ISP 的用户,且只拥有本地范围的网络。一般的校园网或企业网,以及住宅用户和无线移动用户等,都是第三层 ISP 的用户。ISP 向它的用户收费,费用通常根据连接两者的带宽而定。一个 ISP 也可以选择与其他同层次的 ISP 相连,当两个同层次的 ISP 彼此直接相连时,它们被称为彼此是对等(peer)的。

从图 2.16 可看出,因特网逐渐演变成基于 ISP 的多层次结构网络。但今天的因特网由于规模太大,已经很难对整个网络的结构给出细致的描述。但下面这种情况是经常遇到的,就是

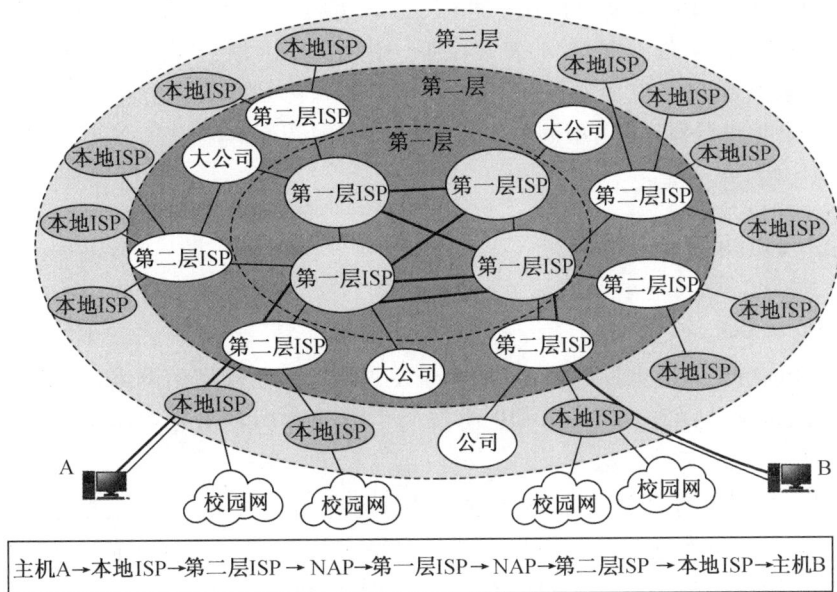

图 2.16　基于 ISP 的三层结构的因特网的概念示意图

相隔较远的两台主机的通信可能需要经过多个 ISP(图 2.16 中的灰色粗线表示主机 A 要经过许多不同层次的 ISP 才能把数据传送到主机 B)。因此,当主机 A 和另一台主机 B 通过因特网进行通信时,实际上也就是它们通过许多中间的 ISP 进行通信。

顺便指出,一旦某个用户能够接入到因特网,那么他就能够成为一个 ISP。他需要做的就是购买一些如调制解调器或路由器这样的设备,让其他用户能够和他相连接。因此,图 2.16 所示的仅仅是个示意图,一个 ISP 可以很方便地在因特网拓扑上增添新的层次和分支。

因特网已经成为世界上规模最大和增长速率最快的计算机网络,没有人能够准确说出因特网究竟有多大。因特网的迅猛发展始于 20 世纪 90 年代。由欧洲原子核研究组织开发的万维网(World Wide Web,WWW)在因特网上被广泛使用,大大方便了广大非网络专业人员对网络的使用,成为因特网的这种指数级增长的主要驱动力。万维网的站点数目也急剧增长。在因特网上的数据通信量每月约增加 10%。

由于因特网存在着技术上和功能上的不足,加上用户数量猛增,使得现有的因特网不堪重负,因此 1996 年美国的一些研究机构和 34 所大学提出研制和建造新一代因特网的设想,并推出了"下一代因特网计划",即 NGI(Next Generation Internet Initiative)计划。

NGI 计划要实现的主要目标如下所述。

(1)开发下一代网络结构,提供更高的连接速率,端到端的传输速率达到 100 MB/s 至 10 GB/s。

(2)使用更加先进的网络服务技术和开发许多带有革命性的应用,如远程医疗、远程教育、有关能源和地球系统的研究、高性能的全球通信、环境监测和预报、紧急情况处理等。

(3)使用超高速全光网络,能实现更快速交换和路由选择,同时具有为一些实时(real time)应用保留带宽的能力。

(4)对整个因特网的管理和保证信息的可靠性及安全性方面进行较大的改进。

目前,中国也在积极开展下一代互联网的研究,实施中国下一代互联网(China Next Generation Internet,CNGI)示范工程,目的是建设下一代互联网示范平台,开展下一代互联网关键技术研究、关键设备和软件的开发和应用示范,同时积极参加相关国际组织,开展国际合作,在下一代互联网 IP 地址分配、域名根服务器设置及有关国际标准制定等方面充分发挥我国科技界和产业界的作用。

2.2.2 TCP/IP 协议和 IP 地址

1. TCP/IP 协议

IP 协议是 Internet 中最重要的协议,对应于 TCP/IP 参考模型的网络层,IP 协议详细定义了 IP 数据报(Datagram)的组成格式。IP 协议的主要功能包括数据包的传输、数据包的路由选择和拥塞控制。

IP 协议只负责产生符合 IP 格式的数据包并进行路由选择,然后将数据包向外发送,它并不关心数据包能否正常到达目的计算机。因为网络拥挤和其他种种可能的网络故障,数据包在传输时可能出现损坏或丢失,有时接收方可能会接收到一个数据包的多个副本,或者数据包到达目的计算机的顺序颠倒。这样就需要一种协议来保证数据传输的可靠性,就是传输控制协议(TCP 协议)。

2. IP 地址

和电话用户有一个全世界范围内唯一的电话号码一样,所有 Internet 上的计算机都必须有一个唯一的编号作为其在 Internet 的标识用来解决计算机相互通信的寻址问题,这个编号称为 IP 地址。IPV4 规范的 IP 地址是一个 32 位二进制数,为方便起见,通常将 IP 地址每 8 位分成一组用"."隔开,即表示为 A. B. C. D 的形式,其中 A、B、C、D 分别是一个取值范围为 0~255 的十进制整数。这样的表示叫作点分十进制表示。

例如某台机器的 IP 地址为:11001011 001100001 10000001 01010111,则写成点分十进制表示形式是:203. 97. 129. 87。

Internet 由很多独立的网络互联而成,每个独立的网络,就是一个子网,包含若干台计算机。根据这个模式,Internet 的设计人员用两级层次模式构造 IP 地址,类似电话号码。电话号码的前面一部分是区号,后面一部分是某部电话的号码,像 0750-3783677,0750 是广东江门的区号,3783677 则是号码。IP 地址的 32 个二进制位也被分为两个部分,即网络地址和主机地址,网络地址就像电话的区号,标明主机所在的子网,主机地址则标识出在子网内部的某一主机。

IP 地址的取得方式,简单地说是某个组织先向 Internet 的 NIC(Network Information Center)申请若干 IP 地址,然后将其向下级组织分配,下级组织再向更下一级的组织分配 IP 地址,各子网的网络管理员将取得的 IP 地址指定给子网中的各台计算机。

3. 子网掩码

每个独立的子网有一个子网掩码。

所有 A 类网络的子网络掩码一定是 255. 0. 0. 0,所有 C 类网络的子网掩码一定是 255. 255. 255. 0。

2.2.3　域名

IP 地址是访问 Internet 网络上某一主机所必需的标识，它是一个用点分隔的 4 个十进制数，例如 180.149.132.15 代表 hao123 网的网络标识。但是这种枯燥的数字是很难记忆的，因此需要使用容易记忆的名字域名来代替 IP 地址，例如：www.hao123.com 是 hao123 网的域名。

Internet 使用域名系统 DNS（Domain Name System）来进行域名与 IP 地址之间的转换，域名是计算机拥有者起的名字，但它必须得到上一级域名管理机构的批准。

1. 组织分层（Organizational Hierarchy）

组织分层亦称层次命名法，一个域名由多个子域名组成，首先将 Internet 网络上的站点按其所属机构的性质，粗略地分为几类，形成第一级域名。以下是常见的一级域名：

.com 用于商业机构或公司

.net 用于网络服务或管理机构

.edu 用于大中小学等教育机构

.gov 用于各级政府机构

.int 用于国际性组织

.mil 用于军事组织或机构

.org 用于非营利慈善组织及其他机构

在第一级域名的基础上，一般会依据公司、组织或机构的名字来作为二级域名。第三级域名通常是该站点内某台主机或子域的名字，至于是否还需要有第四级，甚至第五级域名，则视具体情况而定。

例如：www.sina.com，表示新浪公司的 WWW 服务器，域名的排列是按级别从高到低由右至左排列。

2. 地理分层（Geographical Hierarchy）

按照站点所在地国家的英文名字的两个字母缩写来分配第一级域名的方法叫地理分层。由于 Internet 网已遍及全世界，因此地理分层是一种更好的域名命名方法。在此基础上，再按上述组织分层方式命名。例如，www.pku.edu.cn 就是北京大学网站的域名，cn 是中国的缩写，其他一些国家的缩写如下：

Jp——日本；

Fr——法国；

Uk——英国；

Ca——加拿大；

Au——澳大利亚。

Internet 起源于美国，Internet 的管理机构大多也设在美国，美国的院校、企业、团体注册域名时，通常使用较高层域，而不在国家代码".US"下注册。

在实际使用过程中，当用户指定某个域名时，总是被自动翻译成相应的 IP 地址，从技术角度看，域名只是地址的一种表示方式，它告诉人们某台计算机在哪个国家、哪个网络上。

2.2.4　传统的 Internet 服务

2.2.4.1　WWW 服务

1. WWW(万维网)概述

WWW(World Wide Web)简称3W,也称为万维网,它拥有图形用户界面,使用超文本结构链接。WWW 系统也叫作 Web 系统,是目前 Internet 上最方便、最受用户欢迎的信息服务类型。它是一种基于超文本(Hypertext)方式的信息查询工具,它的影响力已远远超出了计算机领域,并且已经进入广告、新闻、销售、电子商务与信息服务等各个行业。Internet 的很多其他功能,如 E-mail、FTP、Usenet、BBS、WAIS 等,都可通过 WWW 方便地实现。WWW 的出现使 Internet 从仅有少数计算机专家使用变为普通大众也能利用的信息资源,它是 Internet 发展中的一个非常重要的里程碑。

超文本文件由超文本标记语言(Hypertext Markup Language,HTML)格式写成,这种语言是欧洲粒子物理实验室(CERN)提出的 WWW 描述语言。WWW 文本不仅含有文本和图像,还含有作为超链接的词、词组、句子、图像和图标等,这些超链接通过颜色和字体的不同与普通文本区别开来,它含有指向其他 Internet 信息的 URL 地址。将鼠标移到超链接上点击,Web 就根据超链接所指向的 URL(Uniform Resource Locators)地址跳到不同站点、不同文件。链接同样可以指向声音、影像等多媒体,超文本与多媒体一起构成了超媒体(Hypermedia),因而 WWW 是一个分布式的超媒体系统。

WWW 由三部分组成:浏览器(Browser)、Web 服务器(Web Server)和超文本传送协议(HTTP Protocol)。浏览器向 Web 服务器发出请求,Web 服务器向浏览器返回其所需的 WWW 文档,然后浏览器解释该文档并按照一定的格式将其显示在屏幕上,浏览器与 Web 服务器使用 HTTP 协议进行互相通信。

2. 统一资源定位符 URL

HTML 的超链接使用统一资源定位器 URL 来定位信息资源所在位置。URL 描述了浏览器检索资源所用的协议、资源所在计算机的主机名,以及资源的路径与文件名。Web 中的每一页以及每页中的每个元素——图形、热字或是帧也都有自己唯一的地址。

标准的 URL 如下:

http://www.zol.com.cn/index.html

访问类型　访问的主机　访问的文件

这个例子表示:用户要连接到名为 www.zol.com.cn 的主机上,采用 http 方式读取名为 index.html 的超文本文件。

URL 通过访问类型来表示访问方式或使用的协议,例如:

"ftp://ftp.pudc.edu.cn/software/readme1.txt"表示要通过 FTP 连接来获得一个名为 readme.txt 的文本文件。

"telnet://213.19.120.120:8080"表示远程登录到名为 213.19.120.120 的主机的 8080 号端口。

URL 是在一个计算机网络中用来标识、定位某个主页地址的文本。简单地说,URL 提供主页的定位信息,用户可以看到浏览器在定位区内显示 URL。用户一般不需要了解某一主页的 URL,因为有关的定位信息已经被包括在加亮条的链接信息之中,当用户选择某一加亮条时,浏览器就已经知道了它的 URL,同时,浏览器提供让用户直接输入 URL,以便对 WWW 进行访问的功能。URL 也称为"网址"。

3. 超文本传输协议(HTTP)

超文本传输协议 HTTP(Hypertect Transfer Protocol)是 Web 客户机与 Web 服务器之间的应用层传输协议。HTTP 是用于分布式协作超文本信息系统的、通用的、面向对象的协议,它可以用于域名服务或分布式面向对象系统,是基于 TCP/IP 之上的协议。HTTP 会话过程包括以下四个步骤:连接(Connection),请求(Request),应答(Response),关闭(Close)。当用户通过 URL 请求一个 Web 页面时,在域名服务器的帮助下获得要访问主机的 IP 地址,浏览器与 Web 服务器建立 TCP 连接,使用默认端口 80。浏览器通过 TCP 连接发出一个 HTTP 请求消息给 Web 服务器,该 HTTP 请求消息包含了所要的页面信息,Web 服务器收到请求后,将请求的页面包含在一个 HTTP 响应消息中,并向浏览器返回该响应消息,浏览器收到该响应消息后释放 TCP 连接,并解析该超文本文件显示在指定窗口中。

2.2.4.2　电子邮件

1. 什么是电子邮件

电子邮件 E-mail(Electronic Mail)是指用户通过电子信件的形式进行通信的一种。现代电子邮件是 Internet 最基本的功能之一,在浏览器技术产生之前,Internet 上用户之间通信方式的交流大多是通过 E-mail 方式进行的。

2. E-mail 的特点

与传统的通信方式相比,E-mail 有着巨大的优势:

发送速度快:电子邮件通常在几秒钟内就可送达全球任意位置的收件人信箱中。

信息多样化:电子邮件不仅可以发送文本,还可以发送数据,如声音、图像、动画等各种媒体信息。

收发方便:与传统的电话通信或邮政信件服务不同,E-mail 采取异步工作方式,即允许收信人在任意时间、任意地点接收、回复邮件,从而跨越了时间和空间的限制。

成本低廉:在网络异常发达的今天,收发 E-mail 费用成本几乎可以忽略。

3. E-mail 地址

用户使用 E-mail 服务,首先必须申请 E-mail 信箱。E-mail 信箱是邮件服务提供商在其邮件服务器上为用户建立的一个电子信箱,即在邮件服务器上开辟的一块存储区域,专门用来存放电子邮件,由电子邮件系统对它进行操作和管理。类似于邮政系统的每个邮政信箱都有一个全球唯一的地址,每个 E-mail 信箱也有一个 Internet 上唯一的地址,称为电子邮件地址,格式为:用户名@ 主机名。其中,主机名为用户信箱所在服务器的域名,而用户名则是邮件系统在该服务器上为用户建立的用户名。例如 cs@ fudan. edu. cn 就是一个电子邮件地址,表示邮件服务器 fudan. edu. cn 上的一个用户 cs。

4. E-mail 系统

电子邮件服务采用 C/S 工作模式,系统由传输代理和用户代理两部分组成。

（1）传输代理（Message Transfer Agent，MT），又称为邮件服务器，用于收发邮件，根据地址把邮件传送到收件人的邮件服务器，并将邮件存放在收件人的 E-mail 信箱内，类似"邮局"功能。

（2）用户代理（User Agent，UA），又称邮件阅读器，即客户端接收邮件服务的软件，它的功能在于编辑、阅读和管理电子邮件。电子邮件客户端软件很多，为大家所熟知的有 Microsoft Outlook、Outlook Express、Windows Live Mail、Foxmail 等。

5. E-mail 协议

电子邮件服务主要使用 3 种协议：简单邮件传输协议（Simple Mail Transfer Protocol，SMTP）、邮局协议（Post Office Protocol，POP）和 Internet 邮件访问协议（Internet Message Access Protocol，IMAP）。

SMTP 协议定义了邮件如何在各个邮件传输系统中通过发送方和接收方之间的 TCP 连接并进行传输，POP 协议定义了如何将电子邮件从邮件服务器下载到本地客户机。

POP 协议简单、有效，应用相当普及，但是当用户希望在服务器上整理邮件，或者在下载邮件之前部分地检查邮件内容，或者只想选择几封邮件下载，POP 是不支持的。而使用 IMAP 协议的接收邮件服务器与使用 HTTP 协议的 HTTP 接收邮件服务器（又称 Web mail）却能做到这一点，它们的基本思想是在邮件服务器维护一个中心数据库，使用 IMAP 或 HTP 协议，可以从任何一台接入 Internet 的计算机上访问自己的电子邮件。

可见，与 POP 相比，MAP 接收邮件更加快速和节省硬盘空间，因为它是先从邮件服务器收取新邮件的主题列表，用户需要阅读某个主题的新邮件的时候，才将整个邮件下载到自己的计算机上，这样能够拒收垃圾邮件，在垃圾邮件满天飞的今天，可以避免时间与空间的浪费。

2.2.4.3 文件传输

文件传输是指通过单条网络连接在远程主机与本地主机之间传送文件。这里涉及两个概念：上传与下载。上传（Upload）是指将自己计算机上的文件传送到远程主机；下载（Download）则是指将远程主机上的文件复制到自己的计算机上。

我们知道，对于不同服务器上文件的传输，做法是不一样的：

对于 Web 服务器上的文件下载，用户可以使用浏览器或专用 HTTP 下载软件如直接下载；

对于 FTP 服务器，用户必须使用 FTP 客户端软件如 CuteFTP 来实现文件的上传和下载。大多数情况，文件传输都是指 FTP 文件传输。

FTP 文件传输依靠文件传输协议（File Transfer Protocol，FTP）来完成。

FTP，顾名思义，就是专门用来传输文件的协议。同时，它又是一个应用程序，用户可以通过它联接远程 FTP 服务器，查看远程 FTP 服务器有哪些文件，然后将文件从远程 FTP 服务器下载到本地计算机，或把本地计算机的文件上传到远程 FTP 服务器上。

与大多数 Internet 服务一样，FTP 也是采用 C/S 工作模式。

用户通过一个支持 FTP 协议的客户机程序，连接到远程主机上的 FTP 服务器程序，用户通过客户机程序向服务器程序发出命令，服务器程序执行用户所发出的命令，并将执行的结果返回到客户机。比如说，用户发出一条命令，要求服务器向用户传送某一个文件，服务器会响应这条命令，将指定文件送至用户的机器上。客户机程序接收到这个文件，将其存放在用户指定的目录中。

有些 FTP 服务要求身份验证,但 Internet 上更多的是匿名 FTP 服务,对此,用户只要以"anonymous"作为用户名,自己的电子邮件地址作为口令即可登录进行文件传送操作。但匿名 FTP 对用户使用权限可能会有一定的限制,通常仅允许用户获取文件,而不允许修改或上传文件;甚至对于用户可以获取的文件范围也有一定的限制。

另外,还可以通过电子邮件以附件的形式来传送文件,不过,邮件系统对邮件附件的大小有所限制。也就是说,通过这种方式只能传送较小的文件,而对于较大的文件或程序软件需要用 FTP 服务来传送。

2.2.4.4 电子公告牌系统 BBS

电子公告牌系统(Bulletin Board System,BBS)是 Internet 上常用的信息服务之一。它是一块公共电子白板,每个用户都可以在上面发布信息、表达观点,进行信息交流。

在因特网发展初期,由于带宽限制,BBS 上的内容全都是文字或由文字所组成的图形。

随着带宽增加、因特网的普及、基于 HTTP 协议而发展出来的多媒体网页盛行,传统纯文的 BBS 日渐凋零,取而代之的是多彩多姿的 Web 式讨论环境,BSS 已近似于 Forum(论坛)。

BBS 通常由某个单位或组织主办,一般高校都有自己的 BBS,比如复旦大学的日月光华站。

用户访问 BBS 的方式,现在都用浏览器,早期必须用 Telnet 方式登录。

2.2.5 新型的 Internet 应用

2.2.5.1 博客

博客(Blog),一般是由个人或个人代表某个机构团体不定期张贴文章的网站。通常情况下,博客的文章顺序按最新置顶原则,即根据张贴时间,以压栈顺序(倒序)从新到旧排列一个典型的博客围绕某个主题将集中展示如下的基本元素:文字、图像、视频,以及相关博客或者网站链接,并且提供一系列供读者互动的方式,如留言簿、文章评论与回应等。但是,大部分的博客还是以文字为主,其他要素为辅。

1993 年 NCSA 生成的"What's New Page"网页是最原始的博客原型。接下来的一年 Justin Hal. 开办的个人网页"Justins Home Page"是最早的个人博客网站之一。经过数年的发展,直到 2001 年的"9·11"事件,博客成为信息和灾难体验的重要来源。自此,博客走入社会大众的视线中来。如今,在中国提供博客服务的互联网公司非常多,如新浪、博客大巴、搜狐、网易、腾讯和百度等。任何人都可以向博客服务的供应商们申请属于自己的博客。有编程基础的人还可以通过自己编写博客程序为自己甚至自己的站点提供博客服务。开源的主流博客程序有:Pivot、PJBLOG、ASBLOG、Z-Blog、ZJ-Blog、WordPress、Bo-Blog、oblog、emlog。通过这样的"自定义方式",你可以脱离博客服务供应商的种种限制与束缚,打造只属于自己的个性博客。

博客以共享、自由和开放作为 3 大基本特征。博客模式还是一种由互联网提供的"相对廉价"的社会化服务模式。每一个人都可以极度轻松拥有自己的博客,书写自己的所思所想。这样的模式促使了博客的全民性,大大消除了人与人之间的距离。但是,由于博客参与者的随意性、盲目性,部分博客变成了信息垃圾场;由于缺少盈利模式,不少提供博客服务的站点引入大量垃圾广告、钓鱼信息以及隐藏链接。随着社会节奏变得越来越快,博客正逐步丧失原有地位,取而代之的是更体现人与人之间关系的社交网络 SNS。

2.2.5.2 SNS 社交网络

SNS(Social Network Service)社交网络,顾名思义它是提供网络社交服务。这类服务的着眼点在于人与人的交流与沟通。早期的社交网络主要是靠传统的 Internet 应用电子邮件(E-mail)这样的点对点或者点对多点的网络远程邮件传输。另一种传统的 Internet 应用电子公告牌 BBS 以及类 BBS 的论坛,通过"发布""转发"等,理论上虽然实现了向所有人发布信息,但是功能非常有限,应用的局限性也高。

当人们不再满足电子邮件这样的非实时通信方式时,大量即时网络通信应用大行其道,QQ、MSN、Gtalk、Skype 等不胜枚举,即时通信加强了网上人与人之间的交流和沟通。当人们交流的媒介不仅仅是文本的时候,一些多媒体共享网站开始走进人们的视线,例如 Facebook、Youtube、Twitter、人人网、优酷网以及新浪微博等。下面简单介绍 SNS 社交网络类 Facebook 型和类 Twitter 型社交服务。

类 Facebook 型:类 Facebook 型的 SNS 社交网络有开心网、人人网、腾讯的 QZone 等。人人网与 Facebook 类似,用户可以通过人人网发布自己的照片,写自己的文章,玩人人网提供的基于 SNS 的游戏。总之,基于 SNS 的应用都能在人人网上找到。从系统角度来说,这是一种"重型"应用。

类 Twitter 型:与 Twitter 类似的国内的案例也比较多,这里主要提两个:新浪的微博和腾讯的 Qzone。新浪首先是一家博客服务供应商,而腾讯也有对应的 Qzone 作为个人博客的基础构架。随着信息时代的发展,尤其是移动互联的发展以及人们对于信息"短平快"的需求,信息也呈现出快速消费化。于是,博客这样的 PC 时代的流行信息工具在后 PC 时代即移动时代逐步为类 Twitter 新型应用所取代。这里类 Twitter 型充分体现了轻量级,如新浪的微博每条只能输入 140 个字符。

总之,SNS 社交网络这样的新型应用加快了信息传播速度,在拉近人们之间距离的同时带来了多种多样的分享形式。

2.2.5.3 搜索引擎

搜索引擎(Search Engine)是万维网环境中的信息检索系统(包括目录服务和关键字检索两种服务方式)。在互联网发展的早期,以雅虎为代表的网站开始了目录服务。网站的分类由人工整理维护,并由网站的编辑精心挑选加以相应的描述,将分类放到不同的目录中,人们在查找过程中一层层地点击找到自己想要的网站。这类的网站现在还存在着 www. hao123. com,且目录服务这样的业务也被部分使用。

随着数据爆炸式增长,层次目录不能很好列出用户想看到的所有的网页。于是,新的搜索引擎应运而生。用户想要什么样的信息,可以通过一个输入框输入关键字,搜索引擎即可给出满足用户需求的排好顺序的网页。著名搜索引擎 Google 即是以网页(Pagerank)为基础,判断网页的重要性,使搜索结果的相关性大大增强。现在 Google 已成为全球最大搜索引擎服务供应商。国内最大的中文搜索引擎是百度,专注于中文搜索。不管是 Google 还是百度,都属于

全文搜索引擎,下面简单介绍搜索引擎的基本原理:

(1)蜘蛛爬虫:搜索引擎从一个链接爬到另一个链接,就像蜘蛛在蜘蛛网上爬行,所以被称为"蚂蛛",也被称为"机器人",搜索引擎通过爬行即可下载每一个链接所对应的网页内容,并存入原始页面数据库中。

(2)预处理:搜索引擎将蜘蛛抓取回来的页面进行预处理提取文字,分词,去停用词,消除噪声,建立正向索引、倒排索引,链接关系计算以及特殊文件处理。这里分词因语言不同而异,比如:日语和汉语需要分词,但是英语并不需要分词。此外,搜索引擎需要识别并消除噪声数据,比如版权声明文字、导航条、广告等。除了 HTML 文件外,搜索引擎通常还能抓取和索引以文字为基础的多种文件类型,如 PDF、Word、WPS、XLS、PPT、TXT 文件等。在搜索结果中也经常会看到这些文件类型,但搜索引擎还不能直接处理图片、视频、Flash 这类非文本内容。

(3)排序:用户在搜索框输入关键词后,计算页面相关程度,从而实现排序。由于数据量庞大,虽然能达到每日都有小的更新,但是一般情况搜索引擎的排名规则都是根据日、周、月阶段性不同幅度地更新。

2.2.5.4　推荐系统与电子商务

伴随着互联网规模的不断变大,以 Google 为代表的搜索引擎可以通过用关键字(Keyword)来为用户搜寻期望信息。但是,当用户无法用一个合适的关键字来描述自己的查询意愿时,搜索引擎也变得"空有一身本领,而无用武之地"了。此时可以利用推荐系统来帮助。

推荐系统也是一种帮助用户迅速找到自己感兴趣的信息的一种工具。所不同的是,推荐系统不需要用户提供明确的需求(如关键字等),而是对用户历史行为进行建模,由推荐系统主动地为用户推荐符合用户意愿的信息。

我们举一个例子来表明它们之间的关系和不同点:假如用户需要买一本和数据结构与算法相关的书,这时,用户使用搜索引擎,在对话框里输入关键字"数据结构或算法",这时就会出现非常多和数据结构或算法相关的书或其他资料信息等。那么究竟是哪一本更符合用户需求呢? 如果推荐系统知道用户喜欢用 C 语言编程,那么就会向用户推荐《数据结构与算法——C 语言描述》。可见,推荐系统是搜索引擎很好的补充。

推荐系统在电子商务中运用非常广泛,几乎现在绝大多数的电子商务类网站都有类似的推荐功能。推荐系统可以明显增加电子商务类网站的销量和用户黏合度,避免在海量商品中查找合适商品。著名电子商务网站亚马逊便是推荐系统的使用者和推广者,个性化推荐系统让用户定制一个属于自己的网上商店,满足用户需求的同时大大提高了网店的销售额。随着用户数据的不断增加,推荐算法的不断演化,推荐结果衡量标准的逐步确立,推荐系统可以建立更好更准确的模型服务大众。

2.2.5.5　物联网

物联网,顾名思义就是物物相连的网络,是新一代信息技术的组成部分。物联网的基本定义是通过射频识别(RFD)、红外感应器、全球定位系统(GPS)、激光扫描器等信息传感设备,按约定的协议,把任何物品与互联网相连接,进行信息交换和通信,实现对物品的智能化识别、定位、跟踪、监控和管理。

物联网的体系构架和一般的网络体系构架类似,一般被认为是 3 层构架:感知层、网络层和应用层。

（1）感知层由各种传感器构成，例如温湿度传感器、二维码标签、射频识别 RFID 标签，以及对应的读写器、摄像头、GPS 等感知终端。感知层是物联网识别物体、采集信息的来源。

（2）网络层可由各种网络组成，如互联网、广电网甚至某些私有网络、计算平台等。该层是物联网的关键层，负责处理和传送底层感知层获取的数据。

（3）应用层是整个物联网对于用户的接口，这一层与具体的行业相结合，实现其具体的智能应用。物联网的应用领域包括但不局限于绿色农业、工业监控、公共安全、城市管理、远程医疗、智能家居、智能交通和环境监测等行业。

2.2.5.6 云服务

云服务是通过云计算（Cloud Computing）实现的。云计算是继 20 世纪 80 年代大型计算机到客户端服务器端构架的大转变之后的又一巨变。云计算的出现并非偶然，早在 20 世纪 60 年代，麦卡锡就提出了把计算能力作为一种像水和电一样的公用事业提供给用户的理念（即付即用：Pay As You Go），这是云计算思想的起源。我们把计算能力比作水电，把网络比作水管、电网一样的传输工具，Amazon EC2（亚马逊计算云）的商业化应用就是一个典型的即付即用的商业云计算案例。

一般情况下，我们认为，云计算（Cloud Computing）是分布式计算（Distributed Computing）、并行计算（Parallel Computing）、效用计算（Utility Computing）、网络存储（Network Storage Technologies）、虚拟化（Virtualization）、负载均衡（Load Balance）等传统计算机和网络技术发展融合的产物。云计算构成的新的构架也逐步成为各种 Internet 新型应用的基础构架。

一般，云服务具有以下几个主要特征。

（1）虚拟化：借助于虚拟化技术，将分布在不同地区的计算资源通过网络进行整合，实现资源共享。

（2）动态化：根据消费者的需求动态划分或释放不同的物理和虚拟资源，当增加需求时，可通过增加可用的资源进行匹配，实现资源的快速弹性提供；如果用户不再使用这部分资源，可释放这些资源。云计算为客户提供的这种能力要让用户觉得是"无限"的，充分实现了系统资源利用的可扩展性。

（3）自助化：云计算为客户提供自助化的资源服务，用户无须同提供商交互就可自动得到自助的计算资源能力。同时，云系统为客户提供一定的应用服务目录，客户可采用自助方式选择满足自身需求的服务项目和内容。

（4）便捷化：客户可借助不同的终端设备，通过标准的应用实现对网络访问的可用能力，使对网络的访问无处不在。

（5）可量化：云服务是一种即付即用的服务模式。在提供云服务过程中，针对客户不同的服务类型，通过计量的方法来自动控制和优化资源配置，即资源的使用可被监测和被控制。

从云服务的这些主要特征，我们不难看出云服务的主要核心技术是并行处理。并行处理的系统可以是专门设计的，含大量处理器的超级计算机，也可以是通过某种方式互联的独立计算机构成的集群，在并行处理技术背后的核心支撑技术有并行化编程模式、海量数据分析、存储、管理技术、虚拟化技术、平台管理技术和基于云平台的信息安全管理技术等。

思考题

1. 上网查询相关网站，了解如何申请网络域名。
2. 在自己所使用的计算机内查询 IP 地址配置情况。
3. 物联网与互联网有什么区别？
4. 物联网的关键技术有哪些？
5. 云计算经历了哪些发展阶段？

任务 2.3　掌握必要网络信息安全知识

学习目的

计算机网络已经成为信息社会的基础，围绕计算机网络的攻击与防护漏洞也层出不穷。如何认识网络安全的内涵，从而保障网络信息系统的安全，这是需要研究的重要课题。通过本任务的学习，可以了解网络安全基本概念，掌握网络及信息系统面临的威胁及网络攻防。

2.3.1　网络安全概述

2.3.1.1　网络安全概念

网络安全（network security）是指网络系统的硬件、软件及其系统中的数据受保护，不因偶然的或者恶意的原因而遭受破坏、更改、泄露，系统连续、可靠、正常地运行，网络服务不中断。网络安全从其本质上来讲就是网络上的信息安全。从广义来说，凡是涉及网络上信息的保密性、完整性、可用性、真实性和可控性的相关技术和理论都是网络安全的研究领域。网络安全是一门涉及计算机科学、网络技术、通信技术、密码技术、信息安全技术、应用数学、数论、信息论等多种学科的综合性学科。

网络安全大体上可以分为信息系统安全、网络边界安全及网络通信安全。信息系统安全主要指计算机安全（智能手机及终端也是一种计算机），包括操作系统安全和数据库安全等；网络边界安全是指不同网络域之间的安全，包括网络上的访问控制、流量监控等，以保护内部网络不被外界非法入侵；网络通信安全是对通信过程中所传输的信息加以保护。

网络安全的目标是保护网络系统中信息的保密性、完整性、可用性、不可抵赖性、真实性、可控性和可审查性，其中，保密性、完整性、可用性也称为信息安全的三要素。

1. 保密性

保密性（confidentiality）也被称为机密性，是指保证信息不被非授权访问，即使非授权用户得到信息也无法理解信息的内容。它的任务是确保信息不会被未授权的用户访问，一般使用访问控制技术阻止非授权用户获得机密信息，通过密码技术阻止非授权用户获知信息内容。

2. 完整性

完整性(integrity)是指维护信息的一致性,即信息在生成、传输、存储和使用过程中不发生人为或非人为的非授权篡改。一般通过访问控制阻止篡改行为,同时通过消息摘要算法来检验信息是否被篡改。要保护信息的完整性,需要保证数据及系统的完整性。

(1)数据的完整性:数据没有被非授权篡改或者损坏。

(2)系统的完整性:系统未被非法操纵,按既定的目标运行。

一般而言,如果系统的完整性被破坏,则很难保护其中数据的完整性。

3. 可用性

可用性(availability)是指保障信息资源随时可提供服务的能力特性,即授权用户根据需要可以随时访问所需信息。可用性是信息资源服务功能和性能可靠性的度量,涉及物理、网络、系统、数据、应用和用户等多方面的因素,是对信息网络总体可靠性的要求。

4. 不可抵赖性

不可抵赖性是信息交互过程中,所有参与者不能否认曾经完成的操作或承诺的特性。这种特性体现在两个方面:一是参与者开始参与信息交互时,必须对其真实性进行鉴别;二是信息交互过程中必须能够保留下使其无法否认曾经完成的操作或许下的承诺的证据。

5. 真实性

信息的真实性要求信息中所涉及的事务是客观存在的,信息的各个要素都真实且齐全,信息的来源是真实可靠的。

6. 可控性

信息的可控性是指对信息的传播及内容具有控制能力,也就是可以控制用户的信息流向,对信息内容进行审查,对出现的安全问题提供调查和追踪手段。

7. 可审查性

出现安全问题时提供依据与手段,以可控性为基础。

网络安全是信息安全学科的重要组成部分。网络安全的研究内容相当宽泛,涉及网络、通信和计算机等方面的安全。网络安全、通信安全和计算机安全措施需要与其他类型的安全措施(如物理安全和人员安全措施)配合使用,才能更有效地发挥其作用。

2.3.1.2 网络安全体系结构

网络安全体系结构是安全服务、安全机制、安全策略及相关技术的集合。国际标准化组织(ISO)于1988年发布了 ISO 7498-2 标准,即开放系统互联(Open System Interconnection,OSI)安全体系结构标准,该标准等同于中华人民共和国国家标准 GB/T 9387.2—1995。1990年,国际电信联盟(International Telecommunication Union,ITU)决定采用 ISO 7498-2 作为其 X.800 推荐标准。因此,X.800 和 ISO 7498-2 标准基本相同。1998年,RFC 2401 给出了 Internet 协议的安全结构,定义了 IPSec 适应系统的基本结构,这一结构的目的是为 IP 层传输提供多种安全服务。

下面列出一些与安全体系结构相关的术语。

1. 安全服务

X.800 对安全服务做出定义：为了保证系统或数据传输有足够的安全性，开放系统通信协议所提供的服务。RFC 2828 对安全服务做出了更加明确的定义：安全服务是一种由系统提供的对资源进行特殊保护的进程或通信服务。

2. 安全机制

安全机制是一种措施或技术，一些软件或实施一个或更多安全服务的过程。常用的安全机制有认证机制、访问控制机制、加密机制、数据完整性机制、审计机制等。

3. 安全策略

所谓安全策略，是指在某个安全域内，施加给所有与安全相关活动的一套规则。所谓安全域，通常是指属于某个组织机构的一系列处理进程和通信资源。这些规则由该安全域中所设立的安全权威机构制定，并由安全控制机构来描述、实施或实现。

4. 安全技术

安全技术是与安全服务和安全机制对应的一系列算法、方法或方案，体现在相应的软件或管理规范之中。比如密码技术、数字签名技术、防火墙技术、入侵检测技术、防病毒技术和访问控制技术等。

众所周知，计算机网络具有分层的体系结构。信息安全技术可以应用到网络体系结构的任何一层，每一层均可以增加安全功能，安全功能相互协调、相互作用，共同保障网络信息系统的安全。正因为网络的每一层次均可施加安全功能，所以可以将网络安全体系结构看作网络协议层次、安全功能和安全技术的集合。对于目前广泛使用的 TCP/IP 协议，其分层的网络安全体系结构如表 2.2 所示。

表 2.2　分层的网络安全体系结构

应用层	应用层安全协议，如 HTTPS、SSH、FTPS
传输层	传输层安全协议，如 SSL、TLS
网络层	网络层安全协议，如 IPSec
网络接口层	网络接口层安全技术，如 PPTP、L2TP

（1）应用层：对各种应用层软件施加安全功能，如 Web 安全、电子邮件安全、数据库安全、电子交易安全等。该层涉及众多的安全协议及软件，如 HTTPS、SSH、SET、PGP 等。此外，计算机上的所有软件都与应用层的安全相关。

（2）传输层：提供端到端的安全通信，如安全套接字层等。

（3）网络层：保证网络传输中的安全，包括安全接入、安全路由、传输加密等。IPSec 是最常用的网络层安全协议。

（4）网络接口层：如 PPTP、L2TP 及链路层加密等技术。

除了各层的安全协议外，还有一些通用的安全技术，如密码技术、访问控制技术、数字签名及身份认证技术等。

2.3.1.3　网络安全的攻防体系

从系统安全的角度，可以把网络安全的研究内容分成两大体系：网络攻击和网络防护。

网络攻击是指采用技术手段,利用目标信息系统的安全缺陷,破坏网络信息系统的保密性、完整性、真实性、可用性、可控性与可审查性等的措施和行为。其目的是窃取、修改、伪造或破坏信息,以及降低、破坏网络使用效能。

网络防护是指为保护己方网络和设备正常工作、信息数据安全而采取的措施和行动。其目的是保证己方网络数据的保密性、完整性、真实性、可用性、可控性与可审查性等。

2.3.2 计算机网络面临的安全威胁

由于网络分布的广域性、网络体系结构的开放性、信息资源的共享性和通信信道的共用性,使得网络存在严重的脆弱性。如果这些脆弱性被恶意利用,将导致网络遭受来自各方面的威胁和攻击,从而在根本上威胁网络系统的安全性。

2.3.2.1 TCP/IP 网络体系结构及计算机网络的脆弱性

层和协议的集合称为网络体系结构(network architecture)。目前,互联网络事实上的标准是 TCP/IP 网络体系结构,如图 2.17 所示。

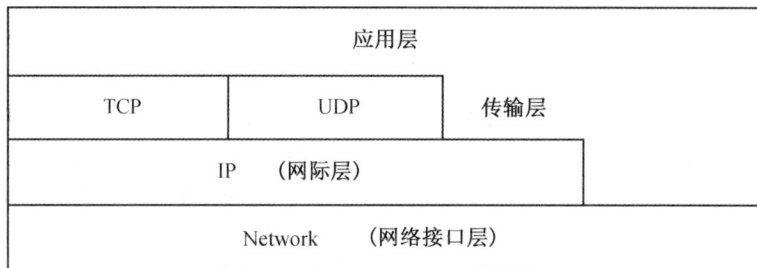

图 2.17 TCP/IP 网络体系结构

该网络体系结构的协议及每一层均存在安全隐患。此外,网络协议依托于计算机软件和硬件,而计算机软件和硬件也存在大量的安全问题。

1. 网络基础协议存在安全漏洞

TCP/IP 协议在设计初期并没有考虑安全性,从而导致存在大量的安全问题。例如,在 IP 层协议中,IP 地址可以由软件设置,这就造成了地址欺骗安全隐患;IP 协议支持源路由方式,即源点可以指定信息包传送到目的节点的中间路由,这就为源路由攻击提供了条件。再如,应用层协议 Telnet、FTP、SMTP 等缺乏认证和保密措施,这就有可能导致发生抵赖和信息泄露等行为。

2. 网络硬件存在着安全隐患

计算机硬件在制造和使用的过程中会存在一些安全隐患。

(1)制造计算机硬件的国家故意在计算机硬件及其外围设备的生产或运输过程中在硬件芯片中固化病毒或其他程序,在战时通过遥控手段激活,从而让计算机病毒在敌方计算机网络中迅速传播,导致敌方的计算机网络瘫痪,或者为入侵敌方计算机网络提供后门。在 1991 年的海湾战争中,美国就是通过在伊拉克购买的打印机芯片中植入病毒,在战时遥控激活病毒,从而在很短的时间内赢得了胜利。

（2）由于技术上的原因,硬件有可能存在漏洞。恶意软件利用硬件的漏洞也可以直接破坏计算机硬件。比如,CIH病毒就是利用计算机硬件的漏洞,攻击和破坏硬件系统的。

（3）计算机硬件系统本身是电子产品,其抵抗外部环境影响的能力还比较弱,特别是在强磁场和强电场环境下有可能导致比特翻转,从而使系统失效。计算机硬件会向外辐射电磁信号,采用适当的手段可以接收其辐射的电磁信号,经过适当处理和分析能够获取需要的信息。连接计算机系统的通信网络在许多方面也存在薄弱环节,使得搭线窃听、远程监控、攻击破坏等成为可能。

3. 软件缺陷

软件是网络信息系统的核心。然而由于技术或人为因素,软件不可避免地存在缺陷,这就可能导致出现安全漏洞。事实上,软件漏洞是威胁网络及信息系统安全的最根本原因。软件缺陷主要表现在以下几个方面:

（1）对程序输入的处理不当。保证程序安全的最重要原则是对输入做严格的检查,特别是从用户获得输入时更是如此。对于应用程序来说,如果用户只能通过这个应用程序所允许的方式访问系统,则用户滥用这一应用程序的可能性便小了一些。如果应用程序允许用户输入自己的信息,一个恶意用户就可能输入一些特殊的信息来达到自己的目的。比如缓冲区溢出漏洞,主要是因为对输入的数据未做边界检查导致的。又比如格式化字符串漏洞,是因为没有检查格式串导致的。SQL注入攻击也是因为没有对用户的输入进行过滤而发生的。

（2）程序所提供的功能缺乏适当的用户身份认证。有些软件功能非常强大,但在一个操作系统上对所有登录用户都开放,缺少应有的分级审查制度和身份认证机制。特别是对一些敏感的、要访问系统内核的程序,这种缺陷会造成更大的危害。有可能一般用户会利用这种缺陷来提升自己的权限,从而控制整个系统。

（3）对程序功能的配置处理不当。这表现在一些病毒防火墙和网络防火墙的配置上。比如基于状态检测的防火墙,虽然其提供了非常好的防火墙功能,然而有些管理员只按默认方式使用该防火墙,即只使用了动态包过滤的功能,其后果就是防护能力下降。

4. 操作系统存在安全隐患

（1）操作系统也是软件系统,而且是巨型复杂高纬度的软件,其代码量非常庞大,由成百上千位工程师协作完成,很难避免产生安全漏洞。

（1）操作系统的功能越来越多,配置起来越来越复杂,从而会造成配置上的失误,产生安全问题。

（3）操作系统的安全级别不高。目前大规模使用的Windows和Linux系统的安全级别为TCSEC的C2级,而C2级难以保证信息系统的安全。

此外,我国目前特别严重的问题是操作系统基本上自国外引进,不能排除某些国家出于不可告人的目的而在其中设置了后门。因此,软件(特别是操作系统)国产化是一个迫切需要解决的根本问题。

2.3.2.2 计算机网络面临的主要威胁

由于网络信息系统存在脆弱性,使其面临各种各样的安全威胁。安全威胁主要有以下几类:

1. 各种自然因素

各种自然因素包括各种自然灾害,如水、火、雷、电、风暴、烟尘、虫害、鼠害、海啸和地震等;网络的环境和场地条件,如温度、湿度、电源、地线和其他防护设施不良造成的威胁;电磁辐射和电磁干扰的威胁;网络硬件设备自然老化、可靠性下降等。

2. 内部窃密和破坏

内部人员可能对网络系统形成下列威胁:内部涉密人员有意或无意泄密、更改记录信息;内部非授权人员有意或无意偷窃机密信息、更改网络配置和记录信息;内部人员恶意破坏网络系统。

3. 信息的截获和重演

攻击者可能通过搭线或在电磁波辐射的范围内安装截收装置等方式,截获机密信息,或通过对信息流和流向、通信频度和长度等参数的分析,推出有用信息。它不破坏传输信息的内容,不易被察觉。截获并录制信息后,可以在必要的时候重发或反复发送这些信息。

4. 非法访问

非法访问指的是未经授权使用网络资源或以未授权的方式使用网络资源,包括:非法用户(如黑客)进入网络或系统,进行违法操作;合法用户以未授权的方式进行操作。

5. 破坏信息的完整性

攻击可能从 3 个方面破坏信息的完整性:改变信息流的时序,更改信息的内容;删除某个消息或消息的某些部分;在消息中插入一些信息,让接收方读不懂或接收错误的信息。

6. 欺骗

攻击者可能冒充合法地址或身份欺骗网络中的其他主机及用户;冒充网络控制程序套取或修改权限、口令、密钥等信息,越权使用网络设备和资源;接管合法用户,欺骗系统,占用合法用户的资源。

7. 抵赖

可能出现下列抵赖行为:发信者事后否认曾经发送过某条消息;发信者事后否认曾经发送过某条消息的内容;发信者事后否认曾经接收过某条消息;发信者事后否认曾经接收过某条消息的内容。

8. 破坏系统的可用性

攻击者可能从下列几个方面破坏网络系统的可用性:使合法用户不能正常访问网络资源;使有严格时间要求的服务不能及时得到响应;摧毁系统。

2.3.3 计算机网络安全的主要技术与分类

从系统的角度可以把网络安全的研究内容分成 3 类:网络侦察(信息探测)、网络攻击和网络防护。因此其主要技术也可以相应地分为 3 类,即网络侦察技术、网络攻击技术和网络防护技术。

2.3.2.1 网络侦察

网络侦察也称网络信息探测,是指运用各种技术手段,采用适当的策略对目标网络进行探测扫描,获得有关目标计算机网络系统的拓扑结构、通信体制、加密方式、网络协议与操作系统、系统功能,以及目标地理位置等各方面的有用信息,并进一步判别其主控节点和脆弱节点,为实施网络攻击提供可靠的情报。所涉及的关键技术如下。

1. 端口探测技术

主要利用端口扫描技术,以发现网络上的活跃主机及其上开放的协议端口。网络信息系统的目标是资源共享和提供连通服务,二者均离不开网络协议端口。比如,Web 服务的默认端口是 TCP 80,FTP 服务的默认端口是 TCP 21。通过端口探测,就可以初步判断哪些主机提供了哪些服务,为进一步的信息探测提供依据。一般利用端口扫描软件进行端口探测,如开源软件 Nmap 就提供了丰富的端口探测功能。

2. 漏洞探测技术

在硬件、软件、协议的具体实现或系统安全策略上不可避免地会存在缺陷,如果这些缺陷能被攻击者利用,则这样的缺陷就成为漏洞。

漏洞探测也称为漏洞扫描,是指利用技术手段,以获得目标系统中漏洞的详细信息。目前有两种常用的漏洞探测方法:其一是对目标系统进行模拟攻击,若攻击成功则说明存在相应的漏洞;其二是根据目标系统所提供的服务和其他相关信息,判断目标系统是否存在漏洞,这是因为特定的漏洞是与服务、版本号等密切相关的,也称为信息型漏洞探测。目前的反病毒软件(如 360、金山毒霸等)附带的漏洞修补软件就采用了信息型漏洞探测方法。

3. 隐蔽侦察技术

一般来说,重要的信息系统都具有很强的安全防护能力和反侦察措施,常规侦察技术很容易被目标主机觉察或被目标网络中的入侵检测系统发现,因而要采用一些手段进行隐蔽侦察。隐蔽侦察采用的主要手段有:秘密端口探测、随机端口探测、慢速探测等。

(1)秘密端口探测:因为常规的端口探测首先必须要与目标主机的端口建立连接,目标主机对这种完整的连接会做记录,而秘密端口探测并不包含连接建立的任何一个过程,因此很难被发现。

(2)随机端口探测:许多入侵检测系统和防火墙会检测到连续端口连接尝试。采用随机端口号跳跃扫描能减少被检测到的可能性。

(3)慢速探测:入侵检测系统能够通过在一段时间内对网络流量进行分析,检测到是否有一个固定的 IP 地址对被防护的主机进行端口扫描。这段时间称为检测门限。因此可将对同一目标的探测时间间隔延长,使其超过检测门限,以达到不被发现的目的。

4. 渗透侦察技术

渗透侦察指的是在目标系统中植入特定的软件,从而完成情报的收集。渗透侦察技术主要采用反弹端口型木马技术。为了将木马植入目标系统中,一般采用诱骗方法使目标用户主动下载木马软件。比如可以设置一些免费共享软件网站,引诱用户单击相关链接,而一旦单击该链接,则下载了木马。

2.3.2.2　网络攻击

网络攻击的目的是破坏目标系统的安全性,即破坏或降低目标系统的机密性、完整性和可用性等,因此凡是可以达成这个目标的行为和措施都可认为是网络攻击。由于计算机硬件和软件、网络协议和结构,以及网络管理等方面不可避免地存在安全漏洞,使得网络攻击成为可能。网络攻击所涉及的技术和手段很多,下面列举几种常见的网络攻击技术。

1. 拒绝服务

拒绝服务(Denial of Service,DoS)攻击的主要目的是降低或剥夺目标系统的可用性,使合法用户得不到服务或不能及时得到服务,一般通过耗尽网络带宽或耗尽目标主机资源的方式进行。比如:攻击者通过向目标建立大量的连接请求,阻塞通信信道、延缓网络传输、挤占目标机器的服务缓冲区,以致目标计算机疲于应付、响应迟钝,直至网络瘫痪、系统关闭。为了增加攻击的成功率,实际攻击中多采用分布式拒绝服务攻击,也就是协调多台计算机同时对目标实施拒绝服务攻击。

2. 入侵攻击

入侵攻击是指攻击者利用目标系统的漏洞非法进入系统,以获得一定的权限,进而可以窃取信息、删除文件、埋设后门,甚至瘫痪目标系统等行为。入侵攻击是最有效也是最难的攻击方式。入侵攻击最常用的技术手段是攻击目标系统中存在缓冲区溢出漏洞的进程,在目标进程中执行具有特定功能的代码(称为Shellcode),从而获得目标系统的控制权。

3. 病毒攻击

计算机病毒一般指同时具有感染性和寄身性的代码。它隐藏在目标系统中,能够自我复制、传播,并侵入到其他程序中,并篡改正常运行的程序,损害这些程序的有效功能。

网络型病毒是近几年来传播最广、最迅速,危害更大的计算机病毒。网络病毒的传播和攻击主要通过两个途径:用户邮件和系统漏洞。网络型病毒分为两种:一种是在浏览网页时传播到上网的计算机中,另一种以电子邮件作为载体,当你接收到邮件并打开邮件时病毒开始攻击计算机系统。这些病毒更隐蔽,破坏性更大。

4. 恶意代码攻击

恶意代码是指任何可以在计算机之间和网络之间传播的程序或可执行代码,其目的是在未授权的情况下有目的地更改或控制计算机及网络系统。计算机病毒就是一种典型的恶意代码,此外,还包括木马、后门、逻辑炸弹、蠕虫等。

木马是一种隐藏在目标系统中的特殊程序,主要目的是绕过系统的访问控制机制。木马可通过电子邮件或捆绑在一些下载的可执行文件中进行传播。

后门有时也叫作陷阱,是程序员故意在正常程序中设置的额外功能,它允许非法用户以未授权的方式访问系统。

逻辑炸弹也是程序员故意设置的额外功能,当某些条件满足时程序将会做与原来功能不一样的事,以达到破坏数据、瘫痪机器等目的。

蠕虫是一种可以在网络上不同主机间传播,而不修改目标主机上其他程序的一类程序。蠕虫其实是一种自治的攻击代理程序,可以自动完成网络侦察、网络入侵的功能。

5. 电子邮件攻击

利用电子邮件缺陷进行的攻击称为电子邮件攻击。

传统的邮件攻击主要是向目标邮件服务器发送大量的垃圾邮件,从而塞满邮箱,大量占用邮件服务器的可用空间和资源,使邮件服务器暂时无法正常工作,甚至使目标系统瘫痪。

由于反垃圾邮件技术的广泛使用,现在的邮件攻击更多是发送伪造或诱骗的电子邮件,诱骗用户去执行一些危害网络安全的操作。比如,在电子邮件的附件中捆绑病毒和木马,用户一旦打开附件就可能运行病毒或植入木马。

6. 诱饵攻击

诱饵攻击指通过建立诱饵网站,诱骗用户去浏览恶意网页,从而实现攻击。

有些网站提供免费共享的实用软件,然而某些软件被嵌入了木马或后门,当浏览者下载并运行这些貌似正常的软件时,木马会不知不觉地植入浏览者的计算机中。

有些网站提供免费共享的小说供用户阅读,然而却在页面上嵌套了恶意脚本(如 JavaScript 和 VBScript),可以使浏览者在浏览时执行特定的命令,比如删除系统文件等。特别是一些敏感网站,几乎都挂了木马,一旦浏览其中的图片或视频则会被植入木马或病毒。

诱饵攻击是一种被动攻击,只要用户保持足够的警觉就可以避免。

2.3.2.3 网络防护

网络防护是指保证己方网络信息系统的保密性、完整性、真实性、可用性、可控性与可审查性而采取的措施和行为。有人将网络防护的主要目标归结为"五不",即进不来、拿不走、看不懂、改不了、走不脱。

(1)进不来:使用访问控制机制,阻止非授权用户进入网络,从而保证网络系统的可用性。

(2)拿不走:使用授权机制,实现对用户的权限控制,同时结合内容审计机制,实现对网络资源及信息的可控性。

(3)看不懂:使用加密机制,确保信息不暴露给未授权的实体或进程,从而实现信息的保密性。

(4)改不了:使用数据完整性鉴别机制,保证只有得到允许的人才能修改数据,从而确保信息的完整性和真实性。

(5)走不脱:使用审计、监控、防抵赖等安全机制,使得破坏者走不脱,并进一步对网络出现的安全问题提供调查依据和手段,实现信息安全的可审查性。

网络防护涉及的面很宽,从技术层面上讲主要包括防火墙技术、入侵检测技术、病毒防护技术、数据加密技术和认证技术等。

1. 防火墙技术

防火墙是最基本的网络防护措施,也是目前使用最广泛的一种网络安全防护技术。防火墙通常安置在内部网络和外部网络之间,以抵挡外部入侵和防止内部信息泄密。防火墙是一种综合性的技术,涉及计算机网络技术、密码技术、安全协议、安全操作系统等多方面。防火墙的主要作用为过滤进出网络的数据包、管理进出网络的访问行为、封堵某些禁止的访问行为、记录通过防火墙的信息内容和活动、对网络攻击进行检测和告警等。

简单的防火墙可以用路由器实现,复杂的可以用主机甚至一个子网来实现。防火墙技术主要有两种:数据包过滤技术和代理服务技术。

数据包过滤是在 IP 层实现的,主要根据 IP 数据报头部的 IP 地址、协议、端口号等信息进行过滤。网络管理员先根据访问控制策略建立访问控制规则,然后防火墙的过滤模块根据规则决定数据包是否允许通过。数据包过滤技术的优点是速度快和易于实现,缺点是只能提供较低水平的安全防护,无法对高层的网络入侵行为进行控制。

所谓代理服务,实际上就是运行在防火墙主机上的一些特殊的应用程序或者服务器程序。这些代理程序工作在应用层,可以对 HTTP、FTP、TELNET 等数据流进行控制。外部计算机在访问内部网络时,是将请求发给防火墙主机上的代理程序,由其验证请求的合法性后,再转发给内部网络的计算机。代理服务程序可以对应用层的数据进行分析、注册登记、形成报告,同时当发现被攻击迹象时会向网络管理员发出报警,并保留攻击痕迹。与数据包过滤技术相比,代理服务技术能够在更大程度上提高安全性。

2. 入侵检测技术

入侵检测是一种动态安全技术,通过对入侵行为的过程与特征的研究,从而对入侵事件和入侵过程做出实时响应。由于入侵特征往往要到应用层才能体现出来,所以要在应用层以下判定入侵行为有一定的困难。

有两种主要的入侵检测技术:基于特征的检测和基于行为的检测,也称为误用检测和异常检测。基于特征的检测是假定所有的入侵模式均可提取出唯一的模式特征,从而建立入侵模式特征库,在此基础上用特征匹配的方法进行检测。基于行为的检测是假定所有的正常行为和入侵行为存在统计意义上的差异,从而可以利用统计学的原理进行检测。

入侵检测系统从实现方式上一般分为两种,即基于主机的入侵检测系统和基于网络的入侵检测系统。基于主机的入侵检测系统用于保护关键应用的服务器,并且提供对典型应用的监视。基于网络的入侵检测系统保护的是整个网络,对本网段提供实时网络监视。入侵监测系统通常配置为分布式模式,在需要监视的服务器上安装代理模块,在需要监视的网络路径上放置监视模块,分别向管理服务器报告及上传原始监控数据。

3. 计算机病毒及恶意代码防治技术

计算机病毒及恶意代码是威胁信息系统安全的罪魁祸首之一。为了防止计算机病毒的侵害,国内外许多企业均开发了反病毒软件,其中国内的反病毒软件大多是免费的,如金山毒霸、360 安全卫士、瑞星反病毒软件等。

检测病毒的主要方法是特征码及行为分析法。特征码是某种病毒或恶意代码的唯一特征,如果某些代码具有病毒的特征就可以判定为病毒。对于变形病毒,每传播一次其特征就会改变,基于特征码的检测方法将失效,这时就要利用行为分析法。行为分析法通过判断代码是否有破坏信息系统的行为,从而判定是否为病毒。例如,如果某段代码修改可执行文件、修改引导扇区等,则很可能是病毒。

早期的病毒主要通过存储介质(软磁盘、移动硬盘等)传播,现代的病毒主要通过网络传播。因此,为了有效防止病毒通过网络传播,可以将病毒检测技术和防火墙结合起来,构成病毒防火墙,监视由外部网络进入内部网络的文件和数据,一旦发现病毒,就将其过滤掉。国内目前的主要杀毒软件均实现了与防火墙的集成。

4. 密码技术

密码技术主要研究数据的加密和解密及其应用。密码技术是确保计算机网络安全的重要机制,是信息安全的基石。由于成本、技术和管理上的复杂性等原因,目前只在一些重要的应用(如网银交易、购物、证券等)中使用。随着人们对隐私保护等方面的重视,密码技术的应用必将得到普及。

密码技术有两种体制:单密钥体制和双密钥体制。

单密钥体制也称为传统密码体制,其加密密钥和解密密钥相同,或解密密钥和加密密钥可以相互推断出来。IBM 公司提出的 DES、美国新数据加密标准 CLIPPER 和 CAPSTONE、国际信息加密算法 IDEA 以及目前推荐使用的高级加密标准 AES,都是典型的单密钥体制的密码算法。这类算法的运行速度快,适合对大量数据的加/解密。

双密钥体制也称为公开密钥加密体制。公钥算法需要一对密钥,即公钥和私钥。公钥用于加密,私钥用于解密。典型的算法有美国麻省理工学院发明的 RSA。公钥算法的运行速度较慢,适合对少量数据的加/解密,主要应用于密钥分配和数字签名。

5. 认证技术

认证主要包括身份认证和信息认证。身份认证是验证信息的发送者的真实身份;信息认证是验证信息的完整性,即验证信息在传送或存储过程中是否被篡改、重放或延迟等。

数字签名是实现信息认证的主要技术。数字签名算法主要包括签名算法和验证算法。签名者能使签名算法签署一个消息,所得的签名能通过一个公开的验证算法来验证。目前的数字签名算法有 RSA 数字签名算法、EIGamal 数字签名算法等。

身份认证常用方式主要有两种:一种是使用通行字的方式;另一种是使用持证的方式。对于通行字方式,计算机存储的是通行字的单项函数值而不是通行字,由于计算机不再存储每个人的有效通行字表,某些人侵入计算机也无法从通行字的单向函数值表中获得通行字。持证是一种个人持有物,它的作用类似于钥匙。网络上的身份认证主要采用基于密码的认证技术,其中基于公钥证书的认证方式最主流。

6. "蜜罐"技术

"蜜罐"是试图将攻击者从关键系统引诱开的诱骗系统。也就是在内部系统中设立一些陷阱,用一些主机去模拟一些业务主机甚至模拟一个业务网络,给入侵者造成假象。这些系统充满了看起来很有用的信息,但是这些信息实际上是捏造的,正常用户是不访问的。因此,当检测到对"蜜罐"的访问时,就意味着很可能有攻击者闯入。"蜜罐"上的监控器和事件日志器可检测这些未经授权的访问并收集攻击者活动的相关信息。"蜜罐"的另一个目的就是诱惑攻击者在其上浪费时间,延缓对真正目标的攻击。

2.3.4　网络安全的起源与发展

网络安全的发展是与计算机及网络技术的发展分不开的,此外,安全防护技术也随黑客攻击技术的发展而发展。

2.3.4.1　计算机网络的发展

20 世纪 50 年代中后期,许多系统都将地理上分散的多个终端通过通信线路连接到一台中心计算机上,这样就出现以单台计算机为中心的远程联机系统。在 20 世纪 60 年代,为了将通信的功能独立出来,在主机前设置一个通信控制处理机和线路集中器,这种多机系统也称为复杂的联机系统,这是计算机网络的雏形。初期的计算机网络以多个主机通过通信线路互联起来,为用户提供服务,兴起于 20 世纪 60 年代后期,典型代表是美国国防部高级研究计划局协助开发的 ARPAnet。

20 世纪 70 年代以来,特别是 Internet 的诞生及广泛应用,使计算机网络得到了迅猛的发展。1982 年,Internet 由 ARPAnet、MILnet 等几个计算机网络合并而成,作为 Internet 的早期主干网。到了 1986 年,又加进了美国国家科学基金会的 NSFnet、美国能源部的 ESnet、国家宇航局的 NSI,这些网络把美国东西海岸相互连接起来,形成美国国内的主干网。1988 年,作为学术研究使用的 NFSnet 开始对一般研究者开放。到 1994 年,连接到 Internet 上的主机数量达到了 320 万台,连接世界上的 3 万多个计算机网络。从此以后,计算机网络得到了飞速的发展,并在世界范围内得到了广泛的应用。

2014 年 7 月 21 日,中国互联网络信息中心(CNNIC)在京发布第 34 次《中国互联网络发展状况统计报告》(以下简称《报告》)。《报告》显示,截至 2014 年 6 月,中国网民规模达 6.32 亿,其中,手机网民规模为 5.27 亿,互联网普及率达到 46.9%。网民上网设备中,手机使用率达 83.4%,首次超越传统 PC 整体 80.9%的使用率,手机作为第一大上网终端的地位更加巩固。2014 年上半年,网民对各项网络应用的使用程度更为深入。移动商务类应用在移动支付的拉动下,正经历跨越式发展,在各项网络应用中的地位愈发重要。互联网金融类应用第一次纳入调查,互联网理财产品仅在一年时间内使用率就超过了 10%,成为 2014 年上半年表现亮眼的网络应用。

(1)网民数量:6.32 亿。

(2)手机网民数:5.27 亿。

(3)网站数:273 万。

(4)国际出口宽带数:3 776 909 MB/s。

(5)IPv4:3.30 亿。

(6)域名数:1915 万。

今天的 Internet 已不仅仅是计算机人员和军事部门进行科研的领域,而是变成了一个开发和使用信息资源的、覆盖全球的信息海洋。Internet 的应用覆盖了社会生活的方方面面,人类已经逐渐对计算机网络产生依赖。

任何技术的发展在提高人们生活质量的同时,也不可避免地会被别有用心的人用于邪恶的目的。计算机和网络的发展为黑客的活动提供了舞台,导致了黑客攻击技术的发展。

2.3.4.2 网络安全技术的发展

早期的计算机主要是单机,应用范围很小,计算机安全主要是实体的安全防护和软件的正常运行,安全问题并不突出。

20 世纪 70 年代以来,人们逐渐认识并重视计算机的安全问题,制定了计算机安全的法律、法规,研究了各种防护手段,如口令、身份卡、指纹识别等防止非法访问的措施。为了对网络进行安全防护,出现了强制性访问控制机制、鉴别机制(哈希)和可靠的数据加密传输机制。

20 世纪 70 年代中期,Diffie 和 Hellman 冲破了人们长期以来一直沿用的单钥体制,提出了一种崭新的双钥体制(又称公钥体制),这是现代密码学诞生的标志之一。

1977 年,美国国家标准局正式公布实施美国数据加密标准 DES,公开 DES 加密算法,并广泛应用于商用数据加密,极大地推动了密码学的应用和发展。56 位密码的 DES 已经被破解,由更高强度的密码技术取而代之,比如 AES(Advanced Encryption Standard)、三重 DES 等。在我国应该推广 AES 的应用。

为了对计算机的安全性进行评价,20 世纪 80 年代中期,美国国防部计算机安全局公布了可信计算机系统安全评估准则 TCSEC。准则主要是规定了操作系统的安全要求,为提高计算机的整体安全防护水平、研制和生产计算机产品提供了依据。

Internet 的出现促进了人类社会向信息社会的过渡。为保护 Internet 的安全,主要是保护与 Internet 相连的内部网络的安全,除了采取各种传统的防护措施外,还出现了防火墙、入侵检测、物理隔离等技术,有效地提高了内部网络的整体安全防护水平。

随着计算机网络技术的发展和应用的进一步扩大,计算机网络攻击与防护这对"矛"与"盾"的较量将不会停止。如何从整体上采取积极的防护措施,加紧确立和建设信息安全保障体系,是世界各国正在研究的热点问题。

为了从源头上解决计算机安全问题,近十几年来出现了可信计算机,"可信计算"成为全世界计算机界的研究热点。它其实是信息安全问题的扩展,其基本问题与传统的信息安全问题仍然密切相关。

2003 年前后,美国发起了"软件验证大挑战"运动,希望通过全球合作,验证 100 个重要基础程序的安全性与正确性,为此 CAV 每年举行一次国际学术会议。

目前,云计算和移动计算方兴未艾,然而其安全问题令人担忧。

2.3.4.3　黑客与网络安全

黑客技术与网络安全技术密不可分。计算机网络对抗技术是在信息安全专家与黑客的攻与防的对抗中逐步发展起来的。黑客主攻,安全专家主防。如果没有黑客的网络攻击活动,网络与信息安全技术就不可能如此快速地发展。

"黑客"一词是英文 Hacker 的音译。一般认为,黑客起源于 20 世纪 50 年代麻省理工学院的实验室的研究人员,他们是热衷于解决技术难题的程序员。在 20 世纪 50 年代,计算机系统是非常昂贵的,只存在于各大高校与科研机构中,普通公众接触不到计算机,而且计算机的效率也不是很高。为了最大限度地利用这些昂贵的计算机,最初的程序员就写出了一些简洁高效的捷径程序,这些程序往往较原有的程序系统更完善,而这种行为便被称为 Hack。Hacker 指从事 Hack 行为的人。

在 20 世纪 60—70 年代,"黑客"一词极富褒义。早期的原始黑客代表的是能力超群的计算机迷,他们奉公守法、从不恶意入侵他人的计算机,因而受到社会的认可和尊重。

早期黑客有一个精神领袖——凯文·米特尼克。早期黑客奉行自由共享、创新与合作的黑客精神。然而,现在的"黑客"已经失去了原来的含义。虽然也存在不少原始意义上的黑客,但是当今人们听到"黑客"一词时,大多数人联想到的是那些以恶意方式侵入计算机系统的人。

根据黑客的行为特征可将其分成三类:"黑帽子黑客"(Black hat Hacker)、"白帽子黑客"(White hat Hacker)和"灰帽子黑客"(Gray hat Hacker)。"黑帽子黑客"是指只从事破坏活动的黑客,他们入侵他人系统,偷窃系统内的资料,非法控制他人计算机,传播蠕虫病毒,给社会带来了巨大损失;"白帽子黑客"是指原始黑客,一般不入侵他人的计算机系统,即使入侵系统也只为了进行安全研究,在安全公司和高校存在不少这类黑客;"灰帽子黑客"指那些时好时坏的黑客。

骇客是"Cracker"的英译,是 Hacker 的一个分支,主要倾向于软件破解、加密解密技术方面。在很多时候 Hacker 与 Cracker 在技术上是紧密结合的,Cracker 一词发展到今天,也有"黑帽子黑客"之意。

"红客"是中国特殊历史时期的产物,是指那些具有强烈爱国主义精神的黑客,以宣扬爱国主义红客精神为主要目标。"红客"产生于 1999 年 5 月,标志事件是第一个中国红客网站——"中国红客之祖国团结阵线"的诞生,导火线是美军轰炸中国驻南斯拉夫联盟共和国大使馆。"红客"主导了 1999 年和 2001 年的两次"中美黑客网络大战"。可惜当时的中国黑客整体技术水平不如美国黑客,中国黑客在两次"中美黑客网络大战"中均以败北告终。

思考题

1. 简述网络安全的概念。
2. 如何从技术方面实现网络安全防护主要目标的"五不"?
3. 举例说明计算机网络面临的主要威胁。
4. 简述网络攻击所涉及的主要技术和手段。
5. 简述计算机网络存在的脆弱性。

上机实践

1. 调研美军网络战部队的建设情况。
2. 调研"震网病毒"及"维基解密"事件。

项目3
熟悉计算机数据处理与数据库知识

项目学习目标

计算机的发明与数据处理的需求有着密不可分的关系,计算机为什么可以处理各种事务,不仅包括数值计算,还能进行影视、通信、实时控制等各类数据处理,通过学习本项目,学生可以初步具备计算思维、数据思维能力,从而了解计算机如何通过数据处理来实现其各种功能。通过学习理解数据结构及算法原理,初步具备利用算法进行事务处理的思维能力,进一步掌握数据库的基本概念及应用,并了解数据挖掘及大数据技术知识。

项目要求

1. 理解数据结构、算法的基本知识及与计算机的关系;

2. 掌握基本的算法及数据结构相关概念,掌握常见的典型算法;

3. 熟悉数据库的基本概念及应用知识,掌握数据库、数据库管理系统和数据库系统的基本概念;

4. 了解大数据技术基本知识,了解数据挖掘的概念及应用。

任务3.1 计算机算法与数据结构

学习目的

计算机的发明改变了人类的生活和生产方式,如何用计算机来解决人们生产生活中的各种事务,首先必须理解计算机计算的过程及数据在计算机中的存储与表达。通过学习本任务,学生应初步具备计算思维、数据思维的能力,初步掌握计算机中计算的基本原理及算法与数据结构原理。

3.1.1 算法的基本概念

计算机解题的过程,实际上是在实施某种算法,提供一种用计算机思考问题的方向和方法。计算机算法是以一步接一步的方式来详细描述计算机如何将输入转化为所要求的输出的过程,或者说,算法是对计算机上执行的计算过程的具体描述。

算法的基本特征:可行性、确定性、有穷性、拥有足够的情报。

一个算法是由操作与控制结构两个要素组成的。描述算法,可以使用多种方法,如自然语言、流程图、伪代码、计算机语言等。

3.1.1.1 算法的编程思想

用计算机处理实际问题的过程也就是程序设计的过程,一是必须掌握一门程序设计语言;二是必须掌握程序设计语言中的基本算法和编程思想。

使用程序设计语言编制程序去解决实际问题,要经过问题的分析、算法的描述和程序设计等。

在程序设计中,我们要考虑数据的类型、变量的定义,要用到算法语句,要考虑使用顺序结构、选择结构和循环结构来控制程序等,最终将一个具体的实际问题用程序设计语言表示出来并由计算机去执行完成。

在整个程序设计过程中,我们使用的是计算机的方法、计算机的思想。

计算机解决问题的方法思想与我们解决问题的传统习惯及想法是不一样的,这就要我们在学习程序设计时,去学习、思考计算机的"想法",逐步适应计算机的编程思想,即所谓的计算思维。

3.1.1.2 算法的性质

一个算法必须具备以下性质:

(1)算法首先必须是正确的,即对于任意的一组输入,包括合理的输入与不合理的输入,总能得到预期的输出。如果一个算法只是对合理的输入才能得到预期的输出,而在异常情况下却无法预料输出的结果,那么它就不是正确的。

(2)算法必须是由一系列具体步骤组成的,并且每一步都能够被计算机所理解和执行,而不是抽象和模糊的概念。

(3)每个步骤都有确定的执行顺序,即上一步在哪里;下一步是什么,都必须明确,无二义性。

(4)无论算法有多么复杂,都必须在有限步之后结束并终止运行,即算法的步骤必须是有限的。在任何情况下,算法都不能陷入无限循环中。

一个问题的解决方案可以有多种表达方式,但只有满足以上四个条件的解才能称之为算法。

3.1.1.3 算法的特点

(1)有穷性。一个算法应包含有限的操作步骤,而不能是无限的。事实上"有穷性"往往指"在合理的范围之内"。如果让计算机执行一个历时 1 000 年才结束的算法,这虽然是有穷的,但超过了合理的限度,人们不把它视为有效算法。

(2)确定性。算法中的每一个步骤都应当是确定的,而不应当是含糊的、模棱两可的。算法中的每一个步骤应当不致被解释成不同的含义,而应是十分明确的。也就是说,算法的含义应当是唯一的,而不应当产生"歧义性"。

(3)有零个或多个输入。所谓输入,是指执行算法需要从外界取得的必要信息。

(4)有一个或多个输出。算法的目的是求解,没有输出的算法是没有意义的。

(5)有效性。算法中的每一个步骤都应能有效地执行,并得到确定的结果。

3.1.2 数据结构的基本概念和常见的数据结构

3.1.2.1 数据结构的基本概念

数据结构是计算机存储、组织数据的方式。数据结构是指相互之间存在一种或多种特定关系的数据元素的集合。通常情况下,精心选择的数据结构可以带来更高的运行或存储效率。数据结构往往同高效的检索算法和索引技术有关。

人们进行程序设计时通常关注两个重要问题:一是如何将待处理的数据存储到计算机内存中,即数据表示;二是设计算法操作这些数据,即数据处理。数据表示的本质是数据结构设计,数据处理的本质是算法设计。PASCAL之父,瑞士著名计算机科学家沃思(Niklaus Wirth)教授曾提出:算法+数据结构=程序。可以看出数据结构和算法是程序的两个重要组成部分,数据结构是指数据的逻辑结构和存储方法,而算法是指对数据的操作方法。如C++的标准模板类STL已经设计好各种"轮子",我们还是有必要了解轮子的构造的,这样我们就具备了因地制宜的能力,根据具体场景选择合适的数据结构和算法去解决问题。

数据结构是以某种形式将数据组织在一起的集合,它不仅存储数据,还支持访问和处理数据的操作。算法是为求解一个问题需要遵循的、被清楚指定的简单指令的集合。

3.1.2.2 常见的数据结构

1.逻辑结构和存储结构

(1)逻辑结构

数据的逻辑结构是对数据元素之间的逻辑关系的描述,它可以用一个数据元素的集合和定义在此集合中的若干关系来表示。数据的逻辑结构有两个要素:一是数据元素的集合,通常记为D;二是D上的关系,它反映了数据元素之间的前后件关系,通常记为R。一个数据结构可以表示成

$$B=(D,R)$$

其中B表示数据结构。为了反映D中各数据元素之间的前后件关系,一般用二元组来表示。

例如,如果把一年四季看作一个数据结构,则可表示成

$$B=(D,R)$$
$$D=\{春季,夏季,秋季,冬季\}$$
$$R=\{(春季,夏季),(夏季,秋季),(秋季,冬季)\}$$

（2）存储结构

数据的逻辑结构在计算机存储空间中的存放形式称为数据的存储结构（也称数据的物理结构）。

由于数据元素在计算机存储空间中的位置关系可能与逻辑关系不同，因此，为了表示存放在计算机存储空间中的各数据元素之间的逻辑关系（即前后件关系）。在数据的存储结构中，不仅要存放各数据元素的信息，还需要存放各数据元素之间的前后件关系的信息。

一种数据的逻辑结构根据需要可以表示成多种存储结构，常用的存储结构有顺序、链接等存储结构。

顺序存储方式主要用于线性的数据结构，它把逻辑上相邻的数据元素存储在物理上相邻的存储单元里，节点之间的关系由存储单元的邻接关系来体现。

链式存储结构就是在每个节点中至少包含一个指针域，用指针来体现数据元素之间逻辑上的联系。

2. 线性结构和非线性结构

根据数据结构中各数据元素之间前后件关系的复杂程度，一般将数据结构分为两大类型：线性结构与非线性结构。如果一个非空的数据结构满足下列两个条件则称该数据结构为线性结构：

（1）有且只有一个根节点；

（2）每一个节点最多有一个前件，也最多有一个后件。

线性结构又称线性表。在一个线性结构中插入或删除任何一个节点后还应是线性结构。栈、队列、串等都是线性结构。

如果一个数据结构不是线性结构，则称之为非线性结构。数组、广义表、树和图等数据结构都是非线性结构。

3. 栈

（1）栈的基本概念

栈（stack）是一种特殊的线性表，是限定只在一端进行插入与删除的线性表。在栈中，一端是封闭的，既不允许进行插入元素，也不允许删除元素；另一端是开口的，允许插入和删除元素。通常称插入、删除的这一端为栈顶，另一端为栈底。当表中没有元素时称为空栈。栈顶元素总是后被插入的元素，从而也是最先被删除的元素；栈底元素总是最先被插入的元素，从而也是最后才能被删除的元素。

栈是按照"先进后出"或"后进先出"的原则组织数据的。例如，枪械的子弹匣就可以用来形象地表示栈结构。子弹匣的一端是完全封闭的，最后被压入弹匣的子弹总是最先被弹出，而最先被压入的子弹最后才能被弹出。

（2）栈的顺序存储及其运算

栈的基本运算有三种：入栈运算、退栈运算与读栈顶元素。

①入栈运算：入栈运算是指在栈顶位置插入一个新元素。

②退栈运算：退栈是指取出栈顶元素并赋给一个指定的变量。

③读栈顶元素：读栈顶元素是指将栈顶元素赋给一个指定的变量。

4. 队列

队列是只允许在一端进行删除,在另一端进行插入的顺序表,通常将允许删除的这一端称为队头,允许插入的这一端称为队尾。

当表中没有元素时称为空队列。

队列的修改是依照先进先出的原则进行的,因此队列也称为先进先出的线性表,或者后进后出的线性表。例如:火车进隧道,最先进隧道的是火车头,最后是火车尾,而火车出隧道的时候也是火车头先出,最后出的是火车尾。若有队列:

$$Q = (q_1, q_2, \cdots, q_n)$$

那么,q_1 为队头元素(排头元素),q_n 为队尾元素。队列中的元素是按照 $q_1, q_2, \cdots, q_n$ 的顺序进入的,退出队列也只能按照这个次序依次退出,即只有在 $q_1, q_2, \cdots, q_{n-1}$ 都退队之后,q_n 才能退出队列。因最先进入队列的元素将最先出队,所以队列具有先进先出的特性,体现"先来先服务"的原则。

队头元素 q_1 是最先被插入的元素,也是最先被删除的元素。队尾元素 q_n 是最后被插入的元素,也是最后被删除的元素。因此,与栈相反,队列又称为"先进先出"(First In First Out, FIFO)或"后进后出"(Last In Last Out, LILO)的线性表。

入队运算为往队列队尾插入一个数据元素,退队运算为从队列的队头删除一个数据元素。

5. 链表

在链式存储方式中,要求每个节点由两部分组成:一部分用于存放数据元素值,称为数据域;另一部分用于存放指针,称为指针域。其中指针用于指向该节点的前一个或后一个节点(即前件或后件)。

链式存储方式既可用于表示线性结构,也可用于表示非线性结构。

(1)线性链表

线性表的链式存储结构称为线性链表。

在某些应用中,对线性链表中的每个节点设置两个指针,一个称为左指针,用以指向其前件节点;另一个称为右指针,用以指向其后件节点。这样的表称为双向链表。

在线性链表中,各数据元素节点的存储空间可以是不连续的,且各数据元素的存储顺序与逻辑顺序可以不一致。在线性链表中进行插入与删除,不需要移动链表中的元素。

(2)带链的栈

栈也是线性表,也可以采用链式存储结构。带链的栈可以用来收集计算机存储空间中所有空闲的存储节点,这种带链的栈称为可利用栈。

6. 树与二叉树

树型结构是一类非常重要的非线性数据结构,其中以树和二叉树最为常用。在介绍二叉树之前,我们先简单了解一下树的相关内容。

(1)树

树是由 $n(n \geq 1)$ 个有限节点组成的一个具有层次关系的集合。它具有以下特点:每个节点有零个或多个子节点;没有父节点的节点称为根节点;每一个非根节点有且只有一个父节点;除了根节点外,每个子节点可以分为多个不相交的子树。

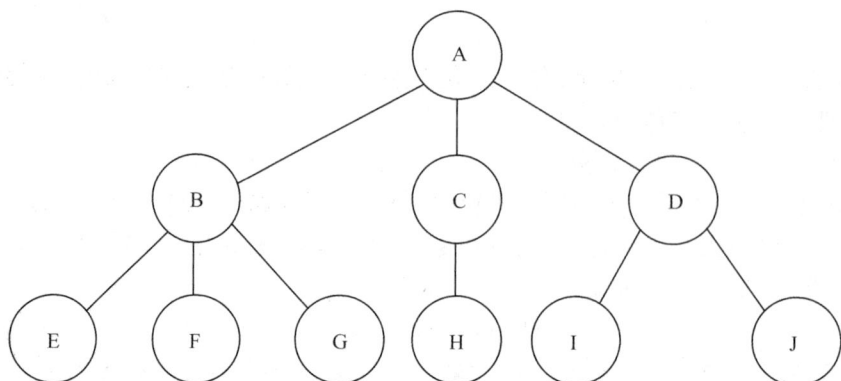

图 3.1   树的结构

（2）二叉树

二叉树是每个节点最多有两棵子树的树结构。通常子树被称作"左子树"和"右子树"。二叉树常被用于实现二叉查找树和二叉堆。二叉树是一种很有用的非线性结构，具有以下两个特点：

①非空二叉树只有一个根节点；

②每一个节点最多有两棵子树，且分别称为该节点的左子树和右子树。

在二叉树中，每一个节点的度最大为2，即所有子树（左子树或右子树）也均为二叉树。另外，二叉树中的每个节点的子树被明显地分为左子树和右子树。

在二叉树中，一个节点可以只有左子树而没有右子树，也可以只有右子树而没有左子树。当一个节点既没有左子树也没有右子树时，该节点即为叶子节点。

例如，一个家族中的族谱关系如图3.2所示：

A 有后代 B、C；

B 有后代 D、E；C 有后代 F；

下面就图 3.1 详细讲解二叉树的一些基本概念，如表 3.1 所示。

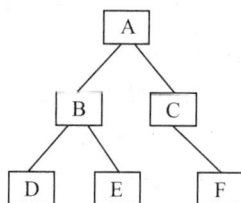

图 3.2   族谱二叉树

表 3.1   二叉树的一些基本概念

父节点（根）	在树结构中，每一个节点只有一个前件，称为父节点，没有前件的节点只有一个，称为树的根节点，简称树的根。例如，在图 3.2 中，节点 A 是树的根节点
子节点和叶子节点	在树结构中，每一个节点可以有多个后件，称为该节点的子节点。没有后件的节点称为叶子节点。例如，在图 3.2 中，节点 D，E，F 均为叶子节点
度	在树结构中，一个节点所拥有的后件的个数称为该节点的度，所有节点中最大的度称为树的度。例如，在图 3.2 中，根节点 A 和节点 B 的度为2，节点 C 的度为1，叶子节点 D、E、F 的度为 0。所以，该树的度为2
深度	定义一棵树的根节点所在的层次为1，其他节点所在的层次等于它的父节点所在的层次加 1。树的最大层次称为树的深度。例如，在图 3.2 中，根节点 A 在第 1 层，节点 B、在第 2 层，节点 D，E，F 在第 3 层。该树的深度为3
子树	在树中，以某节点的一个子节点为根构成的树称为该节点的一棵子树

二叉树具有以下性质：

二叉树的每个节点至多只有 2 棵子树（不存在度大于 2 的节点），二叉树的子树有左右之分，次序不能颠倒。

二叉树的第 i 层至多有 2^{i-1} 个节点；深度为 k 的二叉树至多有 2^k-1 个节点。

一棵深度为 k，且有 2^k-1 个节点的二叉树称为满二叉树；

深度为 k，有 n 个节点的二叉树，当且仅当其每一个节点都与深度为 k 的满二叉树中，序号为 1 至 n 的节点对应时，称之为完全二叉树。

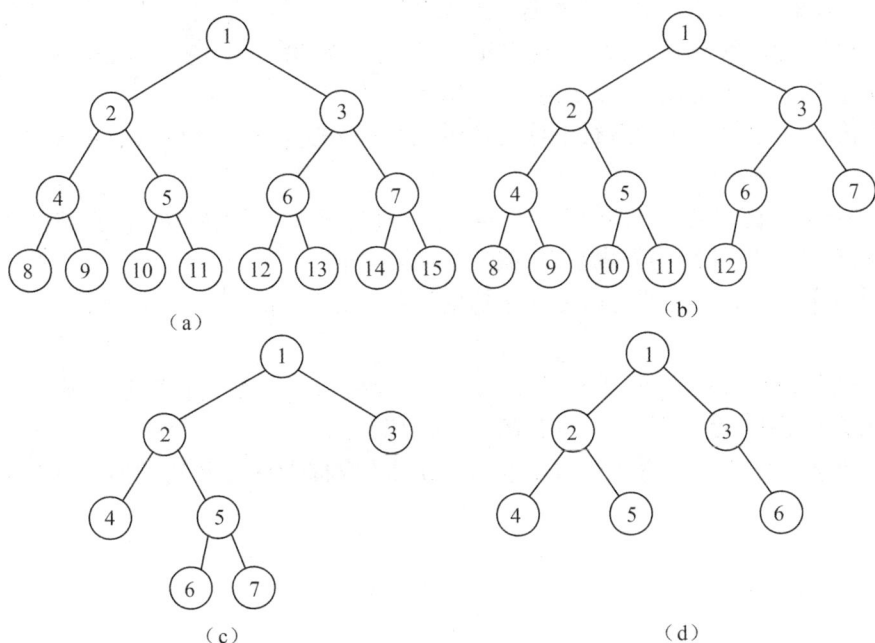

图 3.3　特殊形态的二叉树

（3）满二叉树与完全二叉树

满二叉树是指这样的一种二叉树：除最后一层外，每一层上的所有节点都有两个子节点。在满二叉树中，每一层上的节点数都达到最大值，即在满二叉树的第 k 层上有 2^{k-1} 个节点，且深度为 m 的满二叉树有 2^m-1 个节点。

完全二叉树是指这样的二叉树：除最后一层外，每一层上的节点数均达到最大值；在最后一层上只缺少右边的若干节点。

对于完全二叉树来说，叶子节点只可能在层次最大的两层上出现：对于任何一个节点，若其右分支下的子孙节点的最大层次为 p，则其左分支下的子孙节点的最大层次或为 p，或为 $p+1$。

完全二叉树具有以下两个性质：

具有 n 个节点的完全二叉树的深度为 $[\log_2 n]+1$。

设完全二叉树共有 n 个节点。如果从根节点开始，按层次（每一层从左到右）用自然数 1，2，…，n 给节点进行编号，则对于编号为 $k（k=1,2,…,n）$的节点有以下结论：

①若 $k=1$，则该节点为根节点，它没有父节点；若 $k>1$，则该节点的父节点编号为 INT（k/2）。

②若 $2k \leqslant n$，则编号为 k 的节点的左子节点编号为 $2k$；否则该节点无左子节点（显然也没有右子节点）。

③若 $2k+1 \leqslant n$，则编号为 k 的节点的右子节点编号为 $2k+1$；否则该节点无右子节点。

（4）二叉树的遍历

二叉树的遍历(traversing binary tree)是指从根节点出发,按照某种次序依次访问二叉树中所有的节点,使得每个节点被访问依次且仅被访问一次。

在遍历二叉树的过程中,一般先遍历左子树,再遍历右子树。在先左后右的原则下,根据访问根节点的次序,常见二叉树的三种遍历方式分别为:先序遍历、中序遍历、后序遍历。

①前序遍历:先访问根节点,然后遍历左子树,最后遍历右子树;并且,在遍历左、右子树时,仍然先访问根节点,然后遍历左子树,最后遍历右子树。

例如,对图3.4中的二叉树进行前序遍历的结果(或称为该二叉树的前序序列)为:A,B,D,E,C,F。

②中序遍历:先遍历左子树,然后访问根节点,最后遍历右子树;并且,在遍历左、右子树时,仍然先遍历左子树,然后访问根节点,最后遍历右子树。

例如,对图3.4中的二叉树进行中序遍历的结果(或称为该二叉树的中序序列)为:D,B,E,A,C,F。

③后序遍历:先遍历左子树,然后遍历右子树,最后访问根节点;并且,在遍历左、右子树时,仍然先遍历左子树,然后遍历右子树,最后访问根节点。

例如,对图3.4中的二叉树进行后序遍历的结果(或称为该二叉树的后序序列)为:D,E,B,F,C,A。

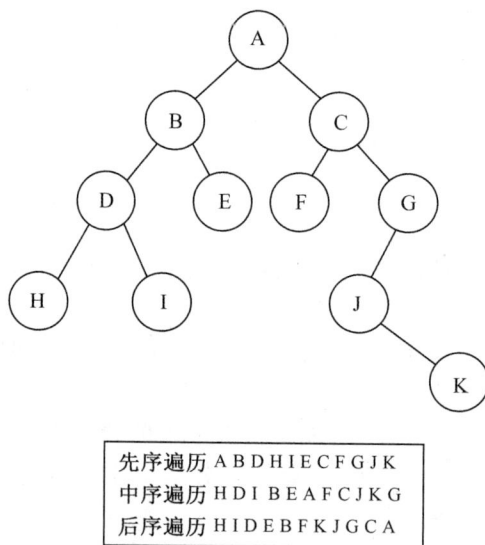

先序遍历 A B D H I E C F G J K
中序遍历 H D I B E A F C J K G
后序遍历 H I D E B F K J G C A

图3.4 给定二叉树写出三种遍历结果

7. 图

图是一种较线性表和树更为复杂的数据结构,在线性表中,数据元素之间仅有线性关系,在树形结构中,数据元素之间有着明显的层次关系,而在图形结构中,节点之间的关系可以是任意的,图中任意两个数据元素之间都可能相关。图的应用相当广泛,特别是近年来的迅速发展,已经渗入到诸如语言学、逻辑学、物理、化学、计算机科学以及数学的其他分支中。

3.1.3　常见算法

常见算法有查找和排序两种,其中查找是计算机数据处理经常用到的一种重要应用,当需要反复在海量数据中查找制定记录时,查找效率成为系统性能的关键。查找算法分为静态查找和动态查找,其中静态查找包括:顺序查找、二分查找和分块查找;动态查找包括:二叉排序树和平衡二叉树。此外还有理论上最快的查找技术——散列查找。这里只给出二分查找的代码。排序的目的是便于查找,比如电话号码查找、书的目录编排、字典查询等。常用的排序算法有:插入排序、冒泡排序、堆排序、选择排序和归并排序等,它们的性能对比见图 3.5。

排序方法	时间复杂度			空间复杂度
	平均情况	最坏情况	最好情况	
直接插入排序	$O(n^2)$	$O(n^2)$	$O(n)$	$O(1)$
希尔排序	$O(\log_2 n)$	$O(\log_2 n)$		$O(1)$
冒泡排序	$O(n^2)$	$O(n^2)$	$O(n)$	$O(1)$
快速排序	$O(\log_2 n)$	$O(n^2)$	$O(\log_2 n)$	$O(\log_2 n)$
直接选择排序	$O(n^2)$	$O(n^2)$	$O(n^2)$	$O(1)$
堆排序	$O(\log_2 n)$	$O(\log_2 n)$	$O(\log_2 n)$	$O(1)$
归并排序	$O(\log_2 n)$	$O(\log_2 n)$	$O(\log_2 n)$	$O(n)$
基数排序	$O[d(n+r)]$	$O[d(n+r)]$	$O[d(n+r)]$	$O(n+r)$

图 3.5　不同算法的性能

3.1.3.1　顺序查找

查找是指在一个给定的数据结构中查找某个指定的元素。从线性表的第一个元素开始,依次将线性表中的元素与被查找的元素相比较,若相等则表示查找成功;若线性表中所有的元素都与被查找元素进行了比较但都不相等,则表示查找失败。

例如,在一维数组[21,46,24,99,57,77,86]中,查找数据元素 98,首先从第一个元素 21 开始进行比较,与要查找的数据不相等,接着与第二个元素 46 进行比较,以此类推,当进行到与第四个元素比较时,它们相等,所以查找成功。如果查找数据元素 100,则整个线性表扫描完毕,仍未找到与 100 相等的元素,表示线性表中没有要查找的元素。

在下列两种情况下也只能采用顺序查找:

(1)如果线性表为无序表,则不管是顺序存储结构还是链式存储结构,都只能用顺序查找。

(2)即使是有序线性表,如果采用链式存储结构,也只能用顺序查找。

3.1.3.2 二分法查找

二分法查找,也称折半查找,是一种高效的查找方法。能使用二分法查找的线性表必须满足两个条件:用顺序存储结构;线性表是有序表。

在本书中,为了简化问题,从而更方便讨论,"有序"是特指元素按非递减排列,即从小到大排列,但允许相邻元素相等。下一节排序中,有序的含义也是如此。

对于长度为 n 的有序线性表,利用二分法查找元素 X 的过程如下:

步骤1:将 X 与线性表的中间项比较;

步骤2:如果 X 的值与中间项的值相等,则查找成功,结束查找;

步骤3:如果 X 小于中间项的值,则在线性表的前半部分以二分法继续查找;

步骤4:如果 X 大于中间项的值,则在线性表的后半部分以二分法继续查找。

例如,长度为 8 的线性表关键码序列为 $[6,13,27,30,38,46,47,70]$,被查元素为 38,首先将与线性表的中间项比较,即与第四个数据元素 30 相比较,38 大于中间项 30 的值,则在线性表 $[38,46,47,70]$ 中继续查找;接着与中间项进行比较,即与第二个元素 46 相比较,38 小于 46,则在线性表 $[38]$ 中继续查找,最后一次比较相等,则查找成功。

顺序查找法每一次比较,只将查找范围减少 1,而二分法查找,每比较一次,可将查找范围减少为原来的一半,效率大大提高。

对于长度为 n 的有序线性表,在最坏情况下,二分法查找只需比较 $\log_2 n$ 次,而顺序查找需要比较 n 次。

3.1.3.3 排序

冒泡排序法和快速排序法都属于交换类排序法。

1. 冒泡排序法

首先,从表头开始往后扫描线性表,逐次比较相邻两个元素的大小,若前面的元素大于后面的元素,则将它们互换,不断地将两个相邻元素中的大者往后移动,最后最大者到了线性表的最后。

然后,从后到前扫描剩下的线性表,逐次比较相邻两个元素的大小,若后面的元素小于前面的元素,则将它们互换,不断地将两个相邻元素中的小者往前移动,最后最小者到了线性表的最前面。

对剩下的线性表重复上述过程,直到剩下的线性表变空为止,此时已经排好序。

在最坏的情况下,冒泡排序需要比较的次数为 $n(n-1)/2$。

2. 快速排序法

任取待排序序列中的某个元素作为基准(一般取第一个元素),通过一趟排序,将待排元素分为左右两个子序列,左子序列元素的排序码均小于或等于基准元素的排序码,右子序列的排序码则大于基准元素的排序码,然后分别对两个子序列继续进行排序,直至整个序列有序。快速排序是起泡排序的改进算法,由于起泡排序是在相邻位置进行的,故要比较移动多次才能到达目的地,而快排元素的比较和移动是从两端向中间进行的,移动的距离比较远,更靠近目的地,因此效率较高。

任务3.2 数据库的基本知识

学习目的

随着计算机与计算机网络技术的发展,各类管理系统应用及事务处理软件都对数据库提出了更高的要求。什么是数据库,什么是数据库系统,什么是数据库管理系统,这是计算机学习过程中,每个同学必须清楚了解的常识。通过学习本任务,大家要基本掌握计算机数据库的相关概念,了解数据处理技术的发展历程,熟悉数据库系统的组成和数据库系统的架构,掌握关系数据库的基本概念。

3.2.1 数据库的基本概念及应用

随着高科技社会的发展,在数据处理、信息管理等领域,人们对数据采集、存储、加工、处理、传播、管理的手段、技术和方法的要求越来越高。为了更加有效地管理各类数据,应用计算机技术处理数据的数据库技术应运而生。

数据库技术是一门综合性技术,涉及操作系统、数据结构、算法设计、程序设计等基础理论知识;是计算机科学中一项专门的学科。本讲主要介绍数据库、数据库系统、数据库管理系统、数据模型等基本概念,及关系模式、关系、元组、属性、域等的基本概念。

人们通常使用各种各样的物理符号来表示客观事物的特性和特征,这些符号及组合就是数据。数据的概念包括两个方面:数据内容和数据形式。数据内容是指所描述客观事物的具体特性,即数据的"值";数据形式是指数据内容存储在媒体上的具体形式,即数据的"类型"。数据主要有数字、文字、声音、图形和图像等多种形式。

3.2.1.1 数据、信息与数据处理

信息是指数据经过加工处理后所获取的有用知识。信息是以某种数据形式表现的。

数据和信息是两个相互联系但又相互区别的概念,数据是信息的具体表现形式,信息是数据有意义的表现。

数据处理就是将数据转换为信息的过程,主要包括:数据的处理、整理、存储、加工、分类、维护、排序、检索和传输等。数据处理的目的是从大量的数据中,根据数据自身的规律及其相互联系,通过分析、归纳、推理等科学方法,利用计算机技术、数据库技术等技术手段,提取有效的信息资源,为进一步分析、管理、决策提供依据。数据处理也称信息处理。

3.2.1.2 数据处理的发展

数据处理和数据管理的发展过程大致经历了人工管理、文件管理、数据库管理及分布式数据库管理4个阶段。

1. 人工管理阶段

20世纪50年代初为人工管理阶段。对数据的管理没有一定的格式,数据依附于处理它的应用程序,使数据和应用程序一一对应,互相依赖。

缺点:应用程序中的数据无法被其他程序利用;数据冗余;数据独立性、结构性差;数据不能长期保存。

人工管理阶段应用程序与数据之间的关系,如图3.6所示。

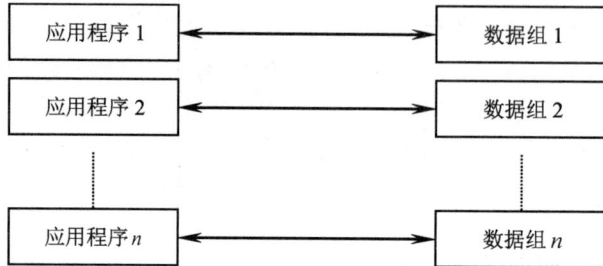

图3.6 人工管理阶段应用程序与数据之间的关系

2. 文件管理阶段

从20世纪50年代后期开始至20世纪60年代末为文件管理阶段。应用程序通过专门管理数据的软件即文件管理系统来使用数据。数据处理应用程序利用操作系统的文件管理功能,将相关数据按一定的规则构成文件,通过文件系统对文件中的数据进行存取、管理,实现数据的文件管理方式。

优点:文件系统为程序和数据之间提供了一个公共接口,使应用程序采用统一的存取方法来存取、操作数据,程序和数据之间不再直接对应,因而有了一定的独立性。

缺点:不同程序不能共享同一数据文件,数据独立性较差;仍有较高的数据冗余;极易造成数据的不一致性。

文件管理阶段应用程序与数据之间的关系,如图3.7所示。

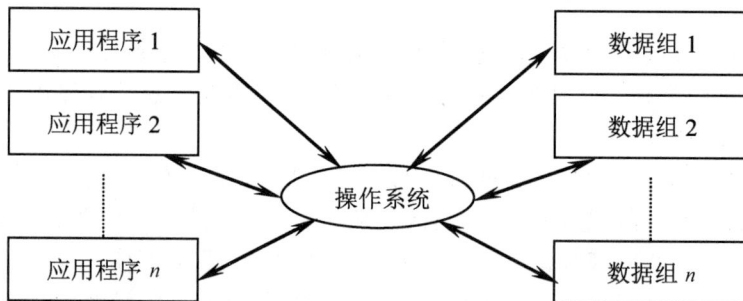

图3.7 文件管理阶段应用程序与数据之间的关系

3. 数据库管理阶段

20世纪60年代末开始为数据库管理阶段。随着计算机软件技术的发展,出现了数据管理软件——数据库管理系统(Data Base Management System,DBMS)。在数据库管理阶段,应用程序和数据库之间,由数据库管理系统DBMS把所有应用程序中使用的相关数据汇集起来,按统一的数据模型,以记录为单位用文件方式存储在数据库中,为各个应用程序提供方便、快捷的查询和使用。

优点:应用程序与数据间保持高度的独立性;数据具有完整性、一致性和安全性,并具有充分的共享性;能够简单方便地实现数据库的管理和控制操作。

数据库管理阶段应用程序与数据之间的关系,如图 3.8 所示。

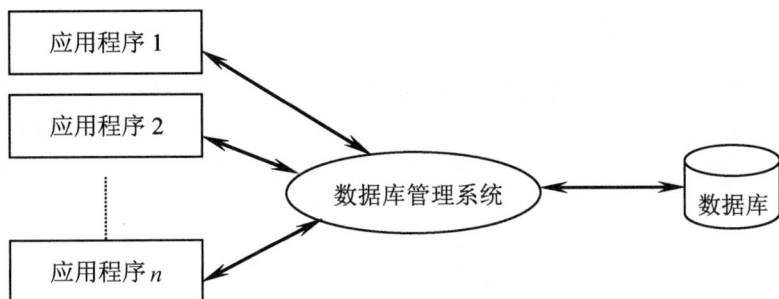

图 3.8　数据库管理阶段应用程序与数据之间的关系

4. 分布式数据库管理阶段

在数据库管理阶段之后,随着网络技术的产生和发展,出现了分布式数据库系统(Distributed Data Base System,DDBS)。分布式数据库系统是地理上分布在计算机网络的不同节点,逻辑上属于同一系统的数据库系统,它不同于将数据存储在服务器上供用户共享存取的网络数据库系统。分布式数据库系统不仅能支持局部应用,存取本地节点或另一节点的数据,而且能支持全局应用,同时存取两个或两个以上节点的数据。

分布式数据库系统的主要特点是:

数据是分布的。数据库中的数据分布在计算机网络的不同节点上,而不是集中在一个节点,区别于数据存放在服务器上由各用户共享的网络数据库系统。

数据是逻辑相关的。分布在不同节点的数据,逻辑上属于同一数据库系统,数据间存在相互关联,区别于由计算机网络连接的多个独立数据库系统。

节点的自治性。每个节点都有自己的计算机软、硬件资源、数据库、数据库管理系统(即 Local Data Base Management System,LDBMS,局部数据库管理系统),因而能够独立地管理局部数据库。局部数据库中的数据可以仅供本节点用户存取使用,也可供其他节点上的用户存取使用,提供全局应用。

3.2.2　数据库系统的组成

3.2.2.1　数据库系统的组成

数据库应用系统简称数据库系统(Data Base System,DBS),是一个计算机应用系统。它由计算机硬件、数据库管理系统、数据库、应用程序和用户等部分组成。

1. 计算机硬件

它是数据库系统的物质基础,是存储数据库及运行数据库管理系统 DBMS 的硬件资源,主要包括主机、存储设备、I/O 通道等,以及计算机网络环境。

2. 数据库管理系统

数据库管理系统是负责数据库存取、维护和管理的系统软件。DBMS 提供对数据库中数据资源进行统一管理和控制的功能,将用户、应用程序与数据库数据相互隔离,是数据库系统的核心,其功能的强弱是衡量数据库系统性能优劣的主要指标。DBMS 必须运行在相应的系统平台上,有操作系统和相关系统软件的支持。

3. 数据库

数据库(Date Base,DB)是指数据库系统中以一定组织方式将相关数据组织在一起,存储在外部存储设备上所形成的、能为多个用户共享的、与应用程序相互独立的相关数据集合。

数据库中的数据由 DBMS 进行统一管理和控制,用户对数据库进行的各种操作都是DBMS 实现的。

4. 应用程序

应用程序(Application)是在 DBMS 的基础上,由用户根据应用的实际需要开发的、处理特定业务的应用程序。

5. 数据库用户

用户(User)是指管理、开发、使用数据库系统的所有人员,通常包括数据库管理员、应用程序员和终端用户。数据库管理员(Data Base Administrator,DBA)负责管理、监督、维护数据库系统的正常运行;应用程序员(Application Programmer)负责分析、设计、开发、维护数据库系统中运行的各类应用程序;终端用户(End-User)是在 DBMS 与应用程序的支持下,操作使用数据库系统的普通用户。

综上所述,数据库中包含的数据是存储在存储介质上的数据文件的集合;每个用户均可使用其中的部分数据,不同用户使用的数据可以重叠,同一组数据可以为多个用户共享;DBMS为用户提供对数据的存储组织、操作管理功能;用户通过 DBMS 和应用程序实现数据库系统的操作与应用。

3.2.2.2 数据库系统体系结构

为了有效地组织和管理数据,提高数据库的逻辑独立性和物理独立性,人们为数据库设计了一个严谨的体系结构,包括 3 个模式(外模式、模式和内模式)和 2 个映射(外模式—模式映射和模式—内模式映射)。

如图 3.9 所示,数据库结构分为 3 级:面向用户或应用程序员的用户级;面向建立和维护数据库人员的概念级;面向系统程序员的物理级。用户级对应外模式,概念级对应模式,物理级对应内模式,使不同级别的用户对数据库形成不同的视图。

1. 模式

模式又称概念模式或逻辑模式,对应于概念级。它是由数据库设计者综合所有用户的数据,按照统一的观点构造的全局逻辑结构,是对数据库中全部数据的逻辑结构和特征的总体描述,是所有用户的公共数据视图(全局视图)。

2. 外模式

外模式又称子模式,对应于用户级。它是某个或某几个用户所看到的数据库的数据视图,

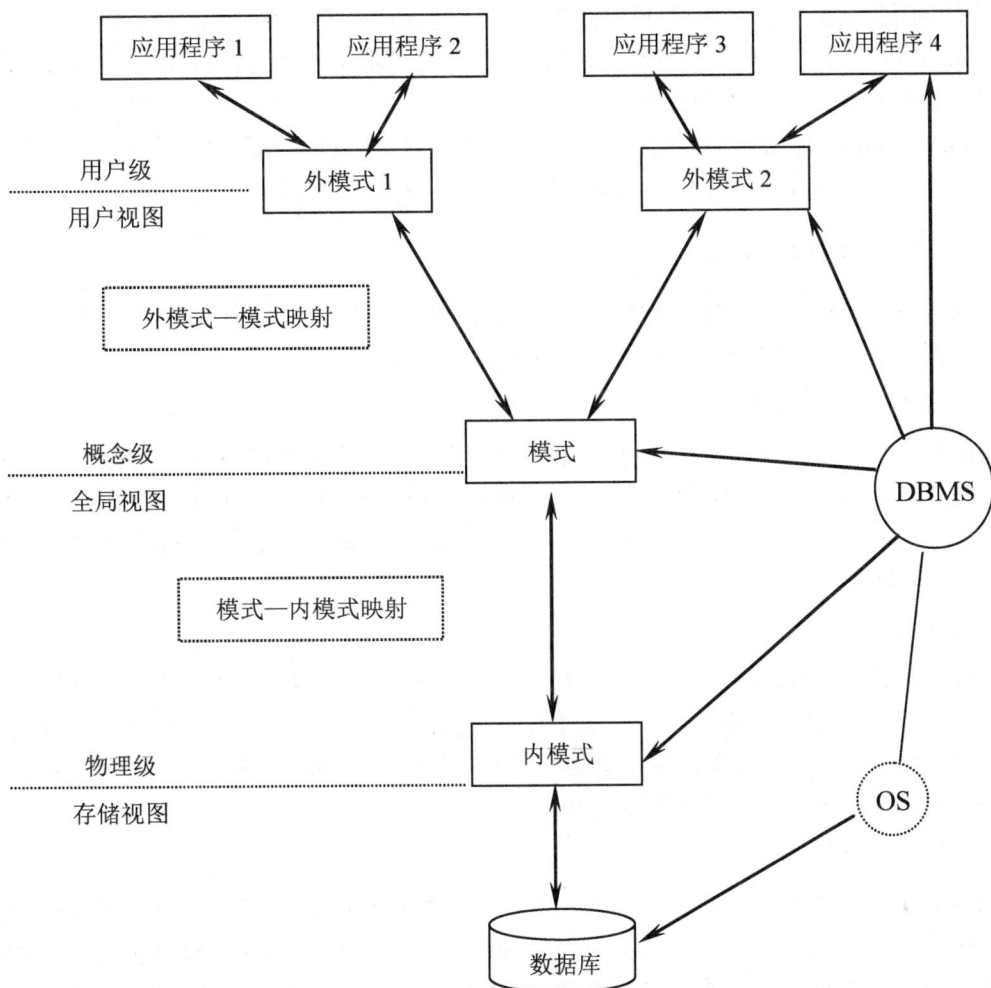

图 3.9 数据库系统的体系结构

是与某一应用有关的数据的逻辑表示。外模式是从模式导出的一个子集,包含模式中允许特定用户使用的那部分数据。

3. 内模式

内模式又称存储模式,对应于物理级。它是数据库中全体数据的内部表示或底层描述,是数据库最低一级的逻辑描述,描述了数据在存储介质上的存储方式和物理结构,对应着实际存储在外存储介质上的数据库。

对于一个数据库系统,只有唯一的数据库;因而作为定义、描述数据库存储结构的内模式和定义、描述数据库逻辑结构的模式,也是唯一的。但建立在数据库系统之上的应用是非常广泛和多样的,所以对应的外模式不是唯一的。

4. 三级模式间的映射

数据库系统的三级模式是数据在 3 个级别(层次)上的抽象,可以使用户能够只面对外模式逻辑地、抽象地处理数据,而不必关心数据库全局和物理数据库,即数据在计算机中的物理表示和存储方式。

用户应用程序根据外模式进行数据操作,通过外模式—模式映射,定义和建立某个外模式与模式间的对应关系,将外模式与模式联系起来,当模式发生改变时,只要改变其映射,就可以使外模式保持不变,对应的应用程序也保持不变。另一方面,通过模式—内模式映射,定义建立数据的逻辑结构(模式)与存储结构(内模式)间的对应关系,当数据的存储结构发生变化时,只需改变映射,就能保持模式不变,因此应用程序也可以保持不变。

3.2.2.3 数据库管理系统的功能

作为数据库系统核心软件的数据库管理系统 DBMS,通过三级模式间的映射转换,为用户实现了数据库的建立、使用和维护操作,并具备如下功能:

1. 数据库定义(描述)功能

DBMS 为数据库的建立提供了数据定义(描述)语言(Data Description Language,DDL)。用户使用 DDL 定义数据库的外模式、模式和内模式,以定义和刻画数据库的逻辑结构,正确描述数据之间的联系。DBMS 根据这些数据定义,从物理记录导出全局逻辑记录,再从全局逻辑记录导出应用程序所需的数据记录。

2. 数据库操纵功能

DBMS 提供数据操纵语言(Data Manipulation Language,DML)实现对数据库检索、插入、修改、删除等基本操作。DML 通常分为两类:一类是嵌入主语言中的,一般本身不能独立使用,称之为宿主型语言;另一类是交互式命令语言,语法简单,可独立使用,称之为自含型语言。目前 DBMS 广泛采用的是自含型语言,如 VFP 6.0。

3. 数据库管理功能

DBMS 提供了对数据库的管理功能。它是 DBMS 运行的核心部分,主要包括系统建立与维护功能、系统运行控制功能两方面的功能。可以分别通过相应的控制程序完成如下功能:系统总控、存取控制、并发控制、数据库完整性控制、数据访问、数据装入、性能监测、系统恢复等。

4. 通信功能

DBMS 提供数据库与操作系统 OS 的联机处理接口,以及与远程作业输入的接口。

3.2.2.4 现实世界的数据描述

现实世界是存在于人脑之外的客观世界,是数据库系统操作处理的对象。如何用数据来描述、解释现实世界,运用数据库技术表示、处理客观事物及相互关系,则需要采取相应的方法和手段进行描述,进而实现最终的操作处理。

1. 信息处理的 3 个层次

计算机信息处理的对象是现实生活中的客观事物,在对其实施处理的过程中,首先应经历了解、熟悉的过程,从观测中抽象出大量描述客观事物的信息,再对这些信息进行整理、分类和规范,进而将规范化的信息数据化,最终实现由数据库系统存储、处理。在此过程中,涉及 3 个层次,经历了两次抽象和转换。

(1)现实世界

现实世界就是存在于人脑之外的客观世界,客观事物及其相互关系就处于现实世界中。

客观事物可以用对象和性质来描述。

（2）信息世界

信息世界是现实世界在人们头脑中的反映,又称观念世界。客观事物在信息世界中称为实体,反映事物间关系的是实体模型或概念模型。

（3）数据世界

数据世界是信息世界中的信息数据化后对应的产物。现实世界中的客观事物及其联系,在数据世界中以数据模型描述。

客观事物是信息之源,是设计、建立数据库的出发点,也是使用数据库的最后归宿。概念模型和数据模型是对客观事物及其相互关系的两种抽象描述,实现了信息处理 3 个层次间的对应转换,而数据模型是数据库系统的核心和基础。

2. 实体

客观事物在信息世界中称为实体(Entity),它是现实世界中任何可区分、可识别的事物。实体可以是具体的人或物,如张三同学、石景山业余大学;也可是抽象概念,如一个人、一所学校。

（1）属性(Attribute)

实体的特性称为属性。一个实体可用若干属性来刻画。每个属性都有其特定的取值范围,即值域(Domain),值域的类型可以是整数型、实数型、字符型等。如学生的姓名、年龄是学生实体的属性;姓名的类型是字符型,值域是所有汉字,年龄是整数型,值域是(0,100)。

（2）实体型和实体值

实体型就是实体的结构描述,通常是实体名和属性名的集合;具有相同属性的实体,有相同的实体型。实体值是一个具体的实体,是属性值的集合。如学生实体型是:学生(学号,姓名,性别,年龄);学生李建国的实体值是:(011110,李建国,男,19)。

（3）属性型和属性值

属性型就是属性名及其取值类型,属性值就是属性在其值域中所取的具体值。如学生实体中的姓名属性,"姓名"和取值字符类型是属性型,而"李建国"是属性值。

（4）实体集

性质相同的同类实体的集合称为实体集,如一个班的学生。

3. 实体联系

建立实体模型的一个主要任务就是要确定实体之间的联系。常见的实体联系有三种,如图 3.10 所示。

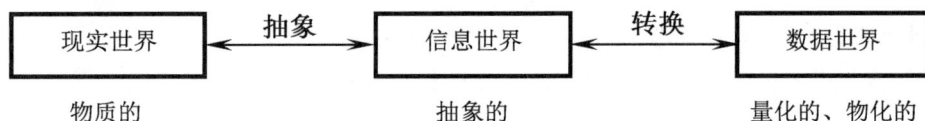

图 3.10 信息处理的过程

（1）一对一联系(1∶1)

若两个不同型实体集中,任一方的一个实体只与另一方的一个实体相对应,称这种联系为一对一联系,如图 3.11(a)所示。

（2）一对多联系（1∶n）

若两个不同型实体集中，一方的一个实体对应另一方若干个实体，而另一方的一个实体只对应本方一个实体，称这种联系为一对多联系，如图 3.11（b）所示。

（3）多对多联系（$m∶n$）

若两个不同型实体集中，两实体集中任一实体均与另一实体集中若干个实体对应，称这种联系为多对多联系，如图 3.11（c）所示。

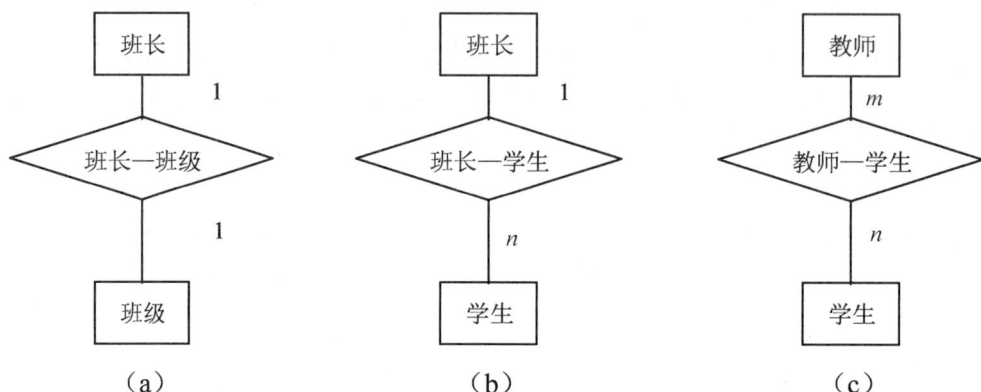

图 3.11　实体间的联系

4. 实体模型

实体模型又称概念模型，它是反映实体之间联系的模型。数据库设计的重要任务就是建立实体模型，建立概念数据库的具体描述。在建立实体模型时，实体要逐一命名以示区别，并描述它们之间的各种联系。实体模型只是将现实世界的客观对象抽象为某种信息结构，这种信息结构并不依赖于具体的计算机系统，而对应于数据世界的模型则由数据模型描述，数据模型是数据库中实体之间联系的抽象描述即数据结构。数据模型不同，描述和实现方法也不同，相应的支持软件即数据库管理系统 DBMS 也不同。

3.2.2.5　数据模型

数据模型是指数据库中数据与数据之间的关系，它是数据库系统中一个关键概念。数据模型不同，相应的数据库系统就完全不同，任何一个数据库管理系统都是基于某种数据模型。数据库管理系统常用的数据模型有 3 种：层次模型、网状模型、关系模型。

1. 层次模型（Hierarchical Model）

用树形结构表示数据及其联系的数据模型称为层次模型。

树是由节点和连线组成，节点表示数据，连线表示数据之间的联系，树形结构只能表示一对多联系。

层次模型的基本特点：

（1）有且仅有一个节点无父节点，称其为根节点。

（2）其他节点有且只有一个父节点。

层次模型可以直接方便地表示一对一联系和一对多联系，但不能直接表示多对多联系。

2. 网状模型(Network Model)

用网络结构表示数据及其联系的数据模型称为网络模型,它是层次模型的拓展。网状模型的节点间可以任意发生联系,能够表示各种复杂的联系。

网状模型的基本特点:

(1)一个以上节点无父节点。

(2)至少有一节点有多于一个的父节点。

网状模型可以直接表示多对多联系,但其中的节点间连线或指针更加复杂,因而数据结构更加复杂。

3. 关系模型(Relational Model)

用关系表示的数据模型称为关系模型。在数据库理论中,关系是指由行与列构成的二维表。在关系模型中,实体和实体间的联系都是用关系表示的。也就是说,二维表中既存放着实体本身的数据,又存放着实体间的联系。关系不但可以表示实体间一对多的联系,通过建立关系间的关联,也可以表示多对多的联系。

关系模型是建立在关系代数基础上的,具有坚实的理论基础。与层次模型和网状模型相比,具有数据结构单一、理论严密、使用方便、易学易用的特点。目前,绝大多数数据库系统的数据模型均采用关系模型。Visual FoxPro 就是一种典型的关系型数据库管理系统。

3.2.3 关系数据库系统

3.2.3.1 关系的基本概念及其特点

1. 关系的基本概念

(1)关系

通常将一个没有重复行、重复列的二维表看成一个关系,第一个关系都有一个关系名。如表 3.2 考生简况和表 3.3 考生考试成绩就代表两个关系,"考生简况"及"考生考试成绩"为各自的关系名。

表 3.2 考生简况表(非真实信息)

准考证号	身份证号	姓名	性别	出生日期	工作单位	电话号码
250199990001	420106701201396	赵娜	女	12/01/70	武汉水利电力大学	87874532
250199990002	420102730415317	李小军	男	04/15/73	武汉电建一公司	82835762
250199990003	420104690505496	张晓云	女	05/05/69	武汉大学	87871279
250199990004	420106701106397	刘志学	男	11/06/70	华中理工大学	87651842
250199990005	420105710823495	孙亮	男	08/23/71	湖北大学	86868014
250199990006	420106720928497	李建国	男	09/28/72	湖北工学院	88014673

表 3.3　考生考试成绩表(非真实信息)

准考证号	姓名	性别	出生日期	笔试成绩	上机成绩	总分
250199990001	赵娜	女	12/01/70	85	92	177
250199990002	李小军	男	04/15/73	73	80	153
250199990003	张晓云	女	05/05/69	64	75	139
250199990004	刘志学	男	11/06/70	95	90	185
250199990005	孙亮	男	08/23/71	67	74	141
250199990006	李建国	男	09/28/72	53	57	110

在 Access 中,一个关系对应于一个表,关系名则对应于表名。

(2)元组

二维表的每一行在关系中称为元组。在 Access 中,一个元组对应表中的一个记录。

(3)属性

二维表的每一列在关系中称为属性,每个属性都有一个属性名,属性值则是各个元组属性的取值。在 Access 中,一个属性对应表中的一个字段,属性名对应字段名,属性值对应于各个记录的字段值。

(4)域

属性的取值范围称为域。域作为属性值的集合,其类型与范围具体由属性的性质及其所表示的意义确定。如表 3.2 中"性别"属性的域是{男,女}。同一属性只能在相同域中取值。

(5)关键字

关系中能唯一区分、确定不同元组的属性或属性组合称为该关系的一个关键字。单个属性组成的关键字称为单关键字,多个属性组合的关键字称为组合关键字。需要强调的是,关键字的属性值不能取"空值",因为无法唯一区分、确定元组。

(6)候选关键字

关系中能够成为关键字的属性或属性组合可能不是唯一的。凡在关系中能够唯一区分、确定不同元组的属性或属性组合都称为候选关键字。

(7)主关键字

在候选关键字中选定一个作为关键字,称为该关系的主关键字。关系中的主关键字是唯一的。

(8)外部关键字

关系中某个属性或属性组合并非关键字,但却是另一个关系的主关键字,称此属性或属性组合为本关系的外部关键字。关系之间的联系是通过外部关键字实现的。

(9)关系模式

对关系的描述称为关系模式,其格式为:

关系名(属性名 1,属性名 2,…,属性名 n)

关系既可以用二维表描述,也可以用数学形式的关系模式来描述。一个关系模式对应一个关系的数据结构,也就是表的数据结构。

2. 关系的基本特点

在关系模型中,关系具有以下基本特点:

(1)关系必须规范化,属性不可再分割。

(2)在同一关系中不允许出现相同的属性名。

(3)在同一关系中元组及属性的顺序可以任意。

(4)任意交换两个元组(或属性)的位置,不会改变关系模式。

3. 关系模型的主要优点

(1)数据结构单一;

(2)关系规范化,并建立在严格的理论基础上;

(3)概念简单,操作方便。

3.2.3.2　关系数据库

以关系模型建立的数据库就是关系数据库(Relational Data Base,RDB),关系数据库系统的 DBMS 是关系型数据库管理系统(Relational Data Base Management System,RDBMS)。

关系数据库中包含若干个关系,每个关系都由关系模式确定,每个关系模式包含若干个属性和属性对应的域。所以,定义关系数据库就是逐一定义关系模式,对每一个关系模式逐一定义属性及其对应的域。

一个关系就是一张二维表格,表格由表格结构与数据构成,表格的结构对应关系模式,表格每一列对应关系模式的一个属性,该列的数据类型和取值范围就是该属性的域。因此,定义了表格就定义了对应的关系。

在系统中,与关系数据库对应的是数据库文件,一个数据库文件包含若干个表,表由表结构与若干个数据记录组成,表结构对应关系模式;每个记录由若干字段构成,字段对应关系模式的属性,字段的数据类型和取值范围对应属性的域。

3.2.3.3　关系运算

在关系数据库中查询用户所需数据时,需要对应关系进行一定的关系运算。关系运算主要有选择、投影和联接 3 种。

1. 选择(Selection)

选择运算是从关系中查找符合指定条件元组的操作。以逻辑表达式指定选择条件,选择运算将选取使逻辑表达式为真的所有元组。选择运算的结果构成关系的一个子集,是关系中的部分元组,其关系模式不变。

选择运算是从二维表格中选取若干行的操作,在表中则是选取若干个记录的操作。

在 Access 中,通过结构化查询语言 SQL 设置记录过滤器实现选择运算。

2. 投影(Projection)

投影运算是从关系中选取若干个属性的操作。投影运算从关系中选取若干属性形成一个新的关系,其关系模式中属性个数比原关系少,或者排列顺序不同,同时可能减少某些元组。因为排除了一些属性后,特别是排除了原关系中关键字的属性后,所选属性可能有相同值,出现相同的元组,而关系中必须排除相同元组,从而有可能减少某些元组。

因为 Access 允许表中有相同记录,如有必要,只能由用户删除相同记录。

投影是从二维表格中选取若干列的操作,在表中则是选取若干个字段。

3. 联接(Join)

联接运算是将两个关系模式的若干属性拼接成一个新的关系模式的操作,对应的新关系中,包含满足联接条件的所有元组。联接过程是通过联接条件来控制的,联接条件中将出现两个关系中的公共属性名,或者具有相同语义、可比的属性。

联接是将两个二维表格中的若干列,按同名等值的条件拼接成一个新二维表格的操作。在表中则是将两个表的若干字段,按指定条件(通常是同名等值)拼接生成一个新的表。

在 Access 中,联接运算是通过 SELECT-SQL 命令来实现的。

3.2.3.4 关系的完整性约束

关系完整性是为保证数据库中数据的正确性和兼容性对关系模型提出的某种约束条件或规则。完整性通常包括实体完整性、参照完整性和用户定义完整性,其中实体完整性和参照完整性,是关系模型必须满足的完整性约束条件。

1. 实体完整性

实体完整性是指关系的主关键字不能取"空值"。

2. 参照完整性

参照完整性是定义建立关系之间联系的主关键字与外部关键字引用的约束条件。

3. 用户定义完整性

实体完整性和参照完整性适用于任何关系型数据库系统,主要是对关系的主关键字和外部关键字的取值必须做出有效的约束。用户定义完整性则是根据应用环境的要求和实际的需要,对某一具体应用所涉及的数据提出约束性条件。这一约束机制一般不应由应用程序提供,而应由关系模型提供定义并检验。用户定义完整性主要包括如下两方面:

(1)字段有效性约束

(2)记录有效性约束

数据库技术是随着数据管理技术的需要和发展应运而生的。数据管理技术是指对数据的分类、组织、编码、存储、检索和维护的技术。数据管理技术的发展又是和计算机技术及其应用的发展密不可分的。简言之,数据库技术就是运用计算机进行数据管理的新技术。

任务 3.3 数据挖掘及大数据技术

学习目的

数据挖掘基于数据库理论、机器学习、人工智能、现代统计学的迅速发展的交叉学科,在很多领域中都有应用。数据挖掘的定义是从海量数据中找到有意义的模式或知识。通过数据挖掘技术,我们可以从大数据中发现更多有用的信息,从而造福人类。通过任务学习,学生应初步掌握大数据技术及数据挖掘的基本概念及其应用价值。

3.3.1　数据挖掘

随着现代信息技术的迅猛发展,在全球内掀起了信息化浪潮。信息产生的渠道越来越多,信息更新的频率日益加快,各行各业均产生了数以亿计的数据库。人们面对着大量的数据,却往往无法找到需要的信息,很难发现有用的知识,这就是"信息爆炸"带来的困惑。如何有效地利用和处理大量的数据成为当今世界共同关心的问题。随着数据库技术、人工智能、数理统计和并行计算等技术的发展与融合,数据挖掘(Data Mining,DM)技术应运而生。

数据挖掘是一门新兴的交叉学科,自20世纪末提出以来,引起了许多专家学者的广泛关注,数据开采、数据采掘、知识发现和信息抽取等同义词相继出现。目前,普遍采用的主要有数据挖掘(DM)和数据库中的知识发现。数据挖掘有广义和狭义之分,广义的数据挖掘,指从大量的数据中发现隐藏的、内在的和有用的知识或信息的过程。狭义的数据挖掘是指知识发现中的一个关键步骤,是一个抽取有用模式或建立模型的重要环节。数据挖掘是在对数据集全面而深刻认识的基础上,对数据内在和本质的高度抽象与概括,也是对数据从理性认识到感性认识的升华。数据挖掘在金融业、零售业、医疗和电信等领域已经得到广泛的应用,成为一种利用信息资源的有效方法和途径,具有广阔的开发前景和应用市场。然而,正确地理解数据挖掘各种技术方法的特点与不足,以及现有的和潜在的应用范围和应用领域,对于减少数据挖掘应用的盲目性和充分发挥技术的优势,具有重要的参考价值和指导意义。

3.3.1.1　数据挖掘的技术方法

数据挖掘的方法通常可以分为两大类:一类是统计型,常用的技术有概率分析、相关性、聚类分析和判别分析等;另一类是人工智能中的机器学习型,通过训练和学习大量的样品集得出需要的模式或参数。在数据挖掘的应用中,最终的目标都是发现有价值的知识和信息,有共同的思路和步骤,但也存在很大的差异和区别。由于各种方法都有自身的功能特点以及应用领域(见表3.4),数据挖掘技术的选择将影响最后结果的质量和效果,通常是将多种技术结合使用,形成优势互补。下面对数据挖掘中常用的关联分析、决策树和神经网络等几种技术方法进行深入讨论,包括技术的基本思想、优势与缺点和主要应用领域。

表 3.4　数据挖掘的主要技术方法对比

技术方法	主要功能和特点	主要应用领域
关联分析	分类、聚类	零售业、保险业和制造业
决策树	归纳分类,可理解性	制造业、医学和零售业等
遗传算法	聚类、优化;高效性	金融业、保险业和农业等
贝叶斯网络	分类、聚类和预测,易理解	医学、制造业和电信等
粗糙集方法	不确定性分类	零售业、金融业和制造业等
神经网络	预测、分类和聚类,解释性差	金融业、保险业和制造业等
统计分析	聚类,结果精确、易理解	金融业、制造业和医学等

1. 关联分析

关联分析是一种实用的数据挖掘技术,指从大量的数据中集中发现有用的依赖性或关联性的知识。例如在零售业中,分析客户购买计算机后,购买打印机的概率是多少? 这对于销售配货、产品布局和商务管理等具有积极的意义。在制造业中,可以分析事件 A 和事件 B 发生后,事件 C 发生的概率是多少? 这种技术常用于故障检测和维修。关联规则可以从大量的事务数据或关系数据中,挖掘出感兴趣的知识和模式,在零售业、保险和通信等行业都得到广泛的应用。

2. 决策树

决策树主要是基于数据的属性值进行归纳分类,常用于分类的层次方法有"If-then"规则。决策树方法的最大优点就是可理解性,比较直观。它与神经网络最大的区别是,决策树可以解释如何得出结果的决策过程。其缺点是处理复杂性的数据时,分支数非常多,管理起来难度很大。同时,还存在数据的缺值处理问题。其算法有 ID3、C4.5、CART 和 CHAID 等,目前出现的两种新算法 SLIQ 和 SPRINT,可以由非常大的训练集进行决策树归纳,可以处理分类属性和连续性属性。

3. 遗传算法

遗传算法是一种基于生物进化过程的组合优化方法。根据适者生存的原则,模拟自然界中的生命进化机制,形成由当前群体中最适合的规则组成新的群体,以及这些规则的后代。基于这一思想的应用,根据遗传算法获得最适合的模型,并进一步对数据模型进行优化。由于遗传算法是一种弱方法,对问题的信息要求较少,具有高效性和灵活性的特点。在数据挖掘中,也用于评估其他算法的适合度。该算法擅长于数据聚类,通过时间上的类比和空间上的类比,可以使大量繁杂的信息数据系统化、条理化,从而找出数据之间的内在联系,得出有用的概念和模式。在建立数据模型时,将遗传算法与神经网络相结合,可以更好地提高模型的可理解性。遗传算法广泛应用于自动控制、机器学习、模式识别、搜索调度和组合优化等领域。

4. 贝叶斯网络

贝叶斯网络基于后验概率的贝叶斯定理,是建立在对数据进行统计处理基础上的方法。将不确定事件通过网络连接起来,可以对与其他事件相关的事件的结果进行预测,其网络变量可以是可见的,也可以隐藏在训练样本中。贝叶斯网络具有分类、聚类、预测和因果关系分析的功能,其优点是易于理解,预测效果较好,缺点是对发生频率很低的事件预测效果不好。在医学和制造业等领域的应用具有较好的效果。

5. 粗糙集方法

粗糙集理论是一种新的数学工具。这一方法在数据挖掘中具有重要的作用,常用于处理含糊性和不确定性的问题,发现不准确数据或噪声数据内在的结构联系,也可以用于特征归约和相关分析。粗糙集可以看成是含糊概念的一个数学模式,其主要优点是不需要任何关于数据的初始的或附加的信息,因此广泛应用于不确定、不完整的信息分类和信息获取。粗糙集理论和技术的出现,大大地提高了数据挖掘和知识发现的效率。

6. 神经网络

神经网络是最常用的数据挖掘技术之一,最早是由心理学家和神经生物学家提出的,旨在寻求开发和测试神经的计算模拟。它类似于人类大脑重复学习的方法,先给出一系列的样本,进行学习和训练,从而产生区别各种样品之间的不同特征和模式。样本集应该尽量体现代表性,为了精确地拟合各种样本数据,通过上百次,甚至上千次的训练和学习,系统最后得出潜在的模式。当它遇到新的样品数据时,系统就会根据训练结果自动进行预测和分类。最大的特点是难于理解,即无法解释如何得出结果和使用了什么规则。它需要很长的训练时间,需要大量的参数,而且解释性较差。该算法的优点是对复杂问题能进行很好的预测,对噪声数据的承受能力比较高,以及它对未经训练的数据分类建模的能力。神经网络可细分为前馈式、反馈式和自组织神经网络,具有优化计算、聚类和预测等功能,在商业界得到广泛的应用。金融市场采用神经网络建立信用卡和货币交易模型,用于识别信贷客户、股票预测和证券市场分析等方面。

7. 统计分析

统计分析的理论基础主要是统计学和概率论的原理,是一种较为精确的数据挖掘技术。它是一种基于模型的方法,包括回归分析、因子分析和判别分析等。该方法的优点是容易理解,对结果描述精确。统计分析在实际应用中较为广泛,著名的统计产品供应商 SPSS 公司开发了 SPSS 和 SYSTAT 统计软件包,同时,SAS 公司也开发出相应的产品 SAS 和 JMP,这些产品都占有一定的应用市场。

3.3.1.2 数据挖掘技术的应用

数据挖掘技术在商业方面应用较早,它可以增强企业的竞争优势,缩短销售周期,降低生产成本,有助于制订市场计划和销售策略。目前,已经成为电子商务中的关键技术。由于数据挖掘在开发信息资源方面的优越性,已逐步推广到保险、医疗、制造业和电信等各个行业的应用。

1. 零售业中的数据挖掘

零售业是数据挖掘应用较为活跃的一个领域。了解客户的购买习性和趋向,对于零售商制定销售策略是至关重要的。通过关联规则挖掘,分析客户对直接邮件的响应率,发现有利顾客的特征,有目的性地开展广告和销售业务。通过对顾客的忠诚度分析,相应调整商品的价格和类型,改进销售服务,有利于保留现有客户,寻找潜在的客户。扩大销售的范围和规模,从而增加销售量。通过在线销售的数据,得出产品关联的商用信息和客户的购买习惯,使进货的选择与搭配更具科学性。货篮子分析是数据挖掘应用在零售业中的一种有效方式,可用于销售搭配、产品目录设计、产品定价和促销等。优化货物的搭配与布局,使进货与销售达到最佳的结合,减少商业成本。促进品种优化,分析销售利润,使库存量和管理开支更加合理。建立客户数据模型,分析顾客的购买时间、地域分布和购物方式等信息,帮助零售商制定营销策略。同时,根据顾客在网上的购物行为和方式,提供个性化服务,优化销售网站的规划和设计。

2. 保险业中的数据挖掘

随着社会保障体系的日益健全,保险业取得了蓬勃的发展,发挥着越来越重要的作用。如何保持现有客户,争取潜在的客户,以及如何识别诈骗行为,是保险业中面临的主要问题。数据挖掘技术是解决这些问题的有效方式,对业务数据、客户数据等各种数据分析,有利于保险公司开展业绩评价、财务预算、市场分析、风险评估和风险预测等,大大地提高企业防范和抵抗经营风险的能力和水平,也为管理人员提供科学的决策依据。建立预测模型,对投保人的层次分类,发现索赔的投保人特征,统计索赔的次数和相关的信息,更有效地了解客户行为。同时,分析保险欺诈案件的特征和规律,有效地预防欺诈案件的发生,减少和控制了公司资金的非法流失。针对投保人的工作性质、年龄、健康状况和工资等记录,寻找影响索赔率的内在因素。

3. 金融业中的数据挖掘

由于金融业中的数据相对比较完整,质量较高,因此,数据挖掘在这一领域中的应用相对较为成熟,也取得了较好的社会效益和经济效益。通过分析市场波动的因素,建立预测模型,进行投资分析和预测,改进预测市场波动的能力,为投资决策提供科学的依据。在分析客户的工资收入、教育水平、居住区域和信用历史等的基础上,找到影响信贷的重要因素,进而调整贷款发放政策。如 HMC 公司开发了应用在金融业中的数据挖掘产品,美国第一银行、POC 国家银行、WellFargo 银行和化学银行等都采用了数据挖掘技术。通过信用欺诈的建模和预测、风险评估、收益分析,帮助银行发现具有潜在欺诈性的事件,开展欺诈侦查和其他金融犯罪行为分析,预防资金非法流失。网站动态数据挖掘,有助于识别有价值的客户,开展跨区销售,强化客户关系管理。孤立点挖掘可以发现异常模式,侦查不寻常的信用卡使用,确定极端客户的消费行为。在证券交易中,帮助股票预测、证券市场分析等,可以发现"利润超重"和"账务造假"等现象,避免遭受重大的经济损失。

4. 医疗保健中的数据挖掘

在医学和生物工艺学中的基因分析过程中,需要处理大量的基因数据,通过数据挖掘技术有助于对这些数据的研究和理解。医学领域中对疑难病症的攻关和研究,可以结合数据挖掘技术,建立各种医疗数据模型,找出数据本质上的联系和现象,进而推动医学研究的进展。对医学的历史数据进行收集和分析后,可以找到疾病产生的原因,优化药物的搭配,提供最佳的治疗方案。融入专家知识和人工智能技术等,集成医学诊断专家系统,进行医疗自动诊断,药物的疗效分析和新药物的合成。研究人口的地区分布、年龄构成和身体状况等特征,有利于开展药品销售、医疗设施配备和医院布局等活动。如美国 IMS 公司在医药方面引入了数据挖掘技术,包括医药处方定位和分割,评价药品销售效果以及建立行为预测模型;牛津移植中心也采用基于决策树方法的 Knowledge Seeker 辅助他们的研究工作。

5. 制造业中的数据挖掘

在制造业中,数据挖掘广泛地应用于控制产品生产流程和技术规划方面。分析产品各种指标参数的关系,优化原料的搭配,开发新的产品类型。根据市场信息数据库中居民的密度分布、收入状况和相应的城市规划等信息,企业可以展开产品需求量的调查。例如汽车制造商挖掘信息库中的人口分布、区域购买力状况及公路交通状况等信息,依据分析结果,决定产品的销售渠道、总体和局部销售网点的规划等,对商业网进行部署,并及时调整产品的生产导向和生产结构,这对于企业和公司的经营状况和发展前景具有重要的影响。在产品的控制和检测方面,孤立点分析可以用于检验产品质量,识别偏差检测。了解相关产品的供需比例、消费者分布等信息,制定产品生产策略。美国的部分大型钢铁公司将数据挖掘技术应用在发现和探测潜在的质量问题方面,提高了产品的生产质量和效率。

3.3.2　大数据技术

大数据处理技术正在改变当前计算机的运行模式,正在改变着这个世界。它能处理几乎各种类型的海量数据,无论是微博、文章、电子邮件、文档、音频、视频,还是其他形态的数据。它实时、高效、可视化呈现结果。它依托云计算将计算任务分布在大量计算机构成的廉价的资源池上,使用户能够按需获取计算资源、存储资源、网络资源和信息服务。云计算技术的应用使得大数据处理和利用成为可能。

大数据作为信息金矿,对其进行采集、传输、处理和应用的相关技术就是大数据处理技术,是一系列使用非传统的工具来对大量的结构化、半结构化和非结构化数据进行处理,从而获得分析和预测结果的一系列数据处理技术,或简称大数据技术。

3.3.2.1　大数据技术框架

根据大数据处理的生命周期,大数据的技术体系涉及大数据的采集与预处理、大数据存储与管理、大数据计算模式与系统、大数据分析与挖掘、大数据可视化分析及大数据隐私与安全等几个方面。图 3.12 是大数据技术的主要架构示意。

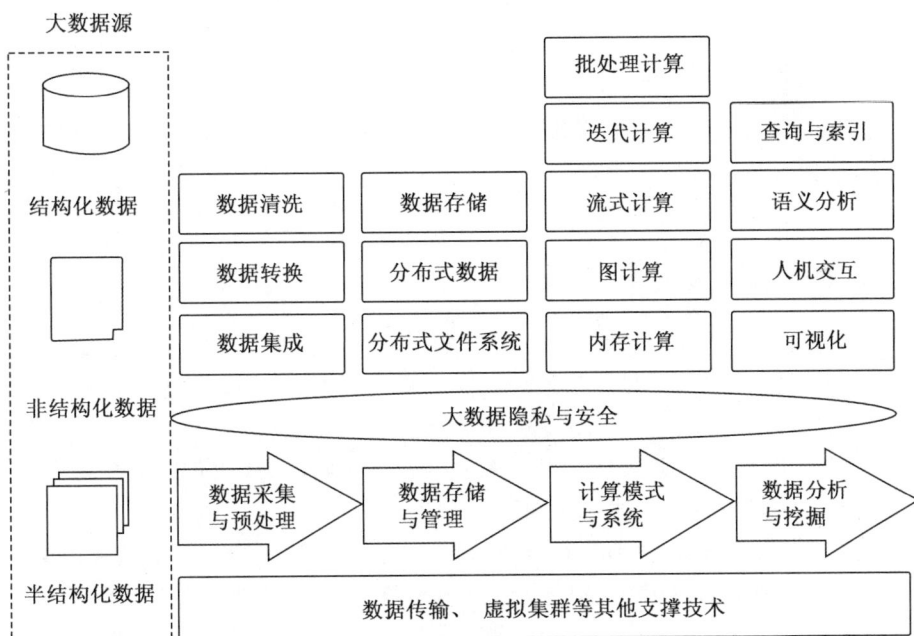

图 3.12　大数据技术架构

3.3.2.2　大数据采集与预处理

大数据的一个重要特点就是数据源多样化,包括数据库、文本、图片、视频、网页等各类结构化、非结构化及半结构化数据。因此,大数据处理的第一步是从数据源采集数据并进行预处理和集成操作,为后继流程提供统一的高质量的数据集。

3.3.2.3　大数据存储与管理

数据存储与大数据应用密切相关。大数据给存储系统带来三个方面挑战：(1)存储规模大，通常达到 PB 甚至 EB 量级；(2)存储管理复杂，需要兼顾结构化、非结构化和半结构化的数据；(3)数据服务的种类和水平要求高。

大数据存储与管理，需要对上层应用提供高效的数据访问接口，存取 PB 甚至 EB 量级的数据，并且对数据处理的实时性、有效性提出更高要求，传统常规技术手段根本无法应付。某些实时性要求较高的应用，如状态监控，更适合采用流处理模式，直接在清洗和集成后的数据源上进行分析。而大多数其他应用需要存储，以支持后续更深度数据分析流程。因为为上层应用访问接口和功能侧重不同，所以存储和管理软件主要包括文件系统和数据库。大数据环境下，目前最适用的技术是分布式文件系统、分布式数据库以及访问接口和查询语言。

3.3.2.4　大数据计算模式与系统

大数据计算模式指根据大数据的不同数据特征和计算特征，从多样性的大数据计算问题和需求中提炼并建立了各种高层抽象或模型，它的出现有力地推动了大数据技术和应用的发展。

3.3.2.5　大数据分析与挖掘

由于大数据环境下数据呈现多样化、动态异构，而且具有比小样本数据更有价值等特点，需要通过大数据分析与挖掘技术来提高数据质量和可信度，帮助理解数据的语义，提供智能的查询功能。

3.3.2.6　大数据可视化分析

大数据时代数据的数量和复杂度的提高带来了对数据探索、分析和理解的巨大挑战。数据分析是大数据处理的核心，但是用户往往更关心结果的展示。如果分析的结果正确但是没有采用适当的解释方法，则所得到的结果很可能让用户难以理解，极端情况下甚至会误导用户。由于大数据分析结果具有海量、关联关系极其复杂等特点，采用传统的解释方法基本不可行。目前常用的方法是可视化技术和人机交互技术。

可视化技术能够迅速和有效地简化与提炼数据流，帮助用户交互筛选大量的数据，有助于用户更快更好地从复杂数据中得到新的发现。用形象的图形方式向用户展示结果，已作为最佳结果展示方式之一率先被科学与工程计算领域采用。

另外，以人为中心的人机交互技术也是解决大数据分析结果的一种重要技术，让用户能够在一定程度上了解和参与具体的分析过程。这个既可以采用人机交互技术，利用交互式的数据分析过程来引导用户逐步进行分析，使得用户在得到结果的同时更好理解分析结果的由来，也可以采用数据起源技术，通过该技术可以帮助追溯整个数据分析的过程，有助于用户理解结果。

3.3.2.7　大数据隐私与安全

当前大数据的发展仍然面临着许多问题，安全和隐私问题是人们公认的关键问题之一。

其中,隐私问题由来已久,计算机的出现使得越来越多的数据以数字化的形式存储在电脑中,互联网的发展则使数据更加容易产生和传播,数据隐私问题越来越严重。大数据在存储、处理、传输等过程中面临安全风险,具有数据安全和隐私保护需求。而实现大数据安全与隐私保护,较其他安全问题(如云安全中数据安全等)更为棘手。呈现出的安全隐私问题主要有:

(1)大数据时代的安全与传统安全相比,变得更加复杂;

(2)使用过程中的安全问题;

(3)对大数据分析较高的企业和团体,面临更多的安全挑战;

(4)基于位置的隐私数据暴露严重;

(5)缺乏相关的法律法规保证;

(6)大数据的共享问题;

(7)数据动态性;

(8)多元数据的融合挑战。

目前针对上述问题,主要研究解决方法有:文件访问控制技术、基础设备加密、匿名化保护技术、加密保护技术、数据水印技术、数据溯源技术、基于数据失真的技术、基于可逆的置换算法。

3.3.2.8　大数据处理工具

Hadoop 大数据处理平台:Hadoop 是由 Apache 公司为实现 Google 的 MapReduce 而编程模型的一个云计算开源平台,Hadoop 可伸缩、高效,能够处理 PB 级数据。Hadoop 平台包括最底部的文件系统(HDFS)、数据库(HBase、Cassandra)、数据处理(MapReduce)、数据仓库(Hive)、大数据分析语言接口(Pig)等功能模块在内的完整生态系统(Ecosystem)。某种程度上可以说 Hadoop 已经成为大数据处理工具事实上的标准。

项目4
理解计算机新技术

项目学习目标

"互联网+"改变了人们的学习、生产、生活等各方面,那什么是"互联网+",通过学习本项目,学生将进一步了解计算机新技术包括"互联网+"、云计算、物联网、区块链,以及人工智能、虚拟现实与增强现实等的基本概念和应用现状,提高对计算机基础学习的兴趣。

项目要求

1. 熟悉计算机新技术的基本概念;
2. 理解"互联网+"等新技术给人们生产生活带来的影响;
3. 了解计算机新技术的应用及其发展前景。

任务4.1 "互联网+"、云计算、物联网、区块链等新技术的基本概念及应用

学习目的

通过学习本任务,熟悉"互联网+"等新技术的概念,了解相关技术的应用情况及发展前景。

4.1.1 "互联网+"的概念及其应用现状

"互联网+"是近年来见之于各行各业、各种媒体的新名词,甚至在政府工作报告中也反复提及。那到底什么是"互联网+",政府为什么这么重视"互联网+",为什么跟各行各业都发生

联系？

4.1.1.1 "互联网+"的起源与定义

国内"互联网+"理念的提出，最早可以追溯到 2012 年 11 月于扬在易观第五届移动互联网博览会的发言，易观国际董事长兼首席执行官于扬首次提出"互联网+"理念。

2014 年 11 月，李克强出席首届世界互联网大会时指出，互联网是大众创业、万众创新的新工具。其中"大众创业、万众创新"正是此次政府工作报告中的重要主题，被称作中国经济提质增效升级的"新引擎"，可见其重要作用。

2015 年 3 月，全国两会上，全国人大代表马化腾提交了《关于以"互联网+"为驱动，推进我国经济社会创新发展的建议》的议案，表达了对经济社会创新的建议和看法。他呼吁，我们需要持续以"互联网+"为驱动，鼓励产业创新、促进跨界融合、惠及社会民生，推动我国经济和社会的创新发展。马化腾表示，"互联网+"是指利用互联网的平台、信息通信技术把互联网和包括传统行业在内的各行各业结合起来，从而在新领域创造一种新生态。他希望这种生态战略能够被国家采纳，成为国家战略。

2015 年 3 月 5 日上午十二届全国人大三次会议上，李克强总理在政府工作报告中首次提出"互联网+"行动计划。李克强在政府工作报告中提出，"制订'互联网+'行动计划，推动移动互联网、云计算、大数据、物联网等与现代制造业结合，促进电子商务、工业互联网和互联网金融（ITFIN）健康发展，引导互联网企业拓展国际市场"。

2015 年 7 月 4 日，经李克强总理签批，国务院日前印发《关于积极推进"互联网+"行动的指导意见》（以下简称《指导意见》），这是推动互联网由消费领域向生产领域拓展，加速提升产业发展水平，增强各行业创新能力，构筑经济社会发展新优势和新动能的重要举措。

2015 年 12 月 16 日，第二届世界互联网大会在浙江乌镇开幕。在举行"互联网+"的论坛上，中国互联网发展基金会联合百度、阿里巴巴、腾讯共同发起倡议，成立"中国互联网+联盟"。

随着信息化的不断发展，在知识社会创新 2.0 推动下的互联网形态演进及其催生的经济社会发展新形态。"互联网+"是互联网思维的进一步实践成果，推动经济形态不断地发生演变，从而带动社会经济实体的生命力，为改革、创新、发展提供广阔的网络平台。通俗地说，"互联网+"就是"互联网+各个传统行业"，但这并不是简单的两者相加，而是利用信息通信技术以及互联网平台，让互联网与传统行业进行深度融合，创造新的发展生态。它代表一种新的社会形态，即充分发挥互联网在社会资源配置中的优化和集成作用，将互联网的创新成果深度融合于经济、社会等各域之中，提升全社会的创新力和生产力，形成更广泛的以互联网为基础设施和实现工具的经济发展新形态。

总之，"互联网+"简单地说就是"互联网+传统行业"，随着科学技术的发展，利用信息和互联网平台，使得互联网与传统行业进行融合，利用互联网具备的优势特点，创造新的发展机会。"互联网+"通过其自身的优势，对传统行业进行优化升级转型，使得传统行业能够适应当下的新发展，从而最终推动社会不断地向前发展。

"互联网+"是互联网思维的进一步实践成果，推动经济形态不断地发生演变，从而带动社会经济实体的生命力，为改革、创新、发展提供广阔的网络平台。

4.1.1.2　"互联网+"的基本特点

一是跨界融合。"+"就是跨界,就是变革,就是开放,就是重塑融合。敢于跨界了,创新的基础就更坚实;融合协同了,群体智能才会实现,从研发到产业化的路径才会更垂直。融合本身也指代身份的融合,客户消费转化为投资,伙伴参与创新等,不一而足。

二是创新驱动。中国粗放的资源驱动型增长方式早就难以为继,必须转变到创新驱动发展这条正确的道路上来。这正是互联网的特质,用所谓的互联网思维来求变、自我革命,也更能发挥创新的力量。

三是重塑结构。信息革命、全球化、互联网业已打破了原有的社会结构、经济结构、地缘结构、文化结构。权力、议事规则、话语权不断在发生变化。互联网+社会治理、虚拟社会治理与传统方式相比会有很大的不同。

四是尊重人性。人性的光辉是推动科技进步、经济增长、社会进步、文化繁荣的最根本的力量,互联网的力量之强大最根本是来源于对人性的最大限度的尊重、对人体验的敬畏、对人的创造性发挥的重视。例如 UGC、卷入式营销、分享经济。

五是开放生态。关于"互联网+",生态是非常重要的特征,而生态的本身就是开放的。我们推进"互联网+",其中一个重要的方向就是要把过去制约创新的环节化解掉,把孤岛式创新连接起来,让研发由人性决定的市场驱动,让创业并努力者有机会实现价值。

六是连接一切。连接是有层次的,可连接性是有差异的,连接的价值相差也很大,但是连接一切是"互联网+"的目标。

4.1.1.3　"互联网+"带来的影响

1. 工业

"互联网+工业"即传统制造业企业采用移动互联网、云计算、大数据、物联网等信息通信技术,改造原有产品及研发生产方式,与"工业互联网""工业4.0"的内涵一致。

"移动互联网+工业"。借助移动互联网技术,传统制造厂商可以在汽车、家电、配饰等工业产品上增加网络软硬件模块,实现用户远程操控、数据自动采集分析等功能,极大地改善了工业产品的使用体验。

"云计算+工业"。基于云计算技术,一些互联网企业打造了统一的智能产品软件服务平台,为不同厂商生产的智能硬件设备提供统一的软件服务和技术支持,优化用户的使用体验,并实现各产品的互联互通,产生协同价值。

"物联网+工业"。运用物联网技术,工业企业可以将机器等生产设施接入互联网,构建网络化物理设备系统(CPS),进而使各生产设备能够自动交换信息、触发动作和实施控制。物联网技术有助于加快生产制造实时数据信息的感知、传送和分析,加快生产资源的优化配置。

"网络众包+工业"。在互联网的帮助下,企业通过自建或借助现有的"众包"平台,可以发布研发创意需求,广泛收集客户和外部人员的想法与智慧,大大扩展了创意来源。工业和信息化部信息中心搭建了"创客中国"创新创业服务平台,链接创客的创新能力与工业企业的创新需求,为企业开展网络众包提供了可靠的第三方平台。

2. 金融

在金融领域,余额宝横空出世的时候,银行觉得不可控,也有人怀疑二维码支付存在安全隐患,但随着国家对互联网金融(ITFIN)的研究越来越透彻,银联对二维码支付也出了标准,互联网金融得到了较为有序的发展,也得到了国家相关政策的支持和鼓励。

"互联网+金融"从组织形式上看,这种结合至少有三种方式。第一种是互联网公司做金融;如果这种现象大范围发生,并且取代原有的金融企业,那就是互联网金融颠覆论。第二种是金融机构的互联网化。第三种是互联网公司和金融机构合作。

从2013年以在线理财、支付、电商小贷、P2P、众筹等为代表的细分互联网嫁接金融的模式进入大众视野以来,互联网金融已然成为一个新金融行业,并为普通大众提供了更多元化的投资理财选择。对于互联网金融而言,2013年是初始之年,2014年是调整之年,而2015年则是各种互联网金融模式进一步稳定客户、市场,走向成熟和接受监管的规范之年。

互联网供应链金融。该业务与电子商务紧密结合,阿里巴巴、苏宁、京东等大型电子商务企业纷纷自行或与银行合作开展此项业务。互联网企业基于大数据技术,在放贷前可以通过分析借款人历史交易记录,迅速识别风险,确定信贷额度,借贷效率极高;在放贷后,可以对借款人的资金流、商品流、信息流实现持续闭环监控,有力降低了贷款风险,进而降低利息费用,让利于借款企业,很受小微企业的欢迎。

P2P网络信贷。近两年,我国P2P网络信贷市场出现了爆炸式增长,无论是平台规模、信贷资金,还是参与人数、社会影响都有较大进步。P2P规模的飞速发展为中小微企业融资开拓了新的融资渠道,也为居民进行资产配置提供了新的平台。

众筹。众筹这种融资模式具有融资门槛低、融资成本低、期限和回报形式灵活等特点,是初创型企业除天使投资之外的重要融资渠道。我国已成立的众筹平台已经超过100家,其中约六成为商品众筹平台,纯股权众筹约占两成,其余为混合型平台。

互联网银行。2014年,互联网银行落地,标志着"互联网+金融"融合进入了新阶段。2015年1月18日,腾讯是大股东的深圳前海微众银行试营业,并于4月18日正式对外营业,其成为国内首家互联网民营银行。1月29日,上海华瑞银行获准开业。微众银行的互联网模式大大降低了金融交易成本:节省了有形的网点建设和管理安全等庞大的成本、节省了大量人力成本、节约了客户跑银行网点的时间成本等。微众银行的互联网模式还大大提高了金融交易的效率:客户任何地点、任何时间都可以办理银行业务,不受时间、地点、空间等约束,效率大大提高;通过网络化、程序化交易和计算机快速、自动化等处理,大大提高了银行业务处理的效率。阿里巴巴旗下的浙江网商银行将于2015年6月25日上线,并取名为"MYbank"。

3. 商贸

在零售、电子商务等领域,过去这几年都可以看到和互联网的结合,正如马化腾所言:"它是对传统行业的升级换代,不是颠覆掉传统行业。"在其中,又可以看到"特别是移动互联网对原有的传统行业起到了很大的升级换代的作用"。

2014年,中国网民数量达6.49亿,网站400多万家,电子商务交易额超过13万亿元人民币。在全球网络企业前10强排名中,有4家企业在中国,互联网经济成为中国经济的最大增长点。

2015年5月18日,2015中国化妆品零售大会在上海召开,600位化妆品连锁店主,百余位化妆品代理商,数十位国内外主流品牌代表与会。面对实体零售渠道变革,会议提出了"零售业+互联网"的概念,建议以产业链最终环节零售为切入点,结合国家战略发展思维,发扬"+"时代精神,回归渠道本质,以变革来推进整个产业提升。

2014 年 B2B 电子商务业务收入规模达 192.2 亿元人民币,增长 28.34%;交易规模达 9.4 万亿元人民币,增长 15.37%。同时,B2B 电商业务也正在逐步转型升级,主要的平台仍以提供广告、品牌推广、询盘等信息服务为主。阿里巴巴、慧聪网、华强电子网等多家 B2B 平台开展了针对企业的"团购""促销"等活动,培育企业的在线交易和支付习惯。

截至 2014 年,中国跨境电子商务试点进出口额已突破 30 亿元。一大批跨境电子商务平台走向成熟。外贸 B2C 网站兰亭集势 2014 年前三季度服装品类的净营收达到 3 700 万美元,同比增速达到 103.9%;订单数及客户数同比增速均超过 50%。

2019 年底到 2020 年爆发的"新冠"疫情使传统商贸受到了极大的冲击,也因此使得"云购物"得以迅速推广。在此背景下,商场和商家都在积极探索新的营销模式。除了为门店减免租金之外,实体商业也在利用线上寻求新的解决之道。一些大型商场分别利用其自身的 APP 商城、小程序,以及门店社群等服务,助力商家加速线上转型,开启"云购物"模式。各级政府领导人也亲自参加电商直播"带货"拉动经济。

2020 年,国家统计局公布了一季度主要经济数据,实物商品网上零售额 18 536 亿元,增长 5.9%,其中吃类和用类商品分别增长 32.7% 和 10%。直播带货表现强劲,成新消费造风口。直播为商家带来的成交订单数同比增长超过 160%,新开播商家同比增长近 3 倍。

4. 智慧城市

李克强总理在政府工作报告中首次提出"互联网+"行动计划,并强调要发展"智慧城市",保护和传承历史、地域文化。加强城市供水供气供电、公交和防洪防涝设施等建设。坚决治理污染、拥堵等城市病,让出行更方便、环境更宜居。

智慧城市是新一代信息技术支撑、知识社会下一代创新(创新 2.0)环境下的城市形态。"互联网+"也被认为是创新 2.0 时代智慧城市的基本特征,有利于形成创新涌现的智慧城市生态,从而进一步完善城市的管与运行功能,实现更好的公共服务,让人们生活更便宜、出行更便利、环境更宜居。

伴随知识社会的来临,无所不在的网络与无所不在的计算、无所不在的数据、无所不在的知识共同驱动了无所不在的创新。新一代信息技术发展催生了创新 2.0,而创新 2.0 又反过来作用于新一代信息技术形态的形成与发展,重塑了物联网、云计算、社会计算、大数据等新一代信息技术的新形态。"互联网+"不仅仅是互联网移动了、泛在了、应用于传统行业了,更会同无所不在的计算、数据、知识,造就了无所不在的创新,推动了知识社会以用户创新、开放创新、大众创新、协同创新为特点的创新 2.0,从而推动了创新 2.0 时代智慧城市新形态。

"互联网+智慧城市"。上海市浦东新区经信委副主任张爱平认为创新 2.0 时代智慧城市的基本特征是"互联网+",其逻辑枢纽是"政务云+",突破急需"云调度+",这也是创新 2.0 语境下智慧城市的生态演替趋势。

智慧城市作为推动城镇化发展、解决超大城市病及城市群合理建设的新型城市形态,"互联网+"正是解决资源分配不合理,重新构造城市机构、推动公共服务均等化等问题的利器。譬如在推动教育、医疗等公共服务均等化方面,基于互联网思维,搭建开放、互动、参与、融合的公共新型服务平台,通过互联网与教育、医疗、交通等领域的融合,推动传统行业的升级与转型,从而实现资源的统一协调与共享。从另外一个角度来说,智慧城市正为互联网与行业产业的融合发展提供应用土壤,一方面推动了传统行业升级转型,在遭遇资源瓶颈的形势下,为传统产业行业通过互联网思维及技术突破推进产业转型、优化产业结构提供了新的空间;一方面能够进一步推动以移动互联网、云计算、大数据、物联网等新一代信息技术为核心的信息产业的发展,为以互联网为代表的新一代信息技术与产业的结合与发展带来机遇和挑战,并催生跨领域、融合性的新兴产业形态。

同时,智慧城市的建设注重以人为本、市民参与、社会协同的开放创新空间的塑造以及公共价值与独特价值的创造。而"开放,透明、互动、参与、融合"的互联网思维为公众提供了维基、微博、Fab Lab、Living Lab 等多种工具和方法来实现用户的参与,实现公众智慧的汇聚,为不断推动用户创新、开放创新、大众创新、协同创新,以人为本实现经济、社会、环境的可持续发展奠定基础。此外,伴随新一代信息技术及创新 2.0 推动的创新生态所带来的创客浪潮,互联网浪潮推动的资源平台化所带来的便利以及智慧城市的智慧家居、智慧生活、智慧交通等领域所带来的创新空间进一步激发了有志人士创业创新的热情。也正因如此,"互联网+"是融入智慧城市基因的,是创新 2.0 时代智慧城市的基本特征。

杭州"城市大脑",是为城市生活打造的一个数字化界面。市民凭借它触摸城市脉搏、感受城市温度、享受城市服务,城市管理者通过它配置公共资源、做出科学决策、提高治理效能。

杭州城市大脑起步于 2016 年 4 月,以交通领域为突破口,开启了利用大数据改善城市交通的探索,如今已迈出了从治堵向治城跨越的步伐,取得了许多阶段性的成果。目前杭州城市大脑的应用场景不断丰富,包括警务、交通、文旅、健康等 11 个大系统和 48 个应用场景,日均数据可达 8 000 万条以上。

2020 年 3 月 31 日,习近平同志在杭州城市大脑运营指挥中心,观看"数字杭州"建设情况,了解杭州运用健康码、云服务等手段推进疫情防控和复工复产的做法。习近平说,城市大脑是建设"数字杭州"的重要举措。通过大数据、云计算、人工智能等手段推进城市治理现代化,大城市也可以变得更"聪明"。从信息化到智能化再到智慧化,是建设智慧城市的必由之路,前景广阔。

5. 教育

一所学校、一位老师、一间教室,这是传统教育。一个教育专用网,一部移动终端,几百万学生,学校任你挑、老师由你选,这就是"互联网+教育"。

在教育领域,面向中小学、大学、职业教育、IT 培训等多层次人群提供学籍注册入学开放课程,但是网络学习一样可以参加我们国家组织的统一考试,可以足不出户在家上课学习取得相应的文凭和技能证书。互联网+教育的结果,将会使未来的一切教与学活动都围绕互联网进行,老师在互联网上教,学生在互联网上学,信息在互联网上流动,知识在互联网上成型,线下的活动成为线上活动的补充与拓展。

"互联网+教育"的影响不只是创业者们,还有一些平台能够实现就业的机会,在线教育平台能提供的职业培训就能够让一批人实现职能的培训,而自身创业就能够解决就业。"大众创业,万众创新"对于教育而言是有深远影响的。教育不只是商业,如极客学院上线才一年多,就用近千门职业技术课程和 4 000 多课时帮助 80 多万 IT 从业者用户提高了职业技能。

2015 年 6 月 14 日举办的"2015 中国互联网+创新大会"河北峰会上,业界权威专家学者围绕"互联网+教育"这个中心议题,纷纷阐述了自己的观点。"互联网+"不会取代传统教育,而且会让传统教育焕发出新的活力。

第一代教育以书本为核心,第二代教育以教材为核心,第三代教育以辅导和案例方式出现,如今的第四代教育,才是真正以学生为核心。中国工程院院士李京文表示,中国教育正在迈向4.0时代。

6. 政务

2014年6月末，国内政务微信公众号有6 000个左右。而截至2014年11月27日，有数据统计的全国政务微信公众号为16 446个。其中，中央部委及其直属机构政务微信公众号为213个，省(自治区、直辖市)、地市、区县三级地方类政务微信公众号16 233个。到2015年2月6日，国家网信办在石家庄举办的政务新媒体建设发展经验交流会上指出，政务微博账号达24万个，政务微信公众号已逾10万个。政务微信公众号从数量到影响力，已是一支不容忽视的传播力量。

一些地方政府已经悄然开始了与互联网巨头的合作，试图通过互联网提升政府效率，增加行政透明度，助力向服务型政府转型。

全国两会结束后不久，腾讯先后宣布与河南省、重庆市和上海市政府合作打造"智慧城市"，其中一项重要内容就是将交通、医疗、社保等一系列政府服务接入微信，把原来需要东奔西走排大队办理的业务通过手机完成，节省时间，提高效率。

阿里巴巴和其新近成立的蚂蚁金服也已开始同地方政府接洽，计划将上述政务服务接入支付宝和新浪微博移动客户端。浙江省政府也计划在未来允许支付宝承接省内非税类收费业务。接入阿里巴巴支付宝移动客户端的政务服务体系已在上海、杭州、广州、厦门等东部沿海城市以及山西全省上线。

包括阿里巴巴和腾讯在内的中国互联网公司通过自有的云计算服务正在为地方政府搭建政务数据的后台，将原本留存在政府各个部门互不连通的数据归集在一张网络上，形成了统一的数据池，实现了对政务数据的统一管理。

在"互联网+政务"的环境下，浙江省政府推出的"最多跑一次"改革，彻底革新了政府为民服务的形象。2016年年底，"最多跑一次"改革在浙江首次被提出，"最多跑一次"改革是通过"一窗受理、集成服务、一次办结"的服务模式创新，让企业和群众到政府办事实现"最多跑一次"的行政目标。这项"刀刃向内"、面向政府自身的自我革命，已然显现出成效。"最多跑一次"的技术基础就是"互联网+"支持下的政务大数据融合共享。

加快推进更多服务事项网上办理。继续深化浙江政务服务网建设，全面推广"在线咨询、网上申请、快递送达"办理模式，除涉密或法律法规有特别规定外，基本实现服务事项网上办理全覆盖，大幅提高网上办事比例。

2018年4月中旬，浙江省发布《打破信息孤岛实现数据共享推进"最多跑一次"改革2018年工作要点》，任务表、进度表、责任表三管齐下，促进有关工作落到实处、见到实效。

根据进度表，2018年5月底前，形成浙江全省前100项"最多跑一次"高频事项，并梳理明确事项办理的证照、材料共享需求，制定数据提供责任清单；2018年7月底前，省级单位推进本系统全省数据资源向数据仓、省大数据中心归集；2018年9月底前，省级单位完成全省高频事项省本级统建系统对接工作；2018年11月底前，各市、县(市、区)完成本级自建系统对接工作。

在"首届数字中国建设年度最佳实践推介活动"中，《数据跑路办事"最多跑一次"》入选"数字中国"建设年度最佳实践成果。到2019年浙江最多跑一次改革实现率满意率分别达90.6%和96.5%。

除了以上这些方面，"互联网+"还带动了旅游、农业等传统的产业，对国民经济产生了巨大的影响。

4.1.2　云计算的概念及应用

说到云计算,首先必须知道"云"的概念。所谓的"云"就是一个网络,从这个角度来说,狭义的云计算就是一种提供资源的网络,使用者可以随时获取"云"上的资源,按需求量使用,并且可以看成是无限扩展的,只要按使用量付费就可以,"云"就像自来水厂一样,我们可以随时接水,并且不限量,按照自己家的用水量,付费给自来水厂就可以。

从广义上说,云计算是与信息技术、软件、互联网相关的一种服务,这种计算资源共享池叫作"云",云计算把许多计算资源集合起来,通过软件实现自动化管理,只需要很少的人参与,就能让资源被快速提供。也就是说,计算能力作为一种商品,可以在互联网上流通,就像水、电、煤气一样,可以方便地取用,且价格较为低廉。

总之,云计算不是一种全新的网络技术,而是一种全新的网络应用概念,云计算的核心概念就是以互联网为中心,在网站上提供快速且安全的云计算服务与数据存储,让每一个使用互联网的人都可以使用网络上的庞大计算资源与数据中心。

4.1.2.1　云计算的起源

互联网自 1960 年开始兴起,主要用于军方、大型企业等之间的纯文字电子邮件或新闻集群组服务。直到 1990 年才开始进入普通家庭,随着 Web 网站与电子商务的发展,网络已经成为目前人们离不开的生活必需品之一。云计算这个概念首次在 2006 年 8 月的搜索引擎会议上提出,成为互联网的第三次革命。

近几年来,云计算也正在成为信息技术产业发展的战略重点,全球的信息技术企业都在纷纷向云计算转型。对于一家企业来说,一台计算机的运算能力是远远无法满足数据运算需求的,那么公司就要购置一台运算能力更强的计算机,比如工作站或服务器。而对于规模比较大的企业来说,一台服务器的运算能力显然还是不够的,那就需要企业购置多台服务器,甚至演变成为一个具有多台服务器的数据中心,而且服务器的数量会直接影响这个数据中心的业务处理能力。除了高额的初期建设成本之外,计算机的运营支出中花费在电费上的金钱要比投资成本高得多,再加上计算机和网络的维护支出,这些总的费用是中小型企业难以承担的,于是云计算的概念便应运而生了。

云计算这个概念从提出到现在十多年来,云计算取得了飞速的发展与翻天覆地的变化。现如今,云计算被视为计算机网络领域的一次革命,因为它的出现,社会的工作方式和商业模式也在发生巨大的改变。

4.1.2.2　云计算的特点

云计算是继互联网、计算机后在信息时代又一种新的革新,云计算是信息时代的一个大飞跃,未来的时代可能是云计算的时代,虽然目前有关云计算的定义有很多,但总体上来说,云计算虽然有许多含义,但概括来说,云计算的基本含义是一致的,即云计算具有很强的扩展性和需要性,可以为用户提供一种全新的体验,云计算的核心是可以将很多的计算机资源协调在一起,因此,使用户通过网络就可以获取到无限的资源,同时获取的资源不受时间和空间的限制。

云计算的可贵之处在于高灵活性、可扩展性和高性比等,与传统的网络应用模式相比,其具有如下优势与特点：

1. 虚拟化技术

必须强调的是，虚拟化突破了时间、空间的界限，是云计算最为显著的特点，虚拟化技术包括应用虚拟和资源虚拟两种。众所周知，物理平台与应用部署的环境在空间上是没有任何联系的，正是通过虚拟平台对相应终端操作完成数据备份、迁移和扩展等。

2. 动态可扩展

云计算具有高效的运算能力，在原有服务器基础上增加云计算功能能够使计算速度迅速提高，最终实现动态扩展虚拟化的层次达到对应用进行扩展的目的。

3. 按需部署

计算机包含了许多应用、程序软件等，不同的应用对应的数据资源库不同，所以用户运行不同的应用需要较强的计算能力对资源进行部署，而云计算平台能够根据用户的需求快速配备计算能力及资源。

4. 灵活性高

目前市场上大多数 IT 资源，软、硬件都支持虚拟化，比如存储网络、操作系统和开发软、硬件等。虚拟化要素统一放在云系统资源虚拟池当中进行管理，可见云计算的兼容性非常强，不仅可以兼容低配置机器、不同厂商的硬件产品，还能够外设获得更高性能计算。

5. 可靠性高

倘若服务器故障也不影响计算与应用的正常运行。因为单点服务器出现故障可以通过虚拟化技术将分布在不同物理服务器上面的应用进行恢复或利用动态扩展功能部署新的服务器进行计算。

6. 性价比高

将资源放在虚拟资源池中统一管理在一定程度上优化了物理资源，用户不再需要昂贵、存储空间大的主机，可以选择相对廉价的 PC 组成云，一方面减少费用，另一方面计算性能不逊于大型主机。

7. 可扩展性

用户可以利用应用软件的快速部署条件来更为简单快捷地将自身所需的已有业务以及新业务进行扩展。如，计算机云计算系统中出现设备的故障，对于用户来说，无论是在计算机层面上，抑或是在具体运用上均不会受到阻碍，可以利用计算机云计算具有的动态扩展功能来对其他服务器开展有效扩展。这样一来就能够确保任务得以有序完成。在对虚拟化资源进行动态扩展的情况下，同时能够高效扩展应用，提高计算机云计算的操作水平。

4.1.2.3　云计算的服务类型

通常，云计算的服务类型分为三类，即基础设施即服务（IaaS）、平台即服务（PaaS）和软件即服务（SaaS）。这三种云计算服务有时称为云计算堆栈，因为它们构建堆栈，它们位于彼此之上，以下是这三种服务的概述：

1. 基础设施即服务（IaaS）

基础设施即服务是主要的服务类别之一，它向云计算提供商的个人或组织提供虚拟化计算资源,如虚拟机、存储、网络和操作系统。

2. 平台即服务(PaaS)

平台即服务是一种服务类别,为开发人员提供通过全球互联网构建应用程序和服务的平台。Paas 为开发、测试和管理软件应用程序提供按需开发环境。

3. 软件即服务(SaaS)

软件即服务也是其服务的一类,通过互联网提供按需软件付费应用程序,云计算提供商托管和管理软件应用程序,允许其用户连接到应用程序并通过全球互联网访问应用程序。

4.1.2.4 云计算的应用

较为简单的云计算技术已经普遍服务于现如今的互联网服务中,最为常见的就是网络搜索引擎和网络邮箱。搜索引擎大家最为熟悉的莫过于谷歌和百度了,在任何时刻,只要用过移动终端就可以在搜索引擎上搜索任何自己想要的资源,通过云端共享数据资源。而网络邮箱也是如此,在过去,寄写一封邮件是一件比较麻烦的事情,同时是很慢的过程,而在云计算技术和网络技术的推动下,电子邮箱成为社会生活中的一部分,只要在网络环境下,就可以实现实时的邮件的寄发。

除此之外,云计算技术早已融入我们的社会生活。

1. 存储云

存储云,又称云存储,是在云计算技术上发展起来的一个新的存储技术。云存储是一个以数据存储和管理为核心的云计算系统。用户可以将本地的资源上传至云端上,可以在任何地方连入互联网来获取云上的资源。大家所熟知的谷歌、微软等大型网络公司均有云存储的服务,在国内,百度云和微云则是市场占有量最大的存储云。各运营商也提供了各种存储云,如中国电信的天翼云盘、中国移动的和彩云等,这些存储云向用户提供了存储容器服务、备份服务、归档服务和记录管理服务等,大大方便了使用者对资源的管理。

2. 医疗云

医疗云,是指在云计算、移动技术、多媒体、4G 通信、大数据,以及物联网等新技术基础上,结合医疗技术,使用"云计算"来创建医疗健康服务云平台,实现了医疗资源的共享和医疗范围的扩大。因为与云计算技术的运用和结合,医疗云提高了医疗机构的效率,方便了居民就医。像现在医院的预约挂号、电子病历、医保等都是云计算与医疗领域结合的产物,医疗云还具有数据安全、信息共享、动态扩展、布局全国的优势。

3. 金融云

金融云,是指利用云计算的模型,将信息、金融和服务等功能分散到庞大分支机构构成的互联网"云"中,旨在为银行、保险和基金等金融机构提供互联网处理和运行服务,同时共享互联网资源,从而解决现有问题并且达到高效、低成本的目标。在 2013 年 11 月 27 日,阿里云整合阿里巴巴旗下资源并推出阿里金融云服务。其实,这就是现在基本普及了的快捷支付,因为金融与云计算的结合,现在只需要在手机上简单操作,就可以完成银行存款、购买保险和基金买卖。现在,不仅仅阿里巴巴推出了金融云服务,像苏宁金融、腾讯等企业均推出了自己的金融云服务。

4.教育云

教育云,实质上是指教育信息化的一种发展。具体的,教育云可以将所需要的任何教育硬件资源虚拟化,然后将其传入互联网中,以向教育机构和学生老师提供一个方便快捷的平台。现在流行的慕课就是教育云的一种应用。慕课 MOOC,指的是大规模开放的在线课程。现阶段慕课的三大优秀平台为 Coursera、edX 以及 Udacity。在国内,中国大学 MOOC 也是非常好的平台。现在流行的精品资源视频课通常也建设在教育云上。

4.1.3　物联网的概念及应用

物联网(The Internet of Things,IOT)是指通过各种信息传感器、射频识别技术、全球定位系统、红外感应器、激光扫描器等各种装置与技术,实时采集任何需要监控、连接、互动的物体或过程,采集其声、光、热、电、力学、化学、生物、位置等各种需要的信息,通过各类可能的网络接入,实现物与物、物与人的泛在连接,实现对物品和过程的智能化感知、识别和管理。物联网是一个基于互联网、传统电信网等的信息承载体,它让所有能够被独立寻址的普通物理对象形成互联互通的网络。

4.1.3.1　物联网的定义

物联网即"万物相连的互联网",是互联网基础上的延伸和扩展的网络,将各种信息传感设备与互联网结合起来而形成的一个巨大网络,实现在任何时间、任何地点,人、机、物的互联互通。

物联网是新一代信息技术的重要组成部分,IT 行业又叫泛互联,意指物物相连,万物万联。由此,"物联网就是物物相连的互联网"。这有两层意思:第一,物联网的核心和基础仍然是互联网,是在互联网基础上的延伸和扩展的网络;第二,其用户端延伸和扩展到了任何物品与物品之间,进行信息交换和通信。因此,物联网的定义是通过射频识别、红外感应器、全球定位系统、激光扫描器等信息传感设备,按约定的协议,把任何物品与互联网相连接,进行信息交换和通信,以实现对物品的智能化识别、定位、跟踪、监控和管理的一种网络。

4.1.3.2　物联网的起源

物联网概念最早出现于比尔·盖茨 1995 年《未来之路》一书。在《未来之路》中,比尔·盖茨已经提及"物联网"的概念,只是当时受限于无线网络、硬件及传感设备的发展,并未引起世人的重视。

1998 年,美国麻省理工学院创造性地提出了当时被称作 EPC 系统的"物联网"的构想。

1999 年,美国 Auto-ID 首先提出"物联网"的概念,主要是建立在物品编码、RFID 技术和互联网的基础上。过去在中国,物联网被称之为传感网。中科院早在 1999 年就启动了传感网的研究,并已取得了一些科研成果,建立了一些适用的传感网。同年,在美国召开的移动计算和网络国际会议提出了"传感网是下一个世纪人类面临的又一个发展机遇"。

2003 年,美国《技术评论》提出传感网络技术将是未来改变人们生活的十大技术之首。

2005 年 11 月 17 日,在突尼斯举行的信息社会世界峰会(WSIS)上,国际电信联盟(ITU)发布了《ITU 互联网报告 2005:物联网》,正式提出了"物联网"的概念。报告指出,无所不在的

"物联网"通信时代即将来临,世界上所有的物体从轮胎到牙刷、从房屋到纸巾都可以通过因特网主动进行交换。射频识别技术(RFID)、传感器技术、纳米技术、智能嵌入技术将得到更加广泛的应用。

4.1.3.3 物流网的特征和功能

物联网的基本特征从通信对象和过程来看,物与物、人与物之间的信息交互是物联网的核心。物联网的基本特征可概括为整体感知、可靠传输和智能处理。

1. 整体感知

物联网通常利用射频识别、二维码、智能传感器等感知设备感知获取物体的各类信息。

2. 可靠传输

物联网通过对互联网、无线网络的融合,将物体的信息实时、准确地传送,以便信息交流、分享。

3. 智能处理

物联网使用各种智能技术,对感知和传送到的数据、信息进行分析处理,实现监测与控制的智能化。

根据物联网的以上特征,结合信息科学的观点,围绕信息的流动过程,可以归纳出物联网处理信息的功能:

(1)获取信息的功能,主要是信息的感知、识别,信息的感知是指对事物属性状态及其变化方式的知觉和敏感;信息的识别指能把所感受到的事物状态用一定的方式表示出来。

(2)传送信息的功能,主要是信息发送、传输、接收等环节,最后把获取的事物状态信息及其变化的方式从时间(或空间)上的一点传送到另一点,这就是常说的通信过程。

(3)处理信息的功能,是指信息的加工过程,利用已有的信息或感知的信息产生新的信息,实际是制定决策的过程。

(4)施效信息的功能,指信息最终发挥效用的过程,有很多的表现形式,比较重要的是通过调节对象事物的状态及其变换方式,始终使对象处于预先设计的状态。

4.1.3.4 物联网中的关键技术

1. 射频识别技术

谈到物联网,就不得不提到物联网发展中备受关注的射频识别技术(Radio Frequency Identification,RFID)。RFID 是一种简单的无线系统,由一个询问器(或阅读器)和很多应答器(或标签)组成。标签由耦合元件及芯片组成,每个标签具有扩展词条唯一的电子编码,附着在物体上标识目标对象,它通过天线将射频信息传递给阅读器,阅读器就是读取信息的设备。RFID 技术让物品能够"开口说话"。这就赋予了物联网一个特性即可跟踪性。就是说人们可以随时掌握物品的准确位置及其周边环境。据 Sanford C. Bernstein 公司的零售业分析师估计,关于物联网 RFID 带来的这一特性,可使沃尔玛每年节省 83.5 亿美元,其中大部分是因为不需要人工查看进货的条码而节省的劳动力成本。RFID 帮助零售业解决了商品断货和损耗(因盗窃和供应链被搅乱而损失的产品)两大难题,而现在单是盗窃一项,沃尔玛一年的损失就达近 20 亿美元。

2. 传感网

MEMS 是微机电系统(Micro-Electro-Mechanical Systems)的英文缩写。它是由微传感器、微执行器、信号处理和控制电路、通信接口和电源等部件组成的一体化的微型器件系统。其目标是把信息的获取、处理和执行集成在一起,组成具有多功能的微型系统,集成于大尺寸系统中,从而大幅度地提高系统的自动化、智能化和可靠性水平。它是比较通用的传感器。因为MEMS,赋予了普通物体新的生命,它们有了属于自己的数据传输通路、存储功能、操作系统和专门的应用程序,从而形成了一个庞大的传感网。这让物联网能够通过物品来实现对人的监控与保护。遇到酒后驾车的情况,如果在汽车和汽车点火钥匙上都植入微型感应器,那么当喝了酒的司机掏出汽车钥匙时,钥匙能透过气味感应器察觉到一股酒气,就通过无线信号立即通知汽车"暂停发动",汽车便会处于休息状态。同时"命令"司机的手机给他的亲朋好友发短信,告知司机所在位置,提醒亲友尽快来处理。不仅如此,未来衣服可以"告诉"洗衣机放多少水和洗衣粉最经济;文件夹会"检查"我们忘带了什么重要文件;食品蔬菜的标签会向顾客的手机介绍"自己"是否真正"绿色安全"。这就是物联网世界中被"物"化的结果。

3. M2M 系统框架

M2M 是 Machine-to-Machine/Man 的简称,是一种以机器终端智能交互为核心的、网络化的应用与服务。它将使对象实现智能化的控制。M2M 技术涉及 5 个重要的技术部分:机器、M2M 硬件、通信网络、中间件、应用。基于云计算平台和智能网络,可以依据传感器网络获取的数据进行决策,改变对象的行为进行控制和反馈。拿智能停车场来说,当该车辆驶入或离开天线通信区时,天线以微波通信的方式与电子识别卡进行双向数据交换,从电子车卡上读取车辆的相关信息,在司机卡上读取司机的相关信息,自动识别电子车卡和司机卡,并判断车卡是否有效和司机卡的合法性,核对车道控制电脑显示与该电子车卡和司机卡一一对应的车牌号码及驾驶员等资料信息;车道控制电脑自动将通过时间、车辆和驾驶员的有关信息存入数据库中,车道控制电脑根据读到的数据判断是正常卡、未授权卡、无卡还是非法卡,据此做出相应的回应和提示。另外,家中老人戴上嵌入智能传感器的手表,在外地的子女可以随时通过手机查询父母的血压、心跳是否稳定;智能化的住宅在主人上班时,传感器自动关闭水电气和门窗,定时向主人的手机发送消息,汇报安全情况。

4. 云计算

云计算我们在前面已经做了介绍。在物联网中云计算旨在通过网络把多个成本相对较低的计算实体整合成一个具有强大计算能力的完美系统,并借助先进的商业模式让终端用户可以得到这些强大计算能力的服务。如果将计算能力比作发电能力,那么从古老的单机发电模式转向现代电厂集中供电的模式,就好比现在大家习惯的单机计算模式转向云计算模式,而"云"就好比发电厂,具有单机所不能比拟的强大计算能力。这意味着计算能力也可以作为一种商品进行流通,就像煤气、水、电一样,取用方便、费用低廉,以至于用户无须自己配备。与电力是通过电网传输不同,计算能力是通过各种有线、无线网络传输的。因此,云计算的一个核心理念就是通过不断提高"云"的处理能力,不断减少用户终端的处理负担,最终使其简化成一个单纯的输入输出设备,并能按需享受"云"强大的计算处理能力。物联网感知层获取大量数据信息,在经过网络层传输以后,放到一个标准平台上,再利用高性能的云计算对其进行处理,赋予这些数据智能,才能最终转换成对终端用户有用的信息。

4.1.3.5　物联网的应用

物联网的应用领域涉及方方面面,在工业、农业、环境、交通、物流、安保等基础设施领域的应用,有效推动了这些方面的智能化发展,使得有限的资源得到更加合理的使用分配,从而提高了行业的效率、效益。在家居、医疗健康、教育、金融与服务业、旅游业等与生活息息相关的领域的应用,从服务范围、服务方式到服务的质量等方面都有了极大的改进,大大提高了人们的生活质量;在涉及国防军事领域方面,虽然还处在研究探索阶段,但物联网应用带来的影响也不可小觑,大到卫星、导弹、飞机、潜艇等装备系统,小到单兵作战装备,物联网技术的嵌入有效提升了军事智能化、信息化、精准化,极大提升了军事战斗力,是未来军事变革的关键。

1. 智能交通

物联网技术在道路交通方面的应用比较成熟。随着社会车辆越来越普及,交通拥堵甚至瘫痪已成为城市的一大问题。对道路交通状况实时监控并将信息及时传递给驾驶人,让驾驶人及时做出出行调整,有效缓解了交通压力;高速路口设置道路自动收费系统(简称 ETC),免去进出口取卡、还卡的时间,提升车辆的通行效率;公交车上安装定位系统,能及时了解公交车行驶路线及到站时间,乘客可以根据搭乘路线确定出行,免去不必要的时间浪费。社会车辆增多,除了会带来交通压力外,停车难也日益成为一个突出问题,不少城市推出了智慧路边停车管理系统,该系统基于云计算平台,结合物联网技术与移动支付技术,共享车位资源,提高车位利用率和用户的方便程度。该系统可以兼容手机模式和射频识别模式,通过手机端 APP 软件可以实现及时了解车位信息、车位位置,提前做好预定并实现交费等操作,很大程度上解决了"停车难、难停车"的问题。

2. 智能家居

智能家居就是物联网在家庭中的基础应用,随着宽带业务的普及,智能家居产品涉及方方面面。家中无人,可利用手机等产品客户端远程操作智能空调,调节室温,甚者还可以学习用户的使用习惯,从而实现全自动的温控操作,使用户在炎炎夏季回家就能享受到冰爽带来的惬意;通过客户端实现智能灯泡的开关、调控灯泡的亮度和颜色等;插座内置 Wi-Fi,可实现遥控插座定时通断电流,甚至可以监测设备用电情况,生成用电图表让你对用电情况一目了然,安排资源使用及开支预算;智能体重秤,监测运动效果。内置可以监测血压、脂肪量的先进传感器,内定程序根据身体状态提出健康建议;智能牙刷与客户端相连,提供刷牙时间、刷牙位置提醒,可根据刷牙的数据生产图表,反映口腔的健康状况;智能摄像头、窗户传感器、智能门铃、烟雾探测器、智能报警器等都是家庭不可少的安全监控设备,你即使出门在外,也可以在任意时间、地点查看家中任何一角的实时状况,任何安全隐患;另外还有智能手环、智能手表、智能马桶盖、智能语音蓝牙音箱、智能冰箱、智能厨具等,看似烦琐的种种家居生活因为物联网变得更加轻松、美好。

3. 公共安全

近年来全球气候异常情况频发,灾害的突发性和危害性进一步加大,互联网可以实时监测环境的不安全性情况,提前预防、实时预警、及时采取应对措施,降低灾害对人类生命财产的威胁。美国布法罗大学早在 2013 年就提出研究深海互联网项目,通过特殊处理的感应装置置于深海处,分析水下相关情况,海洋污染的防治、海底资源的探测,甚至对海啸也可以提供更加可靠的预警。该项目在当地湖水中进行试验,获得成功,为进一步扩大使用范围提供了基础。利用物联网技术可以智能感知大气、土壤、森林、水资源等方面各指标数据,对于改善人类生活环境发挥巨大作用。

4.1.4　区块链的概念及应用

区块链(Blockchain)是一个信息技术领域的术语。从本质上讲,它是一个共享数据库,存储于其中的数据或信息,具有"不可伪造""全程留痕""可以追溯""公开透明""集体维护"等特征。基于这些特征,区块链技术奠定了坚实的"信任"基础,创造了可靠的"合作"机制,具有广阔的运用前景。

2019 年 1 月 10 日,国家互联网信息办公室发布《区块链信息服务管理规定》。2019 年 10 月 24 日,在中央政治局第十八次集体学习时,习近平总书记强调,"把区块链作为核心技术自主创新的重要突破口""加快推动区块链技术和产业创新发展"。"区块链"已走进大众视野,成为社会的关注焦点。

2019 年 12 月 2 日,该词入选《咬文嚼字》2019 年十大流行语。

那么区块链到底是什么呢?

区块链起源于比特币,2008 年 11 月 1 日,一位自称中本聪(Satoshi Nakamoto)的人发表了《比特币:一种点对点的电子现金系统》一文,阐述了基于 P2P 网络技术、加密技术、时间戳技术、区块链技术等的电子现金系统的构架理念,这标志着比特币的诞生。两个月后理论步入实践,2009 年 1 月 3 日第一个序号为 0 的创世区块诞生。2009 年 1 月 9 日出现序号为 1 的区块,并与序号为 0 的创世区块相连接形成了链,标志着区块链的诞生。

近年来,世界对比特币的态度起起落落,但作为比特币底层技术之一的区块链技术日益受到重视。在比特币形成过程中,区块是一个一个的存储单元,记录了一定时间内各个区块节点全部的交流信息。各个区块之间通过随机散列(也称哈希算法)实现链接,后一个区块包含前一个区块的哈希值,随着信息交流的扩大,一个区块与一个区块相继接续,形成的结果就叫区块链。

4.1.4.1　区块链的定义

什么是区块链?从科技层面来看,区块链涉及数学、密码学、互联网和计算机编程等很多科学技术问题。从应用视角来看,简单来说,区块链是一个分布式的共享账本和数据库,具有去中心化、不可篡改、全程留痕、可以追溯、集体维护、公开透明等特点。这些特点保证了区块链的"诚实"与"透明",为区块链创造信任奠定基础。而区块链丰富的应用场景,基本上都基于区块链能够解决信息不对称问题,实现多个主体之间的协作信任与一致行动。

区块链是分布式数据存储、点对点传输、共识机制、加密算法等计算机技术的新型应用模式。区块链原是比特币的一个重要概念。它本质上是一个去中心化的数据库,同时作为比特币的底层技术,是一串使用密码学方法相关联产生的数据块,每一个数据块中包含了一批次比特币网络交易的信息,用于验证其信息的有效性(防伪)和生成下一个区块。

《比特币白皮书》英文原版其实并未出现 blockchain 一词,而是使用的 chain of blocks。最早的《比特币白皮书》中文翻译版中,将 chain of blocks 翻译成了区块链。这是"区块链"一词最早的出现时间。

国家互联网信息办公室于 2019 年 1 月 10 日发布了《区块链信息服务管理规定》,自 2019 年 2 月 15 日起施行。

作为核心技术自主创新的重要突破口,区块链的安全风险问题被视为当前制约行业健康发展的一大短板,频频发生的安全事件为业界敲响警钟。拥抱区块链,需要加快探索建立适应区块链技术机制的安全保障体系。

4.1.4.2 区块链的类型

1. 公有区块链

公有区块链(Public Block Chains):世界上任何个体或者团体都可以发送交易,且交易能够获得该区块链的有效确认,任何人都可以参与其共识过程。公有区块链是最早的区块链,也是应用最广泛的区块链,各大 bitcoins 系列的虚拟数字货币均基于公有区块链,世界上有且仅有一条该币种对应的区块链。

2. 联合(行业)区块链

行业区块链(Consortium Block Chains):由某个群体内部指定多个预选的节点为记账人,每个块的生成由所有的预选节点共同决定(预选节点参与共识过程),其他接入节点可以参与交易,但不过问记账过程(本质上还是托管记账,只是变成分布式记账,预选节点的多少,如何决定每个块的记账者成为该区块链的主要风险点),其他任何人可以通过该区块链开放的 API 进行限定查询。

3. 私有区块链

私有区块链(Private Block Chains):仅仅使用区块链的总账技术进行记账,可以是一个公司,也可以是个人,独享该区块链的写入权限,本链与其他的分布式存储方案没有太大区别。传统金融都是想实验尝试私有区块链,而公链的应用例如比特币已经工业化,私链的应用产品还在摸索当中。

4.1.4.3 区块链的特征

1. 去中心化

区块链技术不依赖额外的第三方管理机构或硬件设施,没有中心管制,除了自成一体的区块链本身,通过分布式核算和存储,各个节点实现了信息自我验证、传递和管理。去中心化是区块链最突出、最本质的特征。

2. 开放性

区块链技术基础是开源的,除了交易各方的私有信息被加密外,区块链的数据对所有人开放,任何人都可以通过公开的接口查询区块链数据和开发相关应用,因此整个系统信息高度透明。

3. 独立性

基于协商一致的规范和协议(类似比特币采用的哈希算法等各种数学算法),整个区块链系统不依赖其他第三方,所有节点能够在系统内自动安全地验证、交换数据,不需要任何人为的干预。

4. 安全性

只要不能掌控全部数据节点的 51%，就无法肆意操控修改网络数据，这使区块链本身变得相对安全，避免了主观人为的数据变更。

5. 匿名性

除非有法律规范要求，单从技术上来讲，各区块节点的身份信息不需要公开或验证，信息传递可以匿名进行。

4.1.4.4　区块链的核心技术

1. 分布式账本

分布式账本指的是交易记账由分布在不同地方的多个节点共同完成，而且每一个节点记录的是完整的账目，因此它们都可以参与监督交易合法性，同时可以共同为其作证。

跟传统的分布式存储有所不同，区块链的分布式存储的独特性主要体现在两个方面：一是区块链每个节点都按照块链式结构存储完整的数据，传统分布式存储一般是将数据按照一定的规则分成多份进行存储。二是区块链每个节点存储都是独立的、地位等同的，依靠共识机制保证存储的一致性，而传统分布式存储一般是通过中心节点往其他备份节点同步数据。没有任何一个节点可以单独记录账本数据，从而避免了单一记账人被控制或者被贿赂而记假账的可能性。也因为记账节点足够多，所以理论上讲除非所有的节点被破坏，否则账目就不会丢失，从而保证了账目数据的安全性。

2. 非对称加密

存储在区块链上的交易信息是公开的，但是账户身份信息是高度加密的，只有在数据拥有者授权的情况下才能访问到，从而保证了数据的安全和个人的隐私。

3. 共识机制

共识机制就是所有记账节点之间怎么达成共识，去认定一个记录的有效性，这既是认定的手段，也是防止篡改的手段。区块链提出了四种不同的共识机制，适用于不同的应用场景，在效率和安全性之间取得平衡。

区块链的共识机制具备"少数服从多数"和"人人平等"的特点，其中"少数服从多数"并不完全指节点个数，也可以是计算能力、股权数或者其他的计算机可以比较的特征量。"人人平等"是当节点满足条件时，所有节点都有权优先提出共识结果、直接被其他节点认同后并最后有可能成为最终共识结果。以比特币为例，采用的是工作量证明，只有在控制了全网超过51% 的记账节点的情况下，才有可能伪造出一条不存在的记录。当加入区块链的节点足够多的时候，这基本上不可能，从而杜绝了造假的可能。

4. 智能合约

智能合约是基于这些可信的不可篡改的数据，可以自动化地执行一些预先定义好的规则和条款。以保险为例，如果说每个人的信息（包括医疗信息和风险发生的信息）都是真实可信的，那就很容易在一些标准化的保险产品中，去进行自动化的理赔。在保险公司的日常业务中，虽然交易不像银行和证券行业那样频繁，但是对可信数据的依赖是有增无减。因此，通常认为利用区块链技术，从数据管理的角度切入，能够有效地帮助保险公司提高风险管理能力。

具体来讲主要分投保人风险管理和保险公司的风险监督。

4.1.4.5　区块链的应用

1. 金融领域

区块链在国际汇兑、信用证、股权登记和证券交易所等金融领域有着潜在的巨大应用价值。将区块链技术应用在金融行业中,能够省去第三方中介环节,实现点对点的直接对接,从而在大大降低成本的同时,快速完成交易支付。

比如 Visa 推出基于区块链技术的 Visa B2B Connect,它能为机构提供一种费用更低、更快速和安全的跨境支付方式来处理全球范围的企业对企业的交易。要知道传统的跨境支付需要等 3~5 天,并为此支付 1%~3%的交易费用。Visa 还联合 Coinbase 推出了首张比特币借记卡,花旗银行则在区块链上测试运行加密货币"花旗币"。

2. 物联网和物流领域

区块链在物联网和物流领域也可以天然结合。通过区块链可以降低物流成本,追溯物品的生产和运送过程,并且提高供应链管理的效率。该领域被认为是区块链一个很有前景的应用方向。

区块链通过节点连接的散状网络分层结构,能够在整个网络中实现信息的全面传递,并能够检验信息的准确程度。这种特性在一定程度上提高了物联网交易的便利性和智能化。"区块链+大数据"的解决方案就利用了大数据的自动筛选过滤模式,在区块链中建立信用资源,可双重提高交易的安全性,并提高物联网交易的便利程度。为智能物流模式应用节约时间成本。区块链节点具有十分自由的进出能力,可独立地参与或离开区块链体系,不对整个区块链体系有任何干扰。"区块链+大数据"解决方案就利用了大数据的整合能力,促使物联网基础用户拓展更具有方向性,便于在智能物流的分散用户之间实现用户拓展。

3. 公共服务领域

区块链在公共管理、能源、交通等领域都与民众的生产生活息息相关,但是这些领域的中心化特质也带来了一些问题,可以用区块链来改造。区块链提供的去中心化的完全分布式DNS 服务通过网络中各个节点之间的点对点数据传输服务就能实现域名的查询和解析,可用于确保某个重要的基础设施的操作系统和固件没有被篡改,可以监控软件的状态和完整性,发现不良的篡改,并确保使用了物联网技术的系统所传输的数据没有经过篡改。

4. 数字版权领域

通过区块链技术,可以对作品进行鉴权,证明文字、视频、音频等作品的存在,保证权属的真实、唯一性。作品在区块链上被确权后,后续交易都会进行实时记录,实现数字版权全生命周期管理,也可作为司法取证中的技术性保障。例如,美国纽约一家创业公司 Mine Labs 开发了一个基于区块链的元数据协议,这个名为 Mediachain 的系统利用 IPFS 文件系统,实现数字作品版权保护,主要是面向数字图片的版权保护应用。

5. 保险领域

在保险理赔方面,保险机构负责资金归集、投资、理赔,往往管理和运营成本较高。通过智能合约的应用,既无须投保人申请,也无须保险公司批准,只要触发理赔条件,实现保单自动理赔。一个典型的应用案例就是 LenderBot,是 2016 年由区块链企业 Stratumn、德勤与支付服务商 Lemonway 合作推出,它允许人们通过 Facebook Messenger 的聊天功能,注册定制化的微保险产品,为个人之间交换的高价值物品进行投保,而区块链在贷款合同中代替了第三方角色。

6. 公益领域

区块链上存储的数据,可靠性高且不可篡改,天然适合用在社会公益场景。公益流程中的相关信息,如捐赠项目、募集明细、资金流向、受助人反馈等,均可以存放于区块链上,并且有条件地进行透明公开公示,方便社会监督。

随着区块链技术成为社会关注热点,被监管部门严厉打击的虚拟货币出现死灰复燃势头。针对这一新情况,多地监管部门宣布,新一轮清理整顿已经展开。

2019 年 11 月 22 日,有国家互联网金融风险专项整治小组办公室人士表示,区块链的内涵很丰富,并不等于虚拟货币。所有打着区块链旗号关于虚拟货币的推广宣传活动都是违法违规的。监管部门对于虚拟货币炒作和虚拟货币交易场所的打击态度没有丝毫改变。

据了解,监管部门已经通盘部署,要求全国各地全面排查属地借助区块链开展虚拟货币炒作活动的最新情况,出现问题及时打早打小。在下一阶段的工作中,监管部门将加大清理整顿虚拟货币及交易场所的力度,发现一起、处置一起。

任务 4.2 虚拟现实与增强现实的基本概念和应用领域

学习目的

通过本任务阶段学习,熟悉虚拟现实与增强现实等技术的概念,了解虚拟现实等技术在各行各业的主要应用场景与发展方向。

4.2.1 虚拟现实的概念及其应用现状

虚拟现实技术(Virtual Reality,VR),又称灵境技术,是 20 世纪发展起来的一项全新的实用技术。虚拟现实技术囊括计算机、电子信息、仿真技术,其基本实现方式是计算机模拟虚拟环境,从而给人以环境沉浸感。随着社会生产力和科学技术的不断发展,各行各业对 VR 技术的需求日益旺盛。VR 技术也取得了巨大进步,并逐步成为一个新的科学技术领域。

4.2.1.1 虚拟现实的概念

所谓虚拟现实,顾名思义,就是虚拟和现实相互结合。从理论上来讲,虚拟现实技术(VR)是一种可以创建和体验虚拟世界的计算机仿真系统,它利用计算机生成一种模拟环境,使用户沉浸到该环境中。虚拟现实技术就是利用现实生活中的数据,通过计算机技术产生的电子信号,将其与各种输出设备结合使其转化为能够让人们感受到的现象,这些现象可以是现实中真真切切的物体,也可以是我们肉眼所看不到的物质,通过三维模型表现出来。因为这些现象不是我们直接所能看到的,而是通过计算机技术模拟出来的现实中的世界,故称为虚拟现实。

虚拟现实技术受到了越来越多人的认可，用户可以在虚拟现实世界体验到最真实的感受，其模拟环境的真实性与现实世界难辨真假，让人有种身临其境的感觉；同时，虚拟现实具有一切人类所拥有的感知功能，比如听觉、视觉、触觉、味觉、嗅觉等感知系统；最后，它具有超强的仿真系统，真正实现了人机交互，使人在操作过程中，可以随意操作并且得到环境最真实的反馈。正是虚拟现实技术的存在性、多感知性、交互性等特征使其受到了许多人的喜爱。

4.2.1.2　虚拟现实的分类

VR 涉及学科众多，应用领域广泛，系统种类繁杂，这是由其研究对象、研究目标和应用需求决定的。从不同角度出发，可对 VR 系统做出不同分类。

1. 根据沉浸式体验角度分类

沉浸式体验分为非交互式体验、人-虚拟环境交互式体验和群体-虚拟环境交互式体验等几类。该角度强调用户与设备的交互体验，相比之下，非交互式体验中的用户更为被动，所体验内容均为提前规划好的，即便允许用户在一定程度上引导场景数据的调度，也仍没有实质性交互行为，如场景漫游等，用户几乎全程无事可做；而在人—虚拟环境交互式体验系统中，用户则可用诸如数据手套、数字手术刀等的设备与虚拟环境进行交互，如驾驶战斗机模拟器等，此时的用户可感知虚拟环境的变化，进而也就能产生在相应现实世界中可能产生的各种感受。

如果将该套系统网络化、多机化，使多个用户共享一套虚拟环境，便得到群体—虚拟环境交互式体验系统，如大型网络交互游戏等，此时的 VR 系统与真实世界无甚差异。

2. 根据系统功能角度分类

系统功能分为规划设计、展示娱乐、训练演练等几类。规划设计系统可用于新设施的实验验证，可大幅缩短研发时长，降低设计成本，提高设计效率，城市排水、社区规划等领域均可使用，如 VR 模拟给、排水系统，可大幅减少原本需用于实验验证的经费；展示娱乐类系统适用于提供给用户逼真的观赏体验，如数字博物馆、大型 3D 交互式游戏、影视制作等，如 VR 技术早在 70 年代便被 Disney 用于拍摄特效电影；训练演练类系统则可应用于各种危险环境及一些难以获得操作对象或实操成本极高的领域，如外科手术训练、空间站维修训练等。

4.2.1.3　虚拟现实的特征

1. 沉浸性

沉浸性是虚拟现实技术最主要的特征，就是让用户成为并感受到自己是计算机系统所创造环境中的一部分，虚拟现实技术的沉浸性取决于用户的感知系统，当使用者感知到虚拟世界的刺激时，包括触觉、味觉、嗅觉、运动感知等，便会产生思维共鸣，造成心理沉浸，感觉如同进入真实世界。

2. 交互性

交互性是指用户对模拟环境内物体的可操作程度和从环境得到反馈的自然程度，使用者进入虚拟空间，相应的技术让使用者跟环境产生相互作用，当使用者进行某种操作时，周围的环境也会做出某种反应。如使用者接触到虚拟空间中的物体，那么使用者手上应该能够感受到，若使用者对物体有所动作，物体的位置和状态也应改变。

3. 多感知性

多感知性表示计算机技术应该拥有很多感知方式,比如听觉,触觉、嗅觉等。理想的虚拟现实技术应该具有一切人所具有的感知功能。由于相关技术,特别是传感技术的限制,目前大多数虚拟现实技术所具有的感知功能仅限于视觉、听觉、触觉、运动等几种。

4. 构想性

构想性也称想象性,使用者在虚拟空间中,可以与周围物体进行互动,可以拓宽认知范围,创造客观世界不存在的场景或不可能发生的环境。构想可以理解为使用者进入虚拟空间,根据自己的感觉与认知能力吸收知识,发散拓宽思维,创立新的概念和环境。

5. 自主性

自主性是指虚拟环境中物体依据物理定律动作的程度。如当受到力的推动时,物体会向力的方向移动或翻倒或从桌面落到地面等。

4.2.1.4　虚拟现实的关键技术

虚拟现实的关键技术主要包括:

1. 动态环境建模技术

虚拟环境的建立是 VR 系统的核心内容,目的就是获取实际环境的三维数据,并根据应用的需要建立相应的虚拟环境模型。

2. 实时三维图形生成技术

三维图形的生成技术已经较为成熟,那么关键就是"实时"生成。为保证实时,至少保证图形的刷新频率不低于 15 帧/秒,最好高于 30 帧/秒。

3. 立体显示和传感器技术

虚拟现实的交互能力依赖于立体显示和传感器技术的发展,现有的设备不能满足需要,力学和触觉传感装置的研究也有待进一步深入,虚拟现实设备的跟踪精度和跟踪范围也有待提高。

4. 应用系统开发工具

虚拟现实应用的关键是寻找合适的场合和对象,选择适当的应用对象可以大幅度提高生产效率,减轻劳动强度,提高产品质量。想要达到这一目的,则需要研究虚拟现实的开发工具。

5. 系统集成技术

由于 VR 系统中包括大量的感知信息和模型,因此系统集成技术起着至关重要的作用,集成技术包括信息的同步技术、模型的标定技术、数据转换技术、数据管理模型、识别与合成技术等。

4.2.1.5　虚拟现实的主要应用

随着虚拟现实的开发越来越方便,配套系统的价格也不断下降,所以逐步开始普及,在各行各业都有了广泛的应用。

1. 在影视娱乐中的应用

近年来,由于虚拟现实技术在影视业的广泛应用,以虚拟现实技术为主而建立的第一现场

9DVR 体验馆得以实现。第一现场 9DVR 体验馆自建成以来,在影视娱乐市场中的影响力非常大,此体验馆可以让观影者体会到置身于真实场景之中的感觉,让体验者沉浸在影片所创造的虚拟环境之中。

同时,随着虚拟现实技术的不断创新,此技术在游戏领域也得到了快速发展。虚拟现实技术是利用电脑产生的三维虚拟空间,而三维游戏刚好是建立在此技术之上的,三维游戏几乎包含了虚拟现实的全部技术,使得游戏在保持实时性和交互性的同时,也大幅提升了游戏的真实感。

2. 在教育中的应用

如今,虚拟现实技术已经成为促进教育发展的一种新型教育手段。传统的教育只是一味地给学生灌输知识,而现在利用虚拟现实技术可以帮助学生打造生动、逼真的学习环境,使学生通过真实感受来增强记忆,相比于被动性灌输,利用虚拟现实技术来进行自主学习更容易让学生接受,这种方式更容易激发学生的学习兴趣。此外,各大院校利用虚拟现实技术还建立了与学科相关的虚拟实验室来帮助学生更好的学习。

3. 在设计领域的应用

虚拟现实技术在设计领域小有成就,例如室内设计,人们可以利用虚拟现实技术把室内结构、房屋外形通过虚拟技术表现出来,使之变成可以看得见的物体和环境。同时,在设计初期,设计师可以将自己的想法通过虚拟现实技术模拟出来,可以在虚拟环境中预先看到室内的实际效果,这样既节省了时间,又降低了成本。

4. 虚拟现实在医学方面的应用

医学专家们利用计算机,在虚拟空间中模拟出人体组织和器官,让学生在其中进行模拟操作,并且能让学生感受到手术刀切入人体肌肉组织、触碰到骨头的感觉,使学生能够更快地掌握手术要领。而且,主刀医生们在手术前,也可以建立一个病人身体的虚拟模型,在虚拟空间中先进行一次手术预演,这样能够大大提高手术的成功率,让更多的病人得以痊愈。

5. 虚拟现实在军事方面的应用

由于虚拟现实的立体感和真实感,在军事方面,人们将地图上的山川地貌、海洋湖泊等数据通过计算机进行编写,利用虚拟现实技术,能将原本平面的地图变成一幅三维立体的地形图,再通过全息技术将其投影出来,这更有助于进行军事演习等训练,提高我国的综合国力。

除此之外,现在的战争是信息化战争,战争机器都朝着自动化方向发展,无人机便是信息化战争的最典型产物。无人机由于它的自动化以及便利性深受各国喜爱,在战士训练期间,可以利用虚拟现实技术去模拟无人机的飞行、射击等工作模式。战争期间,军人也可以通过眼镜、头盔等机器操控无人机进行侦察等任务,减小战争中军人的伤亡率。由于虚拟现实技术能将无人机拍摄到的场景立体化,降低操作难度,提高侦察效率,所以无人机和虚拟现实技术的发展刻不容缓。

6. 虚拟现实在航空航天方面的应用

由于航空航天是一项耗资巨大、非常烦琐的工程,所以,人们利用虚拟现实技术和计算机的统计模拟,在虚拟空间中重现了现实中的航天飞机与飞行环境,使飞行员在虚拟空间中进行飞行训练和实验操作,极大地降低了实验经费和实验的危险系数。

4.2.1.6　虚拟现实的发展趋势

随着虚拟现实技术在城市规划、军事等方面应用的不断深入,在建模与绘制方法、交互方式和系统构建方法等方面,对虚拟现实技术都提出了更高的需求。为了满足这些新的需求,近年来,虚拟现实相关技术研究遵循"低成本、高性能"原则取得了快速发展,并表现出了一些新的特点和发展趋势,主要表现在以下方面:

1. 动态环境建模技术

虚拟环境的建立是 VR 技术的核心内容,动态环境建模技术的目的是获取实际环境的三维数据,并根据需要建立相应的虚拟环境模型。

2. 实时三维图形生成和显示技术

三维图形的生成技术已比较成熟,而关键是如何"实时生成",在不降低图形的质量和复杂程度的前提下,如何提高刷新频率将是今后重要的研究内容。此外,VR 还依赖于立体显示和传感器技术的发展,现有的虚拟设备还不能满足系统的需要,有必要开发新的三维图形生成和显示技术。

3. 媒介与人的融合

可以设想,依仗于智能技术的发展,人们终将摆脱程序化的管理方式,使自己的心力和智力在更大的空间里得到提升,创造乐趣和才能全面发展的要求得到满足。可以说,虚拟现实技术,正是人类进入高度文明社会前的必然的也是必需的技术发展背景和条件。数字化时代,虚拟现实技术将越来越人性化。有一天,人们会发现所面对的计算机和网络,将不再是一堆单调和呆板的硬件,而是会说话、根据人的语言、表情和手势做出相应反应的智能化器件。同计算机和网络打交道,将会如同和人打交道一样方便。对于普通大众而言,虚拟现实这一数字媒介将不再是神秘的、不可捉摸的事物,而是善解人意的精灵。它了解人对信息的特殊需求,在人需要它的时候,适时为人们送来信息。借助于虚拟现实技术,把电子途径直接与人们的生物神经网络连接起来,人机界面不仅是由生硬到友好,而且是向界面发展,从而最终把其纳入人的本体。虚拟现实技术的人性化,最终将体现出自然性,达到"天人合一"的完美境界。

4. 大型网络分布式虚拟现实的研究与应用

网络虚拟现实是指多个用户在一个基于网络的计算机集合中,利用新型的人机交互设备介入计算机产生多维的、适用于用户(即适人化)应用的、相关的虚拟情景环境。分布式虚拟环境系统除了满足复杂虚拟环境计算的需求外,还应满足分布式仿真与协同工作等应用对共享虚拟环境的自然需求。分布式虚拟现实系统必须支持系统中多个用户、信息对象(实体)之间通过消息传递实现的交互。分布式虚拟现实可以看作是基于网络的虚拟现实系统,是可供多用户同时异地参与的分布式虚拟环境,处于不同地理位置的用户如同进入同一个真实环境中。

4.2.2　增强现实技术及应用

增强现实(Augmented Reality)技术是一种将虚拟信息与真实世界巧妙融合的技术,广泛运用了多媒体、三维建模、实时跟踪及注册、智能交互、传感等多种技术手段,将计算机生成的文字、图像、三维模型、音乐、视频等虚拟信息模拟仿真后,应用到真实世界中,两种信息互为补充,从而实现对真实世界的"增强"。

4.2.2.1 增强现实的概念

增强现实技术也被称为扩增现实,AR 增强现实技术是促使真实世界信息和虚拟世界信息内容之间综合在一起的较新的技术内容,其将原本在现实世界的空间范围中比较难以进行体验的实体信息在电脑等科学技术的基础上,实施模拟仿真处理、叠加,将虚拟信息内容在真实世界中加以有效应用,并且在这一过程中能够被人类感官所感知,从而实现超越现实的感官体验。真实环境和虚拟物体之间重叠之后,能够在同一个画面以及空间中同时存在。

增强现实技术不仅能够有效体现出真实世界的内容,也能够促使虚拟的信息内容显示出来,这些细腻内容相互补充和叠加。在视觉化的增强现实中,用户需要在头盔显示器的基础上,促使真实世界能够和电脑图形之间重合在一起,在重合之后可以充分看到真实的世界围绕着它。增强现实技术中主要有多媒体和三维建模以及场景融合等新的技术和手段,增强现实所提供的信息内容和人类能够感知的信息内容之间存在着明显不同。

4.2.2.2 增强现实的关键技术

1. 跟踪注册技术

为了实现虚拟信息和真实场景的无缝叠加,这就要求虚拟信息与真实环境在三维空间位置中进行配准注册。这包括使用者的空间定位跟踪和虚拟物体在真实空间中的定位两个方面的内容。而移动设备摄像头与虚拟信息的位置需要相对应,这就需要通过跟踪技术来实现。跟踪注册技术首先检测需要增强的物体特征点以及轮廓,跟踪物体特征点自动生成二维或三维坐标信息。跟踪注册技术的好坏直接决定着增强现实系统的成功与否,常用的跟踪注册方法有基于跟踪器的注册、基于机器视觉跟踪注册、基于无线网络的混合跟踪注册技术三种。

2. 显示技术

增强现实技术显示系统是比较重要的内容,为了能够得到较为真实的虚拟相结合的系统,使得实际应用便利程度不断提升,使用色彩较为丰富的显示器是其重要基础,在这一基础上,显示器包含头盔显示器和非头盔显示设备等相关内容,透视式头盔能够为用户提供相关的逆序融合在一起的情境。这些系统在具体操作过程中,操作的原理和虚拟现实领域中的沉浸式头盔等内容之间相似程度比较高级。其和使用者交互的接口及图像等综合在一起,使用更加真实有效的环境对其实施应用微型摄像机的形式,拍摄外部环境图像,使计算机图像在得到有效处理的时候,可以和虚拟以及真实环境融合在一起,并且两者之间的图像也能够得以叠加。光学透视头盔显示器可以在这一基础上利用安装在用户眼前的半透半反光学合成器,充分和真实环境综合在一起,真实的场景可以在半透镜的基础上,为用户提供支持,并且满足用户的相关操作需要。

3. 虚拟物体生成技术

增强现实技术在应用的时候,其目标是使得虚拟世界的相关内容,在真实世界中得到叠加处理,在有效算法程序的应用基础上,促使物体动感操作有效实现。当前虚拟物体的生成是在三维建模技术的基础上得以实现的,能够充分体现出虚拟物体的真实感,在对增强现实动感模型研发的过程中,需要能够全方位和集体化对物体对象展示出来。虚拟物体生成的过程中,自然交互是其中比较重要的技术内容,在具体实施的时候,对现实技术的有效实施有效辅助,使信息注册更好地实现,利用图像标记实时监控外部输入信息内容,使得增强现实信息的操作效率能够提升,并且用户在信息处理的时候,可以有效实现信息内容的加工,提取其中有用的信息内容。

4. 交互技术

与在现实生活中不同,增强现实是将虚拟事物在现实中的呈现,而交互就是帮助虚拟事物在现实中更好的呈现做准备,因此想要等到更好的 AR 体验,交互就是其中的重中之重。

AR 设备的交互方式主要分为以下三种:

(1)现实世界中的点位选取来进行交互是最为常见的一种交互方式,例如最近流行的 AR 贺卡和毕业相册就是通过图片位置来进行交互的。

(2)将空间中的一个或多个事物的特定姿势或者状态加以判断,这些姿势都对应着不同的命令。使用者可以任意改变和使用命令来进行交互,比如用不同的手势表示不同的指令。

(3)使用特制工具进行交互。比如谷歌地球,它就是利用类似于鼠标一样的东西来进行一系列的操作,从而满足用户对于 AR 互动的要求。

5. 合并技术

增强现实的目标是将虚拟信息与输入的现实场景无缝结合在一起,为了增加 AR 使用者的现实体验,要求 AR 具有很强真实感,为了达到这个目标不单单只考虑虚拟事物的定位,还需要考虑虚拟事物与真实事物之间的遮挡关系以及具备四个条件:几何一致、模型真实、光照一致和色调一致,这四者缺一不可,任何一种的缺失都会导致 AR 效果的不稳定,从而严重影响 AR 的体验。

4.2.2.3　增强现实的系统组成

增强现实系统在功能上主要包括四个关键部分,其中,图像采集处理模块是采集真实环境的视频,然后对图像进行预处理;而注册跟踪定位系统是对现实场景中的目标进行跟踪,根据目标的位置变化来实时求取相机的位姿变化,从而为将虚拟物体按照正确的空间透视关系叠加到真实场景中提供保障;虚拟信息渲染系统是在清楚虚拟物体在真实环境中的正确放置位置后,对虚拟信息进行渲染;虚实融合显示系统是将渲染后的虚拟信息叠加到真实环境中再进行显示。

一个完整的增强现实系统是由一组紧密联结、实时工作的硬件部件与相关软件系统协同实现的,有以下三种常用的组成形式。

1. 基于计算机显示器

在基于计算机显示器的增强现实实现方案中,摄像机摄取的真实世界图像输入到计算机中,与计算机图形系统产生的虚拟景象合成,并输出到计算机屏幕显示器。用户从屏幕上看到最终的增强场景图片。这种实现方案比较简单。

2. 视频透视式

视频透视式增强现实系统采用的是基于视频合成技术的穿透式 HMD(Video See-through HMD)。

3. 光学透视式

头盔式显示器(Head-mounted displays,HMD)被广泛应用于增强现实系统中,用以增强用户的视觉沉浸感。根据具体实现原理又可以划分为两大类,分别是基于光学原理的穿透式HMD(Optical See-through HMD)和基于视频合成技术的穿透式 HMD(Video See-through HMD)。

光学透视式增强现实系统具有简单、分辨率高、没有视觉偏差等优点,但它同时存在着定位精度要求高、延迟匹配难、视野相对较窄和价格高等问题。

4.2.2.4 增强现实系统的应用

随着 AR 技术的成熟,AR 越来越多地应用于各个行业,如教育、培训、医疗、设计、广告等。

1. 教育

AR 以其丰富的互动性为儿童教育产品的开发注入了新的活力,儿童的特点是活泼好动,运用 AR 技术开发的教育产品更适合孩子们的生理和心理特性。例如,现在市场上随处可见的 AR 书籍,对于低龄儿童来说,文字描述过于抽象,文字结合动态立体影像会让孩子快速掌握新的知识,丰富的交互方式更符合孩子们活泼好动的特性,提高了孩子们的学习积极性。在学龄教育中 AR 也发挥着越来越多的作用,如一些危险的化学实验,及深奥难懂的数学、物理原理都可以通过 AR 使学生快速掌握。

2. 健康医疗

近年来,AR 技术也越来越多地被应用于医学教育、病患分析及临床治疗中,微创手术越来越多地借助 AR 及 VR 技术来减轻病人的痛苦,降低手术成本及风险。此外,在医疗教学中,AR 与 VR 的技术应用使深奥难懂的医学理论变得形象立体、浅显易懂,大大提高了教学效率和质量。

3. 广告购物

AR 技术可帮助消费者在购物时更直观地判断某商品是否适合自己,以做出更满意的选择。用户可以轻松地通过该软件直观地看到不同的家具放置在家中的效果,从而方便用户选择,该软件还具有保存并添加到购物车的功能。

4. 展示导览

AR 技术被大量应用于博物馆对展品的介绍说明中,该技术通过在展品上叠加虚拟文字、图片、视频等信息为游客提供展品导览介绍。此外,AR 技术还可应用于文物复原展示,即在文物原址或残缺的文物上通过 AR 技术将复原部分与残存部分完美结合,使参观者了解文物原来的模样,达到身临其境的效果。

5. 应用于信息检索领域

对于用户需要对某一物品的功能和说明清晰了解时,增强现实技术会根据用户需要将该物品的相关信息从不同方向汇聚并实时展现在用户的视野内。在未来,人们可以在通过扫描面部,识别出某人的信用以及部分公开信息,防止上当受骗。这些技术的实现很大程度上减少了人们受骗概率,方便用户快速高效的工作。

6.应用于工业设计交互领域

增强现实技术最特殊的地方就是在于其高度交互性,应用于工业设计中,主要表现为虚拟交互,通过手势、点击等识别来实现交互技术,将虚拟的设备、产品去展示给设计者和用户,也可以通过部分控制实现虚拟仿真,模仿装配情况或日常维护、拆装等工作,在虚拟中学习,减少了制造浪费以及对人才培训的成本,大大改善了设计的体制,缩短了设计的时间,提高了效率。

任务4.3　人工智能的发展、研究方法及应用领域

学习目的

人工智能是当今最热门的新技术之一。通过学习本任务,应掌握人工智能的基本概念,熟悉其发展过程,了解其研究方法,并初步掌握人工智能的应用领域。

4.3.1　人工智能的概念及其发展概况

人工智能(Artificial Intelligence,AI),它是研究、开发用于模拟、延伸和扩展人的智能的理论、方法、技术及应用系统的一门新的技术科学。

人工智能是计算机科学的一个分支,它试图了解智能的实质,并生产出一种新的能以人类智能相似的方式做出反应的智能机器,该领域的研究包括机器人、语言识别、图像识别、自然语言处理和专家系统等。人工智能从诞生以来,理论和技术日益成熟,应用领域也不断扩大,可以设想,未来人工智能带来的科技产品,将会是人类智慧的"容器"。人工智能可以对人的意识、思维的信息过程进行模拟。人工智能不是人的智能,但能像人那样思考,也可能超过人的智能。

4.3.1.1　人工智能的定义

由于人类对智能的研究还不能圆满地解释"智能"是如何形成、如何工作的,所以人工智能的定义还有很多争议。一般来说,人工智能的定义可以分为两部分,即"人工"和"智能"。"人工"比较好理解,争议性也不大。而关于什么是"智能",就问题多多了。这涉及其他诸如意识(Consciousness)、自我(Self)、思维(Mind)[包括无意识的思维(Unconscious-mind)]等问题。人唯一了解的智能是人本身的智能,这是普遍认同的观点。但是我们对我们自身智能的理解都非常有限,对构成人的智能的必要元素也了解有限,所以就很难定义什么是"人工"制造的"智能"了。因此人工智能的研究往往涉及对人的智能本身的研究。其他关于动物或其他人造系统的智能也普遍被认为是与人工智能相关的研究课题。

但不管怎么说,人工智能在计算机领域内,已经得到了愈加广泛的重视,并在机器人,经济政治决策、控制系统、仿真系统中得到应用。

尼尔逊教授对"人工智能"下了这样一个定义:"人工智能是关于知识的学科——怎样表示知识以及怎样获得知识并使用知识的科学。"而美国麻省理工学院的温斯顿教授认为:"人

工智能就是研究如何使计算机去做过去只有人才能做的智能工作。"这些说法反映了人工智能学科的基本思想和基本内容。即人工智能是研究人类智能活动的规律,构造具有一定智能的人工系统,研究如何让计算机去完成以往需要人的智力才能胜任的工作,也就是研究如何应用计算机的软硬件来模拟人类某些智能行为的基本理论、方法和技术。

人工智能是计算机学科的一个分支,20 世纪 70 年代以来被称为世界三大尖端技术之一(空间技术、能源技术、人工智能),也被认为是 21 世纪三大尖端技术(基因工程、纳米科学、人工智能)之一。这是因为近三十年来它获得了迅速的发展。在很多学科领域都获得了广泛应用,并取得了丰硕的成果,人工智能已逐步成为一个独立的分支,无论在理论和实践上都已自成一个系统。

人工智能是研究使计算机来模拟人的某些思维过程和智能行为(如学习、推理、思考、规划等)的学科,主要包括计算机实现智能的原理、制造类似于人脑智能的计算机,使计算机能实现更高层次的应用。人工智能将涉及计算机科学、心理学、哲学和语言学等学科。可以说几乎是自然科学和社会科学的所有学科,其范围已远远超出了计算机科学的范畴,人工智能与思维科学的关系是实践和理论的关系,人工智能是处于思维科学的技术应用层次,是它的一个应用分支。从思维观点看,人工智能不仅限于逻辑思维,要考虑形象思维、灵感思维才能促进人工智能的突破性的发展。数学常被认为是多种学科的基础科学,数学不仅在标准逻辑、模糊数学等范围发挥作用,数学也已进入语言、思维领域。人工智能学科也必须借用数学工具,数学进入人工智能学科,它们将互相促进,从而更快地发展。

4.3.1.2 人工智能的发展

1956 年夏季,以麦卡赛、明斯基、罗切斯特和申农等为首的一批有远见卓识的年轻科学家在一起聚会,共同研究和探讨用机器模拟智能的一系列有关问题,并首次提出了"人工智能"这一术语,它标志着"人工智能"这门新兴学科的正式诞生。IBM 公司"深蓝"电脑击败了人类的世界国际象棋冠军更是人工智能技术的一个完美表现。

从 1956 年正式提出人工智能学科算起,60 多年来,已取得了长足的发展,成为一门广泛的交叉和前沿科学。总的说来,人工智能的目的就是让计算机这台机器能够像人一样思考。如果希望做出一台能够思考的机器,那就必须知道什么是思考,更进一步讲就是什么是智慧。什么样的机器才是智慧的呢? 科学家已经做出了汽车、火车、飞机、收音机等,它们模仿我们身体器官的功能,但是能不能模仿人类大脑的功能呢? 到目前为止,我们也仅仅知道这个装在我们天灵盖里面的东西是由数十亿个神经细胞组成的器官,我们对这个东西知之甚少,模仿它或许是天下最困难的事情了。

当计算机出现后,人类开始真正有了一个可以模拟人类思维的工具,在以后的岁月中,无数科学家为这个目标努力着。如今人工智能已经不再是几个科学家的专利了,全世界几乎所有大学的计算机系都有人在研究这门学科,学习计算机的大学生也必须学习这样一门课程,在大家不懈的努力下,如今计算机似乎已经变得十分聪明了。例如,1997 年 5 月,IBM 公司研制的深蓝(Deep Blue)计算机战胜了国际象棋大师卡斯帕洛夫。大家或许还没注意到,在一些领域计算机帮助人类进行原来只属于人类的工作,计算机以它的高速和准确为人类发挥着它的作用。人工智能始终是计算机科学的前沿学科,计算机编程语言和其他计算机软件都因为有了人工智能的进展而得以进一步发展。

2019 年 3 月 4 日,十三届全国人大二次会议举行新闻发布会,大会发言人张业遂表示,已将与人工智能密切相关的立法项目列入立法规划。

4.3.2　人工智能的主要研究方法

智能的定义和本质是什么?到目前为止,尽管说法很多,但并没有形成统一的认识和概念。因此,对人工智能的研究就有了多种不同的途径,并形成了不同的研究学派。目前人工智能的主要研究学派有符号主义、连接主义和行为主义。

符号主义,即逻辑主义,它的理论基础是物理符号系统假设。换言之,理论基础是:人和计算机都是物理符号系统,可以用计算机的符号操作来模拟人的认知过程。1956 年,"人工智能"这个术语由符号主义者首先采用。事实上,在较长的时期里,符号主义曾占主流地位。这个流派的最大贡献是成功开发应用了专家系统,使人工智能和工程应用结合起来,最终从理论操作走向了实际运用。符号主义的主要特点是可以解决逻辑思维,但对于形象思维难以模拟,另外在信息表示成符号后,在处理或转换时,信息有丢失的情况发生。

连接主义理论认为人工智能的来源是仿生学,尤其是人脑模型的研究。其代表性成果是MP 模型,由麦克洛克和皮特在 1943 年创立。20 世纪 70 年代末到 80 年代初期,脑模型研究进入瓶颈期。经过几年的发展,连接主义的发展又有了一定的起色。到了 20 世纪 80 年代中期,反向传播算法(BP)的多层网络由美国认知心理学家鲁姆哈特提出。但从目前的结果来看,并不像预期的那么好。

行为主义认为,人工智能起源于控制论。20 世纪四五十年代,行为主义作为一种思潮,曾深刻地影响着当时从事人工智能的专家学者和技术人员。控制论、自组织系统和工程控制论是行为主义的代表理论,前者由维纳和麦克洛克提出,后者由我国著名科学家钱学森提出。智能控制和智能机器人系统在 20 世纪 80 年代诞生。行为主义是 20 世纪的新人工智能学派的产物,引起了许多人的兴趣。其代表是布鲁克斯制作的六足步行机器人。作为一种新的"控制动物的一代",它是一种基于感知行为模式的昆虫行为模拟控制系统。

人工智能的研究方法主要可以分为三类:

(1)结构模拟,神经计算。就是根据人脑的生理结构和工作机理,实现计算机的智能,即人工智能。结构模拟法也就是基于人脑的生理模型,采用数值计算的方法,从微观上来模拟人脑,实现机器智能。采用结构模拟,运用神经网络和神经计算的方法研究人工智能者,被称为生理学派、连接主义。

(2)功能模拟,符号推演。就是在当前数字计算机上,对人脑从功能上进行模拟,实现人工智能。功能模拟法就是以人脑的生理模型,将问题或知识表示成某种逻辑网络,采用符号推演的方法,实现搜索、推理、学习等功能,从宏观上来模拟人脑的思维,实现机器智能。以功能模拟和符号推演研究人工智能者,被称为心理学派、逻辑学派、符号主义。

(3)行为模拟,控制进化。就是模拟人在控制过程中的智能活动和行为特性。以行为模拟方法研究人工智能者,被称为行为主义、进化主义、控制论学派。

人工智能的研究方法,已从"一枝独秀"的符号主义发展到多学派的"百花争艳",除了上面提到的三种方法,又提出了"群体模拟,仿生计算""博采广鉴,自然计算""原理分析,数学建模"等方法。人工智能的目标是理解包括人在内的自然智能系统及行为,而这样的系统在实在世界中是以分层进化的方式形成了一个谱系,而智能作为系统的整体属性,其表现形式又具有多样性,人工智能的谱系及其多样性的行为注定了研究的具体目标和对象的多样性。人工智能与前沿技术的结合,使人工智能的研究日趋多样化。

人工智能的研究方法会随着技术的进步而不断丰富,很多新名词还会被提出,但研究的目的基本不变,日趋多样化的研究方法追根溯源也就是研究问题的两种方法的演变。对人工智能中尚未解决的众多问题,运用基本的研究问题的方法,结合先进的技术,不断实现智能化。人工智能与前沿技术密切联系,人工智能的研究方法必然日趋多样化。

4.3.3 人工智能的应用领域

人工智能可以在一部分场景下替代人类的思考决策,甚至表现得更高效,因此随着研究的不断深入和成果的不断出现,其应用领域越来越广泛,如在事务处理、自动驾驶、安防、教育、金融、医疗健康、工业控制等领域都得到了应用。

4.3.3.1 个人事务处理

随着语音输入、语音识别的技术不断进步,通过人工智能系统对语音的识别和语义的辨识,语音识别技术已经基本可以达到通过语音进行智能电器控制操作的实用化水平。

由此派生出智能音箱、智能插座和智能开关为主要部件的家庭智能管家系统。

更具发展前景的包含有服务、安全监护、人机交互以及多媒体互动的陪护机器人产品也已经在市场上出现。

4.3.3.2 自动驾驶

自动驾驶汽车依靠人工智能、视觉计算、雷达、监控装置和全球定位系统协同合作,让电脑可以在没有任何人类主动的操作下,自动安全地操作机动车辆。自动驾驶技术将成为未来汽车行业一个全新的发展方向。

汽车的自动驾驶系统是一个集环境感知、规划决策、多等级辅助驾驶等功能于一体的综合系统,它集中运用了计算机、现代传感、信息融合、通信、人工智能及自动控制等技术,是典型的高新技术综合体。

这种汽车能和人一样会"思考""判断""行走",让电脑可以在没有任何人类主动的操作下,自动安全地操作机动车辆。按照 SAE(美国汽车工程师协会)的分级,共分为:驾驶员辅助、部分自动驾驶、有条件自动驾驶、高度自动驾驶、完全自动驾驶五个层级。

车辆实现自动驾驶,必须经由三大环节:第一,感知。也就是让车辆获取,不同的系统需要由不同类型的车用感测器,包含毫米波雷达、超声波雷达、红外雷达、雷射雷达、CCD CMOS 影像感测器及轮速感测器等来收集整车的工作状态及其参数变化情形。第二,处理。也就是大脑将感测器所收集到的资讯进行分析处理,然后再向控制的装置输出控制讯号。第三,执行。依据 ECU 输出的讯号,让汽车完成动作执行。其中每一个环节都离不开人工智能技术的基础。

4.3.3.3 教育

人工智能在教育领域的应用也越来越多,主要是应用了图像识别、语音识别、智能阅卷等技术。

图像识别可以用于拍照搜题等应用,通过手机 APP 拍摄印刷的或手写的题目,即可搜出与题目相关的解答和知识点教学内容,极大方便了学习者的操作。

语音识别技术在外语学习方面可以对学生的发音和口头答题进行智能识别和评测,方便学生通过教学软件人机互动进行自学。

传统意义上的计算机无纸化考试阅卷主要适用于客观题的自动批改,但对主观题的批改,由于存在很多的问题,并不能使用普通的计算机软件进行阅卷,而人工智能将是改变这一现状的主要手段。

人工智能还能通过大数据分析,为学习者整理分析提供学习诊断报告,方便学习者、教师和教学单位对教与学的过程提出客观的整改意见,使得教学质量进一步提高。

4.3.3.4　金融

人工智能在机器智能客服方面有着不可估量的作用,不仅可以降低人力成本,而且更高效。因此在政策复杂的金融领域可以实现在线智能互动服务,为客户提供储蓄、理财等全方面的咨询服务。

人工智能还能综合分析个人或企业客户的收入、支付行为甚至经营状况,从而得出个人或企业的信用状况,为银行业务提供科学的决策,降低可能的风险。

4.3.3.5　安防

已经在国内使用的交通智能管理系统"海燕"已经能够对交通道路上的各类交通现象通过摄影摄像进行智能分析,从而抓取交通违法行为达到管控的目的。

"海燕系统"能对车辆内部情况和车辆信息进行智能抓拍,能对照片进行更深层次的识别。它运用人工智能进行"深度学习",借助上百万种不同情形下的照片进行适应学习和记忆,使其识别能力更快更准,从而以最快的速度筛选出类似的违规照片。因此,"海燕"系统能利用后台的数据进行拍摄信息的二次分析检索,核查所拍摄车辆的牌照、车身颜色、驾驶者的安全带等细节进行对比,精准识别车型、车牌和所对应车辆是否相符。可提供在控车辆查询、新增布控信息、导入布控车辆及对布控车辆撤控等操作,用于追逃嫌疑目标、辅助刑侦破案。

目前,基于人工智能的人脸识别监控报警系统也在安防领域得到了普及及应用,为保障人民生命与财产安全起了重要的作用。

4.3.3.6　交通

利用人工智能技术可实时分析城市交通状况,评测交通流量、调整红绿灯间隔、缩短车辆等待时间,提升城市道路的通行效率。

4.3.3.7　旅游

通过人工智能进行小长假的景点人流量分析,可以为决策部门提供最佳的管理方案,为游客提供出行参考,甚至根据游客的兴趣和时间安排推荐合适的线路、预订最佳的酒店,使旅游体验更好。

4.3.3.8 医疗

人工智能最早的应用就在医疗方面,最初用于影像诊断,比如通过 CT 断层扫描的影像,分析病变部位和判断病症,通过学习大量的影像资料,逐步提高智能诊断的准确性,能够避免肉眼判读错误,更早发现一些如癌症早期的病灶,挽救病人的生命。

人工智能在专家智能诊疗、智能健康管理等方面也有着重要的作用。还可以通过大数据分析用于快速药物筛选,进行新药研制。

项目5
领悟移动互联网知识、掌握APP的使用

项目学习目标

移动互联网的普及,改变了人们的生活习惯,在移动互联网的支撑之下,APP层出不穷。通过本项目的学习,应掌握移动互联网的基本概念及其主要特点,熟练掌握新闻、通信、电商、财务、检索、知识服务等各种常用移动APP的使用。

项目要求

1. 掌握移动互联网的基本知识;
2. 了解移动APP的发展概况;
3. 掌握常用移动APP的使用方法。

任务 5.1 移动互联网基础知识

学习目的

通过本任务阶段学习,掌握移动互联网的概念,掌握移动互联网给我们带来的影响,了解移动互联网尤其是5G技术的相关知识。

5.1.1 移动互联网的概念及其发展现状

移动互联网是21世纪影响人们生产和生活最大的技术之一。随着移动互联网技术不断进步而诞生的智能手机已经成为人们不可缺少的重要工具,不仅在通信领域,而且在商务、办公、社交、娱乐等多个领域也发挥着重要的作用。

5.1.1.1 移动互联网的概念

移动互联网是移动和互联网融合的产物,移动互联网是互联网的技术、平台、商业模式和应用与移动通信技术结合并实践的活动的总称。移动互联网继承了移动随时、随地、随身和互联网开放、分享、互动的优势,是一个全国性的、以宽带 IP 为技术核心的,可同时提供话音、传真、数据、图像、多媒体等高品质电信服务的新一代开放的电信基础网络,由运营商提供无线接入,互联网企业提供各种成熟的互联网应用。

通过移动互联网,人们可以使用手机、平板电脑等移动终端设备浏览新闻,还可以使用各种移动互联网应用,例如在线搜索、在线聊天、移动网游、手机电视、在线阅读、网络社区、收听及下载音乐等。其中移动环境下的网页浏览、文件下载、位置服务、在线游戏、视频浏览和下载等是其主流应用。同时,绝大多数的市场咨询机构和专家都认为,移动互联网是未来十年内最有创新活力和最具市场潜力的新领域,这一产业已获得全球资金包括各类天使投资的强烈关注。

5.1.1.2 移动互联网的发展

随着移动通信网络的全面覆盖,我国移动互联网伴随着移动通信网络基础设施的升级换代快速发展,尤其是在 2009 年国家开始大规模部署 3G 移动通信网络,2014 年又开始大规模部署 4G 移动通信网络,而 2019 年被称为中国"5G 商用"的元年。每次移动通信基础设施的升级换代,都有力地促进了中国移动互联网的快速发展,服务模式和商业模式也随之大规模创新与发展,移动电话用户扩张及各种移动应用的推广带来用户结构不断优化,支付、视频、社交等各种移动互联网应用普及,带动数据流量呈爆炸式增长。

移动互联网的发展和移动通信网络的进步密切相关。移动通信网络到目前为止,经历了五个世代,具体包括:

1.1G 网络

20 世纪戴墨镜、手拿大哥大的经典形象对大家来说印象深刻,1G 网络通信最具有代表性的产品是大哥大。大哥大的应用依赖于第 1 代移动通信系统的成熟与应用,当时又被称为蜂窝电话,主要特指它使用的基站分布特点如蜂窝一样,当时主要采用模拟通信技术,费用比较昂贵,能用得上它的是一种炫富的表现。

2.2G 网络

第 2 代移动网络通信系统的代表产物是摩托罗拉和诺基亚,这也是移动通信标准争夺战的开始。在处理技术方面,相比于第一代移动通信系统,它是数字调制技术。以摩托罗拉为代表的 CDMA 美国标准技术和以诺基亚为标准的 GSM 欧洲通信标准技术是两大对立阵营。最终随着 GSM 标准系统的普及,诺基亚打败摩托罗拉,成为全球移动手机行业的霸主,直到乔布斯的 iPhone 诞生。

3.3G 网络

3G 网络传输效率可以达到 2G 网络的 150 倍,大幅提高传输效率是移动网络新纪元的开始。移动互联网是随着 3G 网络的覆盖而普及开来的。3G 时代的移动互联网服务主要包括浏览、Java 客户端应用、多媒体流和下载流媒体等业务。

4.4G 网络移动互联网的到来

在 4G 网络时代,移动互联对于人们来讲,就像人对于水和电的需求一样,是一种刚需。随着科学技术的发展,从 2G 时代每秒 10 K 到 4G 时代每秒 1 G,移动通信的速度足足增加了 10 万倍。

4G 开启了我们这个新时代的一个大门,三个主要因素决定了移动互联网的新时代。

首先是智能终端。终端是移动互联网这个新时代的重要引擎,终端是移动互联网特色的一个代表。移动互联网之所以区别于互联网,就在于它是以智能终端为基础,而互联网是以笔记本电脑或者是家庭电脑为基础的。

第二个重大标志就是无线宽带。无线宽带业务实际上是从 3G 时候开始的,但是真正能够给客户带来良好感觉,真正能够带动无线宽带发展的是 4G 技术。所以说 4G 是开创移动互联网之门的关键因素。

第三个因素就是云计算。有了云计算,我们才能够很全面地、很系统地把客户的行为、各种人类生活的行为、各种生活和业务,以及生活和公务的联系有效地衔接起来,这是移动互联网时代的新代表。

在这个时代有三大特征:第一个特征就是互动性,每个人都是记者,每个点都是电视台,它彻底颠覆了互联网固定接入点的这种概念。移动互联网会像移动电话替代掉固定电话一样,替代掉传统互联网。第二个特征就是开放性,没有任何一个移动互联网式的产品是封闭的,只有相互开放、相互合作才能创造新的互联网领域。第三个特征是大数据系统,它创造了一个移动互联网的新体系。移动互联网时代的三个特征推动了整个产业的巨大变革,中国移动正在抓住 4G 时机,努力推动我们的 4G 发展。事实上,客户对流量的需求是无止境的,人们对带宽的需求也是无止境的。几年来我们每年的移动流量都出现了接近百分之百的增长。在这种环境下,只有 4G 才是性能最好的业务。

5.5G 网络万物互联时代的到来

5G 时代不同于传统的前几代网络通信系统,它是以用户为核心的移动生态。5G 网络时代的测试速度是每秒 20G,它是 4G 网络的 20 倍。5G 网络将会渗透到社会的各个领域,国际网络途径将会打破信息时空的限制,给用户提供绝佳的体验。

不同于 3G/4G 时代,在 5G 技术标准推动的过程当中,我国已经走在了产业链的最前端,相比较 3G/4G,5G 在移动通信中的各个关键性指标(吞吐速率、时延、可靠性)等方面,都有了突破性的提升,这些关键指标的提升将有机会帮助中国互联网换道超车,迈入全新的时代,构建我国互联网的自主生态。

5.1.2　5G 技术及其影响

5G 是第五代移动通信技术的简称(5th generation mobile networks 或 5th generation wireless systems、5th-Generation,简称 5G 或 5G 技术),是最新一代蜂窝移动通信技术,也是继 4G(LTE-A、WiMax)、3G(UMTS、LTE)和 2G(GSM)系统之后的延伸。5G 的性能目标是高数据速率、减少延迟、节省能源、降低成本、提高系统容量和大规模设备连接。Release-15 中的 5G 规范的第一阶段是为了适应早期的商业部署。Release-16 的第二阶段将于 2020 年 4 月完成,作为 IMT-2020 技术的候选提交给国际电信联盟(ITU)。ITU IMT-2020 规范要求速度高达

20 GB/s,可以实现宽信道带宽和大容量 MIMO。

2019 年 10 月 31 日,三大运营商公布 5G 商用套餐,并于 11 月 1 日正式上线。

5.1.2.1　5G 发展背景

近年来,第五代移动通信系统 5G 已经成为通信业和学术界探讨的热点。5G 的发展主要有两个驱动力。一方面,以长期演进技术为代表的第四代移动通信系统 4G 已全面商用,对下一代技术的讨论提上日程;另一方面,移动数据的需求爆炸式增长,现有移动通信系统难以满足未来需求,急需研发新一代 5G 系统。

5G 的发展也来自对移动数据日益增长的需求。随着移动互联网的发展,越来越多的设备接入到移动网络中,新的服务和应用层出不穷,全球移动宽带用户在 2018 年已达到 90 亿,到 2020 年年底,预计移动通信网络的容量需要在当前的网络容量上增长 1 000 倍。移动数据流量的暴涨将给网络带来严峻的挑战。首先,如果按照当前移动通信网络发展,容量难以支持千倍流量的增长,网络能耗和比特成本难以承受;其次,流量增长必然带来对频谱的进一步需求,而移动通信频谱稀缺,可用频谱呈大跨度、碎片化分布,难以实现频谱的高效使用;此外,要提升网络容量,必须智能高效利用网络资源,例如针对业务和用户的个性进行智能优化,但这方面的能力不足;最后,未来网络必然是一个多网并存的异构移动网络,要提升网络容量,必须解决高效管理各个网络,简化互操作,增强用户体验的问题。为了应对上述挑战,满足日益增长的移动流量需求,亟须发展新一代 5G 移动通信网络。

5.1.2.2　5G 网络特点

5G 技术是一种划时代的移动网络技术,较之以往的移动网络技术有了巨大的提升,我国在 5G 技术方面一直保持领先水平。5G 移动网络较之前的几代技术表现出以下特点:

（1）峰值速率需要达到 GB/s 的标准,以满足高清视频、虚拟现实等大数据量传输。

（2）空中接口时延水平需要在 1 ms 左右,满足自动驾驶、远程医疗及物联网控制等实时应用。

（3）超大网络容量,提供千亿设备的连接能力,满足物联网通信。

（4）频谱效率要比 LTE 提升 10 倍以上。

（5）连续广域覆盖和高移动性下,用户体验速率达到 100 MB/s。

（6）流量密度和连接数密度大幅度提高。

（7）系统协同化,智能化水平提升,表现为多用户、多点、多天线、多摄取的协同组网,以及网络间灵活地自动调整。

以上是 5G 区别于前几代移动通信的关键,是移动通信从以技术为中心逐步向以用户为中心转变的结果。

5.1.2.3　5G 对社会带来的影响

在通往万物互联的道路上,自动化、5G、人工智能、语音技术、区块链、分析技术这六项技术将发挥重要作用,并成为 2020 年乃至后续几年中值得持续关注的技术。5G 网络速度的提升其中影响最大的应该就是 APP 了,5G 网络的速度可以做到手机不用安装任何 APP,所有应用的打开以及信息的处理都在云上完成。也就是说未来手机就是终端,网速的好坏决定了手机应用的加载速度。简单来说这个就是升级版的小程序,这种好处就是不占手机内存,本地不会有碎片垃圾产生,手机或许以后就不会卡顿了。

以自动驾驶为例,自动驾驶需要强大的人工智能支持,而人工智能必须通过大量的学习才能实现更强的"智慧",很难想象每辆汽车为了人工智能而在车内安装一套性能无比强大的计算机系统,这从体积与资金上都不可想象,而 5G 低延时、高速率的性能可以为汽车和自动驾驶算力中心之间铺平道路,性价比极高的汽车自动驾驶系统终端安装在车内可以通过 5G 网络与计算中心实时通信,实现自动驾驶。

移动互联网和物联网是 5G 发展的主要驱动力。到 2030 年,移动网络连接的设备总量将超过一千亿部,移动业务流量将增长数万倍,真正形成万物互联的场景,人从大脑发出指令到肢体反应大约需要 20~30 ms 的时间,现在的数据显示,在试验中 5G 的延时响应时间可以达到毫秒级,这就意味着未来 5G 在车辆无人驾驶、远程医疗、紧急抢险支援等方面都可以大有作为。

任务 5.2　移动应用及其使用

学习目的

通过本任务阶段学习,熟悉和掌握常用的移动应用的功能和操作,能使用移动应用进行新闻浏览、即时通信、电商购物、财务查询、文献检索和知识服务等操作。

5.2.1　移动应用的概念和特点

移动应用(Mobile Application 的缩写是 MA,或简写为移动 APP)就是针对手机或某些操作系统的平板电脑这种移动连接到互联网的业务或者无线网卡业务而开发的应用程序服务。

广义移动应用包含个人以及企业级应用。狭义移动应用指企业级商务应用。移动应用不只是在手机上运行软件那么简单,它涉及企业信息化应用场景的完善、扩展,带来 ERP 的延伸,让 ERP 无所不在,通过广泛的产业链合作为用户提供低成本整体解决方案。移动应用将带来企业信息化商业模式的创新变革。

5.2.1.1　移动应用的类别

1. 根据移动 APP 的适用目标和工作机制分类

(1)消息应用

个人消息应用主要用于即时通信、社交工具等;企业消息应用主要作为管理信息的接收载体。该类应用一般不独立存在,大多与企业使用的 OA、ERP、CRM、SCM 等系统集成,可以及时传递企业管理等各方面信息,达到提高效率降低成本和风险的作用,如信用风险预警、收款通知、付款提醒、库存预警、审批通知、会议通知等,通常以短信形式不受终端限制。智能手机普及后,安卓手机和 iPhone 都已经支持消息推送,一定程度上已经可以替代短信。

（2）现场应用

主要面向不固定工作场所的应用场景的信息化解决方案。如：销售人员、业务督导、服务工程师、市场监控、物流送货等。典型应用有：物流收发扫码、门店销量采集、竞争情报采集、生动化采集、物流终端、服务终端等；现场类应用弥补了管理信息系统不能覆盖的业务群体。该部分应用大多需要与定位、条码/二维码、RFID 等结合。

（3）管理应用

主要面向企事业单位管理人员，以加速管理流程和信息实时获取为主要目的。典型应用：OA 在线办公、业务审批、经营日报、业务分析等。

（4）自助应用

企事业移动应用中的自助应用主要面向企业员工，与企业实时互动，如薪资查询、请假、换休申请、通知公告、培训、查找联系人、员工调查等。

2. 根据移动 APP 具体的功能分类

（1）新闻类应用

这类应用主要是由一些新闻媒体开发，用于将其新闻发布渠道延伸至移动终端，方便用户随时随地获取新闻内容。典型的如网易新闻、腾讯新闻、凤凰新闻、央视新闻等。

（2）自媒体应用

自媒体应用是移动互联网发展到今天很热门的一类应用，主要是面向自媒体创作人制作发布一些人们喜闻乐见的视频等多媒体作品，并可以引流来赢得广告投入，国内的如微信里的朋友圈，字节跳动的今日头条、抖音、西瓜视频等应用，国外的有 YouTube 等应用。

（3）游戏应用

手机游戏简称手游，是移动 APP 中市场份额相当巨大的一类应用，手游又有卡牌、大型单机、角色扮演、回合制、RPG、MOBA、SLG、即时战斗、3D 赛车、格斗、棋牌等类型。

（4）即时通信应用

如腾讯的 QQ、微信，阿里的钉钉等应用，满足了众多手机用户即时通信的需要，可以在一定程度上替代电话和短信的功能，并在某些方面是传统通信工具不可取代的，如微信的朋友圈、QQ 的动态和相册等功能是供用户展现自己生活的交友平台的自媒体工具。

（5）电商应用

阿里的天猫、淘宝，京东的京东商城，苏宁的苏宁易购，还有美团、饿了么等，都是典型的电商应用软件，给人们的生活带来了很多便利，也给电商经营者提供了营销渠道。

（6）财务、金融及第三方支付应用

为方便人们办理储蓄、理财等金融业务，各大银行也推出了手机银行 APP；阿里集团、腾讯等互联网商家在申请到国家支付牌照（支付业务许可证）后，也提供了如支付宝（现由蚂蚁金服集团所有）、微信等第三方支付功能，分别支持个人和商户收付款及理财功能。扫二维码支付已经成为现代中国的新四大发明之一，为人民生活带来了极大的方便。

（7）文献检索应用

国内的文献检索平台如中国知网、万方数据、维普等受到了很多师生及学者的重视，是科学与学术研究的重要工具，相关平台为方便用户使用，也分别推出了手机 APP。如中国知网的全球学术快报、CAJ 云阅读就是典型的文献检索应用，可以很方便地检索期刊论文、学位论文等文献资料，受到了学者们的广泛欢迎。

（8）知识服务及网上教育类应用

随着移动互联网教学的普及,知识服务类应用也层出不穷,为各类学生及继续教育提供了方便的学习平台,有助于实施如翻转课堂、自主学习等各类模式的在线教学活动的开展。典型的知识服务 APP 包括有中国知网的知识服务平台 APP,能够提供细分行业的专业知识服务,满足不同行业的知识服务;再如超星的学习通 APP,提供了众多的在线课程,为中小学师生及高校师生提供了丰富的在线教学资源;其他还有如中国大学 MOOC 等,也提供了如国家精品课程、精品视频公开课与精品资源共享课等资源。

除了以上类别的应用以外,还有很多如图形图像处理、3D 展示、虚拟现实与增强现实展示等品目繁多的工具类 APP,覆盖了人们生产、生活的方方面面。

5.2.1.2　移动 APP 的特点

移动 APP 是一类特殊的应用程序,跟传统的计算机软件相比,具有其独有的特征,也是应用开发者必须了解的特点,利用好这些特点,一方面可以更好地服务用户,另一方面也会给 APP 的开发者带来更多的利益。

1. 精准性

APP 都是用户主动下载的,至少说明下载者对品牌有兴趣。多数 APP 都会提供分享到微博、朋友圈等社交网站的功能,聚集具有相似兴趣的目标群体。同时,APP 还可以通过收集手机系统的信息、位置信息、行为信息等,来识别用户的兴趣、习惯。

2. 互动性

APP 提供了比以往的媒介更丰富多彩的表现形式。移动设备的触摸屏就有很好的操作体验,文字、图画、视频等一应俱全,实现了前所未有的互动体验。而且,APP 还打开了人与人的互动通道,通过在内部嵌入 SNS 平台,使正在使用同一个 APP 的用户可以相互交流心得,在用户的互动和口碑传播中,提升用户的品牌忠诚度。

3. 创意性

APP 是一种新的工具、新的媒体、新的呈现方式,那么就不应该用传统互联网的思维来搭建,而应该多一点软件的思维,更多用户体验,软件流程的考量,甚至是更多结合手机或者平板的特性,这是创新创意的思维,也是 APP 上市后得以吸引用户及媒体关注的主因。APP 在品牌企业手里,可以是产品手册,可以是电子体验,可以是社交分享,也可以是公关活动等,几乎可以把整个营销流程武装一遍。

4. 超强的用户黏性

现代人无论去哪都是手机不离身,一有空当就会把手机拿出来玩,哪怕是上厕所的时间也不放过。APP 营销抢占的就是用户的这种零散时间。而且只要不是用户主动删除,APP 就会一直待在用户的手机里头,品牌就有了对用户不断重复、不断加深印象的机会。

5.2.2　移动应用的安装与使用

目前移动应用根据移动终端的操作系统的不同,主要分为苹果 IOS 应用、安卓应用及 Windows 应用,目前移动应用主要集中在 iOS 和安卓(Android)两大类操作系统平台中,Windows 平台的移动终端数量不多,因此相关版本的应用也不多。

苹果设备的生态相对比较封闭,所有的 APP 必须在苹果市场(Apple Store)下载安装,因此比较容易确保所下载安装的 APP 的安全与可靠性,但苹果的分成体系决定 iOS 系统下的 APP 上的收费项目(俗称内购项目)要被苹果公司分成,因此相对使用成本较高。而安卓系统是一种准开放式的应用管理模式,安卓系统的原开发商谷歌也建立了相对封闭的生态空间,要求应用在它建立的应用市场谷歌商店(Google Play Store)进行发行,但安卓系统的开源性,也促使一些组织自行建立应用商店发行各类应用,这一方面鼓励了更多的开发商开发市场需要的各类应用,但另一方面也带来了很多带有侵犯用户隐私,甚至带有各种后门及木马的不良 APP,我国的工信部也经常发布不良 APP 清单,要求各应用市场下架或提醒用户注意避免安装这一类应用以免造成损失。

5.2.2.1　移动 APP 的安装

1. 苹果终端的 APP 安装

通常在苹果终端(iPhone 或 iPad)上预装有苹果市场,用户在注册了苹果市场用户,登记了支付方式并激活后,即可在苹果市场上搜索并下载(购买)、安装 APP,卸载时则是长按应用图标直到应用图标发生抖动并在左上角出现×符号,即可点击×符号进行应用的卸载。通常用户在一台 iOS 设备上下载(购买)的应用可以免费在另一台所有权为同一用户账户的 iOS 设备上使用,iOS 设备数量不限,以保障用户既得的使用权。

2. 安卓终端的 APP 安装

安卓系统的设备的应用市场分为三大类,包括谷歌公司自己运营的谷歌商店、各大手机厂商自行开发及维护的应用市场,如华为的应用市场,还有一些第三方从业者开发的应用市场,如国内比较常见的应用宝等。

为确保用户下载的应用的安全可靠,谷歌商店和华为应用市场对上架的 APP 审查比较严格,禁止一些带有隐患和违反应用市场相关规则的 APP 上架,以确保用户的利益尽可能不受侵害,但一些第三方市场为了盈利的需要,可能会在一些 APP 中加入大量的广告、不当权限,甚至木马、后门等侵害用户隐私、妨碍用户体验的不良代码,大家在下载安装时要倍加小心。

无论是 iOS 还是安卓的 APP,开发商为了盈利的需要,有可能在内部设置了购买项目(一般称为内购项目)要求用户付款后才能享用完全版的功能,不然只能使用部分限制性功能,也有大量的 APP 完全免费,而是在使用中通过发布各种形式的广告,或采集用户信息、使用习惯等信息,来达到营销与引流的目的,从而营利。

5.2.2.2　常用 APP 的使用

1. 新闻类 APP

(1)今日头条

如图 5.1 所示,今日头条是一款基于数据挖掘的推荐引擎产品,它为用户推荐有价值的、个性化的信息,提供连接人与信息的新型服务,是国内移动互联网领域成长最快的产品服务之一。它由国内互联网创业者张一鸣于 2012 年 3 月创建,于 2012 年 8 月发布第一个版本。

2016 年 9 月 20 日,今日头条宣布投资 10 亿元用以补贴短视频创作,正式加入短视频领域竞争。2017 年 11 月今日头条以 10 亿美金估值收购音乐短视频平台 Musically。2018 年 4 月 9 日,今日头条接到有关部门下发指令,暂停移动应用程序的下载服务,时间从 4 月 9 日 15 时起至 4 月 30 日 15 时止。2018 年 4 月 10 日,国家新闻出版广电总局责令今日头条永久关停"内涵段子"等低俗视听产品;5 月 17 日,今日头条把 slogan 换了,把"你关心的,才是头条"改成"信息创造价值";5 月,文化和旅游部部署查处丑化恶搞英雄烈士等违法违规经营行为,今日头条被查处。2018 年 11 月,陈林出任今日头条 CEO 一职,张一鸣卸任;11 月 20 日,今日头条 APP 上线商品搜索功能。2019 年 3 月 11 日,今日头条上线头条全网搜索功能。

今日头条目前已经是兼备新闻、自媒体、电商、搜索引擎等功能于一体的融媒体载体,表现出了强大的市场吸引力和使用便利性,于 IT 行业之中占据一席之地。

图 5.1　今日头条 APP 界面

(2)腾讯新闻

如图 5.2 所示,腾讯新闻是腾讯团队用心打造的一款丰富、及时的新闻应用,本着精炼、轻便的目标,为用户提供高效、优质的阅读体验。全球视野,聚焦中国,一朝在手,博览天下。腾讯新闻是一款快速、客观、公正地提供新闻资讯的中文免费应用程序。用户可以随时随地掌握最新的资讯信息、最精彩的视觉图片、最犀利的时事评论、最响亮的名家之声,获得全新的移动新闻体验。

主要功能:

①每日新闻及时报道,洞察真相,领先一步。

②视频图片多媒体资讯,舒适体验,值得拥有。

③专题新闻,聚合报道重要新闻事件,了解事件全貌。

④今日话题独家精选,剖析深刻,点评犀利,用常识解读新闻。

⑤离线下载智能启动,没有网络也有的看。

⑥横划手势切换 2 级栏目,单手操作更方便。

⑦三种阅读模式,各种环境顺畅浏览。

⑧腾讯微博、QQ 空间、微信朋友圈、新浪微博、微信好友、手机 QQ 好友,随时与好友分享态度。

图 5.2　腾讯新闻 APP 界面

2. 通信类 APP

（1）微信和企业微信

如图 5.3 所示,微信(wechat)是腾讯公司于 2011 年 1 月 21 日推出的一个为智能终端提供即时通信服务的免费社交程序,微信支持跨通信运营商、跨操作系统平台通过网络快速发送免费(需消耗少量网络流量)语音短信、视频、图片和文字,同时,也可以使用通过共享流媒体内容的资料和基于位置的社交插件"摇一摇""漂流瓶""朋友圈""公众平台""语音记事本""小程序"等服务插件。

按腾讯自我介绍,"企业微信是腾讯微信团队为企业打造的专业办公管理工具,与微信一致的沟通体验,丰富免费的 OA 应用,并与微信消息、小程序、微信支付等互通,助力企业高效办公和管理。全面安全保障,国际权威认证,银行级别加密水平,保障企业数据安全"。

微信提供公众平台、朋友圈、消息推送等功能,用户可以通过"摇一摇"、"搜索号码"、"附近的人"、扫二维码方式添加好友和关注公众平台,同时微信将内容分享给好友以及将用户看到的精彩内容分享到微信朋友圈。截止到 2016 年 12 月微信的月活跃用户数已达 8.89 亿,到 2020 年微信用户数量据称已经达到了 11 亿。

①微信的主要功能包括:

聊天:支持发送语音短信、视频、图片(包括表情)和文字,是一种聊天软件,支持多人群聊(最高 500 人)。

图 5.3　微信 APP 界面

添加好友:微信支持查找微信号(具体步骤:点击微信界面下方的朋友们→添加朋友→搜号码,然后输入想搜索的微信号码,然后点击查找即可)、查看 QQ 好友添加好友、查看手机通讯录和分享微信号添加好友、摇一摇添加好友、二维码查找添加好友和漂流瓶接受好友等 7 种方式。

实时对讲机功能:用户可以通过语音聊天室和一群人语音对讲,但与在群里发语音不同的是,这个聊天室的消息几乎是实时的,并且不会留下任何记录,在手机屏幕关闭的情况下也仍可进行实时聊天。

②微信支付介绍

微信支付是集成在微信客户端的支付功能,用户可以通过手机完成快速的支付流程。微信支付向用户提供安全、快捷、高效的支付服务,以绑定银行卡的快捷支付为基础。

支持支付场景:微信公众平台支付、APP(第三方应用商城)支付、二维码扫描支付、刷卡支付,用户展示条码,商户扫描后,完成支付。

用户只需在微信中关联一张银行卡,并完成身份认证,即可将装有微信 APP 的智能手机变成一个全能钱包,之后即可购买合作商户的商品及服务,用户在支付时只需在自己的智能手机上输入密码,无须任何刷卡步骤即可完成支付,整个过程简便流畅。

微信支付支持以下银行发卡的贷记卡:深圳发展银行、宁波银行。此外,微信支付还支持以下银行的借记卡及信用卡:招商银行、建设银行、光大银行、中信银行、农业银行、广发银行、平安银行、兴业银行、民生银行等。

③微信支付规则

i. 绑定银行卡时,需要验证持卡人本人的实名信息,即{姓名,身份证号}的信息。

ii. 一个微信号只能绑定一个实名信息,绑定后实名信息不能更改,解卡不删除实名绑定关系。

iii. 同一身份证件号码只能注册最多10个(包含10个)微信支付;

iv. 一张银行卡(含信用卡)最多可绑定3个微信号;

v. 一个微信号最多可绑定10张银行卡(含信用卡);

vi. 一个微信账号中的支付密码只能设置一个;

vii. 银行卡无须开通网银(中国银行、工商银行除外),只要在银行中有预留手机号码,即可绑定微信支付。

注:一旦绑定成功,该微信号无法绑定其他姓名的银行卡/信用卡,请谨慎操作。

2014年9月13日,为了给更多的用户提供微信支付电商平台,微信服务号申请微信支付功能将不再收取2万元保证金,开店门槛将降低。保证金的取消无疑是对微信支付门槛的大大降低。

从2015年10月17日起,微信支付开始逐步恢复测试转账新规。每人每月转账+面对面收款可享受2万免手续费额度,超出部分才按照0.1%的标准收取支付的银行手续费。为优化服务资源配置,微信会更倾向于将资源倾斜给更广泛的小额转账及红包用户。小额转账及红包依旧免收手续费,不受影响。

2017年5月4日,微信支付进军美国,可直接用人民币结算。

④微信账号被封后零钱提现方法

用户登录微信,系统提示弹出→选择【确定】→展示财产提取指引,点击【退出】→返回登录界面,点击登录→登录成功→【轻触"我"→"钱包"】→用户根据自己的财产情况进行提现或转移操作。

⑤其他功能

i. 朋友圈:用户可以通过朋友圈发表文字和图片,同时可通过其他软件将文章或者音乐分享到朋友圈。用户可以对好友新发的朋友圈进行"评论"或"赞",用户只能看相同好友的评论或赞。

ii. 语音提醒:用户可以通过语音告诉他(她)提醒打电话或是查看邮件。

iii. 通信录安全助手:开启后可上传手机通信录至服务器,也可将之前上传的通信录下载至手机。

iv. QQ邮箱提醒:开启后可接收来自QQ邮件的邮件,收到邮件后可直接回复或转发。

v. 私信助手:开启后可接收来自QQ微博的私信,收到私信后可直接回复。

vi. 漂流瓶:通过扔瓶子和捞瓶子来匿名交友。

vii. 查看附近的人:微信将会根据您的地理位置找到在用户附近同样开启本功能的人。

viii. 语音记事本:可以进行语音速记,还支持视频、图片、文字记事。

ix. 微信摇一摇:是微信推出的一个随机交友应用,通过摇手机或点击按钮模拟摇一摇,可以匹配到同一时段触发该功能的微信用户,从而增加用户间的互动和微信黏度。

x. 群发助手:通过群发助手把消息发给多个人。

xi. 微博阅读:可以通过微信来浏览腾讯微博内容。

xii. 流量查询:微信自身带有流量统计的功能,可以在设置里随时查看微信的流量动态。

xiii. 游戏中心:可以进入微信"发现"寻找"游戏"一项,打开即可下载心仪的腾讯游戏。

xiv. 微信公众平台:通过这一平台,个人和企业都可以打造一个微信的公众号,可以群发文字、图片、语音三个类别的内容。目前有 200 万公众账号。

xv. 微信在 iPhone、Android、Windows Phone、Symbian、BlackBerry、Series 等系统或手机上都可以使用，并提供有多种语言界面。

xvi. 账号保护：微信与手机号进行绑定，该绑定过程需要四步：

——在"我"的栏目里进入"个人信息"，点击"我的账号"；

——在"手机号"一栏输入手机号码；

——系统自动发送六位验证码到手机，成功输入六位验证码后即可完成绑定；

——让"账号保护"一栏显示"已启用"，即表示微信已启动了全新的账号保护机制。

（2）QQ 和 TIM

QQ 是腾讯 QQ 的简称，是腾讯公司开发的一款基于 Internet 的即时通信（IM）软件。目前 QQ 已经覆盖 Microsoft Windows、OS X、Android、iOS、Windows Phone 等多种主流平台。其标志是一只戴着红色围巾的小企鹅。

TIM 是 QQ 办公简洁版，是一款专注于团队办公协作的跨平台沟通工具。它"继承"了 QQ 里的好友，提供云文件、在线文档、邮件、日程、收藏等好用的办公功能，界面简洁清晰，QQ 好友和消息无缝同步。

TIM 是由腾讯公司于 2016 年 11 月发布的多平台客户端应用。TIM 是轻聊的 QQ，更方便办公。TIM 用在 QQ 轻聊版的基础上加入了协同办公服务的支持，而且可使用 QQ 号登录，好友、消息完全同步，支持多人在线编辑 Word、Excel 文档等，更加适合办公用户使用。

腾讯 QQ 支持在线聊天、视频通话、点对点断点续传文件、共享文件、网络硬盘、自定义面板、QQ 邮箱等多种功能，并可与多种通信终端相连。

2017 年 1 月 5 日，腾讯 QQ 和美的集团在深圳正式签署战略合作协议，双方将共同构建基于 IP 授权与物联云技术的深度合作，实现家电产品的连接、对话和远程控制。双方合作的第一步，是共同推出基于 QQ family IP 授权和腾讯物联云技术的多款智能家电产品。2018 年 12 月 12 日，QQ 发布公告，称由于业务调整，Web QQ 即将在 2019 年 1 月 1 日停止服务，并提示用户下载 QQ 客户端。

2019 年 2 月，腾讯称，QQ 7.9.9 及以上版本实现 QQ 号码注销功能，满足注销条件即可申请注销。3 月 13 日起，QQ 号码可正式注销。2019 年 11 月，"腾讯 QQ"的小程序在微信上线。

QQ 主要功能包括：

①聊天功能

QQ 支持在线聊天、语音聊天和视频聊天，我们可以在网上与好朋友和陌生人进行沟通交流，增进人与人之间的情感，是一种方便、实用、超高效的即时通信工具。

②传输功能

我们可以在 QQ 上面传送文件、共享文件，可以直接把文件由电脑传送到手机或者手机传送到电脑，也可以很方便快捷地发送给其他人。

③QQ 群功能

QQ 群是由一个聚集一定数量 QQ 用户的长期稳定的公共聊天室，里面可以容纳很多的人。最常见的就是班级 QQ 群、工作 QQ 群和兴趣 QQ 群，一群志同道合的好伙伴在群里畅所欲言分享经验，班群还可以直接在群中布置作业，省时不费力。

④QQ 空间功能

QQ 空间是腾讯公司于 2005 年开发出来的一个个性空间,具有博客的功能,自问世以来受到众多人的喜爱。我们可以在空间里发表动态,可以点赞评论他人动态,增强与好友之间的互动,增加亲密度。

⑤QQ 邮箱功能

QQ 邮箱是腾讯公司 2002 年推出,向用户提供安全、稳定、快速、便捷电子邮件服务的邮箱产品。有群发邮件也有指定邮件,多么重要的事情都不怕错过。

3. 电商类 APP

电商类 APP 中最著名的应该是阿里巴巴的淘宝和天猫商城了,淘宝网是亚太地区较大的网络零售、商圈,由阿里巴巴集团在 2003 年 5 月创立。淘宝网是中国深受欢迎的网购零售平台,2019 年 11 月 11 日,天猫双 11 全天成交额为 2 684 亿元人民币,创世界历史之最。京东是中国的综合网络零售商,是中国电子商务领域受消费者欢迎和具有影响力的电子商务网站之一,在线销售家电、数码通信、电脑、家居百货、服装服饰、母婴、图书、食品、在线旅游等 12 大类数万个品牌百万种优质商品。

(1)手机淘宝和手机天猫 APP

如图 5.4 所示,淘宝网是亚太地区较大的网络零售、商圈,由阿里巴巴集团在 2003 年 5 月创立。淘宝网是中国深受欢迎的网购零售平台,拥有近 5 亿的注册用户数,每天有超过 6 000 万的固定访客,同时每天的在线商品数已经超过了 8 亿件,平均每分钟售出 4.8 万件商品。

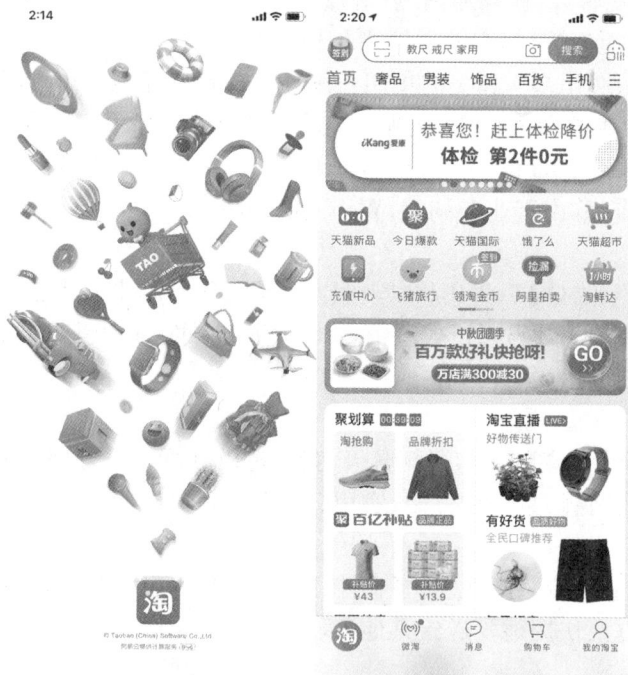

图 5.4　手机淘宝 APP 界面

截至 2011 年年底,淘宝网单日交易额峰值达到 43.8 亿元,创造 270.8 万直接且充分就业机会。随着淘宝网规模的扩大和用户数量的增加,淘宝也从单一的 C2C 网络集市变成了包括 C2C、团购、分销、拍卖等多种电子商务模式在内的综合性零售商圈。目前已经成为世界范围的电子商务交易平台之一。

从 2009 年第一届双十一购物狂欢节当日 5 000 万销售额起,到 2018 年双十一购物狂欢节当日 2 135 亿销售额,直到 2019 年双十一购物狂欢节的当日 2 684 亿销售额,十来年间,阿里巴巴的网上商城征服了世界,成为经济生活中的一个重要零售渠道,不容忽视。

(2)京东 APP

如图 5.5 所示,京东是中国自营式电商企业,创始人刘强东担任京东集团董事局主席兼首席执行官。旗下设有京东商城、京东金融、拍拍网、京东智能、O2O 及海外事业部等。2013 年正式获得虚拟运营商牌照。2014 年 5 月在美国纳斯达克证券交易所正式挂牌上市。2016 年 6 月与沃尔玛达成深度战略合作,1 号店并入京东。

图 5.5　京东 APP 界面

2017 年 1 月 4 日,中国银联宣布京东金融旗下支付公司正式成为银联收单成员机构。2017 年 4 月 25 日,京东集团宣布正式组建京东物流子集团。2017 年 8 月 3 日,2017 年"中国互联网企业 100 强"榜单发布,京东排名第四位。2019 年 7 月,发布的 2019《财富》世界 500 强中,京东位列第 139 位。

2018 年 3 月 15 日,京东内部公告成立了"客户卓越体验部",该部门将整体负责京东集团层面客户体验项目的推进,居 2018 年《财富》世界 500 强排行榜第 181 名。2018 年 7 月 24 日,京东增资安联财险中国的方案获得了银保监会的批准。9 月 4 日,京东集团与如意控股集团签署战略合作协议。2019 年 8 月 22 日,进入 2019 中国民营企业 500 强前十名;2019 中国民营企业服务业 100 强发布,京东集团排名第 4。2019 年 9 月 7 日,中国商业联合会、中华全国商业信息中心发布 2018 年度中国零售百强名单,京东排名第二。2019 年 10 月,在福布斯全球数字经济 100 强榜排第 44 位,成为阿里集团的有力竞争对手。

2020 年 4 月,京东确认将赴港上市。

京东 APP 是京东商城的移动应用,使用方法与手机淘宝有很多相似之处,可配合网页版为消费者提供成千上万的商品。

4. 个人财务 APP

常用的个人财务类应用包括手机银行 APP 和第三方支付 APP。随着移动网络和第三方支付的普及,越来越多的人使用移动 APP 进行银行业务处理和购物支付,移动支付已经成为全中国人民的主要支付方式,并逐步为世界人民所接受,在不少世界著名景点都陆续开通了支付宝与微信支付,方便国人消费。

（1）工商银行手机 APP

如图 5.6 所示,中国工商银行提供多款手机客户端软件,满足人们的各项金融需求。常见 APP 有手机银行、融 e 联、融 e 购、工银 e 生活等。

工行手机银行:通过手机网络与银行系统连接,开通并下载客户端后,即可享受转账汇款、缴费、理财投资、信息查询等全方位、多样化的移动金融服务。

融 e 联:是工行自主研发,向个人客户提供移动金融服务的手机客户端软件。储户不仅可以向客户经理及其他联系人发送图文消息,还能办理转账汇款、购买理财产品等业务,满足信息交流、业务办理等多种需求。

融 e 购:汇集金融产品、数码家电、珠宝礼品等十几大行业,数百个知名品牌,秉承"名商、名品、名店"的定位,且积分能抵现,购物可分期,质量有保障。

工银 e 生活:为工行持卡人提供的信用卡官方 APP,可办理信用卡申请、进度查询、卡片启用、账单查询、还款、额度调整、融 e 借、分期等业务,同时还可提供手机充值、外卖、影票、出行等多种生活场景服务。

图 5.6　中国工商银行 APP 界面

（2）支付宝 APP

手机支付宝客户端是第三方支付服务商蚂蚁金服集团开发的集手机支付和生活应用为一体的手机软件。2004 年 12 月阿里巴巴集团建立的支付宝,2009 年双十一支付宝正式推出手机支付,2011 年 5 月支付宝获得央行颁布的第一张国内的第三方支付牌照,2014 年 10 月蚂蚁金融服务集团(蚂蚁金服)正式成立,接管支付宝。通过加密传输、手机认证等安全保障体系,支付宝让用户随时随地使用淘宝交易付款、手机充值、转账、信用卡还款、买彩票、水电煤缴费等功能。

支付宝主要功能包括:

①余额宝理财:余额宝理财可用于支付宝账户中的零钱理财,为客户提供远高于银行活期存款利息的收益,而且可以随时提取用于消费支付。

②转账与收款、刷脸支付

打开支付宝我们会看见主界面里有一个转账的功能,在使用支付宝的时候可以把钱转给其他银行客户和支付宝用户。支付宝还可以向别人收款,刷脸支付更是可以方便地在无人超市里自助付款。

③充值和生活缴费

此平台可以充值各种游戏;生活缴费则可以缴纳电费、水费、燃气费、固定宽带、交通违章、有线电视和物业费等;用于手机充值,联通、移动、电信的都可以,不仅话费到账速度快,还能有优惠呢。

④交通出行

支付宝 APP 可以生成乘车码坐公交;输入起始和终止地点后就可以开始打车了,这在有些城市使用的频率很高;还可以租用共享单车。

⑤快速提现和信用卡还款

只要用户绑定好银行卡,支付宝可以在 2 h 内把钱提现到银行卡,还可以为信用卡贷款还款。

⑥网购和点外卖

支付宝让我们可以通过手机进行网购,非常方便,也很安全。支付宝里有一个投保功能,可以让用户在遭遇支付损失时获得赔偿;支付宝还支持网上订外卖和送货上门;支付宝也可以用来网上订购电影票,避免到电影院里现场买票。

⑦花呗与借呗

为了鼓励消费者使用支付宝,支付宝 APP 还提供花呗、借呗这类先消费后还款的贷款消费模式,花呗每月 10 号还款,长达 40 天的免息期,方便用户在资金紧张时调剂用度。

⑧辅助工具

如图 5.7 所示,支付宝手机 APP 还可以提供卡包、极速开发票、提取公积金、随手拍举报、车辆违章查询、办签证、证件照制作、一键挪车、信用共享服务、结婚登记服务、手机捐赠等众多便民服务功能,使得支付宝越来越被用户喜爱。蚂蚁森林鼓励人们节能环保,并根据人们节能的情况捐献款项购买树苗在大西北沙漠植树造林,造福人类。

5. 知识服务类 APP

随着智能手机作为移动终端其配置越来越高,价格越来越亲民,智能手机在很多方面逐步替代电脑而成为很多人的学习工具。因此一些企业根据消费者的需求,开发了帮助人们进行

图 5.7　支付宝 APP 界面

知识学习的知识服务类 APP。

常见的知识服务类 APP 有这样一些：

（1）学习强国

如图 5.8 所示，"学习强国"是由中共中央宣传部主管的学习平台，分 PC 端、手机客户端两大终端，于 2019 年 1 月 1 日上线。

"学习强国"学习平台由中宣部主管，以深入学习宣传习近平新时代中国特色社会主义思想为主要内容，建立纵向到底、横向到边的学习网络，实现有组织、有指导、有管理、有服务的学习。

学习强国 APP 有"学习""视频学习"两大板块 38 个频道，聚合了大量可免费阅读的期刊、古籍、公开课、歌曲、戏曲、电影、图书等资料。

①丰富学习资源

打造权威思想库、完整核心数据库、丰富文化资源库、智能学习行为分析系统、创新学习生态系统、有效管用学习服务系统。

②学习强国号

总有一款适合您。多家中央主要单位新媒体第一时间提供原创优质学习资源，支持个性化订阅。

③视频学习

在视听盛宴中收获鲜活的学习体验。第一频道、短视频、慕课、影视剧、纪录片……源源不断地提供海量音频、视频。

④在线答题

定制提供在线学习答题。文字题、音频题、视频题，每周一答、智能答题、专题考试，让力争上游的您不断攀升新高度。

⑤学习积分

学有所获、学有所用。每日登录、浏览资讯、学习知识、挑战答题、收藏分享,每一种学习行为都会获得积分。

图 5.8　学习强国 APP 界面

(2)知乎

如图 5.9 所示,知乎 APP 是知乎网的手机端应用。知乎是一个连接各行各业用户的网络问答社区。知乎的最大特色就是整合人们的发散思维。知乎可以说是一款百科全书式的APP。在知乎上有很多的话题都有很多的干货回答,可以让用户在获得知识的同时保持清醒,意识到独立思考的重要性以及自己与他人的差距等。

(3)得到

得到是一款罗辑思维团队出品的高效知识服务类服务应用,是一款号称可以让用户在短时间内获得有效的知识的应用 APP。知识内容涵盖商业、方法技能、互联网、创业、心理学、文化等。

(4)网易云课堂

网易云课堂是网易旗下的一款在线实用技能学习平台。在网易云课堂上有海量的优质的课程,网易云课堂应该算是目前国内最好的 MOOC 学习平台。网易云课堂的课程涵盖实用软件、IT 与互联网、外语学习、生活家居、兴趣爱好、职场技能、金融管理、考试认证、中小学、亲子教育等内容。在这里,用户可以学习到各种知识,同时也能加深对这个世界的认识。这是一款可以学知识的高端 APP,是一种可以让你拥有全面知识的 APP。

(5)超星学习通

如图 5.10 所示,超星学习通是基于微服务架构打造的集课程学习、知识传播与管理分享

图 5.9 知乎 APP 界面

于一体的平台。它利用超星 20 余年来积累的海量的图书、期刊、报纸、视频、原创等资源,集知识管理、课程学习、专题创作,办公应用于一体,为读者提供一站式学习与工作环境。

图 5.10 超星学习通 APP 界面

超星学习通是面向智能手机、平板电脑等移动终端的移动学习专业平台。用户可以在超星学习通上自助完成图书馆藏书借阅查询、电子资源搜索下载、图书馆资讯浏览,学习学校课程,进行小组讨论,查看本校通信录,同时拥有电子图书、报纸文章以及中外文献元数据,为用户提供方便快捷的移动学习服务。

超星学习通涵盖期刊、专题、电子书、讲座、课程、小组等模块的内容,为读者提供一站式学习与工作环境。超星学习通目前已合作期刊 7 100 种,其中核心期刊 1 300 种,汇集了从 1860 年至今的中外文期刊约 6.3 亿条元数据和近亿条全文数据。联合行业专家和学者共建近 10 万精品域专题。拥有约 100 万册电子图书。收录教育、文化、历史等 15 个不同类别的专题讲座。同时架构了移动图书馆与 OPAC 检索系统无缝对接,拥有报纸、培训课程、有声读物等丰富资源。

超星学习通不仅可以进行自学,还可以参加教师组织的网络课程和直播课程的学习,通过多种形式参与互动、完成作业,还可以获得多种形式的学习统计,以评估学习效果。

项目6
精通文字处理操作

项目学习目标

通过学习本项目,学生应熟练掌握金山公司 WPS Office 校园版的重要组件 Word 的基本功能,能够制作各种文档,如书籍、信函、传真、公文、报刊、表格、图表、图形和简历等。

项目要求

1. 熟悉校园版 Word 的界面及菜单功能;
2. 熟练掌握校园版 Word 的基本操作,能够快速进行格式排版、版面设置;
3. 掌握文档的保存、拷贝、复制、删除、显示、打印;
4. 熟悉校园版 Word 的图形功能,掌握图形编辑器及使用;
5. 学习校园版 Word 的表格制作,掌握表格中数据的填写,数据的排序和计算。

任务 6.1　知识准备——WPS 基础

学习目的

1. 了解 WPS Office 软件的基本概况;
2. 掌握 WPS Office 校园版组件及基本功能;
3. 熟悉 WPS Office 校园版的界面、窗口组成,掌握相关操作;
4. 掌握文档的创建、打开、保存、保护操作。

6.1.1　WPS Office 简介

WPS Office 是由我国金山软件公司推出的办公软件。WPS Office 是一款对个人用户永久免费的办公软件产品。其将办公与互联网结合起来,多种界面随心切换,还提供了海量的精美模板、在线图片素材、在线字体等资源帮助用户轻轻松松打造完美文档。

WPS 是一款免费的国产软件,并加入国家级的计算机等级考试,已经在机关企事业单位推广使用,将会成为国内最为普及的 Office 软件。WPS 覆盖了几乎所有操作系统平台,安装便捷,办公高效。它的数据同步功能,能让各平台数据保持绝对一致。而协作办公功能,可以让团队成员一起在不同电脑及移动设备上同时编辑同一个文件。它也支持宏代码来扩展自动处理功能,是办公自动化的优秀软件。

WPS Office 发展历程如图 6.1 所示。

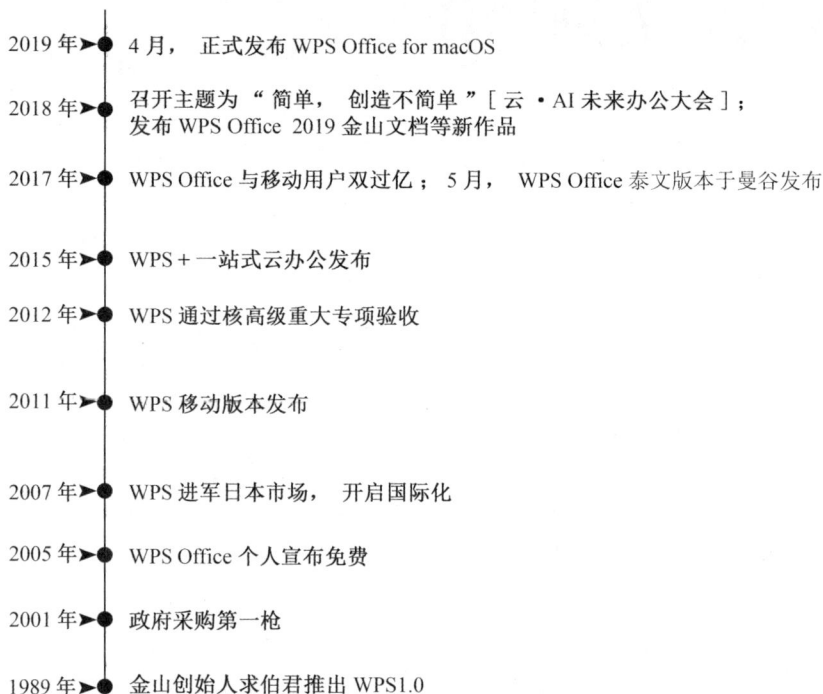

2019 年	4 月, 正式发布 WPS Office for macOS
2018 年	召开主题为 " 简单, 创造不简单 "［ 云 · AI 未来办公大会］；发布 WPS Office 2019 金山文档等新作品
2017 年	WPS Office 与移动用户双过亿; 5 月, WPS Office 泰文版本于曼谷发布
2015 年	WPS＋一站式云办公发布
2012 年	WPS 通过核高级重大专项验收
2011 年	WPS 移动版本发布
2007 年	WPS 进军日本市场, 开启国际化
2005 年	WPS Office 个人宣布免费
2001 年	政府采购第一枪
1989 年	金山创始人求伯君推出 WPS1.0

图 6.1　WPS Office 发展历程

WPS Office 包括四大组件,即"WPS 文字""WPS 表格""WPS 演示""轻办公",能无障碍兼容微软 Office 格式的文档。WPS 不仅可以直接打开、保存微软 Office 格式的文档,微软 Office 也可正常编辑 WPS 保存的文档。除了在文档格式上的相互兼容,WPS 在使用习惯、界面功能上都与微软 Office 深度兼容,降低了用户的学习成本,完全可以满足个人用户日常办公需求。

WPS Office 具有如下特点:

1. 体积小

WPS Office 在保证功能完整性的同时依然保持较同类软件体积最小,下载、安装快速便捷的特点。

2. 功能易用

WPS Office 从中国人的思维模式出发,功能的操作方法设计得简单易用;良好的使用体验降低了用户熟悉功能的门槛,提高了用户的工作效率,是最懂中国人的办公软件。

3. 互联网化

海量的精美模板、在线图片素材、在线字体等资源为用户轻松打造完美文档。

文档漫游功能很好地满足了用户多平台、多设备的办公需求,在任何设备上打开过的文档会自动上传到云端,方便用户在不同的平台和设备中快速访问同一文档。同时用户还可以追溯同一文档的不同历史版本。

另外,WPS第四组件"轻办公"以私有、公共等群主模式协同工作云端同步数据的方式满足不同协同办公的需求,使团队合作办公更高效、更轻松。

WPS有很多的版本,如WPS 2013、WPS 2016、WPS 2019,选用哪个版本好呢? 这些版本软件都是免费的,建议使用最新的版本——WPS 2019及以上版本。新版本功能更加强大、更加科学和人性化,更能实现高效办公。本教材采用的是WPS 2019校园版。

进入WPS官网https://www.wps.cn/,找到热门下载,选择适合的版本直接点击【立即下载】,很快就可以获取安装包了。双击打开下载好的安装包,它的安装也是非常简单快速。安装完成后会看到WPS的欢迎界面,如图6.2所示,单击【开始探索】,接着单击第二个界面的【启动WPS】,就可以开始使用WPS了。

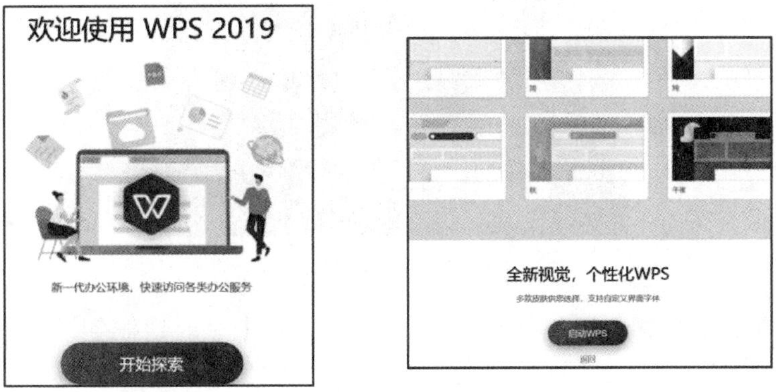

图6.2　WPS欢迎界面

6.1.2　WPS的安装与卸载

安装完成后,你会发现桌面上只有一个图标 ,打开应用,Word、Excel和PPT是在一个窗口里面的。如果用户喜欢将Word、Excel、PPT等应用的图标以及窗口区分开,那么可以打开WPS,在首页右上角找到全局设置按钮 ,再选择设置,在设置中心找到【切换窗口管理模式...】打开它,改成【多组件模式】就可以了。用户还可以个性化设置WPS的皮肤,皮肤设置按钮 就在设置按钮的右边。

建议:为了方便使用资源,建议大家点击 登录,可以用微信登录。

WPS的卸载:首先关闭所有WPS的应用,包括WPS云盘(桌面右下角有一个图标);再打开控制面板中的【程序和功能】,找到 WPS Office,单击它,选择卸载;然后按照提示进行操作就能成功卸载了。

6.1.3　WPS 基础操作

启动 WPS,最简单的当然是双击桌面上的图标,这里介绍其他的一些常用操作和访问界面的定制。

6.1.3.1　固定 WPS 应用图标

第一种方式:可以通过开始菜单找到 WPS 的应用(可以在开始菜单右侧的搜索框输入 WPS,很快就能找到它了;搜索框可以在任务栏上右击选择搜索再选择【显示搜索框】),右击它,选择【固定到"开始"屏幕】,这样就能在开始屏幕中快速地找到 WPS 应用了,如图 6.3 所示。

图 6.3　WPS 应用图标

第二种方式前面的步骤与第一种方式类似,可以选择【固定到任务栏】,这样就可以在任务栏中快速地启动 WPS 了。

6.1.3.2　新建 WPS

方法一:以新建 Excel 表格为例。在资源管理器的合适路径下,空白的位置上右击,在弹出的快捷菜单中选择【新建 xlsx 工作表】,输入文件名就新建好了。但是打开它的时候不一定是 WPS,下面就来把它的默认打开方式设置为 WPS。在新建好的文件上右击,在弹出的快捷菜单中选择【打开方式】→【选择其他应用】,在弹出的对话框中选择 WPS 的应用,再在【始终使用此应用打开. xlsx 文件】前面打勾。这样,会发现. xlsx 文件的图标是 WPS 的图标 📄 我的表格.xlsx ,只要双击. xlsx 文件就能在 WPS 中打开 Excel 文件了。

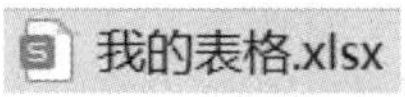

方法二:先打开 WPS 应用,再新建文件。比如新建 Word 文件,打开 WPS 文字,点击窗口左上角的 ＋ 新建 ,在出现的界面中选择【文字】→【新建空白文档】,如图 6.4 所示。当然也可以选择合适的模板新建。还可以使用快捷键 Ctrl+N,就会默认新建一个文字文稿。

6.1.3.3　私人定制应用中心

打开 WPS 应用首页界面的左侧就是应用中心,一开始只有一个【稻壳商城】。可以打开

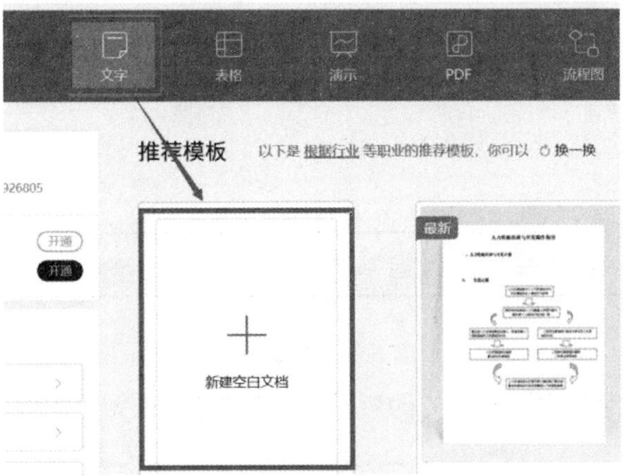

图 6.4　新建界面

界面左侧最下面的【应用】,在应用中心窗口中选择自己需要的应用,点击应用右上角的 ☆ ,添加到侧栏,如图 6.5 所示。

图 6.5　应用中心

6.1.4　WPS 云端存储功能

打开 WPS(不是文件,比如打开 WPS 文字),会在一开始的界面上看到最近打开的文件,什么时间什么地点打开的文件,被一清二楚地显示出来,如果登录过了,会发现有的文件不是在这台电脑上的,有的文件是在微信里打开的。这就是 WPS 云端存储技术。在所有设备上的文件只要是同一个登录名的都会同步。

【星标】是用来快速访问共享文件的,如图 6.6 所示。选择共享,可以看到所有的共享文件,包括【共享给我】和【我的共享】在共享文件中,可以在重要的文件的右侧点击 ★ ,给文件加上星标。这样就可以在星标中快速找到这个文件。

【我的云文档】是当前登录名的使用者上传的云文档,它可以进行分类管理、保留历史版本。在云文档的上方有新建,可以新建文件夹,如图 6.7 所示,将不同类型的文件进行分类管理。点击云文档右侧的更多操作 ⋮ ,选择【历史版本】,或者在界面右侧的云文档属性里面单

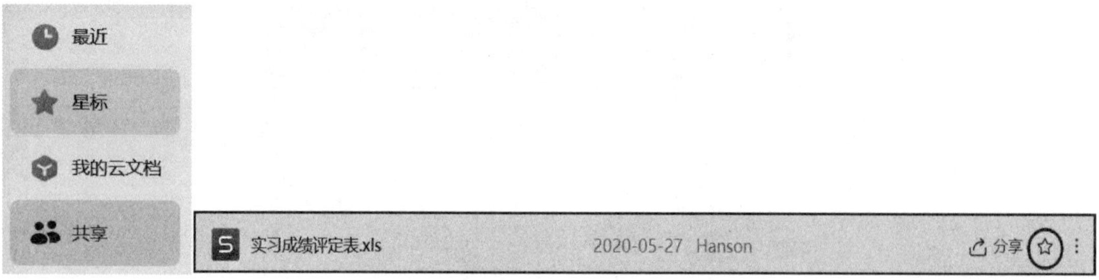

图 6.6　快速访问

击【历史版本】,可以看到每次保存上传的版本。【共享】中的文件同样可以获取历史版本。

图 6.7　云文档新建文件夹

　　共享的文档可以由多人在不同设备上进行协同编辑。【共享】中的文档是怎么来的呢?在快速访问界面上,文件的右侧有一个图标 ⚲分享,单击这个图标分享文件,可以选择【可编辑】,如图 6.8 所示,然后把分享文件的链接或二维码发送给其他人,就可以实现共享文件的协同编辑。

图 6.8　分享文件设置窗口

6.1.5 **WPS 工具栏、工作界面与状态栏**

6.1.5.1 自定义快速访问工具栏

一般快速访问工具栏在【文件】的右侧,菜单栏的左侧,它的位置可以改变,它上面显示的工具也可以设置。单击快速访问工具栏的右侧的小箭头 ♥(见图 6.9),展开【自定义快速访问工具栏】,可以在图 6.10 中的区域 1 勾选所需工具,在区域 2 选择它的位置。如果区域 1 中没有需要的工具,可以单击【其他命令...】,在打开的选项设置窗口,可以从左侧的待选命令中选择添加到右侧,右侧的当前选项也可以再删除掉,如图 6.11 所示。

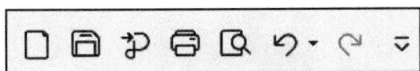

图 6.9 快速访问工具栏 **图 6.10 自定义快速访问工具栏**

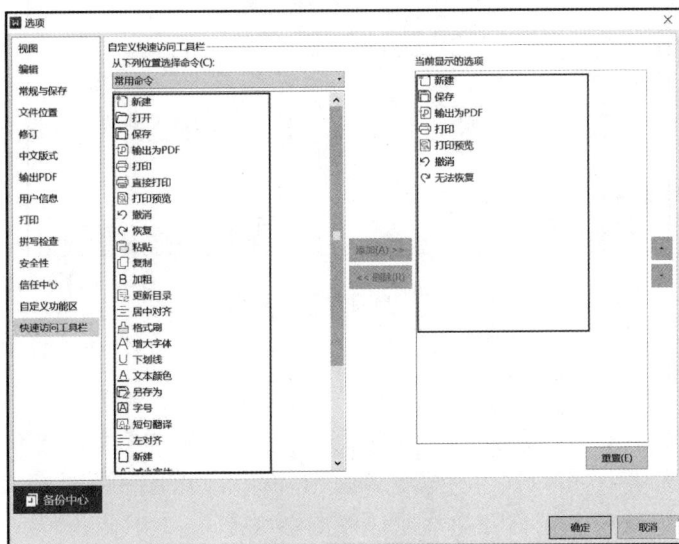

图 6.11 选项中设置快速访问工具栏

6.1.5.2 菜单栏

打开每一个菜单项,下方会以选项卡的形式显示该菜单中的功能,各个功能分组显示。在【文件】中选择【选项】,选项窗口中的【自定义功能区】可以自定义菜单栏,如图 6.12 所示。窗口右侧显示的是当前的功能选项卡情况,可以展开设置。【新建选项卡】可以自定义功能菜单。如新建选项卡并重命名为"我的选项卡",新建组并重命名为"常用功能",将【文本颜色】添加到新的功能组中,效果如图 6.13 所示,这样可以在菜单栏中看到自定义的菜单项。菜单栏的右侧 🔍 查找命令、搜索模板 可以进行搜索命令、模板和帮助文件。

图 6.12　自定义功能区

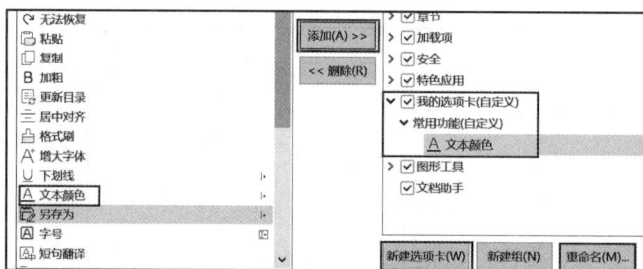

图 6.13　自定义菜单项示例

6.1.5.3 工作界面

在工作界面的右侧有一个任务窗格,如果没有,可以展开菜单栏右侧的 ⋮ 进行设置,如图 6.14 所示。在任务窗格中,可以通过其右侧的按钮选择不同的窗格,图 6.15 所示是自选图形窗格,还可以通过自定义任务窗格按钮增删任务窗格按钮。

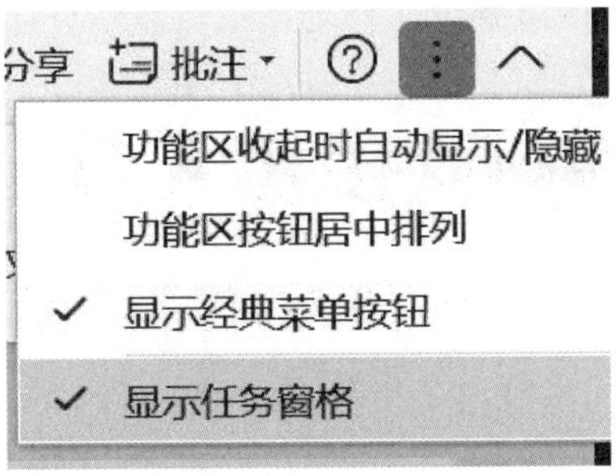

图 6.14　显示任务窗格

图 6.15　任务窗格

6.1.5.4　状态栏

如图 6.16 所示,状态栏上面显示了文档的页面、总页数、总节数、总字数的信息,状态栏还有拼写检查、文档校对和文档权限等小按钮。拼写检查在默认情况下是打开的,单击状态栏上的这个按钮,可以改变设置。这个设置跟在菜单栏的搜索框中输入"拼写检查"(见图 6.17),弹出选项里面的【输入时拼写检查】是一个作用。状态栏的右侧还有视图设置如图 6.18 所示,这些设置项跟菜单视图功能区如图 6.19 的设置一致。

图 6.16　状态栏左侧

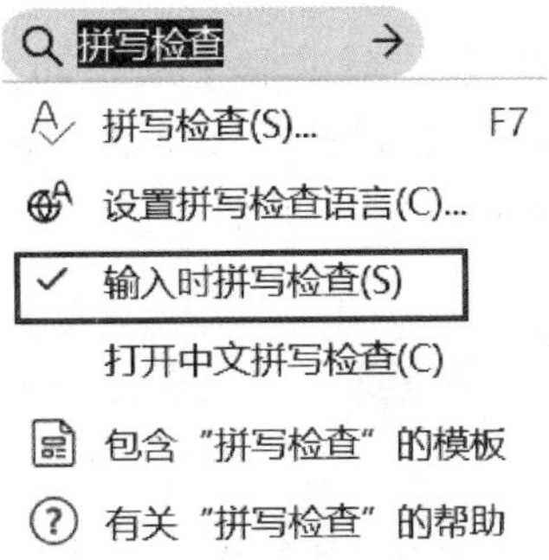

图 6.17　菜单栏中拼写检查

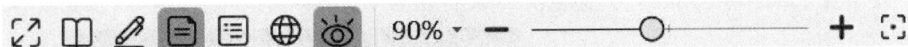

图 6.18　状态栏中的视图设置

图 6.19　菜单视图功能区

任务 6.2　校园版 Word 使用入门

学习目的

1. 了解 WPS Office 校园版组件及基本功能；
2. 掌握校园版 Word 启动与退出操作；
3. 熟悉校园版 Word 界面、窗口组成,掌握相关操作；
4. 掌握文档的创建、打开、保存、保护操作。

6.2.1　校园版 Word 简介

6.2.1.1　校园版 Word 概述

WPS Office 作为一款办公软件套装,可以实现办公软件最常用的文字、表格、演示、PDF 等多种功能。老师可在校园版发起投票和调查,布置批改作业与测试,绘制专业几何图、思维导图和流程图等。还可以使用会议功能、手机遥控放映 PPT、多屏同步演讲,达到远程课堂的效果。同时还可自行创建团队建立个人和公众文件夹,同步进行文档协作,实现课件、作业、资料共享、管理与权限分发。云端备份、文档加密、历史版本追溯,为师生每一份文档提供强大的保护,无须担心文档安全,除此以外,还有针对学生的划词翻译、文档翻译、论文版式、论文查重、简历助手、答辩助手等功能,帮助学生提升学习效率。WPS 校园版,集办公软件与多个校园场景功能于一体,带领师生用全新的方式去体验。协作办公、智慧校园。

6.2.1.2　校园版 word 新增功能

1. 如何创建和加入班级云团队

在教学工作或者学生社团工作中,常常需要建立"社群"或"团队"来协助管理。WPS Office 校园版的云空间,不仅可以帮助自行创建团队,建立个人和公众文件夹。还可以统一管理、分发布置作业、工作等。那如何创建校园或者班级云团队呢?

（1）点击电脑右下角状态栏叶子图标  的云空间,此时会弹出该账户的云空间面板。

（2）点击搜索框右边的加号,可以创建新团队,例如创建"班级"。

（3）点击"WPS 学院的班级"右侧的设置标志,可以对此团队重命名,在团队名称下方可以发布公告,例如输入"欢迎新同学",如图6.20所示。

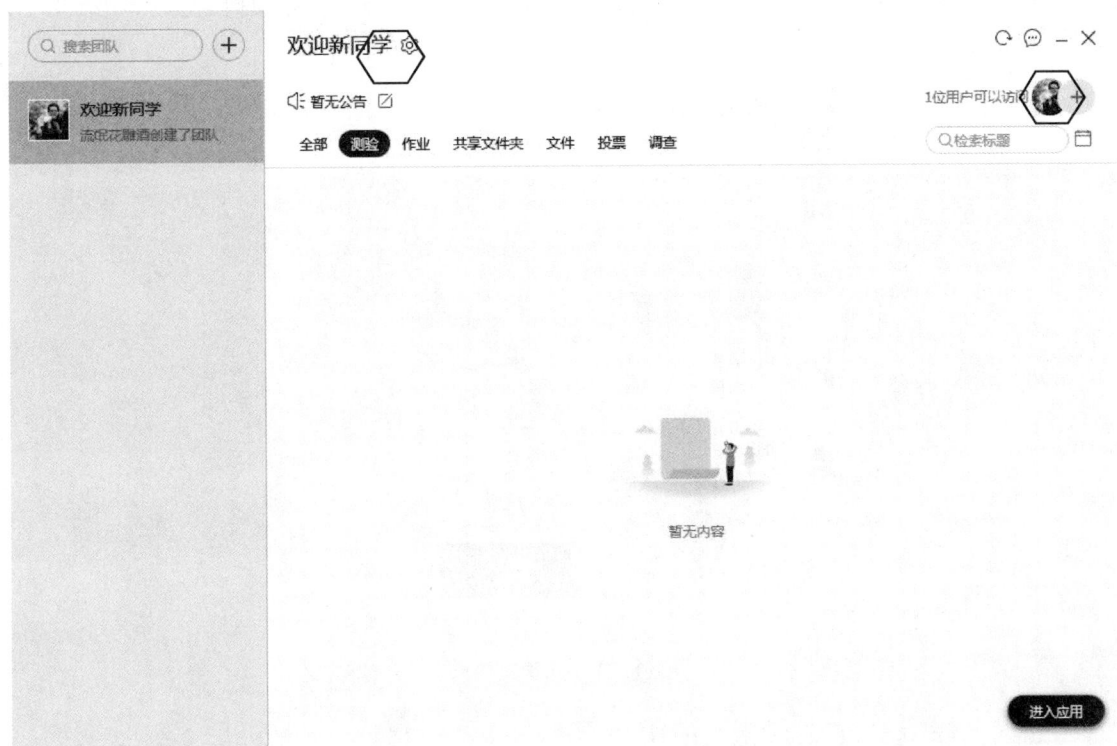

图6.20　发布团队公告

(4)点击右侧添加成员的加号,可以添加新成员。

(5)添加新成员的方式可以通过"复制链接"添加,也可以通过"从联系人中选择"添加。

(6)点击复制链接,发送给需要添加的成员,当该成员点击链接并进入,即可成为此团队的成员。

(7)点击成员右侧的倒三角,可以选择设置为管理员或移除此成员。

(8)当我们想删除此团队,可以点击团队名称右侧的设置标志,选择"删除并退出"。

2.如何创建校园云组织

WPS的云端功能十分强大。那如何创建校园云组织呢?

(1)首先打开WPS官方在线文档,扫码登录进入个人页面。

(2)点击右上角头像,创建企业云办公,输入校园云组织的名称、创建人姓名、邮箱。

(3)创建成功后,邀请同学加入。此时进入校园云组织界面,我们可以创建团队、邀请同学、管理同学。

(4)点击管理后台,可以查看组织信息、数据以及使用概况,在通讯录→组织架构处可以查看成员详细信息。

3.协同工作

使用新增的共同创作功能,可以与其他位置的其他工作组成员同时编辑同一个文档。

公司工作或使用校园版Word完成家庭或学校作业,可以通过创建分享,给予获得分享人编辑权限,就可以使用共同创作功能。无论是编写职业生涯报告、与下一重大项目的团队协同工作、起草简历还是完成正在进行的工作,校园版 Word 都能更轻松、更快捷、更灵活地完成所需的任务,并取得很好的效果,如图 6.21 所示。

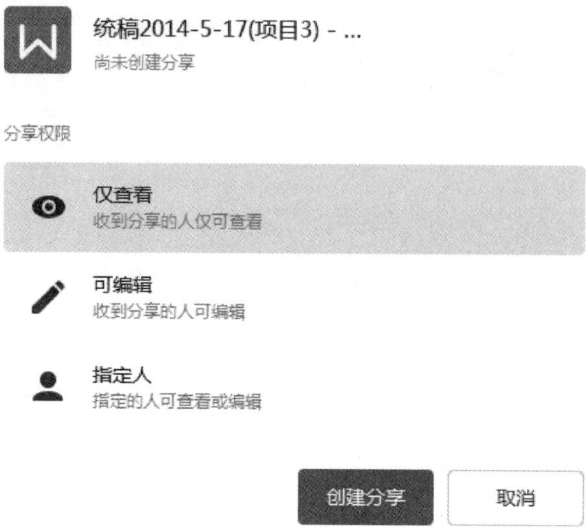

图 6.21　分享文件

6.2.2　校园版 Word 的启动与退出

6.2.2.1　启动校园版 Word

Word 的启动方式主要有以下几种:
(1)双击已建立的校园版 Word 的快捷方式。
(2)从"开始"→"程序"→"WPS Office"→"WPS 校园版"→"文字"→"新建文档"。
(3)从"计算机"中启动校园版 Word。
(4)从 Windows 资源管理器中启动校园版 Word。

6.2.2.2　退出校园版 Word

校园版 Word 的退出主要有以下几种方法:
(1)直接单击 Word 程序标题栏右侧的"✖"按钮。
(2)选择"文件"→"退出"命令。
(3)按 Alt+F4 键。
(4)右击在任务栏上的要关闭的 Word 文档图标,在出现的快捷菜单中选择"关闭"。
　若退出 Word 时,文件未保存过或在原来保存的基础上做了修改,Word 将提示用户是否保存编辑或修改的内容,用户可以根据需要单击"是"或"否"按钮。

6.2.3　校园版 Word 的界面环境

6.2.3.1　窗口的组成

当用户成功启动 WPS Office 校园版 Word 后,将打开校园版 Word 的用户界面,如图 6.22 所示。

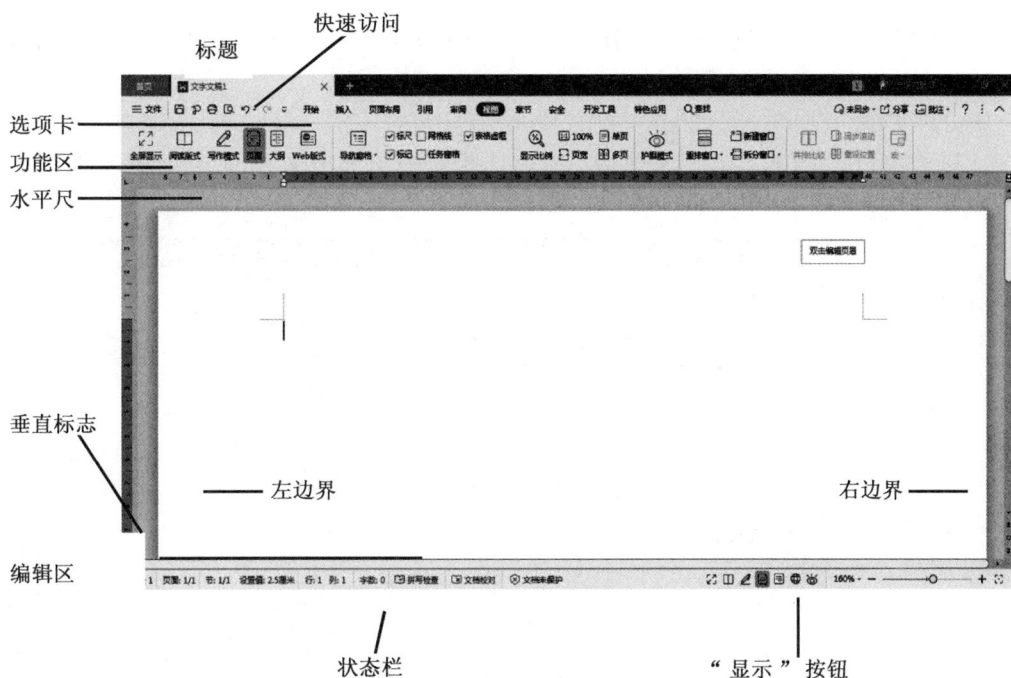

图 6.22　校园版 Word 用户界面

校园版 Word 窗口除了具有系统窗口的标题栏等基本元素外,还主要包括选项卡、功能区工具、滚动条、标尺及状态栏等,还可以由用户根据自己的需要自行修改和设定。

(1)标题栏:显示正在编辑的文档的文件名以及所使用的软件名。

(2)选项卡:如"文件"选项卡包括:"新建""打开""关闭""另存为……""打印"等。

(3)快速访问工具栏:常用命令位于此处,例如"保存"和"撤销"。用户也可以添加个人常用命令。

(4)功能区:工作时需要用到的命令位于此处。它与其他软件中的"菜单"或"工具栏"相同。

(5)编辑区:文档编辑区位于窗口中央,占据窗口的大部分区域,显示正在编辑的文档。处理文档时,在文档编辑区会看到一个闪烁的光标,指示文档中当前字符的插入位置。

(6)"显示"按钮:可用于更改正在编辑的文档的视图显示模式以符合要求。

(7)滚动条:可用于更改正在编辑的文档的显示位置。

(8)缩放滑块:可用于更改正在编辑的文档的显示比例设置。

（9）状态栏：显示正在编辑的文档的相关信息，例如行数、列数、页码位置、总页数等。

（10）标尺：包括水平和垂直标尺，主要用来显示页面的大小，即窗口中字符的位置，同时可以用标尺进行段落缩进和边界调整。标尺是可选栏，用户可以根据自己的需要来显示或隐藏标尺。

6.2.3.2 校园版 Word 界面环境设置

1. 自定义功能区

在校园版 Word 功能区中允许用户对功能区进行自定义。不但可以创建功能区，而且还可以在功能区下创建组，让功能区更加符合自己的使用习惯。

单击"文件"选项卡，找到"选项"按钮，单击打开对话框，找到"自定义功能区"选项卡（见图 6.23），然后在"自定义功能区"列表中，勾选相应的主选项卡，可以自定义功能区显示的主选项。

图 6.23 打开 Word"自定义功能区"选项

如果要创建新的功能区，则单击"新建选项卡"按钮，在"主选项卡"列表中出现"新建选项卡（自定义）"，选项卡右边有"重命名"。

然后选项新建的组，在命令列表中选择需要的命令，单击"添加"按钮，将命令添加到组中。这样，新建选项卡中的一个组就创建完成了。

2. 自定义文档保存格式和位置

在校园版 Word 中,默认保存的文档格式是".docx",这种格式可以兼容目前市场上大多数的 Word 版本。如果用户在另外的机器上使用的是以前版本的话(又不想安装插件),可以通过自定义校园版 Word 的默认保存格式,直接将文档保存为.doc 格式的文档即可。

方法如下:单击"文件"选项卡,找到"常规与保存"按钮,单击打开"保存"对话框,然后打开"将文件保存为此格式"下拉框,从下拉列表中选择一种格式,如:Word 97－2010 文档(＊.doc),然后点击"确定"保存设置。完成设置后再用校园版 Word 创建文档,在默认状态下它的保存格式是.doc,如图 6.24 所示。

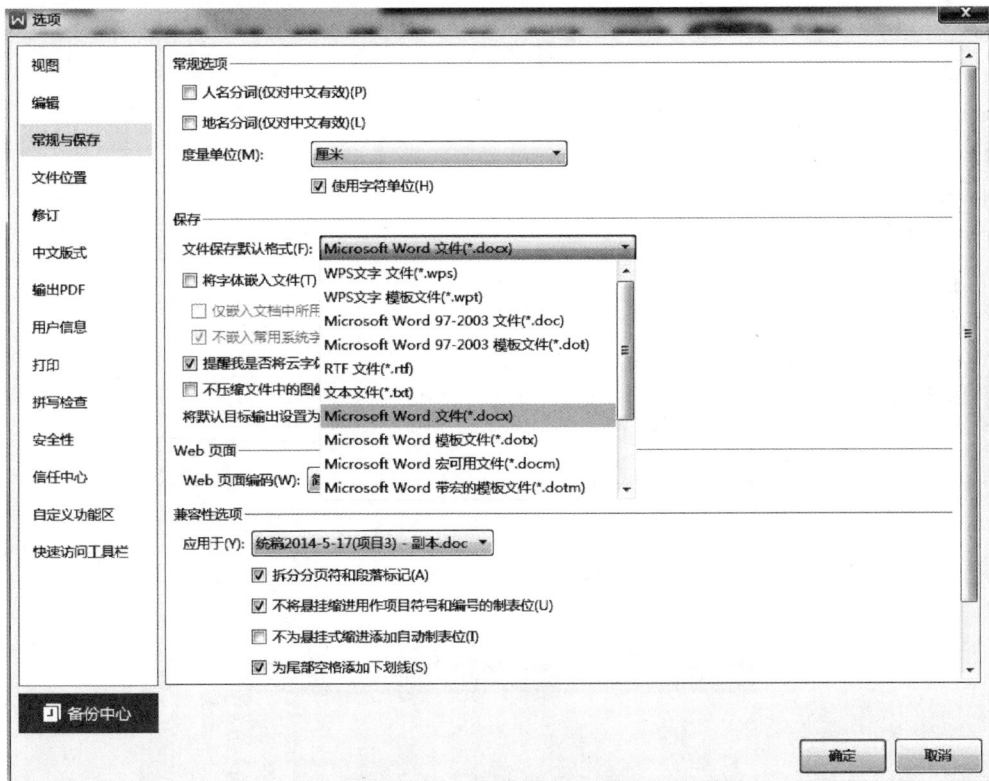

图 6.24　Word"保存"选项

3. 自定义文档内容在屏幕上的显示方式和打印显示方式

在校园版 Word 中,默认定义了文档内容在屏幕上的显示方式和打印显示方式,也可以自定义显示方式。

如:设置取消"选择时显示浮动工具栏",在屏幕上不显示"段落标记"等。

其设置方法如下:单击"文件"选项卡,找到"视图"按钮,单击打开"显示"对话框(图 6.25),取消"选择时显示浮动工具栏""段落标记"前的"√",然后"确定"保存设置。

6.2.3.3　常见的视图形式

在校园版 Word 中提供了多种视图模式(见图 6.26)供用户选择,这些视图模式包括"页面视图""阅读版式视图""Web 版式视图""大纲视图""草稿视图"等五种视图模式。用户可

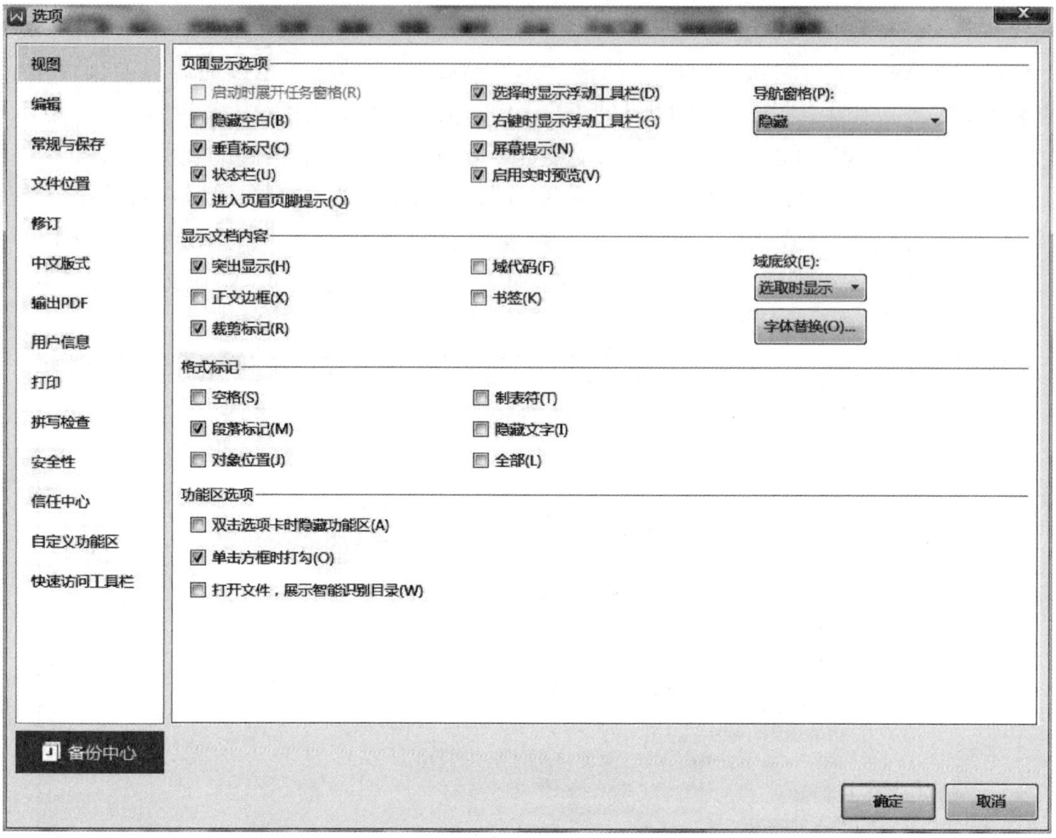

图 6.25 Word"视图"对话框

以在"视图"功能区中选择需要的文档视图模式,也可以在 Word 2010 文档窗口的右下方单击视图按钮选择视图。

图 6.26 视图模式

1."页面"视图

"页面"视图是以页的方式出现的文档显示模式,是一种"所见即所得"的显示方式。在"页面"视图中,可以查看与实际打印效果一致的文档,以便进一步美化文字和格式。它是校园版 Word 的默认视图。

建立文档的许多工作需要在"页面"视图中进行,例如,在文档中插入页眉和页脚,插入图文框,利用绘图工具绘图等。用户可以用鼠标滚动到文档的正文之外,以便查看诸如页眉、页脚、脚注、页号等项目。

2. 全屏显示

"全屏显示"取消了页面边距、分栏、页眉、页脚和图片等元素,仅显示标题和正文,在该视图模式中用户可以设置字符和段落的格式等。

3. "Web 版式"视图

在"Web 版式"视图中,WPS 能优化 Web 页面,使其外观与在 Web 或 Intranet 上发布时的外观一致,即显示文档在浏览器中的外观。例如,文档将以一个不带分页符的长页显示,文字和表格将自动换行以适应窗口。在 Web 版式视图中,还可以看到背景、自选图形和其他在 Web 文档及屏幕上查看文档时常见的效果。

4. "阅读版式"视图

"阅读版式"视图以图书的分栏样式显示 WPS 文档,"文件"按钮、功能区等窗口元素被隐藏起来。在阅读版式视图中,用户还可以单击"工具"按钮选择各种阅读工具。

5. "大纲"视图

"大纲"视图能够显示文档的结构。大纲视图中的缩进和符号并不影响文档在普通视图中的外观,而且也不会打印出来。

使用"大纲"视图,可以方便地查看和调整文档的结构,多用于处理长文档。用户可以在大纲视图中上下移动标题和文本,从而调整它们的顺序。或者将正文或标题"提升"到更高的级别或"降低"到更低的级别,改变原来的层次关系。

在"大纲"视图中,可以折叠文档,即只显示文档的各个标题,或展开文档,以便查看整个文档。这样,移动和复制文字、重组长文档都变得非常容易。

6. 写作模式

写作模式能够显示文档的结构。写作模式下,编辑区左侧出现目录,可以很方便地看到应该在什么区域进行文章编辑。

7. 护眼模式

这是 WPS 里独有的一种模式。点击该模式,屏幕编辑区便会变成更加利于眼睛放松的颜色。

6.2.4　文档的基本操作

6.2.4.1　创建新文档

每次启动校园版 Word 时,Word 应用程序已经为用户创建了一个基于默认模板的名为"文字文稿1"的新文档。用户也可以创建新文档:

在"文件"中用"新建"命令

(1)单击"文件"中"新建"命令。

(2)然后单击"新建空白文档"图标。

若要创建基于某种模板的文档,单击"从本机上的模板"或者"从默认模板新建"命令。

6.2.4.2　保存及保护文档

对于用户在文档窗口中输入的文档内容,仅仅是保存在计算机内存中并显示在显示器上,如果希望将该文档保存下来备用,就要对它进行命名并保存到磁盘上。在文档的编辑过程中,经常保存文档是一个好习惯。当然也可以根据用户自己的需要进行更改。

1. 保存新文档

（1）单击"快速访问"工具栏中的保存按钮或按 F12 键，出现"另存为"对话框。

（2）单击"保存在"右侧的下拉列表框，选择保存文件的驱动器和文件夹。

（3）在"文件名"框中，键入保存文档的名称。通常 Word 会建议一个文件名，用户可以使用这个文件名，也可以为文件另起一个新名。

（4）在"保存类型"框中，选择所需的文件类型。校园版 Word 默认类型为". docx"。

（5）单击"保存"按钮即可。

首次保存新文档，也可以通过"另存为"命令来操作。另外，利用"另存为"对话框，用户还可以创建新的文件夹。

2. 保存已命名的文档

对于已经命名并保存过的文档，进行编辑修改后可进行再次保存。这时可通过单击保存按钮或 ctrl+s 组合键完成保存。

3. 换名保存文档

如果用户打开旧文档，对其进行了编辑、修改，但又希望留下修改之前的原始资料，这时用户就可以将正在编辑的文档进行换名保存。方法如下：

（1）单击"文件""另存为"命令，弹出"另存为"对话框。

（2）选择希望的保存位置。

（3）在"文件名"框中键入新的文件名，单击"保存"即可。

4. 设置自动保存

在默认状态下，校园版 Word 备份中心（见图 6.27）有智能模式和定时备份。智能模式是按照系统自带每隔 10 min 为用户保存一次文档。这项功能还可有效地避免因停电、死机等意外事故而使编辑的文档前功尽弃。

定时备份是 1 min～12 h 之间可以进行设置，备份周期是 30 天。

修改自动保存时间的操作方法如下：

执行"文件"→"选项"命令，在"备份中心"选项卡中可"设置""定时备份"。

同时，在备份中心里，还可以设置是否自动同步（登录同一账号），可以在自己的手机或者其他电脑访问这台电脑打开的文档，还可以设置本地备份的磁盘。

在备份中心选项卡中，还有本地备份、备份同步和一键恢复。一键恢复功能有两个一是文件损坏或乱码，一键快速修复；二是文档意外丢失或删除，一键深度恢复。这些工具都是我们经常用到的，如图 6.28 所示。

5. 保护文档

有时用户需要为文档设置必要的保护措施，以防止重要的文档被轻易打开。这时可以给文档设置"打开权限的密码""修改权限的密码"。

单击"文件""选项"命令，打开"安全性"对话框，如图 6.29 所示。

在弹出的"安全性"对话框中，可设置密码一种是打开时需要的密码，另一种是修改时需要的密码，如图 6.29 所示。

图 6.27　备份中心设置

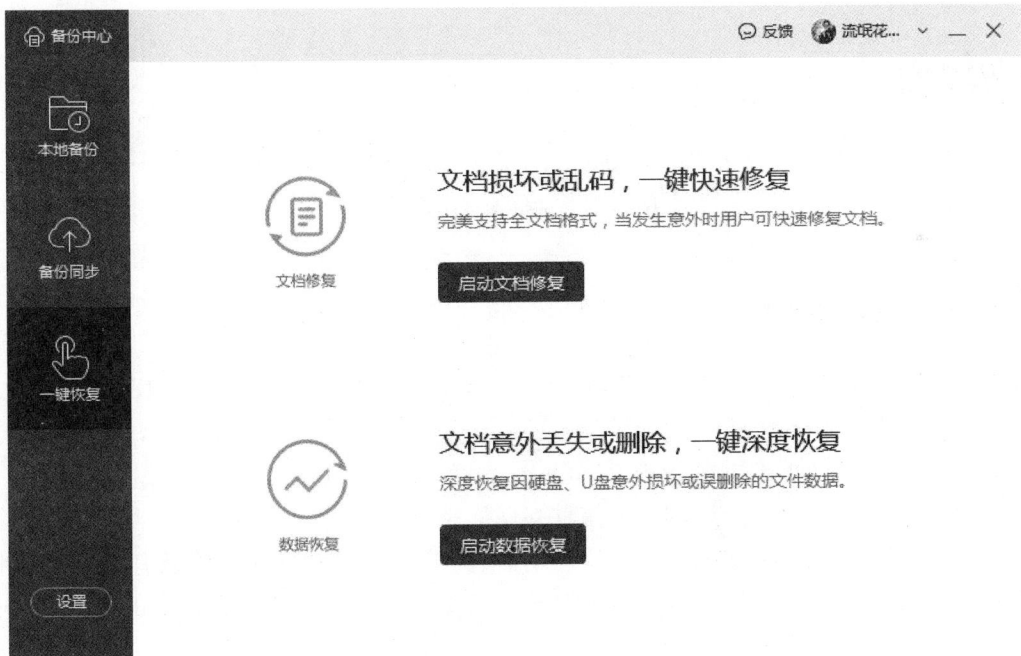

图 6.28　备份中心文件修复

在"打开文件时的密码"文本框中键入口令,然后单击"确定"按钮。在"确认密码"对话框中再输入一遍刚才键入的口令,然后单击"确定"按钮。这样,以后每次打开文档时,都必须先输入该口令才能打开该文档。

在"修改文件密码"文本框中输入密码,其具体操作步骤与"打开文件密码"基本一样。输入了修改文件密码,则是对该文档做了修改。试图保存时,则要求用户输入修改密码,否则不

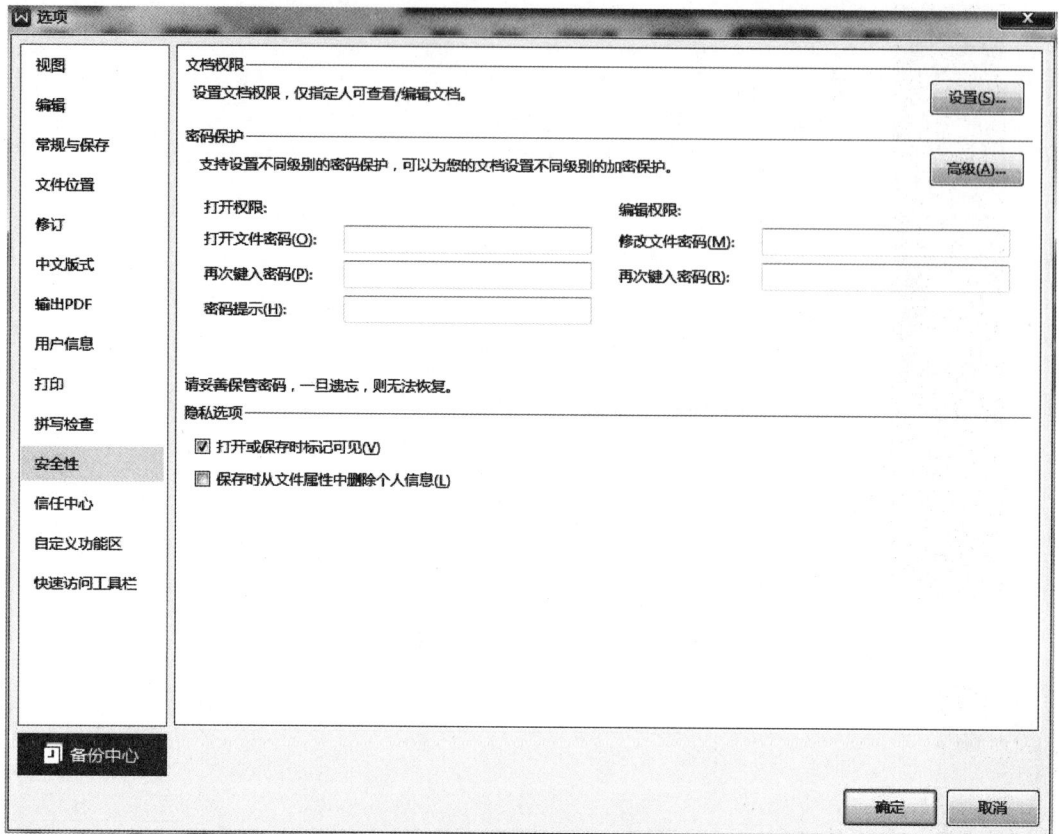

图 6.29　文档安全设置

能保存。

6.2.4.3　打开和关闭文档

对于已经存过盘的文档,如果用户要再次打开进行修改或查看,这就需要将其调入内存并在校园版 Word 窗口中显示出来。

1. 打开校园版 Word 文档的基本方法

(1)单击"文件""打开"命令,则会弹出打开文件对话框。

(2)选择包含用户要找的 Word 文件的驱动器、文件夹,同时在对话框"所有 Word 文件"下拉列表框中选择文件类型,则在窗口区域中显示该驱动器和文件夹中所包含的所有文件夹和文件。

(3)单击要打开的文件名或在"文件名"框中键入文件名。

(4)单击"打开"按钮即可,如图 6.30 所示。

2. 利用其他的方法打开 Word 文档

在校园版 Word 环境下,单击"文件"菜单"最近所用文件"列出的最近打开过的文件。

在"计算机"或"资源管理器"中找到要打开的 Word 文件,双击该文件即可打开。

图 6.30　打开校园版 Word 文档的基本方法

3. 关闭文档

要关闭当前正编辑的某一个文档,可单击"文件""关闭"命令。

6.2.4.4　浏览文档

1. 快速定位浏览对象

在校园版 Word 中,用户可以通过选择浏览对象操作来快速地定位浏览文档。其操作步骤如下:

(1)单击点击"开始"菜单栏,在工具栏中找到查找替换工具,在下拉按钮中选择定位功能,如图 6.31 所示。

(2)用户可通过单击所需的项目来浏览活动文件,在此可选择的目标项目有页、节、脚注、尾注、域、表格、图形、公式、对象、标题等。

2. 控制浏览文档的显示比例

编辑文档时,为了看清文字,有时需要将版面显示得大些,而有时为了查看版面的编排,可能需要调小版面的显示。这时,用户可单击"视图"选项卡上的"显示比例"按钮,弹出如图 6.32 所示的对话框,选择合适的显示比例浏览文档。

如果用户使用的是带滚动轮的鼠标,那么就有更简便的操作方法。用户可以一手按住 Ctrl 键,另一手拨动鼠标的滚动轮,很方便地控制文档的显示比例,系统还可以根据窗口的大小自动地调节文档的显示页面数。

图 6.31　查找与替换中的定位功能

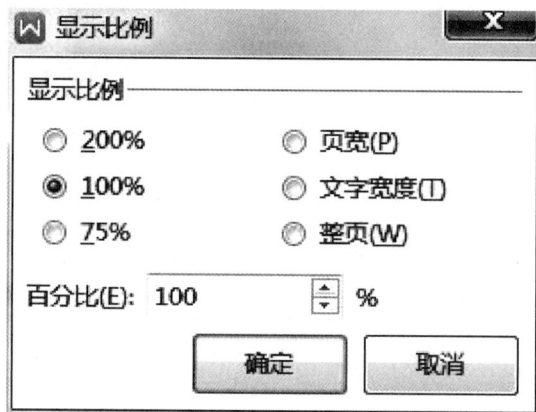

图 6.32　设置显示比例

任务6.3　学习简单文档制作

学习目的

　　如图 6.33 所示,通过"公司简介"简单文档的制作操作和学习,学会 Word 2010 中文本输入,字符、段落格式编排,掌握输入和编排过程中涉及的光标定位、文本选定、修改、复制、剪切、删除等基本操作。

6.3.1　输入文档内容

　　文本包括数字、字母和汉字的组合。在文档窗口中有一个闪烁的插入点,在文档中输入的内容总是出现在插入点处。当光标移动到某一位置时,在 Word 窗口下方的状态栏会显示光标的位置。

◇ 浙江华为

浙江华为成立于1999年9月，由华为技术有限公司和浙江省电信公司共同组建，依托华为雄厚的技术实力，以培养规划、建设、适应、管理等全方位高级信息化人才为目标，以完备的培训设施、系统的教学实验室、经验丰富的讲师和专家队伍为客户提供优质全面的培训服务。

浙江华为承担所有华为主流产品的培训业务，是华为最大的国内培训基地，已拥有无线、光网络、核心网、数通、业务与软件等全系列华为产品实验室。公司经过10年的不断发展，已成功培养了4万多名中高级专业技术人才，学员遍及电信、移动、联通、广电、国税、地税等各行各业。

浙江华为始终坚持"快速响应客户需求，提高客户满意度"为中心，通过完善的计划管理体系对培训资源进行合理调配，对培训过程进行管理监控，即通过质量保证体系，规范培训流程，保证培训质量。经过多年的经验积累，浙江华为建立了较为完善的培训管理体系。

浙江华为按培训交付产品线分为三大产品部，包括无线产品部、核心网业软产品部、网络产品部，共有100余名专职培训讲师，所有讲师均经过严格的讲师资格认证，部分教师具有丰富的工程实践经验，各大课程体系全面实用，拥有先进的实验环境，授课注重理论和实践并重，使得学员具备过硬的实战能力。公司拥有课程开发专家团队，开拓创新，紧密结合技术发展形势，开发符合客户需求的培训课程，并为客户提供培训综合解决方案。

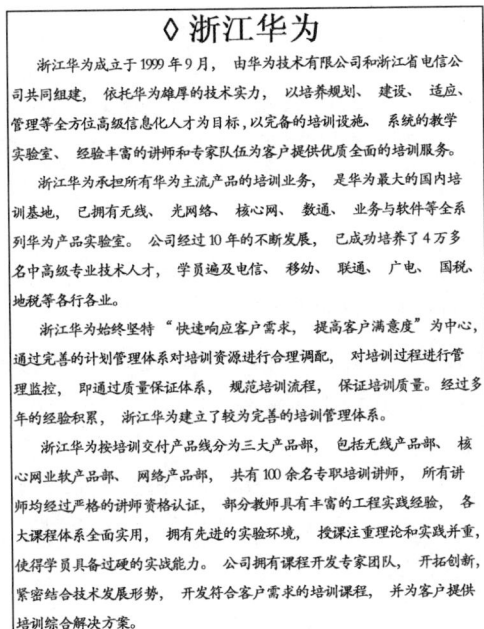

图 6.33　简单文档样本

6.3.1.1　移动插入点

文本输入时,应先移动插入点的位置,再在该处输入文本。Word 提供了多种移动插入点的方法。

1. 使用鼠标

(1)将鼠标指向指定位置,然后单击。

(2)单击滚动条内的上、下箭头,或拖动滚动条,可以将显示位置迅速移动到文档的任何地方。

(3)上下滚动鼠标的滚轮,然后选择位置。

2. 使用键盘

使用键盘的快捷键,也可以移动插入点,常见的快捷键及其功能,如表 6.1 所示。

表 6.1　鼠标选定文本的常用操作方法

快捷键	功能	快捷键	功能
←	左移一个字符	Ctrl+←	左移一个词
→	右移一个字符	Ctrl+→	右移一个词
↑	上移一行	Ctrl+↑	移至当前段首
↓	下移一行	Ctrl+↓	移至下段段首
Home	移至插入点所在行的行首	Ctrl+Home	移至文档首
End	移至插入点所在行的行尾	Ctrl+End	移至文档尾
PgUp	翻到上一页	Ctrl+PgUp	移至窗口顶部
PgDn	翻到下一页	Ctrl+PgDn	移到窗口底部

6.3.1.2　输入文本

在文档中输入内容有各种方法,如,键盘输入、自动图文集、插入其他文件中的内容、输入时的自动校正以及命令的撤销与重复等。当然,Word 在输入文本到一行的最右边时,不需要按回车键转行,Word 会根据页面的大小自动换行。在用户输入下一个字符时将自动转到下一行的开头。

要生成一个段落,可以按 Enter 键,系统会在行尾插入一个"↵",称为"段落标记"或"硬回车"符,并将插入点移到新段落的首行处。

如果需要在同一段落内换行,可以按 Shift+Enter 组合键,系统会在行尾插入一个"↓"符号,称为"软回车"符。单击"开始"选项卡"段落"工具组中的"显示/隐藏编辑标记"按钮,可以控制段落等格式标记是否显示。

当需要将两个段落合并成一个段落,可采取删除分段处的段落标记,即把插入点移到分段处的段落标记前,然后按 Delete 键,或把插入点移到分段处的段落标记后,然后按 Backspace 键,删除该段落标记,即完成段落的合并。

6.3.1.3　输入符号

输入文本时,经常会遇到一些需要插入的特殊符号,例如数学运算符(∈、√、≌)或拉丁字母等。Word 提供完善的特殊符号列表,通过简单的插入操作即可轻松完成输入。

单击"插入"选项卡"符号""其他符号",在弹出的如图 6.34(a)所示的"符号"对话框中选择"符号"选项卡,再单击子集的下三角按钮,在下拉列表中选择数学运算符,即可输入相应的数学运算符号。

6.3.1.4　使用动态键盘

动态键盘又称软键盘,动态键盘可为用户输入一些特殊符号,如数字序号、数学符号和希腊字母等。

使用软键盘的方法是:如图 6.34(b)所示,打开任一中文输入法,然后在输入法状态条上右击"软键盘"图标,再从弹出的子菜单中选择一种软键盘的名称(即在对应的软键盘名称前打上一个"✔")。

再次单击"软键盘",则软键盘消失。

6.3.2　编辑文档内容

在 Word 中为了加快文档的编辑、修改速度,有时需要先选定文本。选定文本可以用键盘,也可以用鼠标。在选定文本内容后,被选中的部分变为黑底白字即反相显示,此时便可方便地对其进行删除、替换、移动、复制等操作。

6.3.2.1　选定文本

1. 使用鼠标选定文本

选定文本的常用方法是使用鼠标选定文本。使用鼠标选定文本的常用操作,如表 6.2

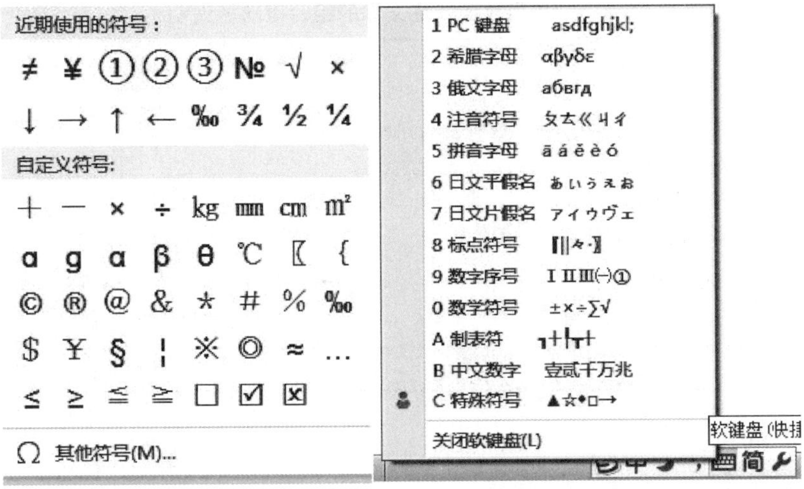

近期使用的符号：	1 PC 键盘　　asdfghjkl;
≠ ￥ ① ② ③ № √ ×	2 希腊字母　αβγδε
↓ → ↑ ← ‰ ¾ ½ ¼	3 俄文字母　абвгд
自定义符号：	4 注音符号　ㄆㄊㄍㄐ

（a）"符号"对话框　　　　　（b）动态键盘

图 6.34　输入符号

所示。

表 6.2　鼠标选定文本的常用操作方法

选定内容	操作方法
文本	拖过这些文本
一个单词	双击该单词
一行文本	将鼠标指针移动到该行的左侧,直到指针变为指向右边的箭头,然后单击
多行文本	将鼠标指针移动到该行的左侧,直到指针变为指向右边的箭头,然后向上或向下拖动鼠标
一个句子	按住 Ctrl 键,然后单击该句中的任何位置
一个段落	将鼠标指针移动到该段落的左侧,直到指针变为指向右边的箭头,然后双击。或者在该段落中的任意位置三击
多个段落	将鼠标指针移动到该段落的左侧,直到指针变为指向右边的箭头,然后双击,并向上或向下拖动鼠标
一大块文本	单击要选定内容的起始处,然后滚动要选定内容的结尾处,在按住 Shift 键的同时单击
整篇文档	将鼠标指针移动到文档中任意正文的左侧,直到指针变为指向右边的箭头,然后三击
一块矩形文本	按住 Alt 键,然后将鼠标拖过要选定的文本

2. 使用键盘选定文本

使用键盘选定文本时,离不开 Shift 键。选定文本的方法是:按住 Shift 键并按能够移动插入点的键。使用键盘选定文本的常用操作方法如表 6.3 所示。

表 6.3　常用键盘选定文本的组合键功能说明

组合键	功能说明
Shift+↑	上移一行
Shift+↓	下移一行
Shift+←	左移一个字符
Shift+→	右移一个字符
Shift+PageUp	上移一屏
Shift+PageDown	下移一屏
Ctrl+A	整个文档

6.3.2.2　删除文本

当需要删除一两个字符时,可以直接用 Delete 键或退格键。当删除的文字很多时,先选定要删除的文本,然后:

(1)按 Delete 键删除。

(2)用鼠标单击"开始"选项卡"剪贴板"工具组中的"剪切" ✂ 按钮,或者按 Ctrl+X 组合键。

6.3.2.3　移动文本

将选定的文本移动到另一位置。移动文本分远距离移动和近距离移动两种。

远距离移动文本的操作步骤如下:

(1)选定要移动的文本。

(2)用鼠标单击"剪切"按钮,或者 Ctrl+X。

(3)将插入点定位到欲插入的目标处。

(4)单击"粘贴"按钮或 Ctrl+V 即可。

近距离移动文本的操作步骤如下(主要利用鼠标"拖曳"文本):

(1)选定要移动的文本。

(2)将鼠标指针移动到已选定的文本,这时指针转变为指向左上角的箭头。

(3)按住鼠标左键,拖动鼠标指针,到达待插入的目标处后释放鼠标左键即可。

提示:近距离移动文本当然也可以采用远距离移动文本的操作方法。

6.3.2.4　复制文本

复制文本与移动文本操作相类似。复制与移动不同的操作是只需将"剪切"变为"复制"即可。

使用"拖曳"特性进行复制操作时,先选定要复制的文本,按住 Ctrl 键不放,然后按下鼠标左键进行拖动,鼠标箭头处会出现一个小虚框和一个"+"符号,将选定的文本拖动到目标处,释放鼠标左键。

Word 的编辑方式有两种:插入方式和改写方式。在插入方式下编辑文本时,由键盘输入的字符在光标处插入;在改写编辑方式下,把插入点后的字符改写成键盘输入的字符。

用户可按 Ins 键在插入和改写两种方式之间切换。或双击状态栏上的改写按钮,亦可在"插入"和"改写"之间切换。

6.3.3　文档内容的查找与替换

校园版 Word 允许对字符文本甚至文本中的格式进行查找、修改。可以单击位于功能区的"查找替换" 查找替换 按钮,浏览所选对象。

6.3.3.1　定位

定位是根据选定的定位操作将插入光标移动到指定的位置。操作步骤如下:

(1)单击位于功能区的"查找替换" 查找替换 按钮,单击"定位"按钮,出现"查找和替换"对话框的"定位"选项卡。

(2)在"定位目标"框中,单击所需的项目类型。比如:页。

(3)请执行下列操作之一:

要定位到特定项目,请在"请输入……"框中键入该项目的名称或编号,然后单击"定位"按钮。

要定位到下一个或前一个同类项目,请不要在"请输入……"框中键入内容,而应直接单击"下一处"或"前一处"按钮。

6.3.3.2　查找无格式文字

(1)单击位于功能区的"查找替换" 查找替换 按钮,出现"查找和替换"对话框的"查找"选项卡。

(2)在"查找内容"框内键入要查找的文字。再单击"查找下一处"。

提示:按 Esc 键可取消正在进行的查找。

6.3.3.3　查找具有特定格式的文字

(1)单击位于功能区的"查找替换" 查找替换 按钮,出现"查找和替换"对话框的"查找"选项卡。

(2)要搜索具有特定格式的文字,在"查找内容"框内输入文字。如果只需搜索特定的格式,请删除"查找内容"框中的文字。

(3)如果看不到"格式"按钮,单击"高级"按钮。

(4)单击"格式"按钮,然后选择所需格式。

(5)如果要清除已指定的格式,单击"不限定格式"按钮。

(6)单击"查找下一处"按钮,按 Esc 键可取消正在执行的查找。

提示:如果要查找特殊字符,删除"查找内容"框中的文字,直接单击"特殊字符"按钮。

6.3.3.4　替换文字和格式

(1)单击位于功能区的"查找替换" 查找替换 按钮。

（2）在"查找内容"框内输入要查找的文字。在"替换为"框内输入替换文字。

（3）根据用户的需要，单击"查找下一处""替换""全部替换"按钮。

提示：如果要替换指定的格式，可对"查找内容"和"替换为"的格式进行选择，其余步骤一致。

6.3.4 自动更正与拼写检查

6.3.4.1 拼写检查

在默认情况下，校园版 Word 对键入字符自动进行拼写检查。用红色波形下划线表示可能的拼写问题，输入错误的或不可识别的单词；用绿色波形下划线表示可能的语法问题。

编辑文档时，如果想对键入的英文单词的拼写错误及句子的语法错误进行检查，则可使用校园版 Word 提供的拼写与语法检查功能。

单击"文件"下"选项"，再单击"拼写检查"，右侧可设置检查拼写和语法错误，如图 6.35 所示。

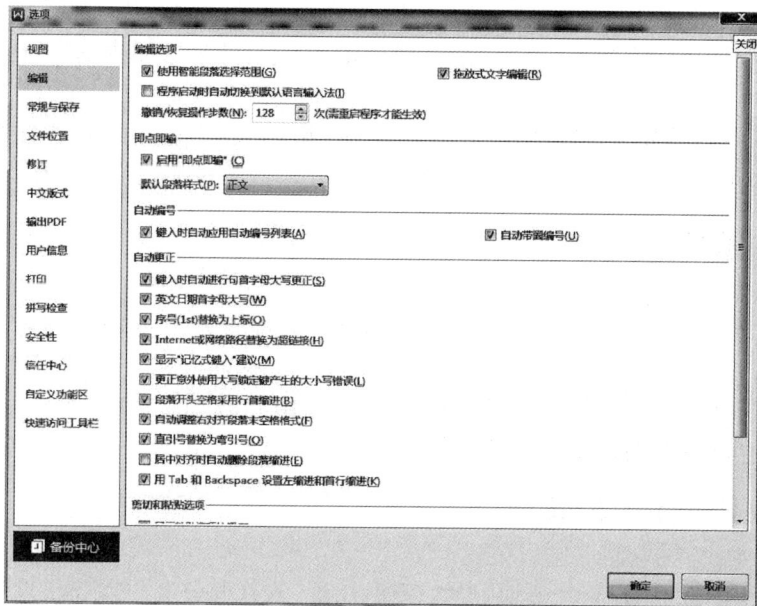

图 6.35 拼写检查设置

6.3.4.2 自动更正

若要自动检测和更正键入错误、错误拼写的单词和成语以及不正确的大写等，可以使用 Word 提供的"自动更正"功能。

单击"文件""选项"，单击"编辑"，可设置"自动更正选项"，如图 6.36 所示。

图 6.36　设置"自动更正选项"

6.3.5　格式化文档

6.3.5.1　字符格式设置

校园版 Word 所有的输入文字在默认情况下中文是宋体、五号字,英文是 Calibri 体、五号字。用户改变文档内容的字体、字形、字号等设置时可以通过相应的格式化命令对文字进行修饰,以获得更好的格式效果。

要为某一部分文本设置字符格式,则必须先选中这部分文本。

1. 应用"开始"选项卡"字体"功能工具组设置字符的字体、字形和字号等格式

(1)将需要进行字符格式设置的文本选定。

(2)单击"字体"功能工具组字体框右边的下拉按钮,出现下拉列表。单击需要的字体名。单击字号框右边的下拉按钮选择需要的字号。如果还需要设置字形,则单击"字体"功能工具组中的 **B** *I* ⊻ ▾ "加粗""倾斜""下划线"快捷按钮。

"加粗"或"倾斜"按钮属于开关按钮。选中时呈颜色加深"凹下" **B** *I* ⊻ ▾ ,未选中时呈"凸起"。"下划线"提供多种线形可选。

"字体"功能工具组如图 6.37 所示。

2. 应用"字体"对话框设置字符的字体、字形和字号

(1)将需要进行字符格式设置的文本选定。

(2)右击选定区域,在弹出的快捷中单击"字体",弹出"字体"对话框,如图 6.38 所示。

(3)单击"中文字体"列表框,打开字体下拉列表。选择想要的字体,该字体名显示到列表框内。如对英文进行设置,则选择英文字体下拉列表中的字体名。

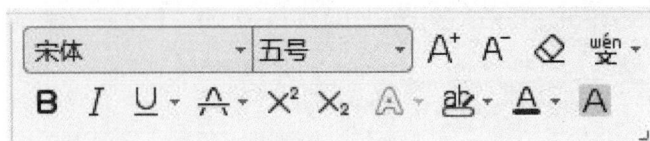

图 6.37 "字体"功能工具组

(4)单击"字形"列表中的字形名,设置所需字形。

(5)单击"字号"列表中的字号,选择所需字号。

(6)选择完毕后,单击"确定"按钮,返回编辑屏幕。

"字体"对话框如图 6.38 所示。

图 6.38 "字体"对话框

3. 下划线的设置

添加下划线的操作步骤如下:

(1)选中需要添加下划线的文字。

(2)右击选定区域,在弹出的快捷中单击"字体",弹出"字体"对话框,如图 6.38 所示。

(3)单击"下划线"右侧的下拉箭头,选择所需的线形。如果只添加单下划线,可直接单击"下划线"按钮 **U**。

(4)也可以在"字体"对话框中单击"下划线"线型列表选择所需线形,单击"下划线颜色"列表中的所需颜色设置下划线颜色,单击"确定"即可。

也可以在"字体"功能区工具组上单击"下划线"按钮右侧的下拉箭头,选择所需的线形以及下划线的颜色。

更便捷的操作方法是在选中文字后,按下快捷键 Ctrl+U,可以快速设置或取消下划线。

小贴士

在我们的学习生活中,经常需要打出空的下划线,操作步骤如下:先选中下划线命令,然后在光标处敲空格键。

4.字体的颜色与着重号

(1)选中需要修改格式的文字。

(2)打开"字体"对话框,单击"字体颜色"下拉列表框,选择所需的颜色。

(3)如果要添加"着重号",则单击"着重号"下拉列表框选择着重号。

5.设置字体效果

在某些情况下,用户需要对部分文字进行效果处理。比如,设置阳文、阴文、空心或阴影格式等。

(1)选中需要修改格式的文字。

(2)打开"字体"对话框。

(3)在如6.38图所示的"效果"下,选择所需选项单击"确定"即可。

6.字符间距、位置设置

(1)选定要更改的文字。

(2)打开"字体"对话框,再单击"高级"选项卡。

(3)在"字符间距""缩放"框中输入所需的百分比。

(4)如果要均匀加宽或紧缩所有选定字符的间距,请选择"间距"框中的"加宽"或"紧缩",并选定要调整的间距的磅值大小。

(5)在"位置"框中选择"提升"或"降低"及其磅值。再单击"确定"按钮。

7.中文版式

校园版 Word 中,提供了一些符合中文排版习惯的功能版式。

(1)带圈字符

①选中要设置带圈格式的字符。

②单击"开始"选项卡"字体"功能区中的 ，然后点击下拉菜单,"带圈字符"按钮,出现"带圈字符"对话框,如图6.39所示。

③在"样式"中选择"缩小文字"或"增大圈号"。

④在"圈号"中选择某一种类型的圈号。再单击"确定"即可。

需要取消已设置的带圈格式,则可单击"带圈字符"对话框中的"样式"无。

(2)拼音指南

①选中要设置拼音指南的汉字,如"莲花"。

②单击"开始"选项卡"字体"功能区中的"拼音指南" 按钮,出现"拼音指南"对话框,如图6.40所示。

③设置拼音的对齐方式、拼音与汉字的偏移及字体和字号后单击"确定"即可。

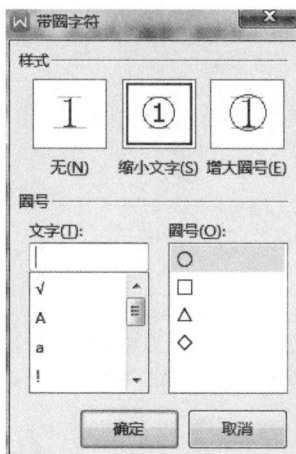

图 6.39　"带圈字符"对话框

图 6.40　拼音指南

若要取消已选字符的拼音指南格式,则可在"拼音指南"对话框中单击"全部删除"按钮。

在段落功能区单击中文版式"Ａ "右侧的下拉按钮,可设置"纵横混排""双行合一""字符缩放"等特殊版式。

6.3.5.2　段落格式设置

在 Word 中,段落是独立的信息单位,具有自身的格式特征。段落的格式化是指在一个段落的范围内对内容进行排版,使得整个段落显得更美观大方、更符合规范。每个段落的结尾处都有段落标记。文档中段落格式的设置取决于文档的用途以及用户所希望的外观。通常,会在同一篇文档中设置不同的段落格式。当按 Enter 键结束一段开始另一段时,生成的新段落会具有与前一段相同的段落格式。

用户可以对段落进行缩进、文本对齐方式、行距和间距等格式设置。

1. 用工具栏中的按钮对文字进行缩进

缩进是指将要缩进段落的左右边界或段落的起始位置向右或向左移动。移动后,要缩进段落的文字将按缩进后的宽度重新排版。

(1)选定要缩进的段落。

(2)单击"段落"功能区"增加缩进量" 按钮。单击一次该按钮,选定的段落或当前段落左边起始位置向右缩进1个字符。

(3)如果向左缩进,则单击"段落"功能区"减少缩进量" 按钮。单击一次该按钮,选定的段落或当前段落左边起始位置向左缩进1个字符。

该方法缩进的尺寸是固定的,如果不想采用固定方式,请选用其他的方法。用工具缩进时,只能改变缩进段落左边界的位置,而不能改变右边界的位置。标尺行上的缩进标尺会随之变化。

2. 利用"标尺"设置段落的缩进

(1)选定要缩进的段落。

(2)执行下列操作之一:

设置首行缩进:将水平标尺上的"首行缩进"标记拖动到希望首行文本开始的位置。

设置悬挂缩进:在水平标尺上,将"悬挂缩进"标记拖动至所需的缩进起始位置。

左缩进:可以设置文本的左边界位置。在水平标尺上,将"左缩进"标记拖动至所需的文本左边界起始位置。

用同样的方法,可拖动"右缩进"标记,移动右边界。

上述4个缩进标志组合使用,可以产生不同的缩进排列效果,从而使各段落能按用户不同的需要排列段落宽度。

3. 利用"段落"对话框设置段落的缩进

(1)选定要缩进的段落。

(2)单击"段落"功能区右下角 ,打开"段落"对话框,如图6.41所示。

(3)在"缩进"项目下"左""右"框中输入要设置的左缩进、右缩进值。

(4)在"缩进"下方的"特殊格式"下拉列表框中,单击"首行缩进"选项或"悬挂缩进"选项。在"度量值"框中,设置首行缩进或悬挂缩进量。再单击"确定"即可。

首行缩进的单位可以是字符或厘米,用户可以自行输入"厘米"或"字符"作为缩进的单位。

4. 文本的对齐方式

在编辑文档时,有时为了特殊格式的需要,要设置文本的对齐方式。例如,文档的标题一般要居中、正文文字要两端对齐等。用户可以应用"段落"功能区的工具按钮来设置文本段落的对齐方式,也可以在"段落"对话框中设置,设置对齐方式前先选定要设置文本对齐方式的段落。

(1)左对齐文本

单击"段落"功能区上的"两端对齐"按钮 。当该按钮处于按下状态时,文字的左右两

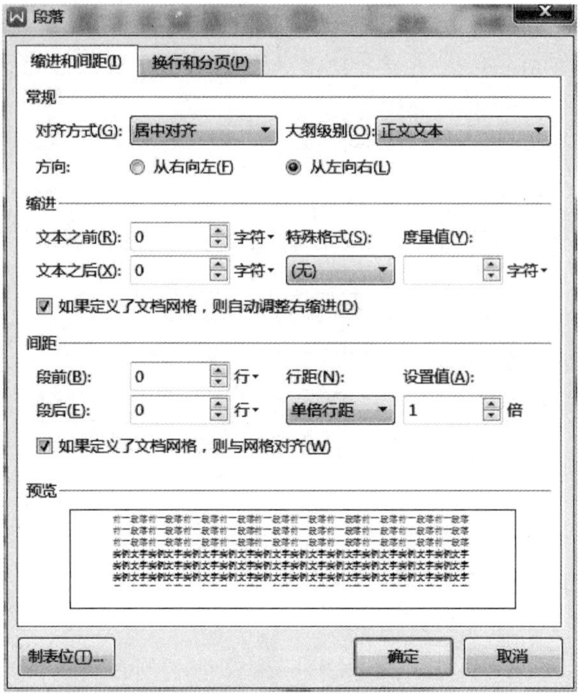

图 6.41　缩进与间距

侧将分别与左右页边距对齐。当该按钮处于凸起状态时,只将文字的左侧与左页边距对齐。

（2）居中对齐文本

单击"段落"功能区上的"居中"按钮 ☰ 即可。在使用"居中"之前,要确保左右缩进标记处于相应的页边距位置上。

（3）右对齐文本

单击"段落"功能区上的"右对齐"按钮 ☰ 即可。

（4）分散对齐文本

单击"段落"功能区上的"分散对齐"按钮 ☷ 即可。"分散对齐"将导致 Word 在选定的段落的字符间添加空格,使文字均匀分布在该段落的页边距之间。分散对齐的文本也可以有首行缩进。

需要撤销段落的某种对齐方式,则单击该对齐按钮即可。当然,也可以利用"段落"对话框中的"缩进和间距"选项卡设置文本的对齐方式。

5. 段落的行距与间距

行距表示各行文本之间的垂直距离。段落的间距是不同段落之间的垂直距离。要更改行距和间距的操作步骤如下:

（1）选定要更改其行距或段落间距的段落。

（2）打开"段落"对话框"缩进和间距"选项卡。

（3）要改变行距,在"行距"框中选择所需的选项。

（4）要增加各个段落的前后间距,在"段前"或"段后"框中输入所需的间距。单击"确定"。

如果选择的行距为"固定值"或"最小值",需要在"设置值"框中输入所需的行间隔数值。如果选择了"多倍行距",在"设置值"框中输入行数。如果选定的文本包含的是多个段落,则被选定的文本包含段落之间的间距,将是段前间距与段后间距之和。

6. 段落中的换行和分页

校园版 Word 是自动分页的,但有时为了需要,希望将新的段落安排在下一页面上,可进行如下操作:

(1)打开"段落"对话框"换行和分页"选项卡,如图 6.42 所示。

(2)单击"分页"选项下的"段前分页"复选框。再单击"确定"即可。

另外,在该选项卡中各选项的功能如下:

孤行控制:防止 Word 在页面顶端打印段落末行或在页面底端打印段落首行。该选项是默认选项。

段中不分页:防止在段落中出现分页符。

与下段同页:防止在所选段落与后面一段之间出现分页符。

取消行号:防止所选段落旁出现行号。此设置对未设行号的文档或节无效。

取消断字:防止段落自动断字。

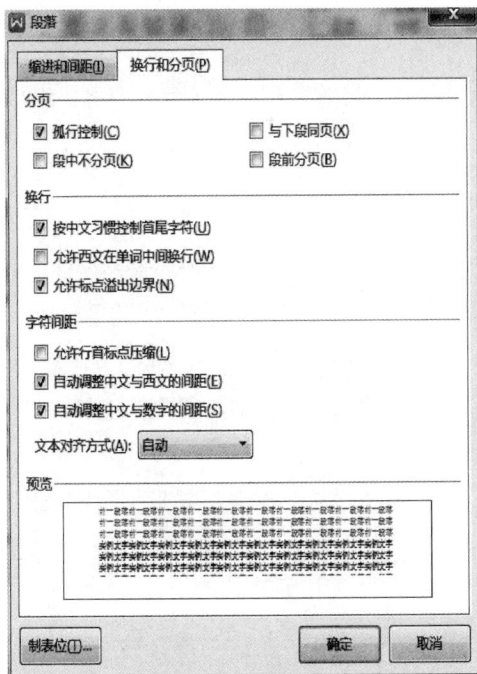

图 6.42　换行与分页

6.3.5.3　格式刷的使用

"格式刷"是 Word 中非常有用的一个工具,其功能是将一个选定文本的格式复制到另一个文本上去,以减少手工操作的时间,并保持文字格式的一致。用户根据需要可以复制字符格式和段落格式。

1.复制字符格式

（1）选定具有格式的文本。

（2）单击"开始"选项卡中的"格式刷"按钮 格式刷，按住左键拖选要应用此格式的文本。

2.复制段落格式

（1）选定具有要复制的格式的段落（包括段落标记）。

（2）单击"开始"选项卡中的"格式刷"按钮 格式刷，然后按住左键拖选要应用此格式的段落。

若要将选定格式复制到多个位置，可双击"格式刷"按钮。复制完毕后再次单击此按钮或按 Esc 键。

任务6.4　较复杂文档的排版操作学习

学习目的

通过学习本任务，应掌握页眉页脚及页码设置，学会复杂段落设置，熟悉样式的便携和调用以提高排版效率，掌握文档模板的创建和使用。以图6.43所示文档为例进行学习操作。

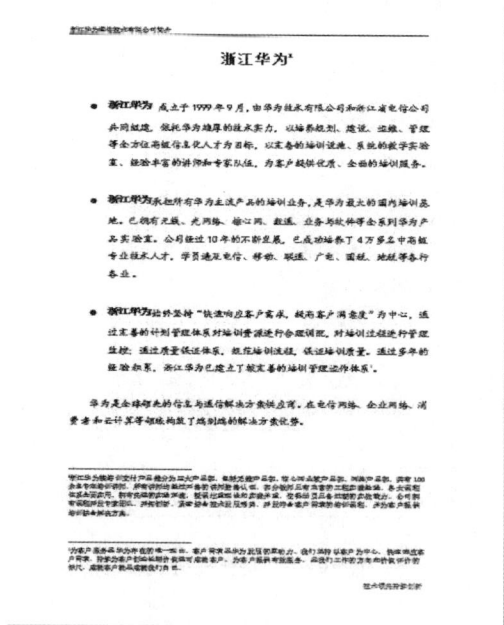

图6.43　"公司宣传"文档

6.4.1 项目符号和编号

给文档添加项目符号或编号,可使文档更容易阅读和理解。在校园版 Word 中,可以在键入时自动产生带项目符号或带编号的列表,也可以在键入完文本后进行这项工作。

6.4.1.1 自动创建项目符号与编号

一般情况下,在安装校园版 Word 后,Word 已经具有自动创建项目符号与编号的功能。设置该功能的操作步骤如下:

选择"文件""选项",选择"编辑",勾选"键入时自动应用自动编号列表",单击"确定"按钮即可在键入文本时,自动创建项目符号或编号。

6.4.1.2 添加项目符号

如果要将已经输入的文本转换成项目符号列表,则可按如下步骤进行操作:

选择要添加项目符号的段落。选择"段落"功能区"项目符号"工具下拉按钮,选择项目符号。或打开"定义新项目符号"对话框,在该对话框中通过"符号""图片"等按钮设置新的项目符号,如图 6.44 所示。

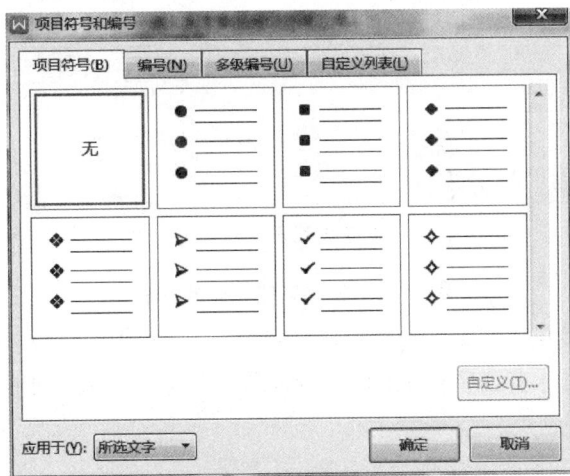

图 6.44 "项目符号和编号"对话框

6.4.1.3 添加编号、创建多级符号列表

若要给段落添加编号,单击"段落"功能区"项目符号"工具下拉按钮,选择项目编号。如果用户想采用其他格式、样式的编号,可以单击"定义新编号",出现"定义新编号格式"对话框,选择所需选项,单击"确定"即可。

若要创建多级编号和列表,则在图 6.45 中定义多级列表。或在段首输入数学序号,如:一、二、;(一)、(二);1、2,然后按住 Enter 键+Tab 键,则下一个段落将使用下级编号格式。如在段首输入 1.1、1-1 之类的序号时,然后按住 Enter 键+Tab 键,则下一个段落将使用下级编号格式,如图 6.46 所示。

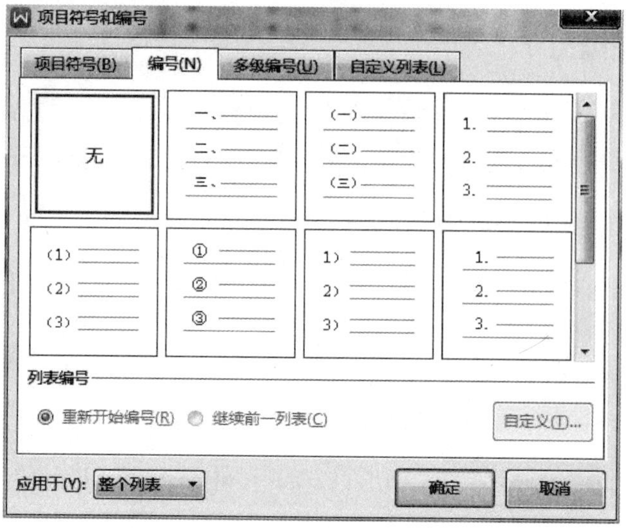

图 6.45　设置"项目符号和编号"

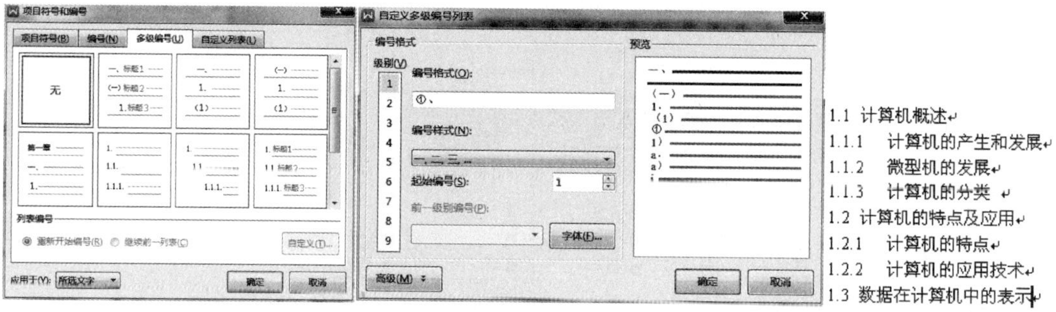

定义新编号　　　　　　定义多级列表　　　　　　多级符号列表

图 6.46　设置多级编号和列表

每按一次 Tab 键(或单击工具栏上的"增加缩进量"按钮),编号会降低一个级别。而每按一次 Shift 键+Tab 键(或单击工具栏上的"减少缩进量"按钮),编号则会上升一个级别。

6.4.2　边框和底纹

在处理 Word 文档过程中,有时为了获得一些特殊效果,需要为页面、文字或段落加上边框和底纹。

6.4.2.1　为文档中的页面添加边框

(1)单击"段落"功能区"框线" ⊞▾ 右侧下拉按钮,单击"边框和底纹",弹出"边框和底纹"对话框,如图 6.47 所示。再单击"页面边框"选项卡。

(2)如果希望边框只出现在页面的指定边缘(例如只出现在页面的顶部边缘),单击"设置"下的"自定义"选项,然后在"预览"下单击要添加边框的位置。

(3)选择"线型"选区,选择线型、宽度、颜色以及是否指定艺术型。

(4)选定"应用范围"下的所需选项。

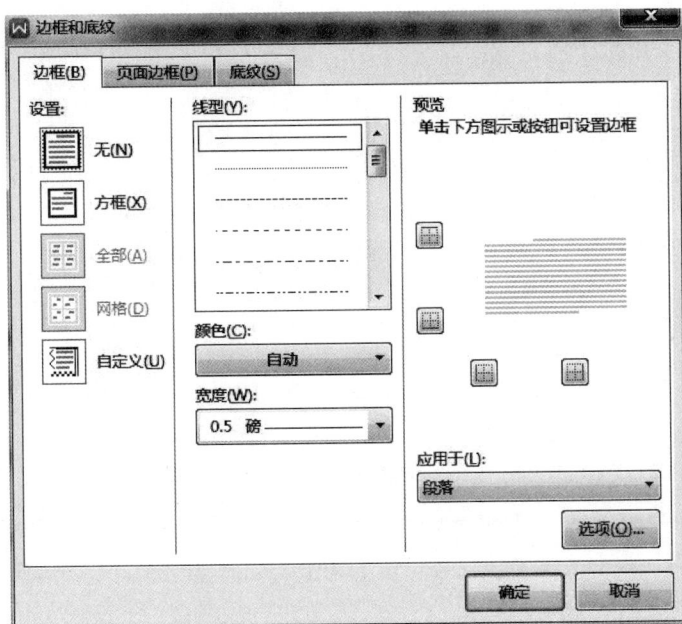

图 6.47　设置页面"边框和底纹"

（5）要指定边框在页面上的精确位置，单击"选项"命令，然后选择所需选项再单击"确定"按钮即可。

6.4.2.2　为文档中的文字添加边框

可以通过添加边框来将某些段落或选定文字与文档中的其他部分区分开来。

（1）选定段落或文字添加边框。

（2）打开"边框和底纹"对话框，单击"边框"选项卡，如图 6.48 所示。

（3）选择"应用范围"框中的选项（"段落"或"文字"）。

（4）如果要指定边框相对于文本的精确位置，单击"应用范围"下的"段落"选项，然后单击"选项"按钮，再选择所需选项，再单击"确定"按钮即可。

要为字符添加简单的边框，单击"字体"功能区"字符边框" A 按钮即可。

6.4.2.3　为文档中的文字添加底纹

可以使用底纹来突出显示文字。

（1）选定需要添加底纹的段落或文字。

（2）打开"边框和底纹"对话框，单击"底纹"选项卡。

（3）设置底纹图案，选择填充颜色。

（4）在"应用范围"下单击相应的选项，再单击"确定"即可。

若为字符添加简单的底纹，单击"字体"功能区上的"字符底纹" A 按钮即可。

图 6.48 设置文字"边框和底纹"

6.4.2.4 "边框和底纹"对话框中"横线"的应用

除了在"边框和底纹"对话框的"线型"列表中列出的线型之外,还可以在文档中插入一条漂亮的横线,以分隔段落。

（1）单击要插入横线的位置。

（2）打开"边框和底纹"对话框。

（3）单击"横线"按钮,在出现的"水平线"对话框中选择需要的横线线型。

（4）选择所需线型,单击"确定"按钮即可。

6.4.3 页眉、页脚和页码

页眉和页脚通常用于打印文档。在页眉和页脚中可以包括页码、日期、公司徽标、文档标题、文件名或作者名等文字或图形,这些信息通常打印在文档中每页的顶部或底部。页眉打印在上页边距中,而页脚打印在下页边距中。

在文档中可自始至终用同一个页眉或页脚,也可在文档的不同部分用不同的页眉和页脚。例如,可以在首页上使用与众不同的页眉或页脚或者不使用页眉和页脚。还可以在奇数页和偶数页上使用不同的页眉和页脚,而且文档不同部分的页眉和页脚也可以不同。

6.4.3.1 从库中添加页眉或页脚

在"插入"选项卡上的"页眉和页脚"组中,单击"页眉"或"页脚"。单击要添加到文档中的页眉或页脚。

若要返回至文档正文,请单击"设计"选项卡上的"关闭页眉和页脚"。

6.4.3.2 添加自定义页眉或页脚

双击页眉区域或页脚区域（靠近页面顶部或页面底部）,打开"页眉和页脚工具"下的"设计”选项卡。

若要将信息放置到中间,则单击“设计”选项卡的“位置”组中的“插入'对齐方式'选项卡”,单击“居中”,再单击“确定”。

若要将信息放置到页面右侧,则单击“设计”选项卡的“位置”组中的“插入'对齐方式'选项卡”,单击“靠右”,再单击“确定”。

6.4.3.3　键入要在页眉或页脚中包含的信息

(1)添加域代码方法:依次单击“插入”选项卡“文档部件”“域”,然后在“域名”列表中单击所需的域。可使用域来添加的信息的示例包括:Page(表示页码)、NumPages(表示文档的总页数)和FileName(可包含文件路径)。

(2)在其他页面上从1开始编号,可以在文档的第二页开始编号,也可以在其他页面上开始编号。

从其他页开始编号:双击页码打开“页眉和页脚工具”工具。如果这个时候你想让页码连

接前面的页码,可以点击“页眉和页脚工具”工具中 ;然后点击下图“重新编号”下拉按钮,点击“页码编号续前页”即可。如果你想重新编号,直接点击“重新编号”

,设置页码后,点击右边√符号即可,此时右边“与上一节相同”自动取消。

图6.49　键入页码

6.4.3.4　在文档的不同部分添加不同的页眉和页脚或页码

可以只向文档的某一部分添加页码,也可以在文档的不同部分中使用不同的编号格式。在文档的不同部分添加不同的页眉和页脚或页码,需在不同部分间创建分隔符。

例如,希望对目录和简介采用i、ii、iii编号,对文档的其余部分采用1、2、3编号,而不会对索引采用任何页码。此外,还可以在奇数和偶数页上采用不同的页眉或页脚。

在不同部分中添加不同的页眉和页脚或页码的操作方法如下:

单击要在其中开始设置、停止设置或更改页眉、页脚或页码编号的页面开头,按Home可确保光标位于页面开头,在“页面布局”选项卡上的“页面设置”组中单击“分隔符”,在“分节符”下单击“下一页”,双击页眉区域或页脚区域(靠近页面顶部或页面底部),打开“页眉和页脚工具”下的“设计”选项卡,在“设计”的“导航”组中,单击“链接到前一节”以禁用它。按照

添加页码或添加包含页码的页眉和页脚中的操作方法完成该节的图片、文本或域等信息的添加。

6.4.3.5　在奇数和偶数页上添加不同的页眉和页脚或页码

在"页眉页脚工具"中,点击"页眉页脚选项",勾选奇偶页不同或者首页不同,如图6.50所示。

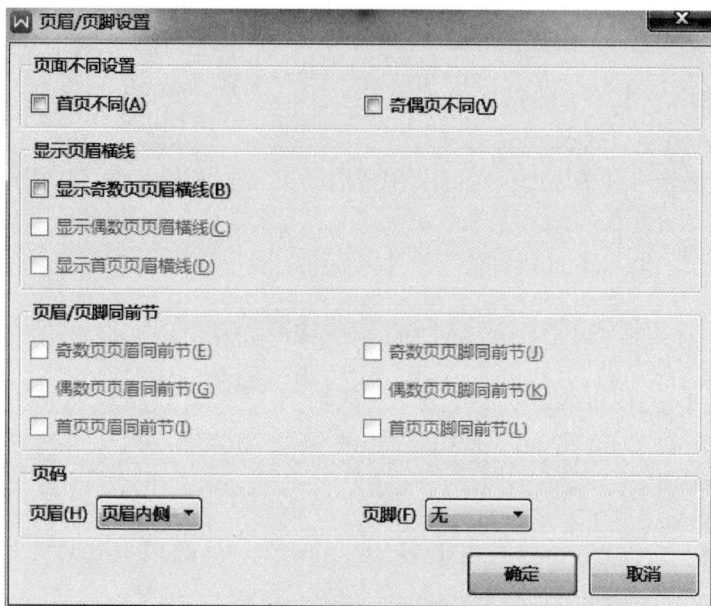

图6.50　设置"页眉/页脚"

6.4.3.6　添加页码

1.从库中添加页码

在"插入"选项卡上的"页眉和页脚"组中,单击"页码",在弹出的下拉列表中单击所需的页码位置,滚动浏览库中的选项,然后单击所需的页码格式。

若要返回至文档正文,单击"设计"选项卡上的"关闭页眉和页脚"。

2.添加包含总页数的自定义页码

库中的一些页码含有总页数(第 X 页,共 Y 页)。但是,如果要创建自定义页码,请执行下列操作:

双击页眉区域或页脚区域(靠近页面顶部或页面底部),打开"页眉和页脚工具"下的"设计"选项卡。

若要将页码放置到中间,则单击"设计"选项卡的"位置"组中的"插入'对齐方式'选项卡",单击"居中",再单击"确定"。

若要将页码放置到页面右侧,则单击"设计"选项卡的"位置"组中的"插入'对齐方式'选项卡",单击"靠右",再单击"确定"。

键入"第"和一个空格,在"插入"选项卡上的"文本"组中,单击"文档部件",然后单击

"域"。在"域名"列表中,单击"Page",再单击"确定"。

在该页码后键入一个空格,再依次键入"页"、逗号、"共",然后再键入一个空格。在"插入"选项卡上的"文本"组中,单击"文档部件",然后单击"域"。在"域名"列表中,单击"NumPages",然后单击"确定"。

在总页数后键入一个空格,再键入"页"。

若要更改编号格式,请单击"页眉和页脚"组中的"页码",再单击"设置页码格式"。

若要返回至文档正文,单击"设计"选项卡上的"关闭页眉和页脚"。

6.4.3.7　删除页眉、页脚和页码

双击页眉、页脚或页码,选择页眉、页脚或页码,选中页眉、页脚内容,按 Delete 键。

6.4.4　脚注、尾注和题注

6.4.4.1　插入脚注和尾注

脚注和尾注用于在打印文档中为文档中的文本提供解释、批注以及相关的参考资料。可用脚注对文档内容进行注释说明,而用尾注说明引用的文献。具体操作如下:

(1)移动光标插入点需要插入脚注和尾注的位置。

(2)单击"引用"选项卡"脚注"工具组中的"插入脚注"或"插入尾注"按钮即可在光标位置自动插入脚注和尾注的编号,用户可以在编号对应位置输入脚注和尾注的文字,如图 6.51 所示。

(3)单击"引用"选项卡"脚注"工具组右下角 ⌐ 按钮打开"脚注和尾注"对话框,可设置脚注或尾注的位置、编号格式等。

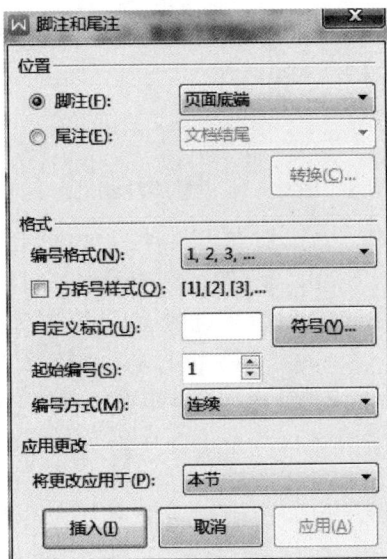

图 6.51　设置"脚注和尾注"

6.4.4.2 修改、删除脚注或尾注

修改脚注或尾注：切换至页面视图，点击脚注或尾注浏览修改其内容。

删除脚注或尾注：选择脚注或尾注的编号，按 Delete 键即可删除该脚注。

6.4.4.3 题注

如果 Word 文档中含有大量图片，为了能更好地管理这些图片，可以为图片添加题注。添加了题注的图片会获得一个编号，并且在删除或添加图片时，所有的图片编号会自动改变，以保持编号的连续性。

在 Word 文档中添加图片题注的方法如下：

打开 Word 文档窗口，右键单击需要添加题注的图片，并在打开的快捷菜单中选择"插入题注"命令。或者单击选中图片，在"引用"功能区的"题注"分组中单击"插入题注"按钮。

在打开的"题注"对话框中单击"编号"按钮。

打开"编号"对话框，单击"格式"下拉三角按钮，在打开的格式列表中选择合适的编号格式。如果希望在题注中包含 Word 2010 文档章节号，则需要选中"包含章节号"复选框。设置完毕单击"确定"按钮，如图 6.52 所示。

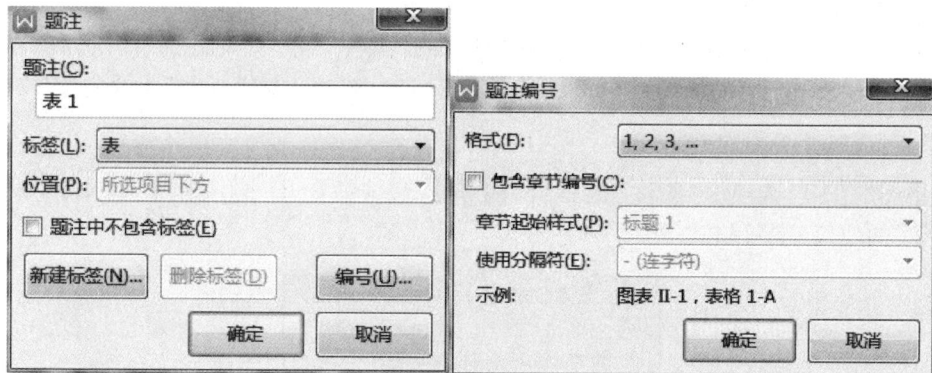

图 6.52 设置脚注编号

返回"题注"对话框，在"标签"下拉列表中选择"Figure（图表）"标签。如果希望在 Word 文档中使用自定义的标签，则可以单击"新建标签"按钮，在打开的"新建标签"对话框中创建自定义标签（例如"图"），并在"标签"列表中选择自定义的标签。如果不希望在图片题注中显示标签，可以选中"题注中不包含标签"复选框。单击"位置"下拉三角按钮选择题注的位置（例如"所选项目下方"），设置完毕单击"确定"按钮即可在 Word 文档中添加图片题注。

在 Word 文档中添加图片题注后，可以单击题注右边部分的文字进入编辑状态，并输入图片的描述性内容。

6.4.5　样式和模板的使用

6.4.5.1　样式

1.样式的概念

样式是指一组已经命名的字符、段落、表格等格式。它规定了标题、题注以及正文等各个文本元素的格式。用户可以将一种样式应用于某个段落,或段落中选定的字符上。这样所选定的段落或字符便具有这种样式定义的格式。利用它可以快速改变文本的外观。

在 Word 中有很多已经设置好的样式,例如,标题样式、正文样式等。使用样式可以对具有相同格式的段落和标题进行统一控制,而且还可以通过修改样式对使用该样式的文本的格式进行统一修改。

校园 Word 提供的样式包括字符、段落、表格、链接段落和字符、列表等样式。

字符样式影响段落内选定文字的外观,例如,文字的字体、字号、加粗及倾斜的格式设置等。即使某段落已整体应用了某种段落样式,该段中的字符仍可以有自己的样式。

段落样式控制段落外观的所有方面,如,文本对齐、制表位、行间距、边框等,也可能包括字符格式。

Word 本身自带了许多样式,称为内置样式。如果 Word 提供的标准样式不能满足需要,就可以自己建立样式,称为自定义样式。用户可以删除自定义样式,却不能删除内置样式。

2.样式列表

单击"开始"选项卡"样式"功能区提供了常用样式列表,单击样式功能区右下角 ⌐ 打开"样式"列表,如图 6.53 所示。

从"样式"下拉列表框中可以明显区分出字符样式和段落样式。字符样式用一个加粗、带下划线的字母"**a**"表示,段落样式用段落标记符号"↵"表示,如图 6.54 所示。

3.新建样式

新建字符样式的方法如下:

(1)打开"新样式"列表。

(2)出现"新建样式"对话框,在"名称"框中键入样式的名称。

(3)在"格式"旁边有下拉按钮,点击下拉按钮,会出现"字体""段落"等,分别设置新建样式的格式。如设置字符格式为"楷体",段落格式为"左对齐",行距为 1.5 倍。

在"新建样式"对话框中,各项含义如下:

①名称:输入新建的样式名称。

②样式类型:为新建的样式选择样式类型。如选择下拉列表框中的"段落"选项,则新建一个段落样式。

图 6.53　"样式"列表

图 6.54 "新建样式"对话框

③样式基于：如果要使新建样式基于原有的样式，则在该下拉列表框中选择原有的样式名称。

④后续段落样式：指在应用本样式段落后下一段落默认使用的样式。

(4)如果新建样式想保存成模板，设置好了以后记得勾选 同时保存到模板(A) 。最后，单击"确定"按钮完成操作。

4. 应用已定义的样式

(1)要应用段落样式，可单击段落或者选定要修改的一组段落。

(2)要应用字符样式，可单击单词或选定要修改的一组单词。

(3)单击"样式"列表中要应用的样式名即可。

5. 修改样式

(1)单击样式功能区右下角 打开"样式"列表。

在其"显示"单击"所有样式"，即可显示所有样式。鼠标右键点击要修改的样式，右侧出现下拉按钮，选择修改，将应用了该样式的所有文本选中。若单击了"修改"命令，则会打开"修改样式"对话框，对该样式进行修改，如图 6.55 所示。

(2)修改完毕后，单击"确定"按钮。样式被修改后，文档中应用该样式的文本也会自动应用修改后的样式。

若要在基于此模板的新文档中使用经过修改的样式，则可选中"添至模板"复选框。Word会将更改后的样式添至活动文档所基于的模板。

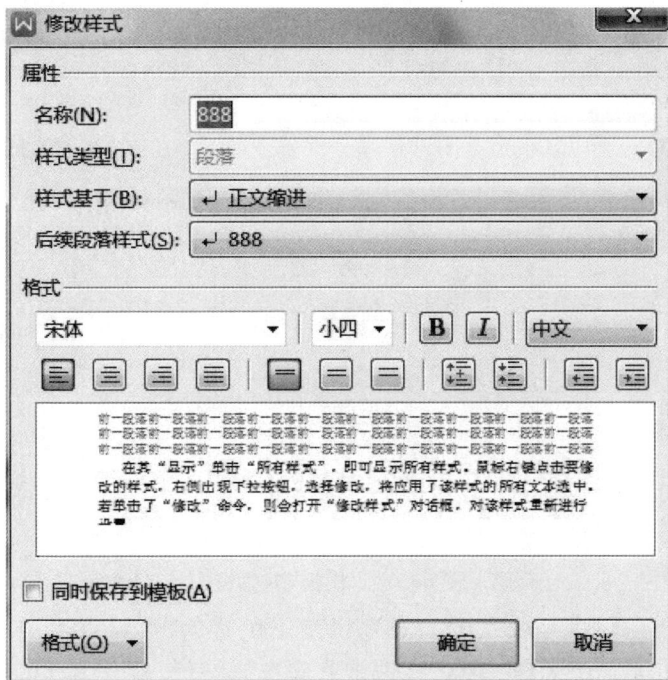

图 6.55　"修改样式"对话框

6. 删除样式

（1）单击样式功能区右下角┘打开"样式"列表。

（2）右击要删除的样式的下拉列表，然后单击"删除"。

（3）在出现的对话框中单击"是"即可。

如果要清除某种格式的文本，首先选中要清除格式的文本，打开"新样式"旁的下拉按钮，点击"清除格式"即可。

6.4.5.2　模板

1. 模板的概念

模板就是某种文档的式样和模型，又称样式库，是一群样式的集合。利用模板可以生成一个具体的文档。因此，模板就是一种文档的模型。

模板是创建标准文档的工具。模板决定文档的基本结构和文档设置，例如，页面设置、自动图文集词条、字体、快捷键指定方案、菜单、页面布局、特殊格式和样式。

任何 Word 文档都是以模板为基础创建的。当用户新建一个空白文档时，实际上是打开了一个名为"Normal.dotm"的文件。

WPS 提供了非常多的模板类型，用户也可以下载或创建文档模板。

2. 模板的使用

（1）单击"文件""新建"命令，如图 6.56 所示出现"新建文档"任务，在其中选择要使用的模板类型。

图 6.56 "模板"对话框

（2）WPS 模板当中很多是收费的。如果想使用免费的，可以点击图 6.56 左侧"稻壳会员"，然后点击会员中心，出现图 6.57。在搜索框输入"免费"，就会出现很多免费模板。

图 6.57 稻壳会员模板搜索

3. 创建模板

下面，以一具体实例说明模板的创建过程。

（1）新建一个文档，输入一个目录，然后分别对章、节（1.1）、小节（1.1.1）应用样式：标题 1、标题 2、标题 3。然后再分别修改这几个样式成需要的样式。

（2）单击"文件""另存为"命令，在"另存为"对话框中选择文件类型为"文档模板"，文件命名为"教材模板"。

（3）单击"文件""新建"命令,在"新建文档"任务窗格中选择"我的模板",再在弹出的对话框中选择"教材模板",应用此模板可以快速创建所需格式的文档。

6.4.6　编辑长文档

6.4.6.1　创建、编辑大纲文档

创建长文档应用大纲视图更方便,确定文档的构思后,应先把该文档的纲目框架建立好,创建纲目时应用样式,如标题 1、标题 2,也可以自定义样式。在创建文档的目录时要求文档必须使用这些样式。设置好纲目后,再输入正文,以后就可以方便地使用大纲视图进行编排了。

1. 创建大纲文档

大纲视图主要用于查看文档的结构以及管理较长的文档,可以清晰地看到文档的标题及其层次关系,并且可以方便地重新组织文档。在大纲视图中,"大纲"工具栏替代了水平标尺,使用"大纲"工具栏中的相应按钮可以容易地"折叠"或"展开"文档,对大纲中各级标题进行"上移"或"下移"、"提升"或"降低"等调整文档结构的操作。大纲视图中不显示页边距、页眉和页脚、图片和背景。

（1）在大纲视图下创建新文档。具体的操作步骤如下。

步骤 1:首先打开一个空白文档,单击"大纲视图"按钮,切换到"大纲视图"模式。

此时 Word 会自动显示"大纲"工具栏,而且空白文档的起始位置也自动出现了一个分级显示符号。

步骤 2:用户开始输入文章的标题,每输入一个标题后按 Enter 键,Word 将按照内置标题样式来设置标题。

步骤 3:输入时若要改变标题的级别,可单击工具栏中"大纲级别"框选择新的级别后再接着输入标题。

步骤 4:所有标题输入完毕后,如果需要调整某些标题的级别,可将光标插入点置于标题中,然后在"大纲"工具栏中单击提升"↰"或降低"↳"按钮,将标题调整至所需级别。若要调整标题位置,请将插入点置于标题中,然后单击"大纲"工具栏上的"　⌃ 上移 "或"　⌄ 下移 "按钮,将标题移动至所需位置(标题的从属文本随标题移动)。

如果对当前的布局满意,可切换到普通视图或页面视图来添加图片和更详细的正文。

（2）在大纲视图下修改普通文档。可以在大纲视图下修改普通正文文档,使之成为条理清晰的大纲文档。

打开一个普通文档,切换到"大纲视图"模式,将光标定位于标题或正文中,单击"提升"或"降低"按钮,或利用"大纲级别"框定义不同的级别,Word 会自动将相应的标题样式应用于标题,或将正文样式应用于正文,从而生成大纲文档。

2. 大纲视图的基本操作

（1）大纲内容的选定。对大纲文档操作的前提是选定操作目标,因此先介绍大纲内容的选定方法。

标题的选定：只选定标题，不包括它的子标题和正文。可将鼠标移至此标题的左端文本选定区域，鼠标光标变为反向箭头时单击左键即可选定该标题。

正文段的选定：单击此段前的大纲符号（小方格）即可选定该正文段落。

同时选定标题及正文：单击标题前的大纲符号（空心加符号）即可选定该标题及其所有的子标题和正文段。

（2）改变大纲标题的级别。如果要对一个标题进行级别的提升和降低操作，首先选定此标题或光标定位到标题中，然后通过以下方法实现：

在"大纲"工具栏中单击"提升"或"降低"按钮，将标题调整至所需级别。如果单击"降为正文文本"按钮则直接将标题降级为正文。

选择"大纲级别"框中的某一级别名，更新当前标题的级别。

按 Tab 键降低标题的级别；按 Shift+Tab 键提升标题的级别。

对某一个标题进行级别改变时，其下属的子标题不随之改变，除非同时选定标题及其子标题。

（3）大纲标题的展开、折叠及分级显示。校园版 Word 提供的文档折叠功能使混乱无序的长文档变得条理清晰。

选定要扩展或折叠的标题或光标定位到此标题中，单击"大纲"工具栏中的"展开"按钮可展开标题下隐藏的内容；如果单击"折叠"按钮，则可把此标题下属的内容折叠隐藏，折叠后的标题自动加上一条灰色下划线。

在"大纲"工具栏上的"显示级别"下拉列表框中，选择所要显示的某一标题级别，则整个文档只显示从 1 级到所选级别的标题。如果要全文显示，则选择下拉列表框中的"显示所有级别"。

（4）大纲视图中文本的移动。在大纲视图中，可以通过向上或向下移动标题和文字，或对其进行提升或降低重新组织标题和文字。操作步骤如下：

使用"大纲"工具栏上的按钮显示所需的标题和正文。

将插入点置于您要移动的文本中，在"大纲"工具栏上，单击"上移"或"下移"按钮，将文本移动到所需的位置。也可按下标题和正文的大纲符号（✤、▭ 和 ▫）通过上下拖动来重新排列文本。拖动大标题的 ✤ 符号时，该标题下的子标题和正文将同时移动或改变其级别。

如果选定的标题中包含折叠的从属文本，则须同时选定折叠的文本，否则会只移动标题而不移动内容。

6.4.6.2　创建目录

在一篇文档中，如果各级标题都设置了恰当标题样式（可以是内置的样式或自定义样式），Word 会识别相应的标题样式，创建目录时可以自动完成目录制作。如果以后用户对标题进行了调整，也可以很方便地利用目录的更新功能，快速地重新生成调整后的新目录。具体操作步骤如下：

（1）移动光标插入点需要生成目录的位置（一般在页首的位置）。

（2）单击"引用"选项卡"目录"功能区可选择内置目录样式，单击"插入目录"打开"目录"对话框，如图 6.58 所示。

（3）选中"显示页码"复选框，以便在目录中显示页码，选中"页码右对齐"复选框，可以使页码右对齐页边距。

（4）单击"选项"按钮，打开"样式"对话框，从中设定各级目录的格式，如图 6.59 所示。

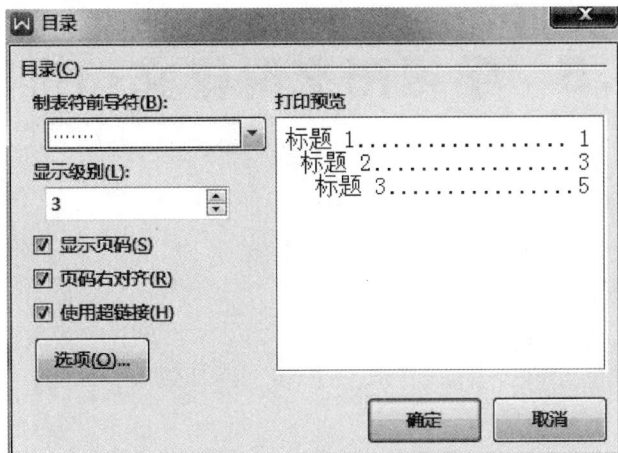

图 6.58　"目录"对话框

图 6.59　"样式"对话框

（5）单击"确定"按钮，就可以从文档中抽取目录，如图 6.60 所示是抽取的目录。也可以从其他样式中创建目录。

图 6.60　抽取的目录

若对图片、图形对象设置了题注，可以在"题注"功能区单击"插入表目录"打开"索图表目录"对话框,对图片、图形创建图表目录。

任务6.5 学习图文混排文档排版操作

学习目的

通过本任务学习,掌握 Word 中使用插入图片、图形、艺术字等对象来增强文档的排版效果(见图6.61),了解图片大小、亮度、对比度和灰度等调整特性;学会通过 Word "绘图"工具创建图形,掌握图形对象包括自选图形、曲线、线条和艺术字等图形对象的操作,学会使用"绘图"工具设置图形的颜色、图案、边框、填充、阴影和三维等效果,并掌握旋转、组合这些对象的操作技巧。

图 6.61　公司宣传单

6.5.1　图片与剪贴画

6.5.1.1　插入图片

(1)单击要插入图片的位置。

(2)单击"插入"选项卡"插图"工具组中的"图片"。

(3)若插入"图片",则在"插入图片"对话框中选择图片存放的位置并选定图片后单击"插入",插入到当前光标处。

也可直接将窗格中的图片拖至文档中。

6.5.1.2　改变图片的大小

(1)选中图片,图片的四周出现控制点。

(2)将鼠标指针置于控制点上,使其变成双向箭头。

（3）拖动鼠标即可改变选中图片的大小。

也可以利用"设置图片格式"对话框输入数值改变图片的大小。

6.5.1.3　改变图片的位置

有时需要对多个图片同时操作。要选中多个图片,首先选中一个图片,然后按住 Shift 键,再单击需要选中的下一个图片。

（1）选中一个图片或多个图片。

（2）将鼠标置于选中的对象上,鼠标指针变成移动指针形状✛后,按下鼠标左键。

（3）将图片拖动到新的位置（用户也可以同时按下 Alt 键拖动）。

用户选定图片后,可以通过键盘上的方向键微调对象。

6.5.1.4　图片的图像控制

图片的图像控制包括对图片的颜色、亮度、对比度等方面进行设置。

单击选定的图片打开"图片工具"选项卡,或右击图片,在弹出的快捷菜单中单击"设置对象格式",打开"设置对象格式"对话框,如图 6.62 所示。

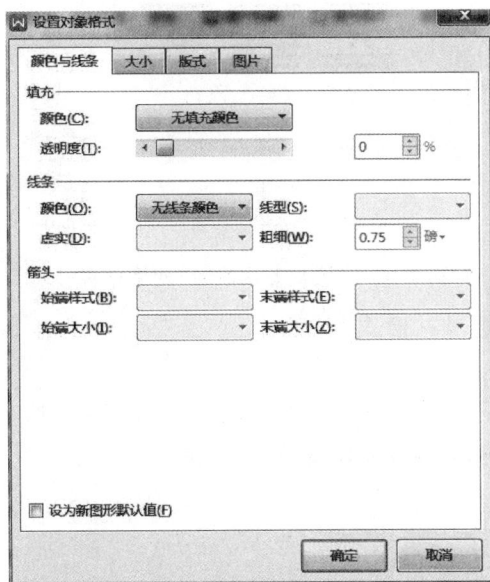

图 6.62　"设置对象格式"对话框

6.5.1.5　剪裁图片

（1）选定要剪裁的图片。

（2）单击选定的图片,在"图片工具"中单击"裁剪",应用鼠标拖动进行图片裁剪,或者直接在旁边的具体数值里填写具体数值。还可以再在"设置对象格式"对话框中的"大小"选项卡下,输入裁剪方向具体数值进行图片裁剪。

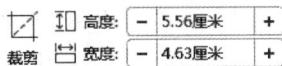

6.5.1.6 设置文字对图片的环绕方式

在文档中插入图片以后,重新设置文字的环绕方式的操作步骤如下:

(1)单击图片,图片右侧会出现一列工具,如图 6.63 所示,其中,⬚ 就是文字环绕方式。点击后会出现。

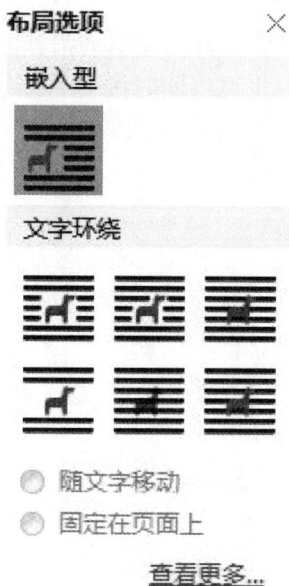

图 6.63 "图片布局设置"对话框界面

(2)右击图片打开"设置对象格式"对话框,单击"版式"选项卡,选择所需要的文字环绕方式,单击"确定"即可。

单击"版式"选项卡中的"高级"按钮,然后单击"文字环绕"选项卡,即可得到更多的环绕方式和有关文本排列方向、对象与文本间距离的选项。

6.5.2 图形

在 Word 中,除了能插入已有的图片外,还可以使用"插入"选项卡中的"形状"工具来绘制图形。一般情况下,图形的绘制需要在"页面视图"中进行。

如图 6.64 所示,"形状"工具下拉列表中包括最近使用的形状、线条、基本形状、箭头总汇、流程图、标注、星与旗帜等丰富多样的图形。

6.5.2.1 创建图形

使用"形状"工具上的"直线""箭头""矩形""椭圆"等可绘制图形。下面以绘制"燕尾形"为例介绍操作步骤:

(1)单击"形状"工具下拉按钮,得到如图 6.64 所示下拉列表,在下拉列表中"箭头汇总"中单击"燕尾形"⟫。

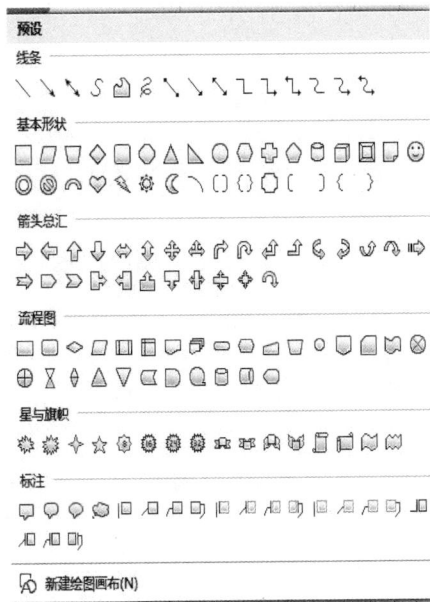

图 6.64　图形下拉列表

（2）在文档区域内按住已变为"十"字形的鼠标进行拖动，直到变为满意的大小为止。

（3）释放鼠标，图形的周围出现尺寸控点，拖动控点还可以改变图形的大小。

（4）如果图形的大小已满足要求，则可在图形以外的其他位置单击，尺寸控点消失，完成"燕尾形"的绘制。

如果要画正方形或圆形，可在拖动鼠标的同时按住 Shift 键，也可以在单击"矩形"或"椭圆"按钮后，直接在文档中单击鼠标，就能获得一个预定义大小的正方形或圆。

另外，要从起点开始以 15°角为单位画线，在拖动鼠标时按住 Shift 键。从起点开始，同时向两个相反的方向延长线条，在拖动鼠标时按住 Ctrl 键。

6.5.2.2　调整图形

图形可以调整大小、旋转、翻转、着色以及组合以生成更复杂的图形。许多图形都有调整控点（黄色小菱形的控点），用来调整大多数自选图形的外观，而不调整其大小。例如，可以通过拖动控点，使笑脸变成哭脸；或者改变箭头中箭尖的大小等。

6.5.2.3　在图形中添加文字

在自选图形中添加文字，可以制作图文并茂的文档。操作方法是右击要添加文字的自选图形，从弹出的快捷菜单中选择"添加文字"选项，此时插入点定位于自选图形的内部，然后输入所需文字即可。

6.5.2.4　选择、移动、复制和删除图形对象

单击图形则该图形被选中。要选中多个图形则需按住 Shift 键，再单击其他图形。然后就可以使用对文本进行移动、复制和删除的方法来操作图形。

选定图形对象后，可以按方向箭头键进行微移。当按住 Ctrl 键进行微移时，图形可以逐个

像素地进行移动。

6.5.2.5 设置图形格式

（1）单击要设置格式的图形,弹出"绘图工具"选项卡功能区。

（2）在"形状样式"工具组中选择内置样式可更改图形的整体外观。

单击工具组形状填充工具 填充· 旁的下拉按钮可更改图形填充（颜色、图片、渐变、纹理、图案），也可设置为无填充颜色。

单击工具组形状轮廓工具 轮廓· 旁的下拉按钮可更改图形形状轮廓（颜色、粗细、类型、箭头、图案），也可设置为无轮廓颜色。

6.5.2.6 设置阴影或三维效果

1. 设置阴影

双击要设置阴影效果的图形,弹出"效果设置"选项卡功能区。

如图 6.65 所示,单击"阴影效果"工具组上的"阴影效果"下拉按钮,可在内置阴影效果样式列表中选择,也可自定义阴影颜色或取消阴影设置。单击"阴影效果"工具组向上、向下、向左、向右按钮可略微移动阴影。

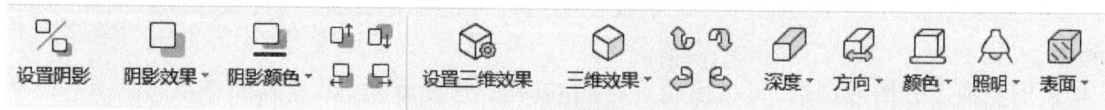

图 6.65　阴影效果工具组

2. 设置三维效果

双击要设置三维效果的图形,弹出"效果设置"选项卡功能区。

如上图所示,单击"三维效果"工具组上的"三维效果"下拉按钮,可在内置三维效果样式列表中选择,也可自定义三维效果的颜色、深度、照明和表面效果,或设置无三维效果设置。单击"阴影效果"工具组上翘、下俯、左偏、右偏按钮可调整三维效果位置。

6.5.2.7 图形对象的组合、叠放次序与对齐

1. 图形对象的组合与取消组合

组合图形对象:按住 Shift 键的同时单击每个要组合的对象可选择多个对象;按住 Ctrl 键的同时单击要组合的对象可选择或取消选择对象。右击选择对象,在弹出的快捷菜单中单击"组合"。

取消图形对象的组合:在选中对象后,单击鼠标右键,选择"取消组合"命令。

2. 叠放次序

右击需要调整叠放次序的对象,在弹出的快捷菜单中单击"叠放次序",可选择置于顶层、置于底层、上移一层、下移一层、浮于文字上方、衬于文字下方改变叠放次序。

3. 图形的对齐

按住 Shift 键的同时单击每个要对齐的对象,在"绘图工具格式"选项卡"排列"中单击对齐 旁的下拉按钮,弹出如图 6.66 所示对齐工具列表,选择对齐方式即可。

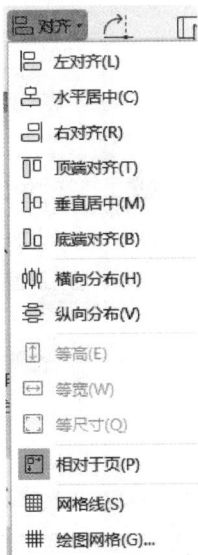

图 6.66　图形对齐工具列表

6.5.3　艺术字

可以在 Word 中插入有特殊效果的艺术字,它可以作为图形对象处理。

6.5.3.1　插入艺术字

(1)单击"插入"选项卡,点击"艺术字" 按钮弹出艺术字样式列表,如图 6.67 所示。

(2)单击所需的艺术字样式,弹出"编辑艺术字文字"对话框。

(3)在"编辑艺术字文字"对话框中键入要设置为"艺术字"格式的文字,选择所需的其他 选项,单击"确定"按钮。

6.5.3.2　编辑艺术字

插入艺术字后,有时需要对其进行重新编辑。下面简单介绍编辑艺术字时的常用操作。

(1)双击具有"艺术字"效果的文字,出现"艺术字"选项卡工具组(见图 6.68)。

(2)要更改艺术字的样式,单击"艺术字"选项卡工具组"艺术字样式"中单击指定需要的 样式。

(3)要更改艺术字的字体和大小,单击"编辑文字"按钮,出现"编辑艺术字文字"对话框,

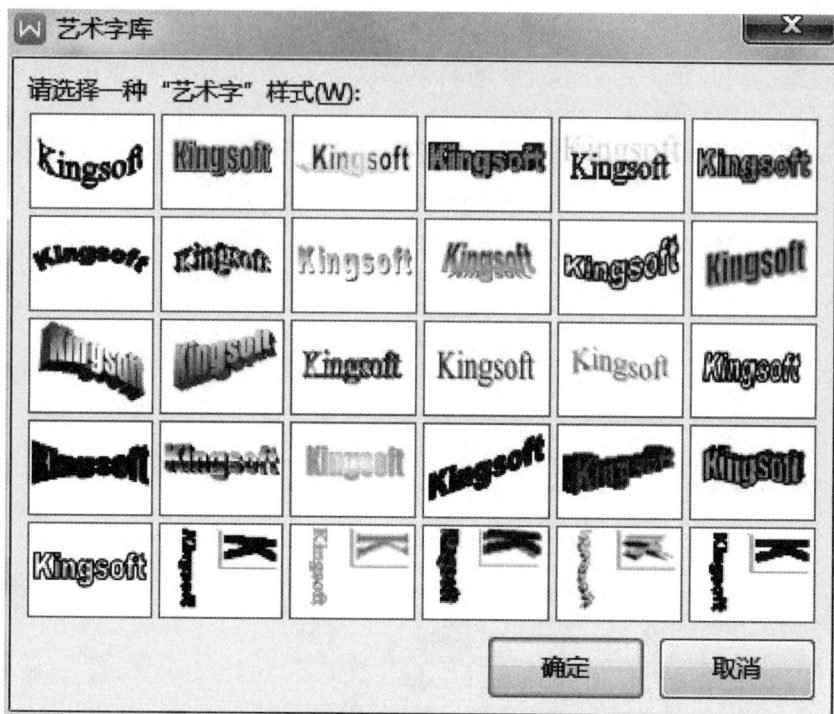

图 6.67　艺术字库对话框

图 6.68　"艺术字"选项卡工具组

从中选择需要的字体和文字大小。

用户也可以直接使用鼠标来拖动"艺术字"周围的控点来改变艺术字的大小。

（4）要更改艺术字的形状

单击"艺术字形状"按钮 旁的下拉按钮，选择用户需要的艺术字形状，如图 6.69 所示。

应用艺术字填充、轮廓可设置填充效果和轮廓。

（5）艺术字自由旋转

单击"自动换行"设置"文字环绕"为除"嵌入式"以外的环绕方式，这时在艺术字上出现一个带细线的绿色的旋转控点，用鼠标指向旋转控点时，鼠标的形状变成，用鼠标拖动旋转控点即可将艺术字自由旋转。

（6）单击"艺术字竖排文字"按钮 ，艺术字在竖排与横排间切换。

（7）单击"艺术字字符间距"按钮 ，选择间距方式改变艺术字字符间距。

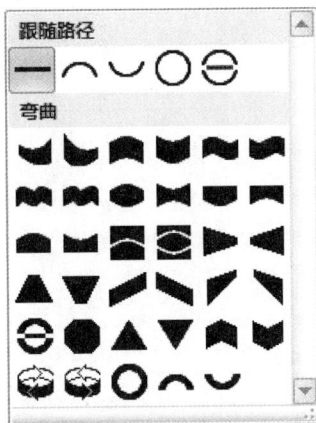

图 6.69   "艺术字形状"列表

（8）单击"艺术字字母高度相同"按钮 <u>Aa</u>等高 ,使艺术字字母等高。

（9）点击"效果设置"可以应用"阴影"和"三维"按钮,可设置艺术字的阴影和三维效果。

6.5.3.3   首字符下沉

首字符下沉是将一段中的第一个字放大后显示,并下沉到下面的几行中。

（1）将光标置于要设置首字下沉的段落中。

（2）单击"插入"选项卡"首字下沉" <u>首字下沉</u> 下拉按钮,选择下沉的位置,或单击"首字下沉选项",则出现"首字下沉"对话框,如图 6.70 所示。

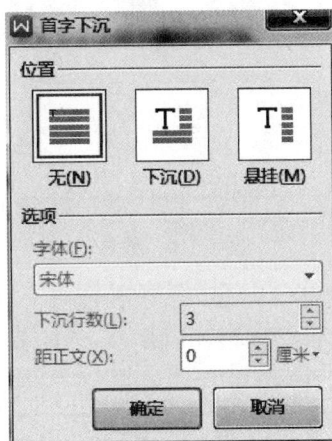

图 6.70   首字下沉设置对话框

（3）在"首字下沉"对话框的"位置"区内,选择所需的格式类型,在"选项"组内,选择字体、下沉行数以及距正文的距离。

（4）单击"确定",即可按所需的要求完成段落首字下沉设置。

6.5.4　图表与 Smart Art 图形

6.5.4.1　图表

在 WPS office 校园版 Word 中,可以插入多种数据图表和图形,如柱形图、折线图、饼图、条形图、面积图、散点图、股价图、曲面图、圆环图、气泡图和雷达图等。

创建图表的操作方法如下:

在"插入"选项卡上的"图表"并弹出"插入图表"对话框,如图 6.71 所示,选择响应对话框,点击确定。

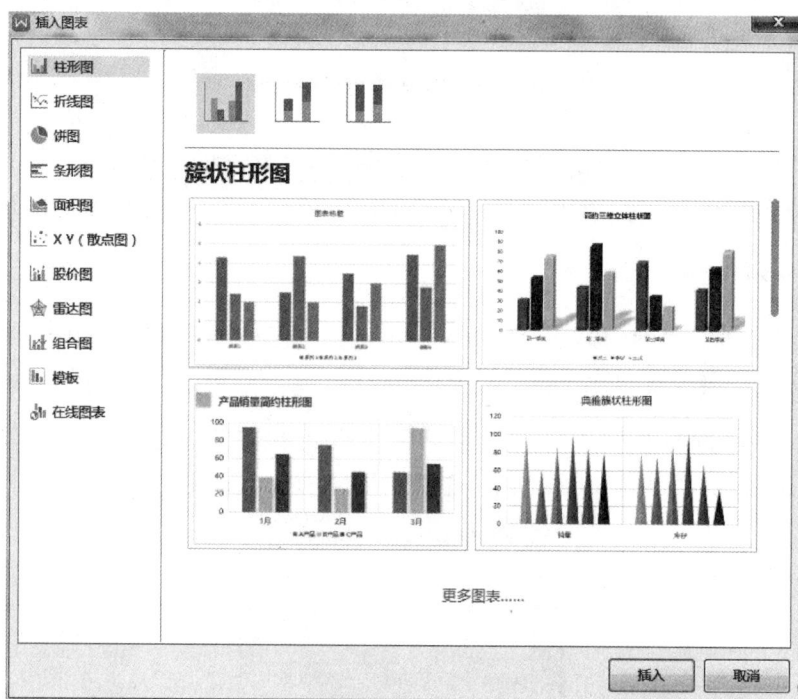

图 6.71　图表

在图表上任意位置点击图表,就会出现"图表工具"。点击"编辑数据",如图 6.72 所示,如修改系列 1 为 1 月,类别 1 为手机。编辑完数据后,关闭表格,数据图表自动更新。

	系列 1	系列 2	系列 3
类别 1	4.3	2.4	2
类别 2	2.5	4.4	2
类别 3	3.5	1.8	3
类别 4	4.5	2.8	5

图 6.72　Excel 工作表中的示例数据

若要自定义图表的外观,可以通过右键单击某些图表元素,对这些图表元素的设计、布局和格式进行设置,或者直接点击"快速布局"来进行快速修改。

6.5.4.2　智能图形

创建智能图形时,系统将提示选择一种智能图形类型(见图 6.73),如"组织结构图""分离射线""基本流程"等。每种类型的 Smart Art 图形包含几个不同的布局。选择了一个布局之后,可以很容易地切换 Smart Art 图形的布局或类型。新布局中将自动保留大部分文字和其他内容以及颜色、样式、效果和文本格式。

用户也可以应用图示工具自定义图示设置,可以插入、删除图形,设置图示样式、版式等。图 6.74 为组织结构图工具,是进入组织结构图编辑时显示在工具栏上的。

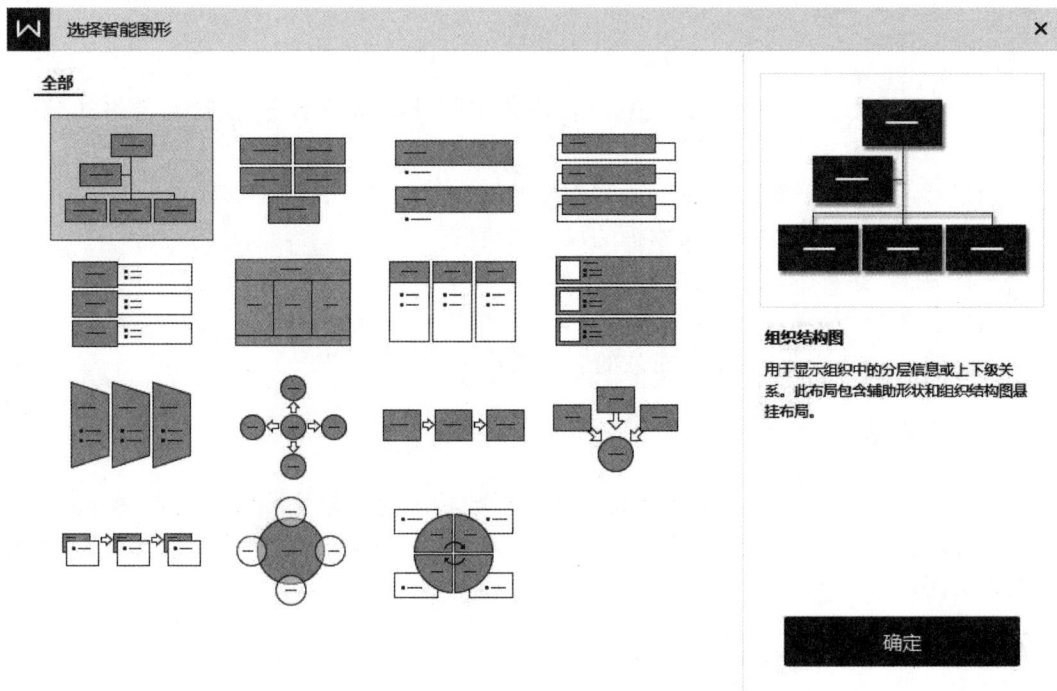

图 6.73　图示库

图 6.74　组织结构图工具

6.5.5　文本框

文本框是一种可以移动、大小可调的存放文本或图形的容器。在 Word 中,文本框有横排、竖排和多行文字。利用竖排文本框可以在横排文字的文档中插入竖排方式的文本。用户可将文本框置于页面上的任何位置。而且还可以设置文本框格式来增强文本框的效果,如更改文本框的填充颜色、边框等,操作方法与处理图形对象相同。

6.5.5.1 插入文本框及文本的输入

(1)单击"插入"选项卡 <u>文本框</u>·"文本框"下拉按钮,选择"横排"或"竖排"或"多行文字"。

(2)在文档中需要插入文本框的位置单击鼠标或进行拖动。

(3)插入文本框之后,光标会自动位于文本框内,可以向文本框输入文本,也可以采用移动、复制、粘贴等操作向文本框中添加文本。

6.5.5.2 设置文本框格式

(1)选定要进行格式设置的文本框。

(2)在选定的文本框上单击鼠标右键,在弹出的快捷菜单中单击"设置对象格式"弹出对话框。

(3)在"颜色和线条"选项卡中设置文本框的填充颜色、线条的颜色和线型。

(4)在"大小"选项卡中调节文本框的尺寸和旋转。

(5)在"版式"选项卡,设置文字和文本框的环绕方式及水平对齐方式。

(6)在"文本框"选项卡,设置文本框中文字的边距和标注的格式。

文本框的删除与 Word 中图形对象的删除操作一样。

6.5.6 插入对象

在 Word 文档中,用户可以将整个文件作为对象插入到当前文档中。嵌入 Word 2010 文档中的文件对象可以使用原始程序进行编辑。下面以插入 Excel 文件和创建公式为例介绍插入对象的方法。

6.5.6.1 在 Word 文档中插入 Excel 文件

打开 Word 文档窗口,将光标定位到准备插入对象的位置。切换到"插入"功能区,单击"对象" <u>对象</u>· 按钮。

在打开的"对象"对话框中切换到"由文件创建"选项卡,然后单击"浏览"按钮。

打开"浏览"对话框,查找并选中需要插入到 Word 文档中的 Excel 文件,并单击"插入"。

返回"对象"对话框,单击"确定"。

返回 Word 2010 文档窗口,用户可以看到插入到当前文档窗口中的 Excel 文件对象。在默认情况下,插入到 Word 文档窗口中的对象以图片的形式存在。双击对象即可打开该文件的原始程序对其进行编辑。

6.5.6.2 公式编辑器

在 Word 文档中,用户有时候要在文档当中输入相关的公式。

1. 插入公式

将光标置于要插入公式的位置。

单击"插入"选项卡"公式" 公式▾ ,弹出公式编辑器,如图6.75所示。

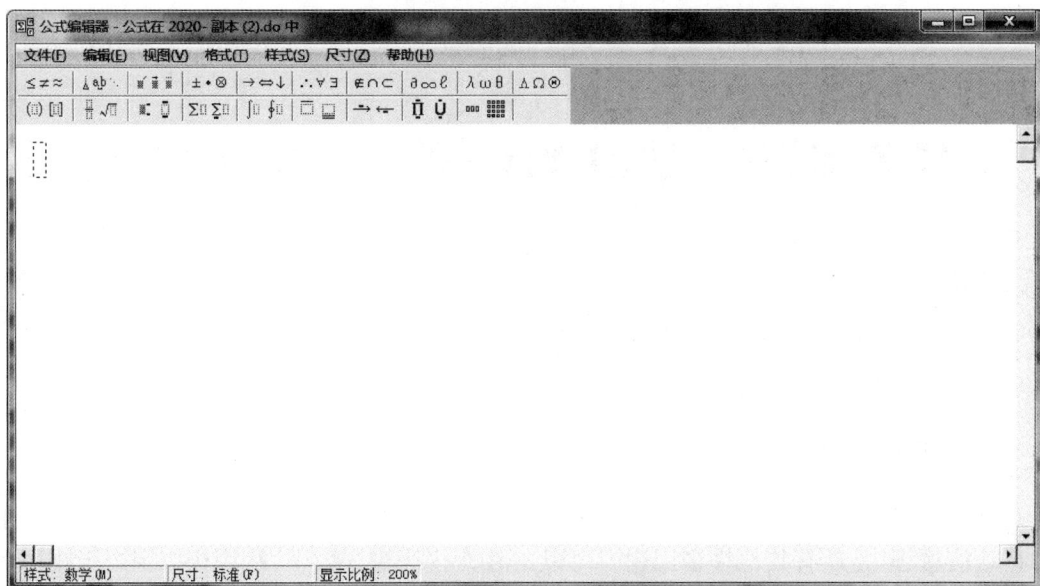

图6.75　"公式"工具栏

在"公式"工具栏上选择符号,键入变量和数字构造公式。

单击公式以外的Word文档可返回到Word。

2.编辑公式

双击要编辑的公式,出现"公式"工具栏,可编辑修改已创建的公式。

6.5.7　图文混排

6.5.7.1　将文字环绕在图片、文本框或图形等对象周围

(1)右击选中的图片、文本框或图形。

(2)在出现的快捷菜单中选择"设置对象格式"。

(3)在出现的对话框中单击"版式"选项卡,选择文字环绕类型。

6.5.7.2　分层放置文字与图形

通过使用"浮于文字上方"或"衬于文字下方"的文字环绕方式,可以分层放置文字和图形,也可以创建水印效果,水印将显示在文字的下方。

(1)选择要更改叠放次序的图形。如果对象不可见,按Tab或Shift+Tab组合键,直到选定该对象。

(2)右击图形对象,指向"叠放次序"子菜单,然后单击"浮于文字上方"或"衬于文字下方"。

水印是指打印时显示在已存在的文档文字的上方或下方的任何文字或图形。用户可以插

入不同颜色、样式、大小、方向和字体的水印，还可以根据需要选择或输入要作为水印的文字。

插入水印的方法是：单击“插入”选项卡中的“水印”，选择所需的“水印”类型设置水印文字及其他参数后单击“确定”即可。

任务 6.6　学习 Word 表格排版操作

学习目的

通过本任务学习掌握 Word 中的表格排版操作功能，学会表格的创建、修改、修饰操作，掌握 Word 表格中的数据计算功能，能对表格中的数据进行汇总计算。

6.6.1　表格的创建

表格由不同行列的单元格组成，可以在单元格中填写文字和插入图片。表格经常用于组织和显示信息，但是还有其他许多用途。可以用表格按列对齐数字，然后对数字进行排序和计算。可以用表格创建引人入胜的页面版式以及排列文本和图形。下面以图 6.76 所示个人简历表为例进行操作讲解。

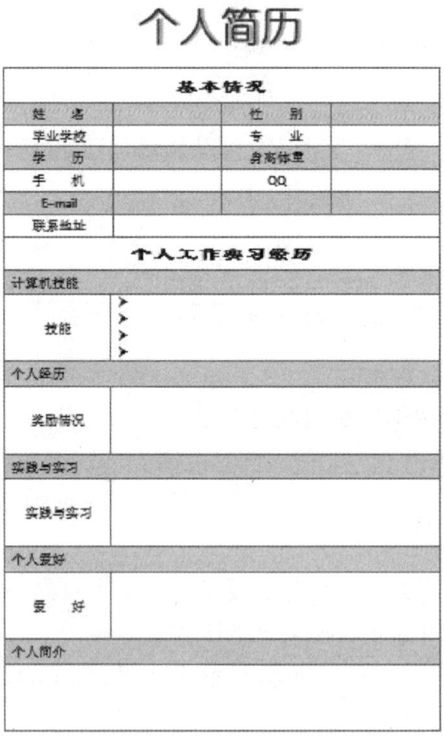

个人简历

基本情况			
姓　名		性　别	
毕业学校		专　业	
学　历		身高体重	
手　机		QQ	
E-mail			
联系地址			
个人工作实习经历			
计算机技能			
技能	➤ ➤ ➤ ➤		
个人经历			
奖励情况			
实践与实习			
实践与实习			
个人爱好			
爱　好			
个人简介			

图 6.76　个人简历表

6.6.1.1　创建简单表格

（1）单击要创建表格的位置,单击"插入"选项卡"表格"工具下拉按钮,弹出表格工具列表,如图 6.77 所示,应用鼠标拖动指定表格的行数和列数（如 4 列 2 行）,单击确定创建规则表格。

图 6.77　表格下拉列表

（2）或在上图表格下拉列表中单击"插入表格",弹出"插入表格"对话框,如图 6.78 所示,输入表格的行数和列数快速创建简单表格。

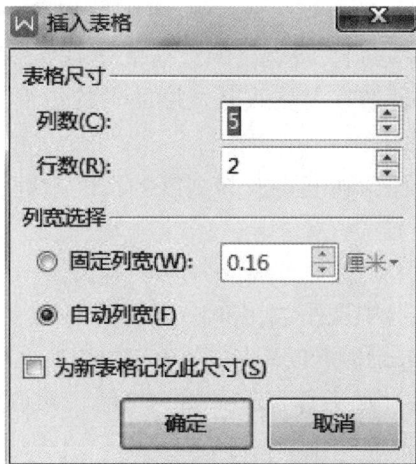

图 6.78　插入表格

6.6.1.2　创建复杂表格

（1）单击要创建表格的位置。

（2）在图创建表格下拉列表中单击"绘制表格",指针变为笔形。

（3）手动绘制一个矩形外框,然后在矩形内手动绘制行、列线。这时出现"表格样式功能区",如图 6.79 所示。

图6.79 表格样式功能区

(4)如果要清除一条或一组框线,请单击上图右侧"擦除"按钮,然后拖过要擦除的线条,删除表线。

(5)表格创建完毕后,单击其中的单元格,然后便可键入文字或插入图形。

6.6.1.3 删除表格及其内容

(1)单击表格,如图6.80所示,在"表格工具-布局"选项卡功能区,单击"删除"下拉按钮,可选择删除表格、删除行、删除列、删除单元格。

图6.80 删除表格及其内容

(2)或先选中整张表格,然后右击表格,在弹出的快捷菜单中单击"删除表格"。

6.6.2 表格的修改

6.6.2.1 调整整个表格或部分表格的尺寸

(1)调整整个表格尺寸:将指针停留在表格上,直到"表格尺寸控点 ⬉ "出现在表格的右下角。将指针停留在表格尺寸控点上,将表格的边框拖动到所需尺寸。

(2)改变表格列宽:将指针停留在要更改其宽度的列的边框上,直到指针变为 ‖,然后拖动边框,直到得到所需的列宽为止。

(3)改变表格行高:将指针停留在要更改其高度的行的边框上,直到指针变为 ⬍,然后拖动边框。

(4)平均分布各行或各列:选中要平均分布的多行或多列,在表格工具中单击 自动调整▾ 下拉按钮,单击"平均分布各行"按钮 或"平均分布各列"按钮 。

也可以使用 Word 窗口中的"水平标尺"和"垂直标尺"来调整列宽和行高。还可以使用表格的自动调整功能来调整表格的大小。

6.6.2.2 行、列或单元格的插入

1.行或者列的插入

(1)将光标置于待插入行的上方或下方。

(2)单击上图选择"在上方插入"或"在下方插入"、"在左侧插入"或"在右侧插入"分别表示在所选行的上方或是在所选行的下方,或者是所选列的左侧或者右侧,插入一个新行或者新列。

(3)也可以右击某行中的单元格,在弹出的快捷菜单"插入"子项中选择"在上方插入行"

或"在下方插入行"、"在左侧插入"或"在右侧插入"。

也可使用"绘制表格"工具在所需的位置绘制行。

2. 单元格的插入

(1)将光标置于要插入单元格的位置。

(2)单击"在右侧插入"右边的　⌟，弹出"插入单元格"对话框，如图 6.81 所示。

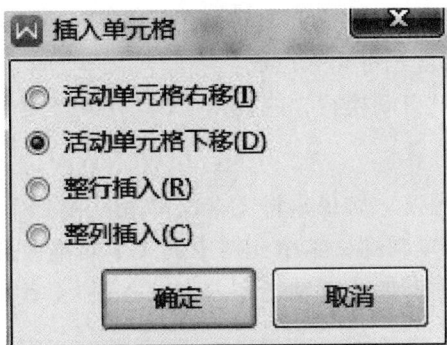

图 6.81　插入单元格

6.6.2.3　行、列或单元格的删除

将光标置于要删除的行、列或单元格。然后单击右击"删除"　下拉按钮，单击"删除行"或"删除列"或"删除单元格"。

用户也可以在选中某一行或列后，利用"剪切"命令来删除行或列。当删除了行或列后，其中的内容会一起被删除。

6.6.2.4　单元格合并与拆分/表格拆分

1. 合并单元格

用户可将同一行或同一列中的两个或多个单元格合并为一个单元格。

单击图"表格工具"中"擦除"按钮，在要删除的分隔线上拖动删除表线从而合并单元格。

也可以通过选定单元格，然后选择"表格工具"选项卡功能区"合并单元格"按钮快速合并多个单元格。

也可以通过选定单元格，然后单击鼠标右键，在出现的快捷菜单中选择"合并单元格"。

2. 拆分单元格

单击"表格工具"选项卡功能区"绘制表格"按钮，在要拆分的单元格中拖动画线创建新的单元格从而拆分单元格。

也可以通过选定单元格，然后选择"表格工具"选项卡功能区"拆分单元格"按钮，弹出"拆分单元格"对话框，在对话框中输入"列数"和"行数"的值，单击"确定"。

也可以通过选定单元格，然后单击鼠标右键，在出现的快捷菜单中选择"拆分单元格"，显示对话框，设置行和列数后确定即可。

3. 拆分表格

要将一个表格拆分成两个表格,单击要通过拆分创建第二个表格的首行,选择"表格工具"选项卡功能区"拆分表格"下拉按钮,可以按照行或者列来进行拆分表格。

6.6.2.5 在表格中输入和编辑文本

1. 在表格中输入内容

如果在表格中输入文本,首先将插入点放在要输入文本的单元格中,然后输入文本。当输入的文本到达单元格右边线时自动换行,并且会加大行高以容纳更多的内容。

2. 移动或复制单元格内容

选定要移动或复制的单元格。如果只将文本移动或复制到新位置,而不改变新位置的原有文本,就只能选定要移动或复制的文本单元格中的文本而不包括单元格,结束标记。

将选定内容拖动至新位置。如要复制选定内容,在按住 Ctrl 键的同时将选定内容拖动至新位置。

也可以利用剪贴板来移动或复制单元格的内容。

3. 单元格对齐方式

选择需要设置对齐方式的单元格,在"表格工具-布局"选项卡功能区"对齐方式"中设置对齐方式。

或右击选定的单元格,在弹出的快捷菜单中选择对齐方式。

6.6.3 表格的修饰

6.6.3.1 表格样式

(1)对已经建立的表格使用表格样式:单击表格,单击"表格样式"的表格样式应用到当前表格。

(2)新建表格时使用表格样式:单击"插入"选项卡"插入内容型表格"下拉按钮,有很多表格样式,但是大多数是收费的。

6.6.3.2 自定义设置表格的边框和底纹

1. 自定义设置表线

选中表格或单元格(包括结束标记)。

单击鼠标右键,在右键菜单中,选中,弹出"边框和底纹"对话框,如图 6.82 所示。

在"边框"选项卡选择自定义,确认在"应用范围"下选择了正确的"表格"或"单元格"选项。选择"线型",设置"颜色"和"宽度"。

若单击图 6.82 所示"预览"中的边线可设置已选中区域(单元格或表格)的边线。

若单击"预览"中的内线可设置已选中区域(单元格或表格)的内线。

若单击"预览"中的斜线按钮则在已选中区域(单元格或表格)中设置斜线。

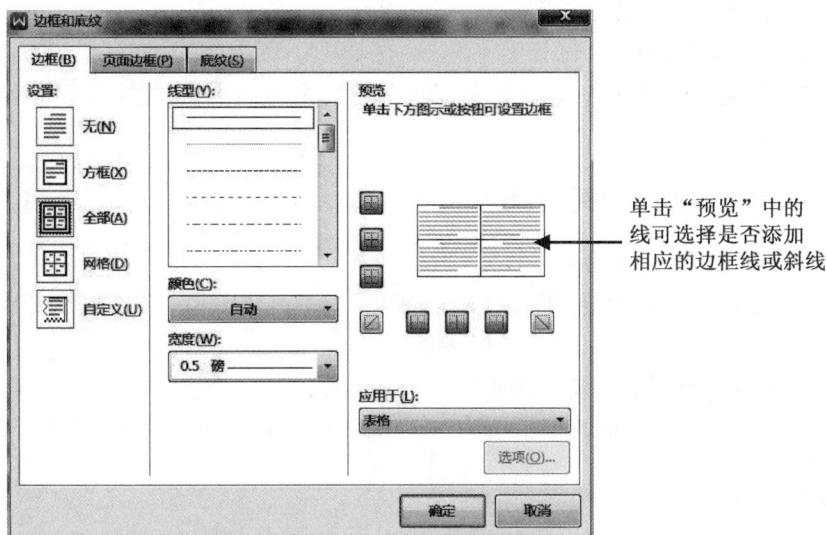

单击"预览"中的线可选择是否添加相应的边框线或斜线

图 6.82　边框和底纹

2. 设置底纹

单击"底纹"选项卡,选择所需选项,确认在"应用范围"下选择了正确的"表格"或"单元格"选项,可对选定区域设置底纹。

6.6.3.3　设置表格在页面中的位置

1. 移动表格

具体方法如下:

将指针停留在表格上,直到"表格移动控点"⊞出现在表格的左上角。将指针停留在表格移动控点上,直到四向箭头出现。将表格拖动到新的位置。

也可以通过"剪贴板"来移动表格。

2. 设置表格的对齐方式

右击表格,在弹出的快捷菜单中单击"表格属性",弹出"表格属性"对话框,再单击"表格"选项卡。在"对齐方式"下,选择所需选项。

要设置左对齐表格的左缩进量,请在"左缩进"框中键入数值。单击"确定"。

3. 设置表格的文字环绕

右击表格,在弹出的快捷菜单中单击"表格属性"打开"表格属性"对话框,单击"表格"选项卡,单击"文字环绕"下的"环绕"图标,设置环绕方式后单击"确定"。

6.6.3.4　设置表格的标题

有时一个比较大的表格可能在一页上无法完全显示出来。当一个表格被分到多页上时,总希望在每一页的开头第一行设置一个标题行。操作步骤如下:

(1)选定要作为表格标题的一行或多行(注意,选定内容必须包括表格的第一行,否则 Word 将无法执行操作)。

（2）单击"表格工具"选项卡功能区"重复标题行"。

Word 能够依据自动分页符（软分页符）自动在新的一页上重复表格的标题。如果在表格中插入人工分页符，则 Word 无法自动重复表格标题。只能在页面视图或打印出的文档中看到重复的表格标题。

6.6.3.5　表格的分页与防止跨页断行

（1）表格的跨页显示，其方法如下：

单击要出现在下一页上的行，单击"页面布局"选项卡"分隔符"，或者按 Ctrl+Enter 组合键。

（2）防止表格跨页断行的设置方法如下：

单击表格，在"表格属性"对话框中单击"行"选项卡。清除"允许跨页断行"复选框。

6.6.3.6　表格与文字的相互转换

1. 将文字转换为表格

将文字转换成表格时，使用分隔符（根据需要选用的段落标记、制表符或逗号、空格等字符）标记新的列开始的位置。Word 用段落标记标明新的一行表格的开始。如果仅选择段落标记作为分隔符，Word 只会将文字转换成只有一列的表格。

选中要转换成表格的文字，确保已经设置好了所需要的分隔符。单击"插入"选项卡中"表格"下拉按钮，在弹出的下拉列表单击"文本转换成表格"命令，在出现的"将文字转换成表格"对话框中选择所需选项后再单击"确定"。

2. 将表格转换为文字

选定要转换成文字的行或表格，单击"表格工具"选项卡功能区"转换成文本"工具，设置"文字分隔符"为所需的字符，即替代列边框的分隔符，单击"确定"转换为文字。

6.6.4　表格数据处理

Word 可以对表格中的数据进行加、减、乘、除、求平均、排序等数据计算。

6.6.4.1　表格内数据的排序

Word 对表格中的数据进行排序时，可按几种排序方式进行排序。

按拼音排序：Word 会将以标点或符号（例如，!、#、$ 、%或 &)开头的条目排在最前面，然后是以数字开头的条目，随后是以字母开头的条目，以汉字开头的条目排在最后。注意，Word 将日期和数字视为文字。例如，"Item 12"会排在"Item 2"之前。

按数字排序：Word 将忽略数字以外的所有其他字符。数字可以位于段落中任何位置。

按日期排序：Word 将符号连字符、斜杠、逗号、句点和冒号作为有效的日期分隔符。如果Word 无法识别某个日期或时间，则会把该项置于列表的开头或结尾处（这取决于排列顺序是升序还是降序）。

选定要排序的列表或表格，单击"表格工具"选项卡中"排序"按钮，打开"排序"对话框，如图 6.83 所示。选择排序类型、主要关键字、次要关键字等选项，单击"确定"对选定的内容排序。

当主关键字有相同值时,可再选择次关键字进行排序。

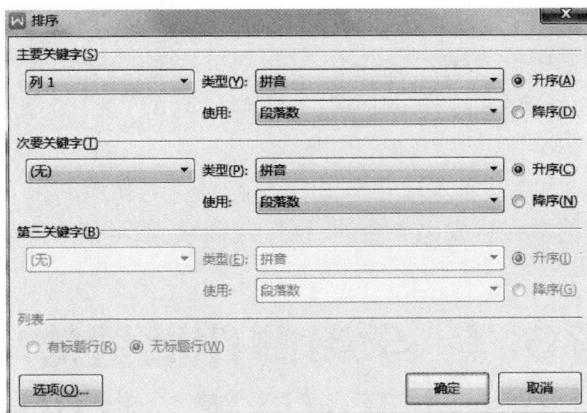

图 6.83　"排序"对话框

6.6.4.2　表格中数值的计算

在 Word 的计算中,系统对表格中的单元格是以下面的方式进行标记的,在行的方向以字母 A→Z 进行标记,而列的方向从"1"开始,以自然数进行标记。如一行一列的单元格标记为 A1。

在表格中进行计算时,可以用像 A1、A2、B1、B2 这样的形式引用表格中的单元格。Word 中的单元格引用始终是绝对地址,而且不带"$"符号。

1. 行或列的直接求和

单击要放置求和结果的单元格,单击"表格工具"选项卡中的"公式"按钮打开"公式"对话框,如图 6.84 所示。

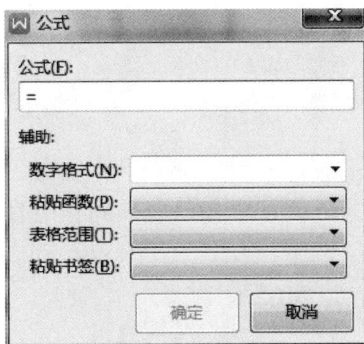

图 6.84　"公式"对话框

如果选定的单元格位于一列数值的底端,Word 将建议采用公式=SUM(ABOVE)进行计算,单击"确定"对上边的数求和。

如果选定的单元格位于一行数值的右端,Word 将建议采用公式=SUM(LEFT)进行计算,单击"确定"对左边的数求和。

2. 单元格数值的计算

单击要放置计算结果的单元格,打开"公式"对话框,在"公式"框中输入公式,也可以在"粘贴函数"框中,单击所需的公式。例如,要进行求和,则单击"SUM"。

也可以在公式的括号中键入单元格引用,可引用单元格的内容。例如,如果需要计算单元格 A2 和 B3 中数值的和,应建立这样的公式: = SUM(a2,b3)。在"数字格式"框中选择数字格式,单击"确定"即可。

Word 是以域的形式将结果插入选定单元格的。域代码和域结果之间可以采用 Shift+F9 进行切换。如果所引用的单元格发生了更改,请选定该域,然后按 F9 键,即可更新计算结果。

任务6.7 学习邮件批量处理和页面设置、打印操作

学习目的

通过学习本任务,要求掌握 Word"邮件"功能批量快速生成重复文档,学习纸张页面设置和打印功能。

6.7.1 邮件合并

邮件合并用于帮助用户在 Word 文档中完成单个或批量的信函、电子邮件、信封、标签或目录的创建。

下面以使用"邮件合并"创建邮件合并信函为例介绍"邮件合并"。

打开 Word 文档窗口,切换到"引用"选项卡,点击"邮件合并"按钮,就出现了邮件合并功能组,如图 6.85 所示。

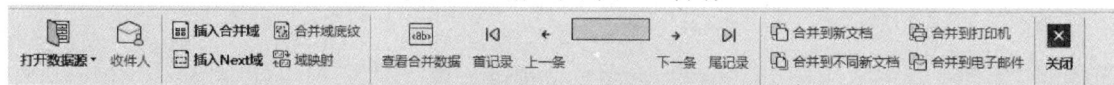

图 6.85 邮件合并

首先点击"打开数据源",数据源就是事先已经填写或者统计好的数据,Excel 电子表格存储,例如 。

打开数据源以后,在功能组数据记录上就会出现数据记录,,此时说明我们的数据源已经打开并导入;

然后,在 Word 文档上建立要发送的邮件正文,如图 6.86 所示。

此时,就可以往正文里插入合并域,这里的插入合并域,其实就是插入数据源里的数据。首先确定好在文档什么地方插入合并域,将光标放置在该位置,然后点击"插入域"后弹出对话框,选择要插入的数据,点击插入即可,此时 Word 文档变成图 6.87 所示的样子。然后依次

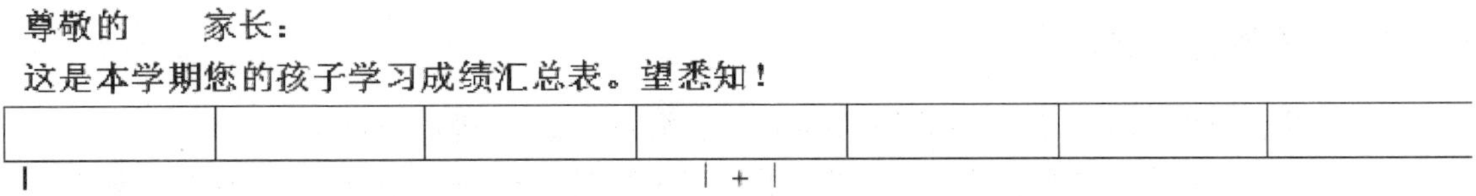

尊敬的　　　家长：

这是本学期您的孩子学习成绩汇总表。望悉知！

图 6.86　发送邮件

在需要的地方插入合并域。

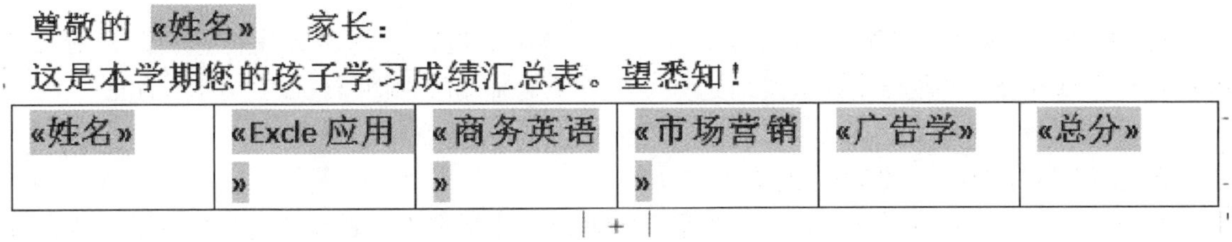

尊敬的 《姓名》 家长：

这是本学期您的孩子学习成绩汇总表。望悉知！

《姓名》	《Excle 应用》	《商务英语》	《市场营销》	《广告学》	《总分》

图 6.87　插入合并域

将需要的合并域都插入以后，可以点击"查看合并数据"，可以看到数据的效果。通过"上一条"和"下一条"来切换查看。

最后，有四个选项可以供大家进行合并。这四个选项分别是"合并到新文档""合并到不同新文档""合并到打印机""合并到电子邮件"。

如果选择"合并到新文档"，最后系统会打开一个新文档，把所有的结果按照每一个结果一页的效果展示。

6.7.2　页面的设置

6.7.2.1　设置纸张大小

用户通常使用的纸张有：A3、A4、B4、B5、16 开等多种规格，Word 为用户内置了多种纸张规格，可根据需要进行选择，操作步骤如下：

在"页面布局"选项卡中单击"纸张大小"下拉按钮弹出下拉列表，在列表中选择纸张规格，或单击"其他页面大小"打开"纸张"选项卡选择某一规格的纸张，也可以自定义纸张大小。

6.7.2.2　设置页边距

页边距是页面四周的空白区域。通常情况下，在页边距内的可打印区域中插入文字和图形。然而，也可以将某些项目放置在页边距区域中，如页眉、页脚和页码等。

（1）在"页面布局"选项卡中单击"页边距"，在下拉列表项中选择内置页边距。

（2）若自定义边距则在"上""下""左""右"的数值框中分别输入页边距的数值，单击"确定"按钮。

（3）使用鼠标拖动"水平标尺"和"垂直标尺"上的页边距边界，也可以更改页边距。如要指定精确的页边距值，在拖动边界的同时按住 Alt 键，标尺上会显示页边距值。

6.7.2.3 设置打印方向

默认情况下,打印文档都采用的是"纵向",也可以设置为"横向"打印。

单击"页面布局"选项卡,"纸张方向"工具,在弹出的下拉列表中选择"方向":"纵向"或"横向"。

6.7.2.4 插入分隔符

排版时根据需要可以插入一些特定的分隔符。Word 提供了段落分隔符、换行符、分页符和分节符等几种重要的分隔符,通过对这些分隔符的设置和使用可以实现不同的功能。

插入分隔符的方法是:

将光标移到要插入行分隔符的位置。

单击"页面布局"选项卡"页面设置"组中的"分隔符",在弹出的下拉列表中选择"分隔符"。

1. 插入段落分隔符

输入文字过程中,每按一次回车键,Word 结束一个段落,在当前的光标位置插入一个段落标记,同时创建一个新段落。段落分隔符是区别段落的标志,通过对段落分隔符的操作,可以将一段文字分为两段或将两段文字合并为一段。

把一段内容分成两段的方法是:将光标移到要分段的断点处按回车键。

将两段文字合并为一段文字的方法是:将光标移到段落标记前,按 Delete 键。

2. 插入分页符

当输入一页时,Word 会自动增加一个新页,同时在新页的前面产生一个自动分页符。如果在自动分页符前面插入一行文字,那么放不下的文字,会自动移到下一页。

在编辑文档过程中,有时需要将某些文字放在一页的开头。无论在前面插入多少行文字,都需要保证该部分内容在某页开始的位置,那么就需要在该部分文字前面插入人工分页符。

人工"分页符"在普通视图下可以像删除字符一样删除。

3. 设置分节符

为在一节中设置相对独立的格式页插入的标记,如不同的页眉页脚、不同的分栏等。

在"分节符"区域内选择需要使用的分隔方式。

下一页分节符:光标当前位置以后的内容移到下一页上,按 Ctrl+Enter 线合键,也可以开始一个新页。

连续分节符:光标当前位置以后的内容将进行新的设置安排,但其内容不转到下一页,而是从当前空白处开始。单栏文档类似于分段符栏文档,可保证分节符前后两部分的内容按多栏方式正确排版。

偶数页/奇数页分节符:光标当前位置以后的内容将会到下一个偶数页/奇数页上,Word 会自动在偶数页/奇数页之间空出一页。

在普通视图下,分节符可以像文字一样被删除掉。建立新节后,对新节所做的格式操作,都将被记录在分节符中。一旦删除了分节符,那么后面的节将服从前面节的格式设置,因此,删除分节符的操作一定要慎重。

6.7.2.5 分栏

有时候用户需要将文档的某一行比较长的文字分成两栏或三栏,使页面文字便于阅读,更加美观、生动,这时就需要使用 Word 提供的分栏的功能来完成。

(1)对文档进行分栏的最简单的方法是:单击"页面布局"选项卡"页面设置"组中的"分栏",在弹出的下拉列表中选择内置的分栏。

(2)若要自定义分栏,操作方法如下:

选定将要进行分栏排版的文本,单击"页面布局"选项卡的"分栏",在弹出的下拉列表中选择"更多分栏"弹出"分栏"对话框,如图 6.88 所示。

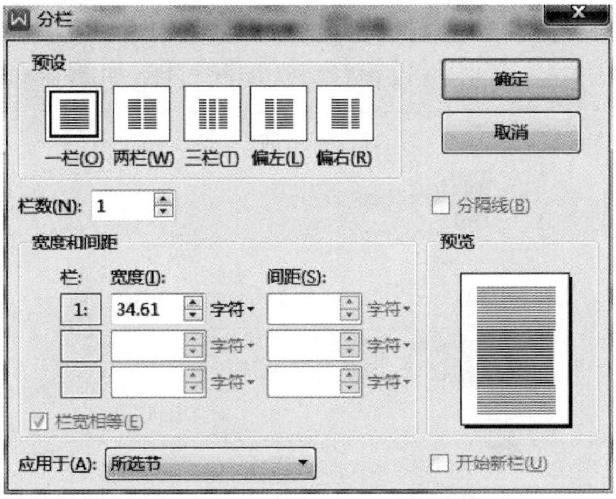

图 6.88 "分栏"对话框

在"预设"区域中选择分栏格式及栏数,如果栏数不满足要求,可在"栏数"选值框中选择。若希望各栏的宽度不相同,取消"栏宽相等"选项的选定,然后分别在"栏宽"和"间距"选值框内进行操作。

选定"分隔线"选项,可以在各栏之间加入分隔线。

在"应用于"选择插入点后,选定"开始新栏"复选框,则在当前光标位置插入"分栏符",并使用上述分栏格式建立新栏。

单击"确定"按钮,Word 会按设置进行分栏。

只有在"页面"视图中才能看到分栏的情形。若想快速地调整栏间距,可通过"水平标尺"来完成。

6.7.3 打印与预览

使用打印前预览是在打印前对将要打印的文档页面的设置效果进行检查,如果其中有不满意的地方,可以返回到编辑状态进行修改,这样不但可以节约纸张,还可以节约时间。

一般来说,一篇文档输入完毕以后,都会对整篇文档进行预览,观察其效果。

6.7.3.1 预览文档

WPS 校园版默认打印预览在快速访问工具栏，，单击图标，就会显示当前文档的"打印预览"效果，如图 6.89 所示，可以显示打印后文档的外观。

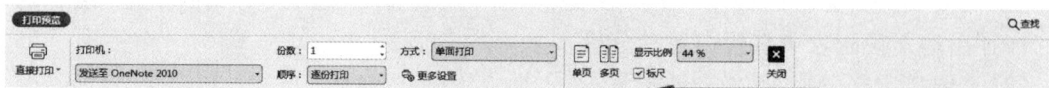

图 6.89 打印预览

6.7.3.2 打印

单击"文件"选项卡中的"打印"可设置打印选项和打印，如图 6.90 所示。

图 6.90 打印对话框

在"打印机"项可选择打印文档的打印机。

在"设置"中单击"打印所有页"下拉按钮选择需要打印的"打印内容"，若只需打印文档的属性信息，可单击下拉列表中的"文档属性"。

在"页数"设置打印的页数。例如，要打印文档的第 1、2、3、4、5、7、9 页，可输入"1-5、7、9"。

默认情况下为"单面打印"，如果需要在纸张的正反两面都打印文档，则选中"手动双面打印"。

在"份数"框中输入需要打印的份数。

还可以设置打印方向、页边距、每页打印的版数等。

项目7
精通WPS-Excel表格处理

子项目1　学生管理的系列表格

项目情景

学校教务部门为了方便管理,需要统计学生信息,包括学号、姓名、性别、班级、身份证号、所在专业、所在学院等。每一学期,都要对学生进行奖学金评定和补考通知,这些需要根据学生成绩表来进行评定。

项目要求

1. 熟悉 WPS-Excel 工作界面几个组成部分的作用;
2. 掌握 WPS-Excel 工作簿的新建和保存等基本操作;
3. 掌握单元格、行、列、工作表的基本操作和格式设置;
4. 掌握条件格式和表格样式的操作;
5. 掌握 SUM、COUNT、AVERAGE、IF、COUNTIF、RANK. EQ、RANK. AVG、DATE、MID 等函数的运用。

任务 7.1　学生信息表的处理

学习目的

本任务要利用 WPS-Excel 制作"学生信息表",涉及的知识点主要有工作簿的新建、保存、关闭等操作,工作表的新建,内容的复制,以及不同类型信息的输入和表格样式的设置操作。

7.1.1　相关知识

7.1.1.1　界面介绍

WPS-Excel 的工作界面包括标题栏、功能区、状态栏等,如图 7.1 所示,下面介绍 WPS-Excel 操作界面的特有部分。

(1)名称框:用于显示所选单元格名称,当选中一个单元格后,将在名称框中显示该单元格的行号和列标。

(2)行号:行号是一组代表编号的数字,主要作用在于方便用户快速查看与编辑行中的内容,其范围为 1~65536。

(3)列标:列标代表一组代表编号的字母,便于用户快速查看与编辑列中的内容,其范围为 A~XFD。

(4)编辑栏:显示当前活动单元格或正在编辑单元格中的内容,并可用于输入或修改当前活动单元格中的内容。

(5)表格编辑区:位于界面中心的表格区域,用户的输入与编辑操作都是在表格编辑区中完成的,同时需要通过表格编辑区来查看数据。

(6)工作表标签:主要显示当前工作簿中工作表的名称和对工作表进行的各种编辑,单击工作表标签可在不同的工作表之间切换,工作簿默认显示"Sheet1"这 1 个工作表。

(7)单元格:单元格是最基本的数据存储单元,通过对应的行号和列标可进行命名和引用,且列标在前、行号在后,如 A 列第 3 行的单元格名称为"A4"。在单元格中可以输入文字、数字、公式、日期或进行计算,并显示实际结果。当单元格四周出现粗黑框时,表示该单元格为活动单元格。

(8)工作表:工作表是由行和列交叉排列组成的表格,主要用于处理和存储数据。新建工作簿时,系统自动为工作簿的工作表命名为 Sheet1,工作区中的工作表标签自动显示对应的工作表名,用户可根据需要对工作表重新命名。

(9)工作簿:工作簿用于保存表格中的内容,其文件类型为".xlsx",通常听说的 Excel 文件就是指工作簿。一个工作簿可包含若干个工作表,因此可以将多个相关工作表放在一起组成一个工作簿,这样在操作时便不需要打开多个文件,直接在同一工作簿中进行切换就可以。

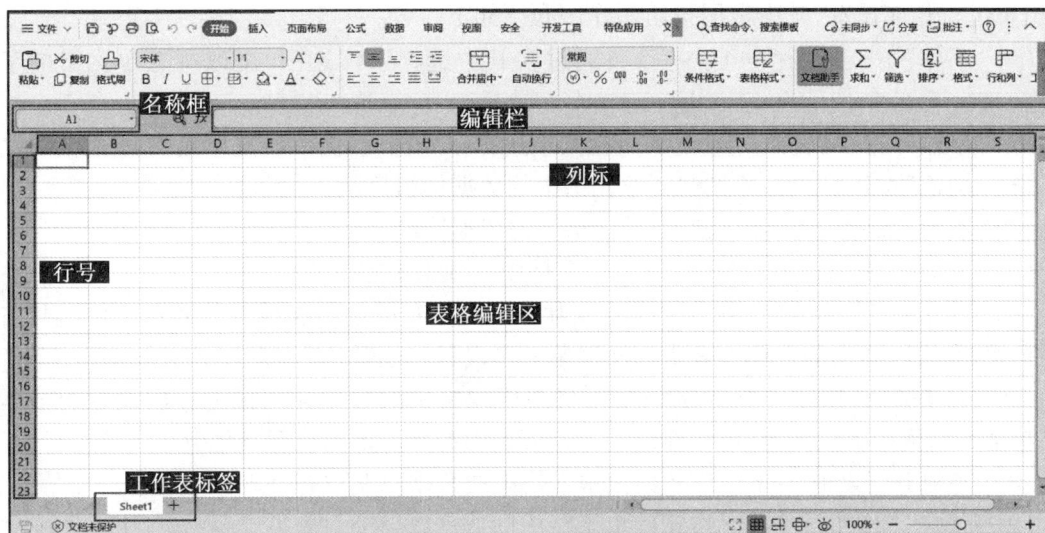

图 7.1   WPS-Excel 工作界面

7.1.1.2   选择区域

无论是对表格中的数据进行编辑还是进行格式设置,都需要选择相应的单元格或单元格区域。在 WPS-Excel 中选择单元格或者单元格区域的方法主要有以下几种。

(1)选择单个单元格:单击某个单元格,即可选中该单元格,选中的单元格边框会以黑色粗线边框显示。

(2)选择单元格区域:将指针移动到任意单元格中,按住鼠标左键不放沿对角方向拖曳鼠标指针,拖曳范围内的单元格将全部被选中。

(3)选择整行:将鼠标指针移动到左侧的行号上,当指针变为 ➡ 形状时单击,即可将该行单元格全部选中。

(4)选择连续多行:将鼠标指针移动到行号上,当指针变为 ➡ 形状时,按住鼠标左键不放向上或向下拖曳鼠标指针,即可选中连续的多行单元格。

(5)选择整列:将鼠标指针移动到列标上,当指针变为 ⬇ 形状时单击,即可选中该列单元格。

(6)选择连续多列:将鼠标指针移动到列标上,当指针变为 ⬇ 形状时,按住鼠标左键不放向左或向右连续拖曳鼠标指针,即可选中连续的多列单元格。

(7)选择整张工作表:单击工作簿窗口左上角行号和列标相交的按钮 ◢,可选中整张工作表的单元格。

7.1.1.3   设置数据

WPS-Excel 的格式设置包括数据格式和字体格式的设置。数据格式包括"货币""数值""会计专用""日期""百分比""分数""科学计数""文本""特殊""自定义"等类型;字体格式即对字体、字形、颜色、对齐方式等进行设置。其操作方法为:选择需要进行设置的单元格或单元格区域,在【开始】→【字体】组、【开始】→【对齐方式】组、【开始】→【数字】组、【开始】→【单元格】组中进行相应设置,其中常用按钮的作用介绍如下。

(1)"字体"下拉列表框 宋体(正文) :通过在其中选择字体选项,更改所选单元格的字体样式。

(2)"字号"下拉列表框 五号 :通过在其中选择字号选项,更改所选单元格的字号大小。

(3)"加粗"按钮B:单击该按钮使单元格中的数据加粗显示。

(4)"倾斜"按钮I:单击该按钮使单元格中的数据倾斜显示。

(5)"下划线"按钮∪:单击该按钮为单元格中的数据添加下划线。

(6)"填充颜色"按钮△:单击该按钮将为单元格填充最近一次设置的颜色。单击其右侧的下拉按钮,可在弹出的下拉列表中为所选单元格设置其他颜色。

(7)"字体颜色"按钮A:单击该按钮将为单元格中的数据应用最近一次设置的字体颜色。单击其右侧的下拉按钮,可在弹出的下拉列表中为所选数据设置其他颜色。

(8)"左对齐"按钮≡:单击该按钮使单元格中的数据以左对齐方式显示。

(9)"居中"按钮≡:单击该按钮使单元格中的数据以居中对齐方式显示。

(10)"右对齐"按钮≡:单击该按钮使单元格中的数据以右对齐方式显示。

(11)"数字格式"下拉列表框 常规 :通过其中选择数字格式,更改所选单元格的数字格式。

(12)"货币格式"按钮⊛:单击该按钮可为选定的单元格数值添加中文货币符号,单击其右侧的下拉按钮,可在弹出的下拉列表中将所选单元格设置为会计专用格式。

(13)"百分比样式"按钮%:单击该按钮可将选中的单元格中的数值设置为百分比。

(14)"千位分隔样式"按钮:单击该按钮可为选择的单元格的数值添加千分位分隔符。

(15)"增加小数位数"按钮:单击该按钮将通过增加显示位数,以较高精度显示数据。

(16)"减少小数位数"按钮:单击该按钮将通过减少显示位数,以较低精度显示数据。

7.1.1.4 数据格式设置

功能描述:单元格可以设置的格式属性有 12 种类别,分别为常规、数值、货币、会计专用、日期、时间、百分比、分数、科学记数、文本、特殊和自定义,如图 7.2 所示。

操作步骤:选中数据单元格→右击鼠标→选中设置单元格格式。

7.1.1.5 设置单元格格式

为了使工作表更加专业和美观,还可以对单元格进行设置,涉及的操作包括为单元格添加边框和底纹、设置文本对齐方式等。其操作方法为:选择需设置的单元格或单元格区域,在【开始】→【字体】组中单击右下角的"对话框启动器"按钮 ,打开"设置单元格格式"对话框,在其中可对单元格边框、底纹、背景色等参数进行设置,完成后单击按钮即可。

7.1.2 任务实施

7.1.2.1 新建工作簿

在 WPS 中新建 Excel 工作簿,可以根据实际情况新建空白的或带有模板样式的工作簿,

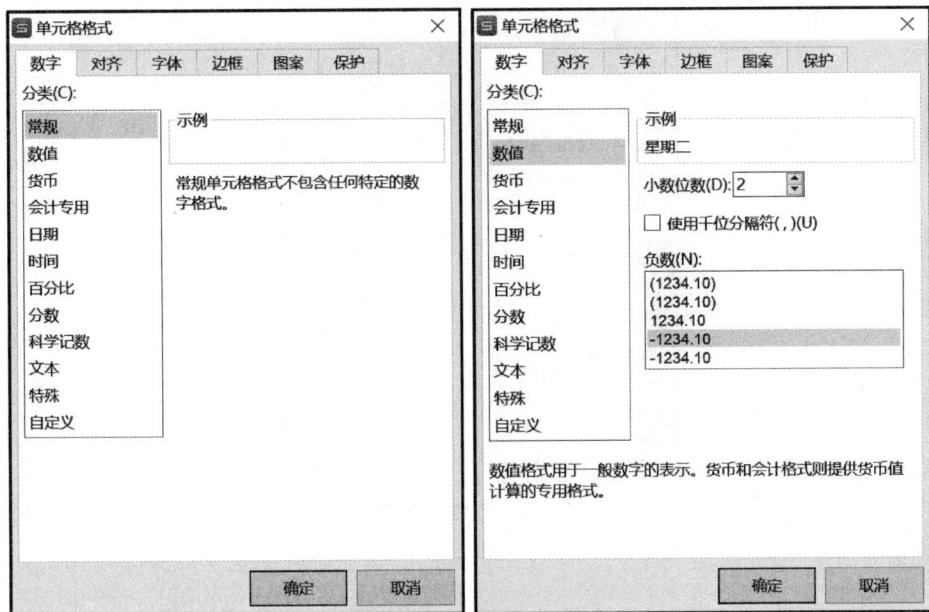

图 7.2　单元格格式设置

其具体操作如下：

Step 1：打开 WPS，选择【文件】→【新建】菜单命令，在打开的面板中选择【表格】，单击"新建空白表格"，如图 7.3 所示。

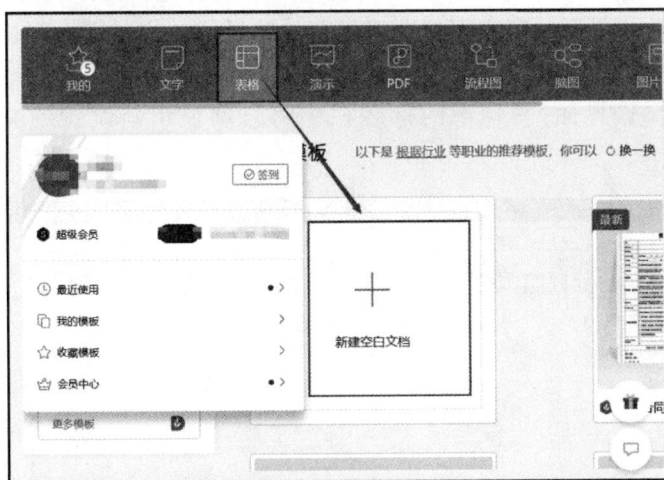

图 7.3　新建 Excel 工作簿

Step 2：如上操作后，新建空白工作簿完成，如图 7.4 所示。

知识链接

新建工作簿除了新建空白工作簿外，还可以新建基于模板的工作簿。可以先在"品类专区"选择模板类型，再在模板列表中选择一种模板，单击模板右下方的"使用该模板"按钮即

图 7.4　空白工作簿

可。(一般需要成为会员才能使用)

7.1.2.2　保存工作簿

在新建工作簿后需及时将其保存,以便下次使用,可以避免意外情况而造成数据丢失。具体操作如下。

Step 1:选择【文件】→【保存】菜单命令或按 Ctrl+S 组合键,打开"另存为"对话框。

Step 2:在"保存位置"下拉列表框中选择保存的路径,在"文件名"下拉列表框中输入要保存的文件名称"学生信息表",单击"保存"按钮,如图 7.5 所示。

Step 3:返回工作表界面,其顶部的标题栏中将自动显示新设置的文件名称,如图 7.6 所示。

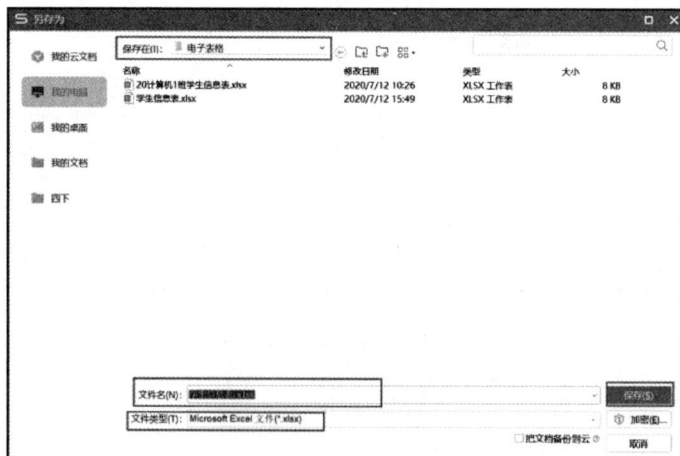

图 7.5　另存为对话框

图 7.6　标题栏文件名

7.1.2.3　输入数据

输入相关数据,操作如下。

Step 1:选择 A1 单元格,在其中输入"学生信息表"文本,如图 7.7 所示。

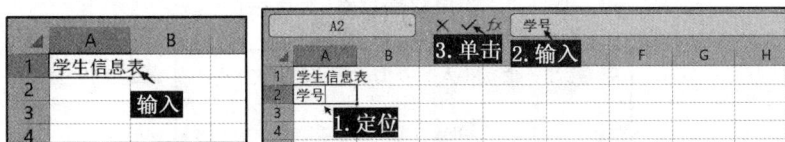

图 7.7　输入内容

Step 2:按【Enter】键确认输入后将自动选择 A2 单元格,在编辑栏输入"学号"文本,单击"输入"按钮✓,确认输入,如图 7.7 所示。

Step 3:按照相同的方法,输入工作表中的其他数据,并将 B3:F32 单元格区域内的文本设置为左对齐,效果如图 7.8 所示(数据不是真实内容)。

↗ 知识链接

长数据录入

功能描述:经常我们在表格中会录入身份证号码、银行账号等长数据。

WPS Office 针对长数据的录入进行了本土化的改进,无须做任何设置即可直接输入如身份证号码、银行账号等内容。

7.1.2.4　合并单元格

第 1 行为表格标题,居中显示标题需要合并单元格,具体操作如下。

Step 1:选中 A1:G1 单元格区域。

Step 2:单击【开始】/【单元格格式】组中的"合并居中"按钮 合并居中,效果如图 7.9 所示。

	A	B	C	D	E	F	G
1	学生信息表						
2	学号	姓名	性别	班级	身份证号	专业	学院
3		林清	男	19软件1班	330183199904240735		信息学院
4		陈名	女	19计算机2班	330124199811231551		
5		沈沉	男	19软件2班	330124199910283479		
6		刘锐	男	19计算机1班	330304199912053023		
7		赵力	女	19计算机1班	330184199907142864		
8		钱文	女	19电子1班	420184199910254138		
9		李小	女	19电子2班	33018220000102499X		
10		王强	男	19计算机2班	530382199907143715		
11		林霞	女	19电子1班	330182200005112537		
12		黄丁	男	19软件1班	330127200009146153		
13		吕超杰	男	19计算机2班	320127199910172325		
14		朱铁军	男	19软件2班	33032420010416658X		
15		金华发	男	19电子1班	420324200008232853		
16		徐珊珊	女	19计算机1班	330127200011200971		
17		白沙	女	19软件1班	330225199911304815		
18		陈伟国	男	19软件2班	310282000003116679		
19		朱华丰	男	19电子2班	330382199906180952		
20		汪鹏	男	19软件1班	330282199912105015		
21		戴云翔	男	19电子1班	330381199911090957		
22		郑州	男	19电子2班	33900520000126482 7		
23		周永清	男	19计算机1班	330283200011302412		
24		金美霞	女	19电子1班	330382199902064519		
25		许彬	男	19计算机2班	420382199904080499		
26		盛君	男	19计算机2班	330326199907231437		
27		叶鹏飞	男	19电子2班	330621199911083395		
28		包铁锋	男	19软件2班	330681199909148419		
29		徐鸿洁	男	19软件1班	330621199909112655		
30		黄斌	男	19电子2班	330681199911294473		
31		赵佳宇	男	19计算机1班	430483199906186460		
32		盛敬	女	19软件2班	330327199912162795		

图7.8　表格数据效果（非真实）

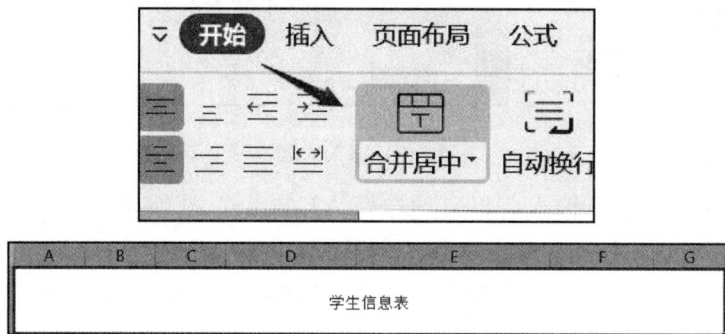

图7.9　单元格合并

7.1.2.5　快速填充数据

在遇到需要输入重复数据时,若单个输入不但费时且容易出现错误,使用快速填充数据可以节省表格编辑时间。下面在表格中进行快速填充数据,具体操作如下。

Step 1:选择单元格区域 G3:G32。

Step 2:单击【数据】组中的"智能填充"按钮 或者按 Ctrl+E 组合键。这一步也可以用【文档助手】→【数据录入】→【空白单元格填充...】,选择"与上方的值一样",如图 7.10 所示。还可以用鼠标拖曳的方法来自动填充,具体见知识链接。

Step 3:在 F3 单元格输入"软件",选择单元格区域 F3:F32,"智能填充"按钮 或者按Ctrl+E 组合键,结果如图 7.11 所示。

Step 4:编学号,先按班级进行排序,选中 D2 单元格,选择【开始】组中的"排序"按钮 ,单击排序按钮下方的下拉按钮▼,选择"升序",如图 7.12 所示。

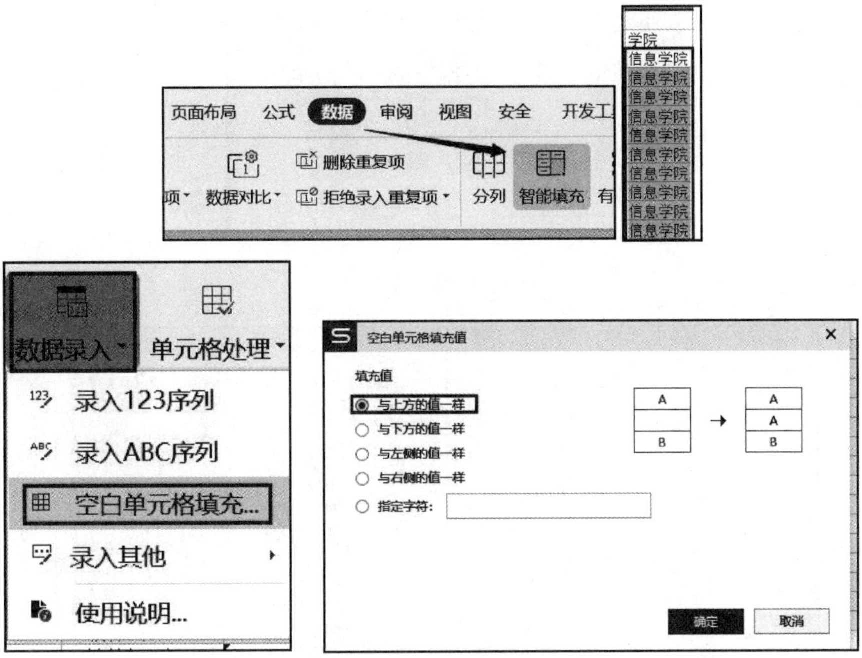

图 7.10　自动填充

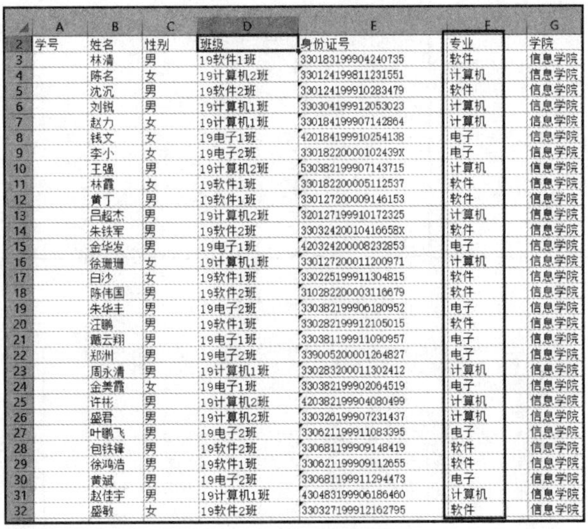

图 7.11　智能填充

Step 5：排序后结果如图 7.13 所示，可以开始编学号。

Step 6：选中 A3 单元格，输入"200901101"后回车。

Step 7：再次选中 A3 单元格，将鼠标放在 A3 单元格右下角，鼠标变成黑色粗"十"字

"⬦"时，向下拖曳鼠标到 A6 单元格，这样 19 电子 1 班的学号就编制好了，如图 7.14 所示。

Step 8：用同样的方法编制其他班级的学号，结果如图 7.15 所示。

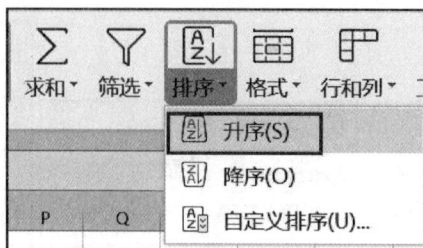

图 7.12　排序

图 7.13　排序结果

图 7.14　填充学号

知识链接

1. 智能填充

功能描述：根据已有的示例结果，智能分析出结果与原始数据之间的关系，据此填充同列的其他单元格。

操作步骤：选中需要填充的单元格区域，单击【数据】组中的"智能填充"按钮 或者按

	A	B	C	D	E	F	G
2	学号	姓名	性别	班级	身份证号	专业	学院
3	200901101	钱文	女	19电子1班	420184199910254138	电子	信息学院
4	200901102	金华发	男	19电子1班	420324200008232853	电子	信息学院
5	200901103	戴云翔	男	19电子1班	330381199911090957	电子	信息学院
6	200901104	金美霞	女	19电子1班	330382199902064519	电子	信息学院
7	200901201	李小	女	19电子2班	33018220000102439X	电子	信息学院
8	200901202	朱华丰	男	19电子2班	330382199906180952	电子	信息学院
9	200901203	郑洲	男	19电子2班	339005200001264827	电子	信息学院
10	200901204	叶鹏飞	男	19电子2班	330621199911083395	电子	信息学院
11	200901205	黄斌	男	19电子2班	330681199911294473	电子	信息学院
12	200902101	刘锐	男	19计算机1班	330304199912053023	计算机	信息学院
13	200902102	赵力	女	19计算机1班	330184199907142864	计算机	信息学院
14	200902103	徐珊珊	女	19计算机1班	330127200011200971	计算机	信息学院
15	200902104	周永清	男	19计算机1班	330283200011302412	计算机	信息学院
16	200902105	赵佳宇	男	19计算机1班	430483199906186460	计算机	信息学院
17	200902201	陈名	女	19计算机2班	330124199811231551	计算机	信息学院
18	200902202	王强	男	19计算机2班	530382199907143715	计算机	信息学院
19	200902203	吕超杰	男	19计算机2班	320127199910172325	计算机	信息学院
20	200902204	许彬	男	19计算机2班	420382199904080499	计算机	信息学院
21	200902205	盛君	男	19计算机2班	330326199907231437	计算机	信息学院
22	200903101	林清	男	19软件1班	330183199904240735	软件	信息学院
23	200903102	林霞	女	19软件1班	330182200005112537	软件	信息学院
24	200903103	黄丁	男	19软件1班	330127200009146153	软件	信息学院
25	200903104	白沙	女	19软件1班	330225199911304815	软件	信息学院
26	200903105	汪鹏	男	19软件1班	330282199912105015	软件	信息学院
27	200903106	徐鸿洁	男	19软件1班	330621199909112655	软件	信息学院
28	200903201	沈沉	男	19软件2班	330124199910283479	软件	信息学院
29	200903202	朱铁军	男	19软件2班	33032420010416658X	软件	信息学院
30	200903203	陈伟国	男	19软件2班	310282200003116679	软件	信息学院
31	200903204	包铁锋	男	19软件2班	330681199909148419	软件	信息学院
32	200903205	盛敏	女	19软件2班	330327199912162795	软件	信息学院

图 7.15　学号填充结果

Ctrl+E 组合键。

2. 数据填充

功能描述:使用自动填充功能可以完成智能录入,快速输入一部分数据,有效提高输入效率。

操作步骤:选中数据单元格→将鼠标移动到数据单元格右下角→鼠标指针变成十字星→按下鼠标左键,并向下拖拽鼠标,如图 7.16 所示。按着 Ctrl 键下拉填充效果将改为复制填充数据。

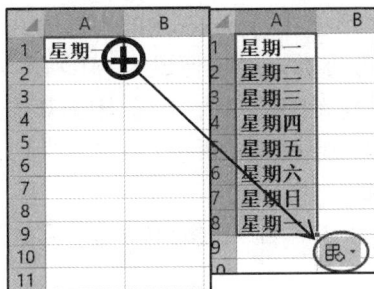

图 7.16　数据填充

7.1.2.6 计算出生日期

出生日期可以从身份证号中获取,需要用到日期函数 DATE(year,month,day) 和文本函数 MID(text,start_num,num_chars),DATE() 函数返回代表特定日期的序列号,MID() 函数从文本字符串中指定的位置开始,返回指定长度的字符串。具体操作如下。

Step 1:在列标 F 上右击,插入 1 列,如图 7.17 所示。

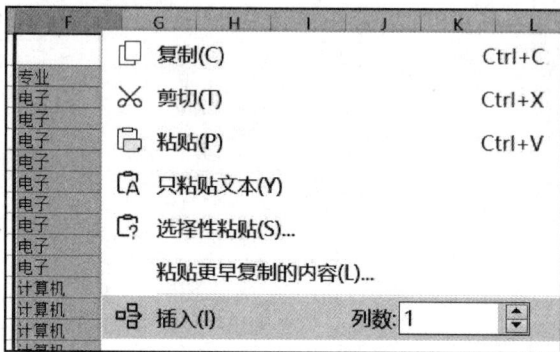

图 7.17 插入列

Step 2 单击单元格 F2,输入出生日期,单击单元格 F3,将其单元格数字格式设置为"常规",如图 7.18 所示,单击"插入函数"按钮 fx,打开插入函数对话框。

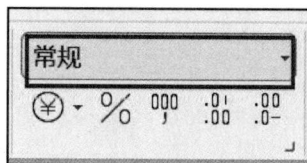

图 7.18 单元格数字格式

Step 3:在对话框中的查找函数栏输入"date",选择 DATE 函数,单击"确定"按钮,如图 7.19 所示。

Step 4:在弹出的函数参数对话框中,year 右侧的参数框中输入"MID()",再在编辑栏中将光标定位在"MID"上,这样函数参数对话框便成为 MID 函数的参数设置,如图 7.20 所示。

Step 5:在 MID 函数参数中,设置字符串为"E3",因为年份从第 7 位开始,一共 4 位,所有开始位置为 7,字符个数设置为 4,如图 7.21 所示。设置完后,在编辑栏中将光标重新定位到"DATE"上,将函数切换回 DATE。

Step 6:用同样的方法设置"月"和"日"的参数,单击"确定"按钮,第 1 位学生的出生日期设置完成,如图 7.22 所示。

图 7.19　插入 DATA 函数

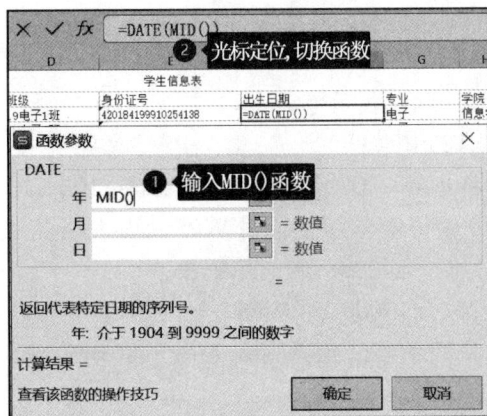

图 7.20　DATA 函数参数设置

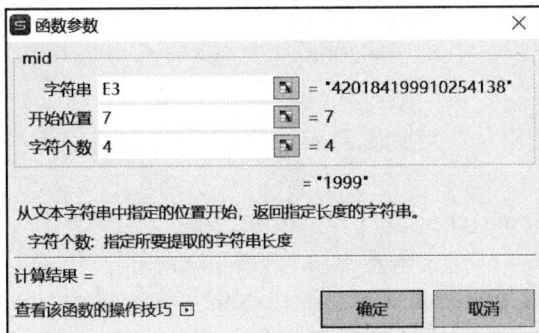

图 7.21　MID 函数参数

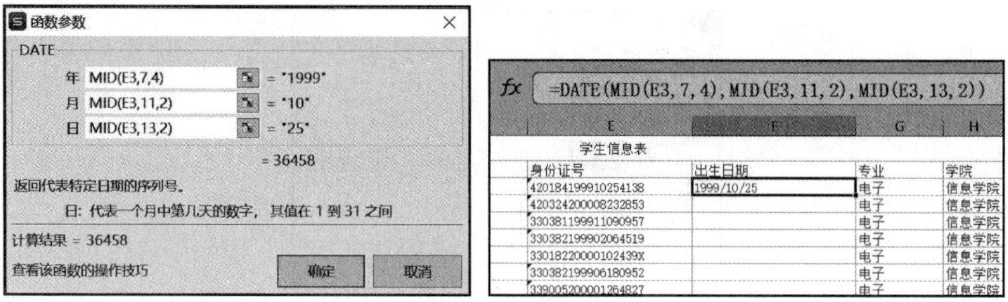

图 7.22　DATA 函数参数

知识链接

1. DATE 函数

返回代表特定日期的序列号。如果在输入函数前,单元格格式为"常规",则结果将设为日期格式。

语法:

DATE(year,month,day)

● Year 参数 year 可以为一到四位数字。

如果 year 位于 0(零)到 1899(包含)之间,则 WPS 表格会将该值加上 1900,再计算年份。

例如:DATE(108,1,2)将返回 2008 年 1 月 2 日(1900+108)。

如果 year 位于 1900 到 9999(包含)之间,则 WPS 表格将使用该数值作为年份。

例如:DATE(2008,1,2)将返回 2008 年 1 月 2 日。

如果 year 小于 0 或大于等于 10000,则 WPS 表格将返回错误值#NUM!。

● Month 代表每年中月份的数字。如果所输入的月份大于 12,将从指定年份的 1 月份开始往上加算。

例如:DATE(2008,14,2)返回代表 2009 年 2 月 2 日的序列号。

● Day 代表在该月份中第几天的数字。如果 day 大于该月份的最大天数,则将从指定月份的第一天开始往上累加。

例如,DATE(2008,1,35)返回代表 2008 年 2 月 4 日的序列号。

2. MID 函数

MID 返回文本字符串中从指定位置开始的特定数目的字符,该数目由用户指定。

语法:

MID(text,start_num,num_chars)

Text 是包含要提取字符的文本字符串。

Start_num 是文本中要提取的第一个字符的位置。文本中第一个字符的 start_num 为 1,以此类推。

Num_chars 指定希望 MID 从文本中返回字符的个数。

说明:

● 如果 start_num 大于文本长度,则 MID 返回空文本("")。

● 如果 start_num 小于文本长度,但 start_num 加上 num_chars 超过了文本的长度,则 MID

只返回至多直到文本末尾的字符。

- 如果 start_num 小于 1，则 MID 返回错误值#VALUE!。
- 如果 num_chars 是负数，则 MID 返回错误值#VALUE!。

Step 7：单击单元格 F3，将鼠标放在 F3 单元格右下角，鼠标变成黑色粗十字" 🖑 "时，双击鼠标，公式自动向下填充，出生日期计算完成。

7.1.2.7　设置单元格、行、列的格式

为了让表格更加地美观，表格中单元格格式设置、行高、列宽都需要调整。具体操作如下。

Step 1：设置出生日期格式，选中 F3：F32 单元格区域，右击在展开的快捷菜单中选择"设置单元格格式"（或者单击【开始】→【单元格格式】组中单击右下角的"对话框启动器"按钮 ↵），在单元格格式窗口中选择"数字"选项卡，在分类中选择"日期"，在类型中选择长日期格式"2001 年 3 月 7 日"。选好后确定，效果如图 7.23 所示。

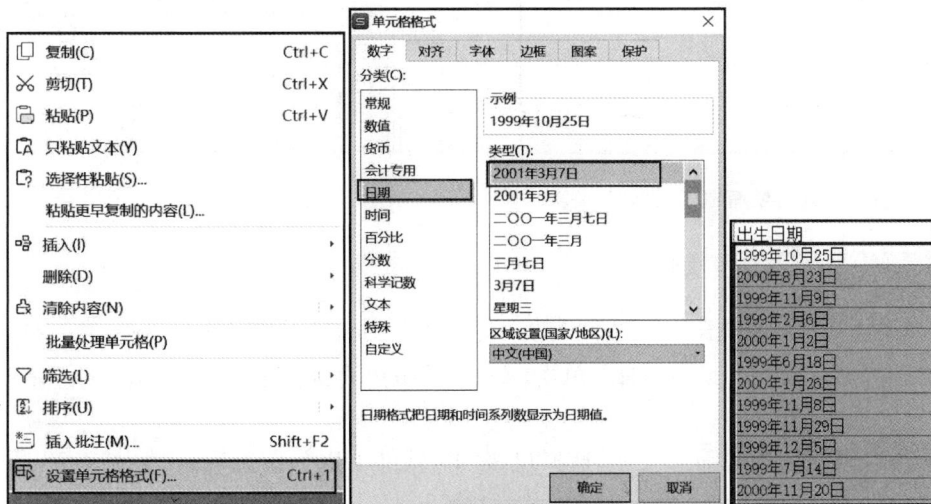

图 7.23　单元格格式设置（日期格式）

Step 2：单击单元格 A1，在【开始】→【字体】组中设置字号为 22，如图 7.24 所示。

图 7.24　字号设置

Step 3：单击【开始】组右侧的"行和列"按钮，在展开的菜单中选择"行高"，将行高设置为 40，如图 7.25 所示。

Step 4：选择单元格区域 A2：H32，将字号设置为 15，单击【开始】组右侧的"行和列"按钮，在展开的菜单中选择"最适合的列宽"。在【开始】→【字体】组中单击"所有框线"按钮，如图 7.26 所示。

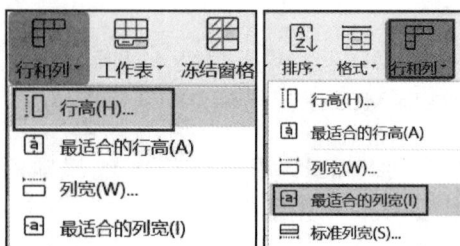

图 7.25　行高、列宽

Step 5：选择单元格区域 A2:H2，将字体设置为"加粗" B，效果如图 7.27 所示。

图 7.26　所有框线设置

图 7.27　标题行加粗效果

7.1.2.8　筛选和工作表操作

下面要将各个班级的信息分到不同的工作表中。具体操作如下：

Step 1：选择单元格区域 A2:H2，单击【数据】组的"自动筛选"按钮，该行显示自动筛选按钮。

Step 2：在班级列单击筛选按钮，选择班级"19 软件 1 班"，单击确定，如图 7.28 所示。

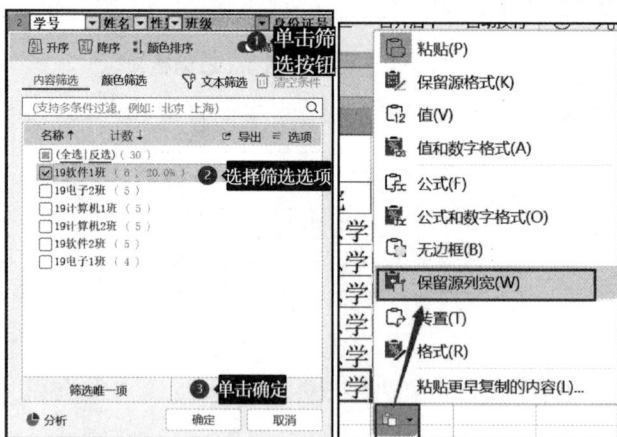

图 7.28　筛选

Step 3：选择所有筛选结果行，包括第 1 行和第 2 行的内容，按 Ctrl+C 组合键复制。

Step 4：单击"Sheet1"工作表标签右侧的"+"号新建工作表，单击新工作表的 A1 单元格，按 Ctrl+V 粘贴，单击展开组合键粘贴区域右下角的粘贴选项，选择"保留源列宽"。

Step 5：选择单元格区域 A2:H8，打开【开始】组的"表格样式"，选择"表样式中等深浅 9"，弹出的窗口中设置默认（标题行 1 行），效果如图 7.29 所示。

图 7.29　表格样式

Step 6：右击工作表标签，弹出的快捷菜单中选择"重命名"（或双击工作表标签），将工作表名称改为"19 软件 1 班"。

Step 7：使用同样的方法，将其他班级的信息分别复制到不同的工作表中。

Step 8：将 Sheet1 重命名为"信息学院学生信息"，单击"自动筛选"按钮，取消筛选。

Step 9：工作表标签的排序没有按照专业排，可以直接用鼠标拖拽要移动的工作表标签，或者在工作表标签上右击，在快捷菜单中选择"移动或复制工作表"，如图 7.30 所示。选择正确的位置后确定。注意移动的位置在选定工作表之前。

"学生信息表"工作簿制作完成。

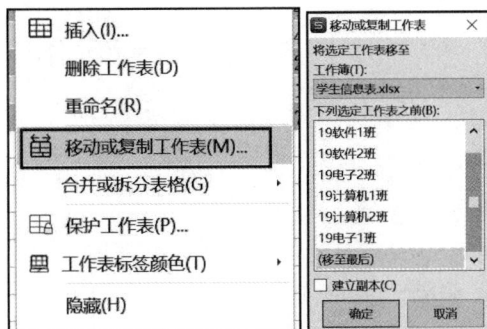

图 7.30　移动或复制工作表

任务7.2 学生成绩表的创建与处理

学习目的

本任务要利用 WPS-Excel 计算"学生成绩表",统计最高分、最低分、平均分、合格率和优秀率,根据给定条件评选奖学金,不及格成绩标红等,涉及的知识点主要有条件格式,函数 AVERAGE、SUM、COUNT、IF、COUNTIF(图 7.31)、RAND. EQ 等。

图 7.31 COUNTIF 函数

7.2.1 相关知识

7.2.1.1 函数

功能描述:为了使操作更简便,WPS 表格将一些公式定义为函数,用户只需按照一定的语法使用这些函数。

操作步骤:调用函数的语法都一样,其基本形式为:= 函数名(参数 1,参数 2,参数 3,…)。

7.2.1.2 常用函数

(1)SUM 函数:求和

语法参数说明:(数值 1,数值 2,数值 3,…)。

(2)AVERAGE 函数:求平均值

语法参数说明:(数值 1,数值 2,数值 3,…)。

(3)COUNT 函数:计数

语法参数说明:(值 1,值 2,值 3,…)。

(4)MAX 函数:求最大值

语法参数说明:(数值 1,数值 2,数值 3,…)。

(5)MIN 函数:求最小值

语法参数说明：(数值1,数值2,数值3,…)。

(6)SUMIF 函数：条件求和

语法参数说明：(区域,条件,求和区域)。

(7)COUNTIF 函数：条件计数

语法参数说明：(区域,条件)。

(8)SUMIFS 函数：多条件求和

语法参数说明：(求和区域,区域1,条件1,区域2,条件2,区域3,条件3,…)。

(9)COUNTIFS 函数：多条件计数

语法参数说明：(区域1,条件1,区域2,条件2,区域3,条件3,…)。

7.2.1.3　逻辑函数

(1)AND 函数：所有条件成立返回 TRUE,否则返回 FALSE

语法参数说明：(条件1,条件2,…)。

(2)OR 函数：所有条件都不成立就返回 FALSE,有一个成立也返回 TRUE

语法参数说明：(条件1,条件2,…)。

(3)IF 函数：判断一个条件是否满足,如果满足返回一个值,否则返回另一个值

语法参数说明：(条件,条件是满足返回值,条件不满足返回值)。

7.2.1.4　日期函数

(1)DATE 函数：组合日期

语法参数说明：(年,月,日)。

(2)TODAY 函数：返回当前日期

语法参数说明：()没有参数。

(3)DATEDIF 函数：计算两个日期相距的年月日

语法参数说明：(开始日期,结束日期,计算单位)。

7.2.1.5　文本函数

(1)LEN 函数：返回字符个数

语法参数说明：(字符串)。

(2)LEFT 函数：从字符串左边开始取字符

语法参数说明：(字符串,取几个字符个数)。

(3)RIGHT 函数：从字符串右边开始取字符

语法参数说明：(字符串,取几个字符个数)。

(4)MID 函数：从字符串的指定位置取字符

语法参数说明：(字符串,从第几个字符开始,取字符个数)。

7.2.1.6　查找函数

(1)VLOOKUP 函数：数据匹配

语法参数说明：(查找值,数据表,列序数,0)。

（2）MATCH 函数：返回指定内容在指定区域的名次
语法参数说明：（查找值，数据表，0）。

7.2.2　任务实施

7.2.2.1　C 程序设计成绩分析

学生成绩表数据如图 7.32 和图 7.33 所示，根据平时 20%、实践 40%、期末 40% 的比例计算总评成绩，对三个不同的专业的 C 程序设计成绩进行分析，比较最高分、最低分、平均分、合格率和优秀率。

	A	B	C	D	E	F	G
1	学号	姓名	专业	平时成绩	实践成绩	期末成绩	总评成绩
2	201223033	金华发	计算机	60	45	61	
3	201223045	盛君	计算机	60	54	62	
4	201224041	罗袁明	计算机	60	68	41	
5	201211013	叶良军	电子信息	60	71	66	
6	201212006	张李勇	电子信息	60	53	54	
7	201213019	徐仲坤	电子信息	60	87	75	
8	201231041	胡南昌	软件	60	55	44	
9	201224037	蔡锦程	计算机	62	52	60	
10	201223041	郑洲	计算机	65	62	71	
11	201224038	刘腾飞	计算机	65	60	67	
12	201224046	陈明刚	计算机	65	60	46	
13	201224050	夏世斌	计算机	65	65	41	
14	201212016	孙朝平	电子信息	65	56	47	
15	201212020	冯旭敏	电子信息	65	45	63	
16	201213021	林森木	电子信息	65	37	63	
17	201231026	林超越	软件	65	45	63	

C程序设计成绩表　　成绩总表　　＋

图 7.32　C 程序设计成绩表

	A	B	C	D	E	F	G	H	I	J	K	L
1	学号	姓名	专业	思修	形势政治	大学语文	体育	高数	C程序设计	法律基础	英语	德育考评
2	201213021	林森木	电子信息	36	44	51	84	57		40	54	55
3	201224050	夏世斌	计算机	39	48	62	68	61		40	56	55
4	201212006	张李勇	电子信息	43	68	55	40	51		40	42	51
5	201212020	冯旭敏	电子信息	45	56	30	68	62		40	34	49
6	201221021	胡佳斌	计算机	47	69	74	82	66		75	55	75
7	201211010	蔡晓华	电子信息	48	66	79	65	76		65	60	69
8	201234009	褚伟杰	软件	48	82	75	89	63		75	53	80
9	201232049	陈思思	软件	48	42	71	62	57		40	40	54
10	201231041	胡南昌	软件	49	57	76	51	50		40	50	56
11	201234020	林亚斌	软件	49	61	83	82	72		85	70	78
12	201224037	蔡锦程	计算机	50	84	79	91	63		75	68	82
13	201223042	周永清	计算机	54	85	65	72	70		65	69	72
14	201213012	方刚	电子信息	54	85	83	75	74		75	65	80
15	201223033	金华发	计算机	55	72	79	84	85		75	52	78
16	201211001	竺君	电子信息	57	84	54	84	69		65	60	72
17	201211005	王朝阳	电子信息	60	72	83	82	48		75	70	78

C程序设计成绩表　　**成绩总表**　　＋

图 7.33　成绩总表

具体操作如下。

Step 1：计算总成绩，选择 G2 单元格，输入" ＝"，选择 D2 单元格，输入" ＊20%＋"，选择 E2 单元格，输入" ＊40%＋"，选择 F2 单元格，输入" ＊40%"，回车，第 1 位学生的总评计算完成。

Step 2：将鼠标放在 G2 单元格右下角，成粗十字形状" ✛"，双击鼠标向下复制公式，总评计算完成。单击"减少小数位数"按钮 ，将小数部分四舍五入。

Step 3：在第 1 行右侧分别输入"专业""考试人数""最高分""最低分""平均分""合格率""优秀率"。在专业下方依次输入 3 个专业名称"计算机""电子信息""软件"。如图 7.34 所示。

专业	考试人数	最高分	最低分	平均分	合格率	优秀率
计算机						
电子信息						
软件						

图 7.34　计算表格

Step 4：为方便计算，可以先给成绩表按专业排序，选中 A1：G171 单元格区域，单击【数据】组中的"排序"按钮，如图所示，打开排序窗口，单击"添加条件"按钮，选择主要关键字为"专业"，选择次要关键字为"学号"，如图 7.35 所示。

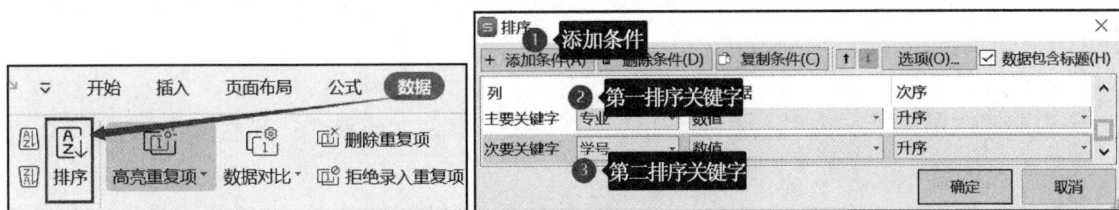

图 7.35　排序

Step 5：定位到 K2 单元格，单击插入函数按钮 *fx*，选择"COUNT"函数，函数参数选择 G60：G113，单击确定。

Step 6：选择 K3 单元格，插入函数，查找函数 COUNTIF，函数参数中，区域选择为专业列数据 C2：C171，条件选择为左侧的 J3 单元格，如图 7.36 所示，即从 C2：C171 中统计"＝电子信息"的单元格数量。将光标定位在 C2：C171 上，按 F4，将该区域引用改为行号不变的引用 C$2：C$171。单击确定。

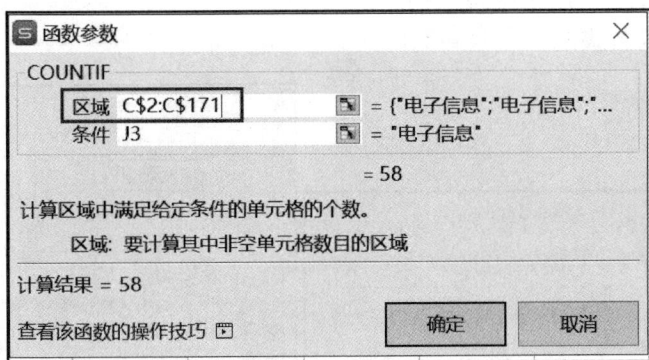

图 7.36　COUNTIF 函数参数

Step 7：将 K3 的公式向下复制到 K4。

↗ 知识链接

1. 相对引用和绝对引用：

如 A1:C6,为相对引用,$A$1:$C$6 为绝对引用,A$1:C$6 是混合引用。复制公式时相对引用的单元格会改变引用值,向下或向上复制会改变行号,向左或向右复制会改变列号。因此当我们希望复制公式时不改变引用范围的时候,可以将其设置为绝对引用。【F4】键是引用的切换键,如关闭定位在公式的 A1 引用上,按第 1 次【F4】变为绝对引用 $A$1,按第 2 次【F4】变为 A$1,按第 3 次【F4】变为 $A1,按第 4 次【F4】变回相对引用 A1。

2. COUNT 函数

返回包含数字以及包含参数列表中的数字的单元格的个数。

利用函数 COUNT 可以计算单元格区域或数字数组中数字字段的输入项个数。

语法：

COUNT(value1,value2,...)

value1,value2,... 为包含或引用各种类型数据的参数(1 到 30 个),但只有数字类型的数据才被计算。

说明：

● 函数 COUNT 在计数时,将把数字、日期或以文本代表的数字计算在内;但是错误值或其他无法转换成数字的文字将被忽略。

● 如果参数是一个数组或引用,那么只统计数组或引用中的数字;数组或引用中的空白单元格、逻辑值、文字或错误值都将被忽略。

● 如果要统计逻辑值、文字或错误值,请使用函数 CountA。

Step 8:选择单元格 L2,在【开始】组中,选择单击"求和"按钮的下拉按钮,选择"Max 最大值",计算区域选择 G60:G113,回车或单击输入按钮✓确认公式。

Step 9:选择单元格 L3,输入"=max",根据提示双击选择"MAXIFS"。单击插入函数按钮 fx,打开函数参数窗口,最大所在区域选择 G$2:G$171,区域 1 为 C$2:C$171,条件 1 为 J3,单击确定,如图 7.37 所示,即在"专业列 C$2:C$171"满足"J3 电子信息"的对应行上找出"总评成绩列 G$2:G$171"的最大值。

Step 10:将 L3 的公式向下复制到 L4。

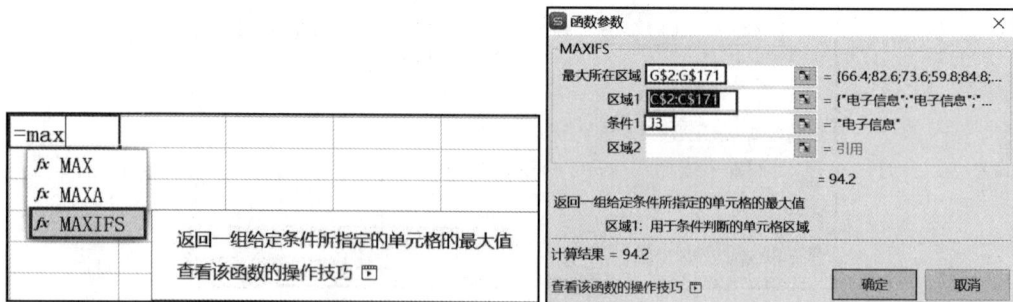

图 7.37　MAXIFS 函数

Step 11：用类似的方法计算最低分，M2 的公式：

=MINIFS（G＄2：G＄171，C＄2：C＄171，J2），并将公式向下复制。

Step 12：选择 N2 单元格，在【开始】组中，选择单击"求和"按钮的下拉按钮，选择"Avg 平均值"，计算区域选择 G60：G113，回车或单击输入按钮✓确认公式。

Step 13：选择单元格 N3，输入"＝av"，根据提示双击选择"AVERAGEIF"。单击插入函数按钮 *fx*，打开函数参数窗口，区域为 C＄2：C＄171，条件为 J3，求平均值区域选择 G＄2：G＄171，单击确定。即挑选出在"专业列 C＄2：C＄171"满足"J3 电子信息"的对应行，求出"总评成绩列 G＄2：G＄171"的平均值。将公式向下复制。使用"减少小数位数"按钮，保留 1 位小数。

Step 14：求合格率，在 O2 单元格中使用 COUNTIFS 函数求合格人数，函数参数中区域 1 选择 C＄2：C＄171，条件 1 设置为 J2，区域 2 选择 G＄2：G＄171，条件 2 设置为"＞＝60"，如图 7.38 所示，单击确定。即统计出既是"计算机"专业，总评成绩又大于等于 60 的人数。

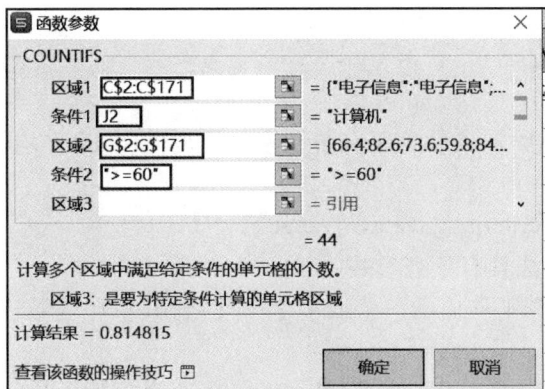

图 7.38　COUNTIFS 函数

Step 15：继续 O2 单元格的公式，在其编辑栏中输入"/"，选择 K2，回车确认公式，O2 单元格中的公式：＝COUNTIFS（C＄2：C＄171，J2，G＄2：G＄171，"＞＝60"）/K2。公式向下复制，单击"百分比样式"按钮 ％，将数字格式设置为百分比格式，单击"增加小数位数"按钮，保留 1 位小数。

Step 16：大于等于 85 为优秀，以与计算合格率类似的方法进行计算，P2 单元格的公式：＝COUNTIFS（C＄2：C＄171，J2，G2：G171，"＞＝85"）/K2，将公式向下复制，数字格式设置为百分比格式，保留 1 位小数。

Step 17 成绩分析完成，结果如图 7.39 所示。

	J	K	L	M	N	O	P
1	专业	考试人数	最高分	最低分	平均分	合格率	优秀率
2	计算机	54	95.8	48.4	74.2	81.5%	18.5%
3	电子信息	58	94.2	48.8	76.9	84.5%	29.3%
4	软件	58	93.8	46.2	73.8	84.5%	19.0%

图 7.39　成绩分析结果

知识链接

1. MAXIFS 函数：

函数返回一组给定条件所指定的单元格的最大值。

语法：

MAXIFS(max_range, criteria_range1, criteria1, [criteria_range2, criteria2], . . .)

max_range(必需)确定最大值的单元格的实际范围。

criteria_range1(必需)是一组要使用条件计算的单元格

criteria1(必需)为数字、表达式或文本定义哪些单元格将计算为最大值的窗体中的条件。

同一套标准适用于 MINIFS、SUMIFS 和 AVERAGEIFS 函数

criteria_range2, criteria2, . . .(可选)附加的范围和其关联的条件。可以输入最多 126 个范围/条件对。

2. MINIFS 函数：

与 MAXIFS 函数类似。

3. AVERAGEIF 函数：

返回某个区域内满足给定条件的所有单元格的平均值(算术平均值)。

语法：

AVERAGEIF(range, criteria, [average_range])

AVERAGEIF 函数语法具有下列参数：

·Range：必需，要计算平均值的一个或多个单元格，其中包含数字或包含数字的名称、数组或引用。

·Criteria：必需，形式为数字、表达式、单元格引用或文本的条件，用来定义将计算平均值的单元格。

例如，条件可以表示为 32、"32"、">32"、"苹果" 或 B4。

·Average_range：可选，计算平均值的实际单元格组。如果省略，则使用 range。

4. COUNTIFS 函数：

将条件应用于跨多个区域的单元格，然后统计满足所有条件的次数。

语法：

COUNTIFS(criteria_range1, criteria1, [criteria_range2, criteria2], …)

COUNTIFS 函数语法具有以下参数：

·criteria_range1：必需，在其中计算关联条件的第一个区域。

·criteria1：必需，条件的形式为数字、表达式、单元格引用或文本，它定义了要计数的单元格范围。

例如，条件可以表示为 32、">32"、B4、"apples" 或 "32"。

·criteria_range2, criteria2, . . .：可选，附加的区域及其关联条件。最多允许 127 个区域/条件对。

重要：每一个附加的区域都必须与参数 criteria_range1 具有相同的行数和列数。这些区域无须彼此相邻。

7.2.2.2　奖学金评定

在成绩总表中,根据各门课程的成绩、平均成绩和总成绩排名(不包括德育考评),结合德育评价(德育评价分为 4 类:优,德育考评大于等于 85;良,德育考评小于 85 且大于等于 70;合格,德育考评小于 70 且大于等于 60;不合格,德育考评小于 60),评选一、二、三等奖学金。奖学金评定条件如下:

一等奖学金:平均成绩在 85 分及以上,且最低成绩在 80 分及以上,专业排名为前 6 名,德育评价为优;

二等奖学金:平均成绩在 80 分及以上,且最低成绩在 70 分及以上,且专业排名为前 10 名,德育评价为良及以上;

三等奖学金:平均成绩在 75 分及以上,且最低成绩在 60 分及以上,或者专业排名为前 15 名,德育评价为良及以上。具体操作如下。

Step 1:"C 程序设计成绩表"中的总评成绩复制到成绩总表中。选中"C 程序设计成绩表"中的 G2:G171 单元格区域,按 Ctrl+C 复制,在"成绩总表"工作表 I2 单元格上右击,在快捷菜单中选择"粘贴为数值"。单击"减少小数位数"按钮四舍五入保留整数。

Step 2:选择单元格区域 A1:M171,单击【数据】组中的"排序"按钮,在排序窗口中"添加条件",主要关键字设置为"专业",次要关键字设置为"学号",单击确定,如图 7.40 所示。

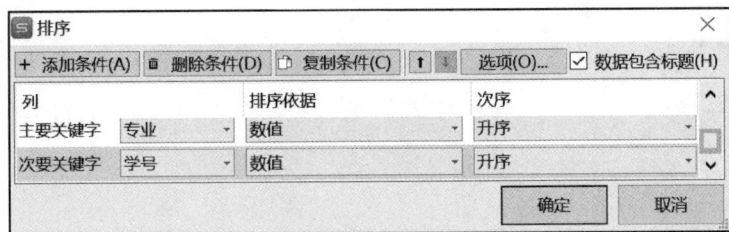

图 7.40　排序设置

Step 3:在 L 列前插入 3 列,在列标 L 上右击,在快捷菜单中将列数设置为 3,选择"插入"。

Step 4:在单元格 L1、M1、N1 中依次输入"平均成绩""总成绩""专业排名"。

Step 5:在 L2 单元格中,使用 AVERAGE 函数计算第一位学生的平均成绩,在"求和"按钮 ∑ 下拉列表中选择"平均值",计算区域选择 D2:K2,回车确认公式,公式为:= AVERAGE(D2:K2)。将公式向下复制,在 L2 单元格右下方,鼠标变为"✚"形状,双击鼠标。

Step 6:在 M2 单元格中,使用 SUM 函数计算第一位学生的总成绩,单击"求和"按钮 ∑,计算区域选择 D2:K2,回车确认公式,公式为:= SUM(D2:K2)。将公式向下复制,在 M2 单元格右下方,鼠标变为"✚"形状,双击鼠标。

Step 7:使用 RANK.EQ 函数计算专业排名。在 N2 单元格中,输入"= rank",在提示列表中选择"RANK.EQ",如图 7.41 所示。

Step 8:单击"插入函数"按钮 ^{fx},在函数参数窗口中设置参数,数值为 M2,引用选择单元格区域 M2:M171,按 2 次【F4】,将其设置为混合引用 M $ 2:M $ 59,排位方式降序排列,可以设为 0。即单元格 M2 的值在 M $ 2:M $ 59 单元格区域数据中的排位值。单击确定,将公式向下复制到 N59 单元格,鼠标在单元格 N2 右下角成"➕"形状时按住鼠标左键向下拖曳至单元格 N59。

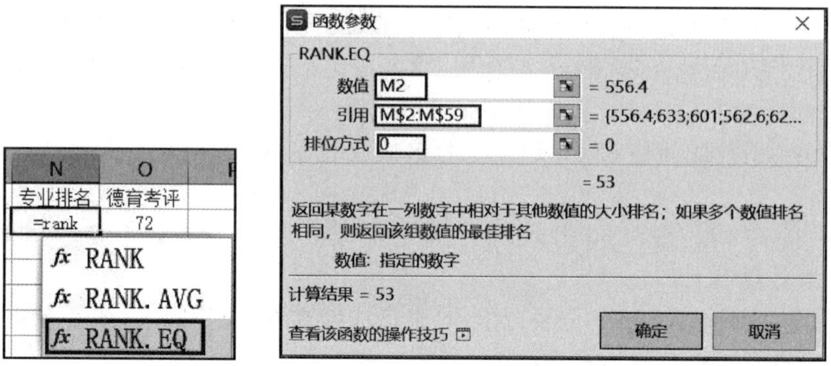

图 7.41　RANK.EQ 函数

↗ 知识链接

1. RANK 函数:

返回一个数字在数字列表中的排位。

数字的排位是其大小与列表中其他值的比值(如果列表已排过序,则数字的排位就是它当前的位置)。

语法:

RANK(number,ref,order)

number 为需要找到排位的数字。

ref 为数字列表数组或对数字列表的引用。ref 中的非数值型参数将被忽略。

order 为一数字,指明排位的方式。

·如果 order 为 0(零)或省略,WPS 表格对数字的排位是基于 ref 为按照降序排列的列表。

·如果 order 不为零,WPS 表格对数字的排位是基于 ref 为按照升序排列的列表。

说明:

·函数 RANK 对重复数的排位相同。但重复数的存在将影响后续数值的排位。

例如,在一列整数里,如果整数 10 出现两次,其排位为 5,则 11 的排位为 7(没有排位为 6 的数值)。

2. RANK.EQ 函数:

返回一列数字的数字排位。其大小与列表中其他值相关;如果多个值具有相同的排位,则返回该组值的最高排位。

如果要对列表进行排序,则数字排位可作为其位置。

语法:

RANK.EQ(number,ref,[order])

RANK.EQ 函数语法具有下列参数:

number 必需。要找到其排位的数字。

ref 必需。数字列表的数组,对数字列表的引用。ref 中的非数字值会被忽略。

order 可选。一个指定数字排位方式的数字。

说明:

如果 order 为 0(零)或省略,Excel 对数字的排位是基于 ref 为按降序排列的列表。

如果 order 不为零,Excel 对数字的排位是基于 ref 为按照升序排列的列表。

RANK. EQ 赋予重复数相同的排位。但重复数的存在将影响后续数值的排位。例如,在按升序排序的整数列表中,如果数字 10 出现两次,且其排位为 5,则 11 的排位为 7(没有排位为 6 的数值)。

3. RANK. AVG 函数:

返回一列数字的数字排位:数字的排位是其大小与列表中其他值的比值;

如果多个值具有相同的排位,则将返回平均排位。

语法:

RANK. AVG(number, ref, [order])

RANK. AVG 函数语法具有下列参数:

number 必需。要找到其排位的数字。

ref 必需。数字列表的数组,对数字列表的引用。ref 中的非数字值会被忽略。

order 可选。一个指定数字排位方式的数字。

说明:

如果 order 为 0(零)或省略,Excel 对数字的排位是基于 ref 为按降序排列的列表。

如果 order 不为零,Excel 对数字的排位是基于 ref 为按升序排列的列表。

Step 9:用类似的方法计算计算机专业和软件专业的排名。单元格 N60 的公式:=RANK. EQ(M60,M $ 60:M $ 113,0),单元格 N114 的公式:=RANK. EQ(M114,M $ 114:M $ 171,0)。

Step 10:在单元格 P1 中输入"德育评价",使用 IF 函数嵌套实现。在 P2 单元格中输入"= if",在提示列表中选择"IF",单击"插入函数"按钮,函数参数窗口中,测试条件为"O2>=85",真值为"优",假值输入"IF( )",在编辑栏中将光标定位到嵌套在里面的"IF"上,函数参数窗口改为嵌套的 IF 函数,如图 7.42 所示。

Step 11:嵌套的 IF 函数参数中,测试条件为"O2>=70",真值为"良",假值输入"IF( )",在编辑栏中将光标定位到第 3 层嵌套的"IF"上,函数参数为第 3 层嵌套的 IF 函数的参数,如图 7. 43 所示。在该函数参数窗口中,测试条件为"O2>=60",真值为"合格",假值为"不合格"。单击确定完成公式,P2 单元格的公式:= IF(O2>=85,"优秀",IF(O2>=70,"良",IF(O2>=60,"合格","不合格"))。将公式向下复制,鼠标放置到 P2 单元格右下角成"✛"形状时,双击鼠标。

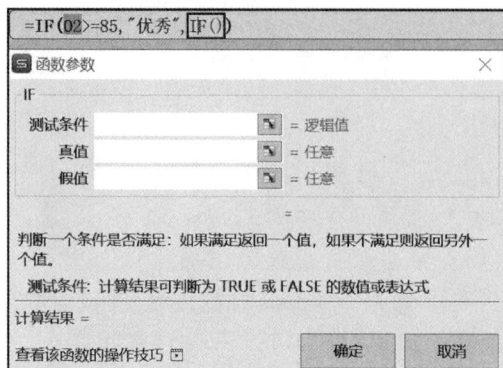

图 7.42 嵌套的 IF 函数

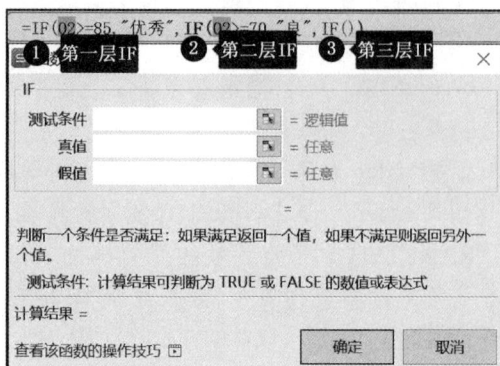

图 7.43 第 3 层嵌套的 IF 函数

Step 12：在单元格 Q1 中输入"奖学金"，使用 AND 函数和 IFS 函数计算奖学金评定情况。首先计算一等奖学金，在 Q2 单元格中输入"=if"，在提示列表中选择"IFS"，单击"插入函数"按钮，函数参数窗口中，测试条件 1 输入 AND()，将光标定位到编辑栏的 AND 位置上，函数参数窗口改为 AND 的参数设置，逻辑值 1 设置为 L2>=85（第一位学生的平均成绩），逻辑值 2 设置为 MIN(D2:K2)>=80，逻辑值 3 设置为 N2<=6，逻辑值 4 设置为 P2="优秀"，如图 7.44 所示。

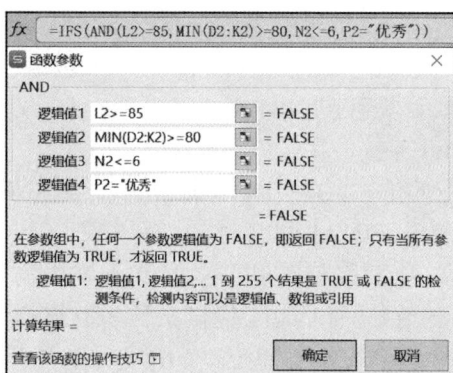

图 7.44 AND 函数

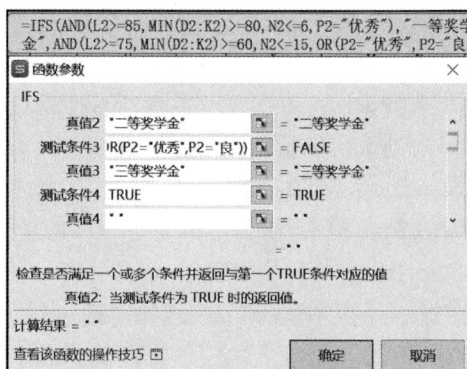

图 7.45 IFS 函数

Step 13：函数参数窗口中将真值 1 设置为"一等奖学金"。用类似的方法设置测试条件 2 和测试条件 3。测试条件 2：AND(L2>=80,MIN(D2:K2)>=70,N2<=10,OR(P2="优秀"，P2="良"))，真值 2 设置为"二等奖学金"。测试条件 3：AND(L2>=75,MIN(D2:K2)>=60，N2<=15,OR(P2="优秀",P2="良"))，真值 3 设置为"三等奖学金"。其余单元格设置为空格，可以增加一个测试条件 4：TRUE，真值 4 为空格，如图 7.45 所示。单击确定确认公式，将公式向下复制，将鼠标放置在 Q2 右下方，鼠标变成"➕"形状时，双击鼠标。Q2 中的公式为：

= IFS(AND(L2>=85,MIN(D2:K2)>=80,N2<=6,P2="优秀")，"一等奖学金"，

AND(L2>=80,MIN(D2:K2)>=70,N2<=10,OR(P2="优秀"，P2="良"))，"二等奖学金"，

AND(L2>=75,MIN(D2:K2)>=60,N2<=15,OR(P2="优秀",P2="良"))，"三等奖学金"，TRUE,"")。

知识链接

1. IF 函数：

使用逻辑函数 IF 函数时,如果条件为真,该函数将返回一个值;如果条件为假,函数将返回另一个值。

语法：

IF(logical_test,value_if_true,[value_if_false])

logical_test:(必需),要测试的条件。

value_if_true:(必需),logical_test 的结果为 TRUE 时,您希望返回的值。

value_if_false:(可选),logical_test 的结果为 FALSE 时,您希望返回的值。

2. IFS 函数：

IFS 函数检查是否满足一个或多个条件,且是否返回与第一个 TRUE 条件对应的值。IFS 可以取代多个嵌套 IF 语句,并且可通过多个条件更轻松地读取。

语法：

IFS(logical_test1,value_if_true1,[logical_test2,value_if_true2],[logical_test3,value_if_true3],…)

logical_test1:(必需),计算结果为 TRUE 或 FALSE 的条件。

value_if_true1:(必需),当 logical_test1 的计算结果为 TRUE 时要返回结果。可以为空。

logical_test2…,logical_test127:(可选),计算结果为 TRUE 或 FALSE 的条件。

value_if_true2…,value_if_true127:(可选),当 logical_testN 的计算结果为 TRUE 时要返回结果。

每个 value_if_trueN 对应于一个条件 logical_testN。可以为空。

说明：

· IFS 函数允许测试最多 127 个不同的条件。

· 例如:=IFS(A1=1,1,A1=2,2,A1=3,3)

如果(A1 等于 1,则显示 1,如果 A1 等于 2,则显示 2,如果 A1 等于 3,则显示 3)。

3. AND 函数：

所有参数的逻辑值为真时,返回 TRUE;只要一个参数的逻辑值为假,即返回 FALSE。

语法：

AND(logical1,logical2,...)

Logical1,logical2,...表示待检测的 1 到 30 个条件值,各条件值可为 TRUE 或 FALSE。

说明：

· 参数必须是逻辑值 TRUE 或 FALSE,或者包含逻辑值的数组(用于建立可生成多个结果或可对在行和列中排列的一组参数进行运算的单个公式。数组区域共用一个公式;数组常量是用作参数的一组常量)或引用。

· 如果数组或引用参数中包含文本或空白单元格,则这些值将被忽略。

· 如果指定的单元格区域内包括非逻辑值,则 AND 将返回错误值#VALUE!。

4. OR 函数：

在其参数组中,任何一个参数逻辑值为 TRUE,即返回 TRUE;所有参数的逻辑值为 FALSE,才返回 FALSE。

语法:

OR(logical1,logical2,...)

Logical1,logical2,...为需要进行检验的 1 到 30 个条件表达式。

说明:

· 参数必须能计算为逻辑值,如 TRUE 或 FALSE,或者为包含逻辑值的数组(用于建立可生成多个结果或可对在行和列中排列的一组参数进行运算的单个公式。数组区域共用一个公式;数组常量是用作参数的一组常量)或引用。

· 如果数组或引用参数中包含文本或空白单元格,则这些值将被忽略。

· 如果指定的区域中不包含逻辑值,函数 OR 返回错误值#VALUE!。

· 可以使用 OR 数组公式来检验数组中是否包含特定的数值。若要输入数组公式,请按 Ctrl+Shift+Enter。

7.2.2.3　标红不及格成绩

将成绩总表中,各门课程的不及格成绩标红,使用条件格式来设置。具体操作如下。

Step 1:选择单元格区域 D2:K171,单击【开始】组中的"条件格式"按钮,在弹出菜单中选择"突出显示单元格规则"→"小于"。

Step 2:在对话框中设置值为60,将设置效果选择为"自定义格式...",在单元格格式窗口中设置字体颜色为红色 RGB(255,0,0),单击确定确认设置。设置效果如图 7.46 所示。

图 7.46　条件格式

↗ **知识链接**

条件格式设置:

功能描述:一键套用精美格式,方便阅读。

操作步骤:选择开始→"表格样式"按钮→选择样式,如图 7.47 所示。

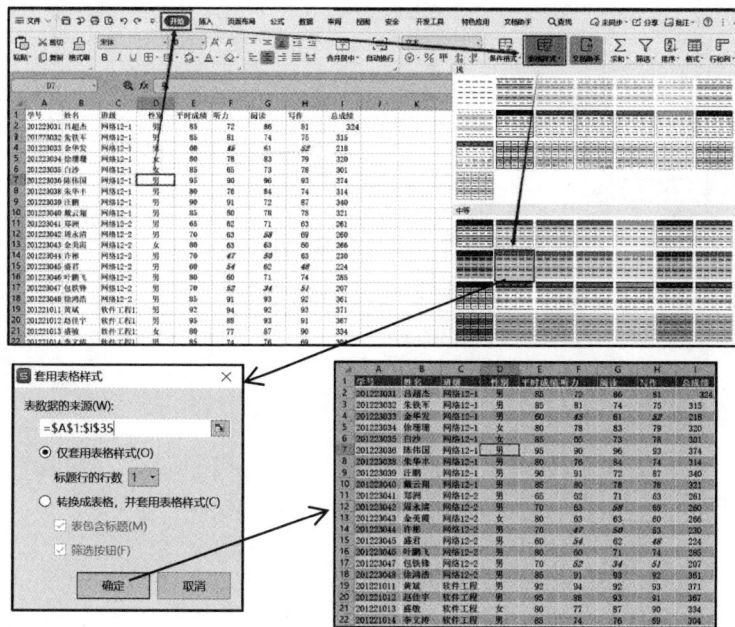

图 7.47　表格样式

7.2.3　拓展知识

7.2.3.1　快捷键

功能描述:通过表格快捷键的操作使录入数据时提高速度,掌握快速录入的方法和技巧。

【Ctrl+Tab】切换到下一个工作簿。

【Ctrl+Shift+Tab】切换到上一个工作簿。

【Tab】在选定区域中从左向右移动。

【Shift+Tab】在选定区域中从右向左移动。

【Ctrl+D】向下填充。

【Ctrl+R】向右填充。

【Alt+下方向键】显示清单的当前列中的数值下拉列表。

【Ctrl+;】输入日期。

【Ctrl+Shift+;】输入时间。

【Alt+=】用 SUM 函数插入自动求和公式。

【Ctrl+Enter】用当前输入项填充选定的单元格区域。

【Ctrl+Z】撤销上一次操作。

【Alt+Enter】在单元格内换行。

7.2.3.2　自定义序列

功能描述:快速通过拖拉填充柄的方式产生平时常用序列。

操作步骤：WPS 表格→选项→自定义序列→新序列→录入常用序列→添加→确定，如图7.48 所示。

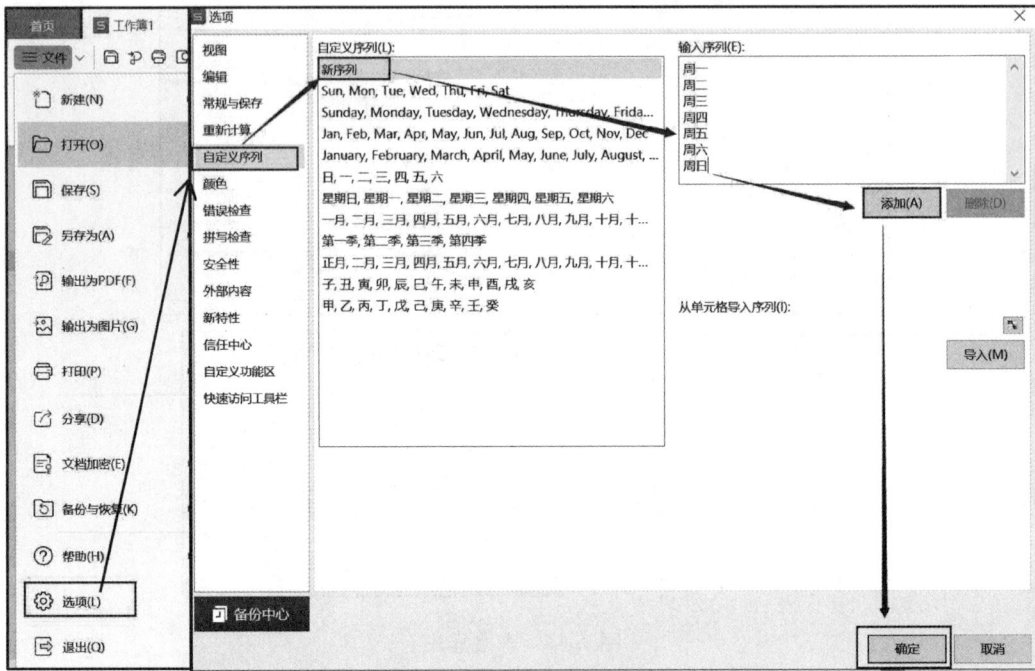

图 7.48　自定义序列设置

7.2.3.3　公式和函数

1. 公式

功能描述：公式是在工作表中对数据进行分析与计算的等式，有助于分析工作表中的数据。使用公式可以对工作表中的数值进行加、减、乘、除等运算。公式可以包括以下的任何元素：

运算符、单元格引用位置、数值、工作表函数以及名称。如果要在工作表单元格中输入公式，则可以在编辑栏中输入这些元素的组合。

操作步骤：在 WPS 表格中，以西文等号"＝"开头的数据被系统判定为公式。公式是对工作表中数据进行运算的表达式。公式中可以包含单元格地址、数值常量、函数等，它们由运算符连接而成。具体来说，一个公式通常由以下几部分组成：

（1）＝：西文等号，表示将要输入的是公式而不是其他数据。（字体统一）

（2）数值：由阿拉伯数字 0~9 构成的可以参与运算的数据，或者是包含有某个数值的单元格地址。

（3）其他参数：可以被公式或函数引用的其他数据。

（4）（ ）：圆括号，用于设置运算优先顺序。

（5）运算符：用于连接各个数据。在 WPS 表格中，可以使用的运算符分为算术运算符、比较（逻辑）运算符和字符串运算符 3 大类，其功能见表 7.1。

表 7.1　运算符

类别	运算符	功能	备注
算术运算符	+（加号）	加法运算	运算顺序按数学运算的惯例处理:括号里的表达式优先计算;先乘除、后加减;同一级别运算,由左至右依次执行
	−（减号）	减法运算	
	*（乘号）	乘法运算	
	/（除号）	除法运算	
	%	百分比	
	^（乘方）	乘方运算	
比较运算符	=	等于	比较运算符用于比较两个数据后得出"真"或"假"两个逻辑值。当符合条件时为 True(真),否则为 False(假)。通常用于构建条件表达式
	>	大于	
	<	小于	
	>=	大于等于	
	<=	小于等于	
	<>	不等于	
字符串运算符	&	连接字符串	将几个单元格中的字符串合并成一个字符串(例如:"WPS"&"表格"得到"WPS 表格")
引用运算符	:（冒号）	区域运算符	产生对包括在两个引用之间的所有单元格的引用(例如:A1:A3,表示引用 A1 到 A3 单元格之间的区域)
	,（逗号）	联合运算符	将多个引用合并为一个引用[例如:SUM(A1:A3,B1:B5),表示两个不同的单元格区域的并集]
	（空格）	交叉运算符	产生对两个引用共有的单元格的引用[例如:(A1:A3　A2:B5),表示两个不同的单元格区域的交集]

2. 函数

功能描述:WPS 函数用来处理复杂数据,有归类统计的作用。WPS 函数种类很多,根据数据处理的能力,常见的有财务函数、逻辑函数、文本函数、时间函数、查找与引用函数、数学和三角函数、其他函数(包括统计、工程、信息三大类)。

操作步骤:打开表格,选择表格上方"公式"快捷按钮,重点如图 7.49 所示。

"插入函数"这个用得比较多,基本的公式函数都在里面,如图 7.50 所示。

选择所需要的函数后,根据提示在函数的参数区域输入或选择相应的参数内容,确定后即可得到函数处理的结果。

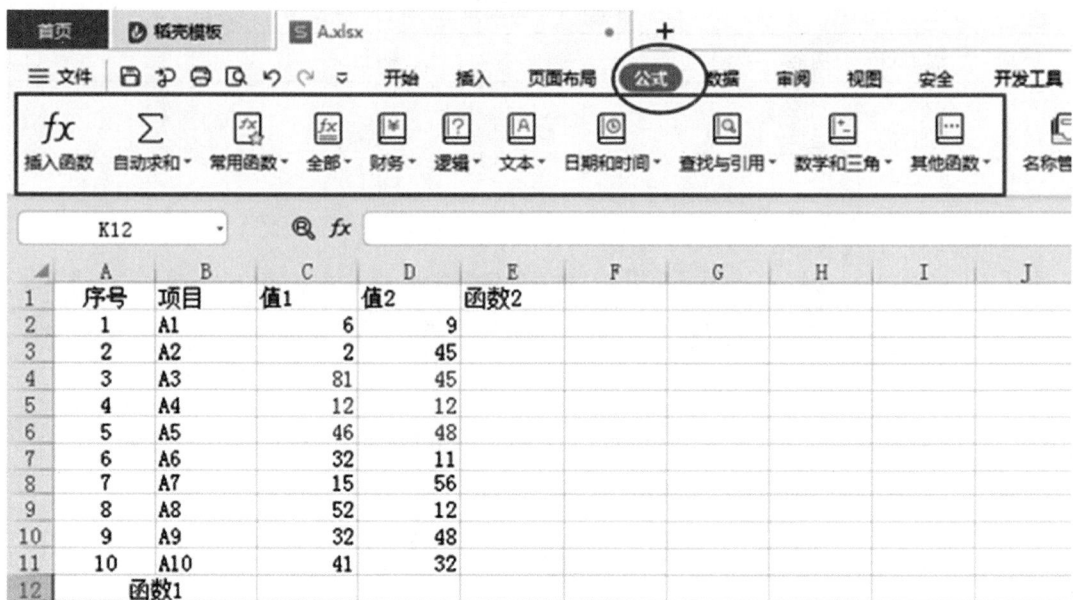

图 7.49　函数

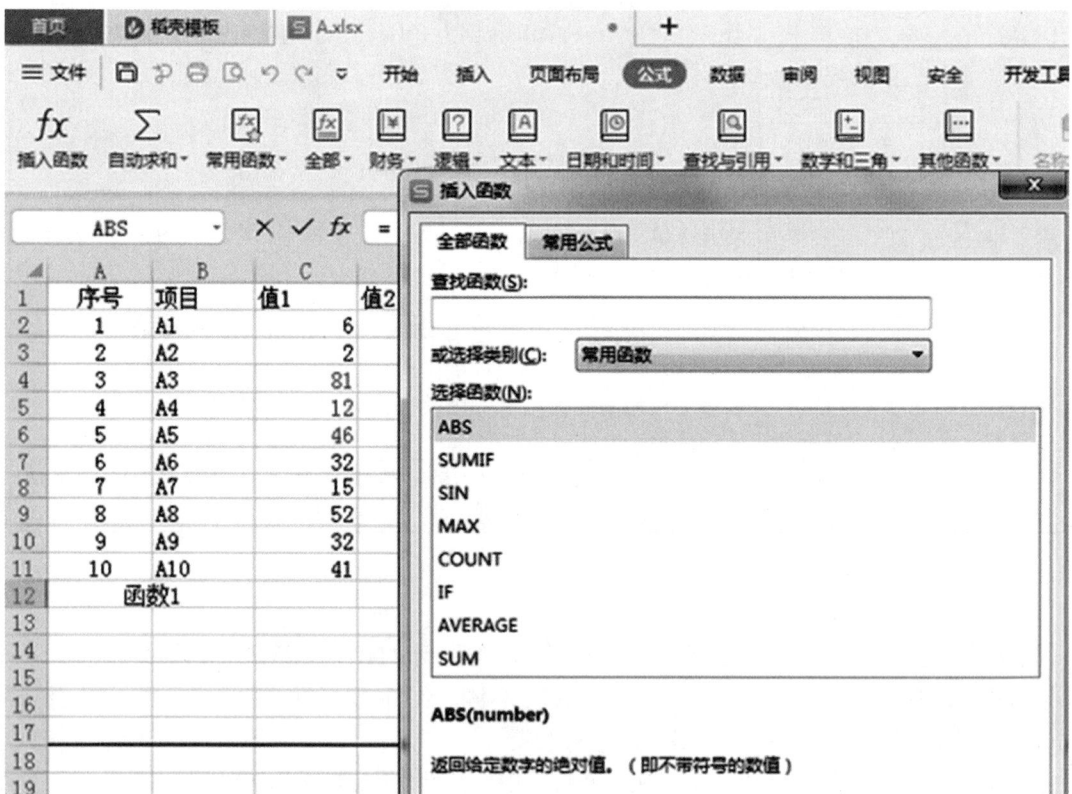

图 7.50　插入函数

子项目 2　销售管理的系列表格

○ 项目情景

销售数据需要进行处理、分析,给销售部门提供参考。高级筛选可以摘出需要查看的数据,方便观察;分类汇总后可以分析不同类别的产品之间的销售差异;数据透视表可以从不同的角度来分析销售数据;图表可以更加直观地观察销售数据。

学习目标

1. 熟悉 WPS-Excel 中的数据有效性设置;
2. 掌握自动筛选和高级筛选;
3. 掌握分类汇总的操作方法;
4. 掌握数据透视表的操作;
5. 掌握图表的生成和设置;
6. 掌握 VLOOKUP、HLOOKUP 等函数的运用。

任务 7.3　书籍销售表的分析

学习目的

本任务要利用 WPS-Excel 分析"书籍销售周报表"中的销售数据,涉及的知识点主要有数据有效性设置、分类汇总的操作过程、图表的创建和设置,以及 HLOOKUP 函数的使用。

7.3.1　相关知识

7.3.1.1　数据有效性设置

我们在工作中使用 WPS 表格进行数据计算与统计时,利用数据的有效性功能,可以提高录入数据时的准确性。

以成绩单为例,假若某年级共八个班级,如何设置数据有效性,提高填写数据的准确性呢?

首先选中需要填写数据的区域,点击上方菜单栏【数据】→【有效性】。此时弹出数据有效性对话框,在此处可以对数据进行设置。例如选择"允许整数","介于最小值 1,最大值 8",如图 7.51 所示。

在出错警告处可以选择,当输入无效数据时显示的样式和警告内容。例如选择样式为停止,标题为"填写错误",错误信息填写"班级输入错误"。这样当我们输入无效数据时,会提醒

图 7.51　数据有效性设置

我们输入错误,从而提高录入数据的准确性,如图 7.52 所示。

图 7.52　数据有效性错误警告

　　有效性功能也可以设置选择填写数据内容。例如我们想制作可以选择性别的表格,选中性别区域,点击有效性。设置为允许"序列",来源"男,女"。此时需要注意,在来源处输入的标点应是英文半角状态。点击确定,这样在输入性别信息时,便可以选择输入的内容了,如图 7.53 所示。

7.3.1.2　分类汇总

　　WPS 表格的"分类汇总"功能可以将单元格中的数据分类显示、分别统计,十分便捷,如图 7.54 所示数据根据货物名称进行分类汇总。

　　(1)首先要对此表进行排序。点击上方菜单栏数据→排序,此时弹出排序对话框。设置关键字为"货物名称",选择升序,点击确定。

　　(2)然后点击上方菜单栏数据→分类汇总。在"分类字段"中选择货物名称,"汇总方式"选择求和,"汇总项"选择原有数量、出库数量和剩余数量。点击确定,即可快速对此表分类汇总。

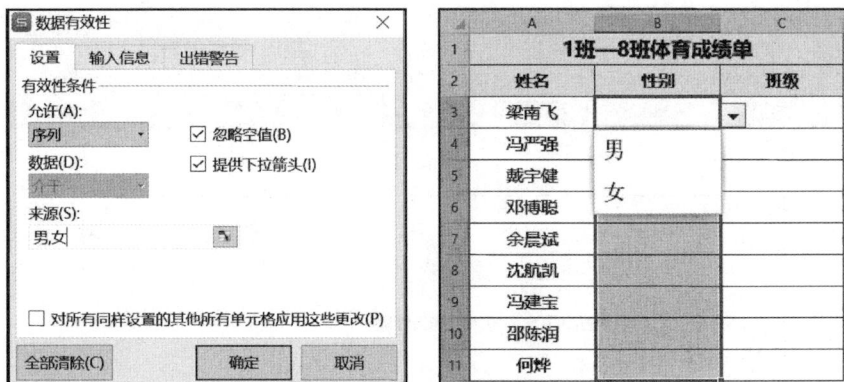

图 7.53　据有效性设置选择项数据

（3）在表格左侧可以隐藏或展开分类数据。

"分类汇总"功能不仅智能地将数据进行分类统计,还自动生成一、二、三级分类。

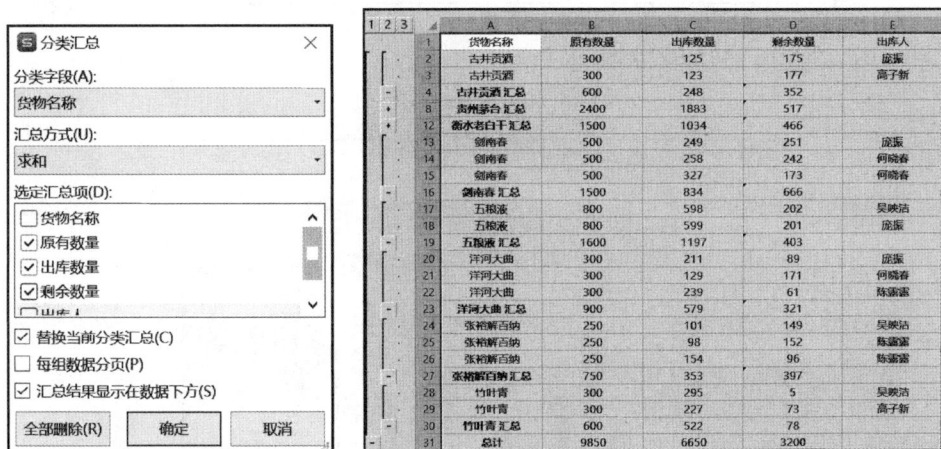

图 7.54　分类汇总

7.3.1.3　图表

WPS 表格的图表功能十分强大。它可以把复杂的数据以直观形象的方式呈现,让人们更清楚地看到数据的变化,在实际生活中有广泛的应用。

（1）假如我们想插入如图 7.55(a)所示这个表格的图表。

点击上方菜单栏插入→图表,在弹出图 7.55(b)所示对话框中我们可以选择插入多种图表形式,例如柱形图、折线图、饼图、条形图、面积图、散点图等。点击组合图,我们可见有多种模式。选择簇状柱形图→次坐标轴上的折线图,点击插入,就可以插入此表的组合图了。

（2）如果我们想快速修改图表的表现形式,可以点击插入图表右侧的多种折线缩略按钮,在弹窗中我们可以选择所需要的图表进行修改,如图 7.56 所示。

（3）假如我们想对图表进行美化,可以单击图表,此时进入图表工具模式,我们可以修改图表的颜色、轮廓、形状等。

（4）同时 WPS 表格还提供了丰富多彩的图表设计库。点击插入在线图表,可以选择更有

	A	B	C	D	E	F	G
1	项目	一月	二月	三月	四月	五月	六月
2	报名人数	20	30	20	40	30	50
3	通过率	60%	50%	56%	70%	74%	75%

（a）

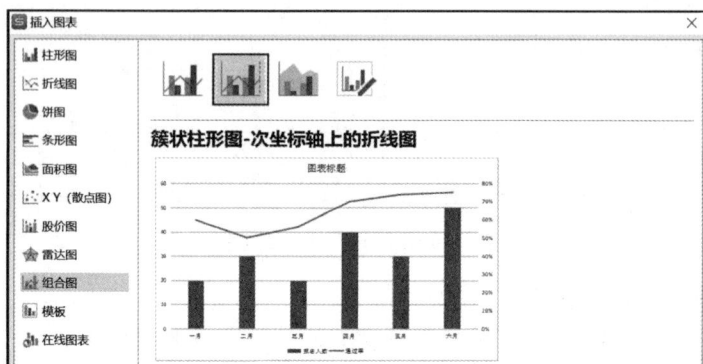

（b）

图 7.55　插入图表

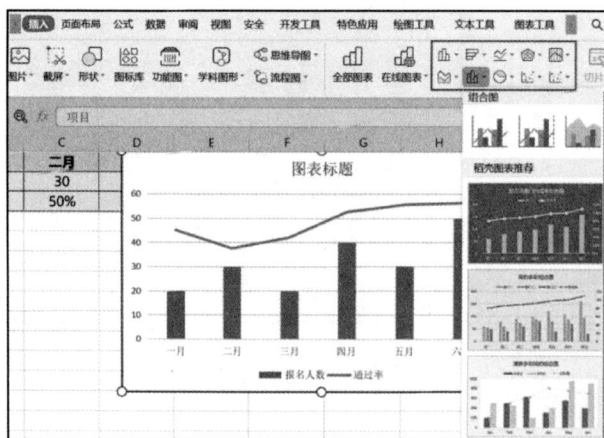

图 7.56　图表修改

设计性、艺术性的图表。

7.3.2　任务实施

7.3.2.1　增加书类名称列

为方便查看书籍分类,要增加一列书籍分类的名称,其取值要求在(计算机,物理,化学,数学,文学,工程,设计,其他)范围内取,不能输入其他值。根据右侧的书类号和书类名称对应表,将对应的书类名称填入书籍销售报表中。具体操作如下。

Step 1:在列号 B 上右击,插入 1 列,在 B2 单元格中输入"书类名称"。

Step 2:选中 B2:B124,点击菜单栏【数据】→【有效性】。此时弹出数据有效性对话框,设置为允许"序列",来源"计算机,物理,化学,数学,文学,工程,设计,其他",如图 7.57 所示。

Step 3:利用 HLOOKUP 函数获取书类名称,在 B2 单元格输入"＝HL",在弹出的提示列表中选择"HLOOKUP",单击"插入函数"按钮*fx*,弹出函数参数窗口。其中查找值设置为"A3",即书类号;数据表为右侧的书类对照表内容,即 K3:S4,按 F4,将其改为绝对引用 ＄K＄3:＄S＄4,这样复制公式时该参数不变;行序号为 2,即返回的是第 2 行对应的值;匹配条件设置为 FALSE,这样"书类对照表"可以不用是升序排列的。如图 7.58 所示,单击确定确认公式,将公式向下复制。

图 7.57　数据有效性

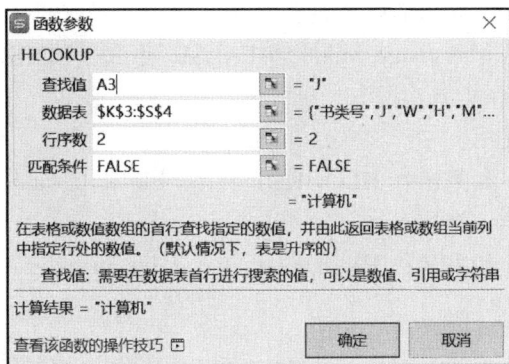

图 7.58　HLOOKUP 函数

知识链接

HLOOKUP 函数:

在表格或数值数组的首行查找指定的数值,并由此返回表格或数组当前列中指定行处的数值。当比较值位于数据表的首行,并且要查找下面给定行中的数据时,请使用函数 HLOOK-UP。当比较值位于要查找的数据左边的一列时,请使用函数 VLOOKUP。HLOOKUP 中的 H 代表"行"。

语法:

HLOOKUP(lookup_value,table_array,row_index_num,range_lookup)

lookup_value 为需要在数据表第一行中进行查找的数值。lookup_value 可以为数值、引用或文本字符串。

Table_array 为需要在其中查找数据的数据表。可以使用对区域或区域名称的引用。

Table_array 的第一行的数值可以为文本、数字或逻辑值。

● 如果 range_lookup 为 TRUE。则 table_array 的第一行的数值必须按升序排列:…−2、−1、0、1、2、…、A-Z、FALSE、TRUE;否则,函数 HLOOKUP 将不能给出正确的数值。

● 如果 range_lookup 为 FALSE,则 table_array 不必进行排序。

● 文本不区分大小写。

● 可以用下面的方法实现数值从左到右的升序排列:

选定数值,在"数据"菜单中单击"排序",再单击"选项",然后单击"按行排序"选项,最后单击"确定"。

在"排序依据"下拉列表框中,选择相应的行选项,然后单击"升序"选项。

row_index_num 为 table_array 中待返回的匹配值的行序号。

row_index_num 为 1 时,返回 table_array 第一行的数值。

row_index_num 为 2 时,返回 table_array 第二行的数值,以此类推。

- 如果 row_index_num 小于 1,函数 HLOOKUP 返回错误值#VALUE!;
- 如果 row_index_num 大于 table-array 的行数,函数 HLOOKUP 返回错误值#REF!。

Range_LOOKUP 为一逻辑值,指明函数 HLOOKUP 查找时是精确匹配,还是近似匹配。

- 如果为 TRUE 或省略,则返回近似匹配值。也就是说,如果找不到精确匹配值,则返回小于 lookup_value 的最大数值。
- 如果 range_value 为 FALSE,函数 HLOOKUP 将查找精确匹配值,如果找不到,则返回错误值#N/A!。

说明:

- 如果函数 HLOOKUP 找不到 lookup_value,且 range_lookup 为 TRUE,则使用小于 lookup_value 的最大值。
- 如果函数 HLOOKUP 小于 table_array 第一行中的最小数值,函数 HLOOKUP 返回错误值#N/A!。

7.3.2.2 对各类书籍进行分类汇总

根据不同的书类名称,对书籍销售情况进行分类汇总,方便比较不同类别书籍的销售情况。具体操作如下。

Step 1:分类汇总之前需要先根据分类字段排序。选择 A2:A124 单元格区域,点击菜单栏【数据】,单击"排序"按钮打开排序对话框,在排序对话框中"主要关键字"选择为"书类名称",升序排列,如图 7.59 所示,单击确定。

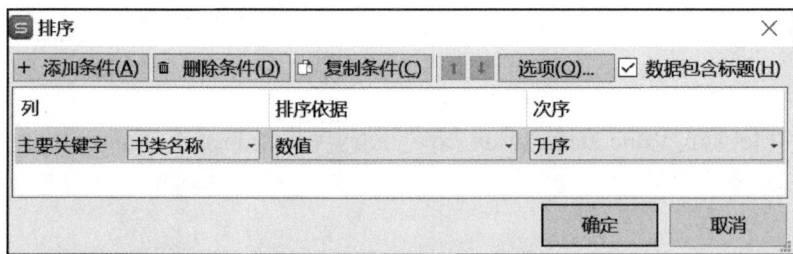

图 7.59 分类汇总先排序

Step 2:点击菜单栏【数据】中的"分类汇总"按钮,打开分类汇总对话框。在对话框中,将"分类字段"设置为书类名称,"汇总方式"为求和,汇总项选择周一到周五以及周销售量,如图 7.60 所示,单击确定。

7.3.2.3 制作图表分析各类书籍销售情况

将汇总的销售量通过图表的形式显示,可以更加直观地分析各类书籍的一周销售情况。汇总数据可以通过筛选得出。具体操作如下。

分类汇总	
分类字段(A):	
书类名称	
汇总方式(U):	
求和	
选定汇总项(D):	
□ 书类名称	
□ 书名	
☑ 星期一	
☑ 星期二	
☑ 星期三	
☑ 星期四	
☑ 星期五	
☑ 周销售量	
☑ 替换当前分类汇总(C)	
□ 每组数据分页(P)	
☑ 汇总结果显示在数据下方(S)	
全部删除(R)　确定　取消	

计算机书籍销售周报表

书类号	书类名称	书名	星期一	星期二	星期三	星期四	星期五	周销售量
E	工程	材料力学(乙)	56	105	149	109	44	463
E	工程	材料力学实验	160	69	80	149	198	656
E	工程	测量学（甲）	202	171	202	125	70	770
E	工程	测量学（乙）	30	201	88	113	141	573
E	工程	城市规划美术II	29	37	44	161	98	369
E	工程	工程材料实验	97	27	128	134	134	520
E	工程	工程图学	116	21	24	185	96	442
E	工程	过程工程原理（甲）I	55	75	48	128	46	352
E	工程	过程工程原理（乙）	47	142	158	163	111	621
E	工程	过程工程原理及实验	201	83	11	12	99	406
E	工程	过程工程原理实验（乙）	135	174	174	160	110	753
E	工程	建筑材料	128	139	47	97	192	603
	工程 汇总		1256	1244	1153	1536	1339	6528
H	化学	趣味地球化学	105	130	20	52	17	324
H	化学	大学化学实验（A）	106	26	53	87	88	360
H	化学	大学化学实验（G）	44	154	168	177	81	624
H	化学	大学化学实验（O）	56	93	11	154	160	474
H	化学	大学化学实验（P）	170	118	140	10	48	486
H	化学	分析化学（甲）II	34	101	52	195	136	518
H	化学	分析化学（乙）	168	119	183	96	186	752
H	化学	化学实验（甲）	199	113	49	201	90	652
H	化学	化学实验（乙）	125	162	138	37	165	627
H	化学	普通化学	42	145	119	118	8	432
H	化学	生物化学及实验（丙）	136	92	131	14	173	546
H	化学	生物化学实验（甲）	22	93	53	39	104	311
H	化学	无机及分析化学	110	126	47	82	71	436
H	化学	有机化学	47	45	177	187	182	638
H	化学	综合化学实验（甲）	22	124	59	173	111	489
	化学 汇总		1386	1641	1400	1622	1620	7669

图 7.60　分类汇总

Step 1：将 Sheet1 中的 B 列和 I 列复制到 Sheet2。在 Sheet2 中删除第一行,点击【数据】中的"自动筛选"按钮,进行自动筛选。

Step 2：点击"书类名称"右侧箭头按钮,"文本筛选",在快捷菜单中选择"包含",如图 7.61(a)所示。在打开的自定义自动筛选方式窗口中,如图 7.61(b)所示,包含右侧输入"汇总",单击确定。

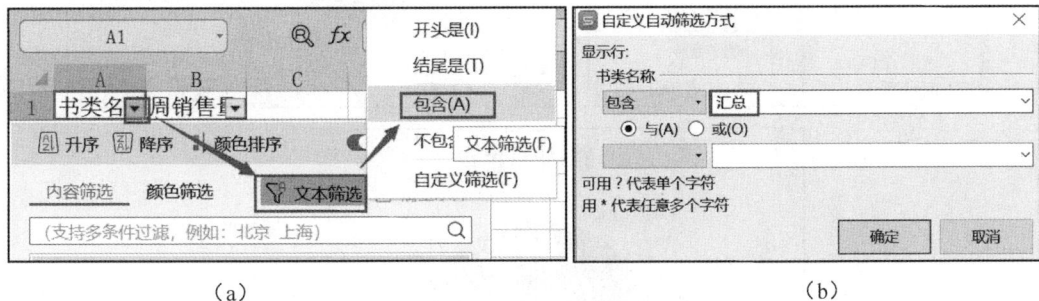

（a）

（b）

图 7.61　文本筛选

Step 3：将筛选好的结果,和标题行一起复制到 A133 起始的区域位置上。

Step 4：再次点击"自动筛选"按钮,取消筛选,在行号上,鼠标变成向右箭头,单击行号 1 选中第 1 行,滑动滚轮到第 132 行处,按住 Shift 键,单击鼠标选择 1 到 132 行,右击选择删除。

Step 5：在 Sheet2 中选择【文档助手】菜单中的"文本处理"按钮,在弹出的菜单中选择删除空格→删除所有空格,如图 7.62 所示。

Step 6：选择单元格区域 A1:B9,点击【插入】菜单中的"全部图表"按钮,打开插入图表对话框,在对话框中选择饼图,选择一种饼图,图表出现在工作表中。

Step 7：在图表中修改图表标题,点击标题在其前面添加"书籍",切换到【图表工具】菜单,点击"添加元素"按钮,选择数据标签→数据标签外,如图 7.63 所示。图表上会显示数据标签。

Step 8:选择图表上的数据标签,右击菜单选择"设置数据标签格式…",在右侧属性面板中,去掉"值"前面的勾,选择"百分比"。最后图表如图7.64所示。

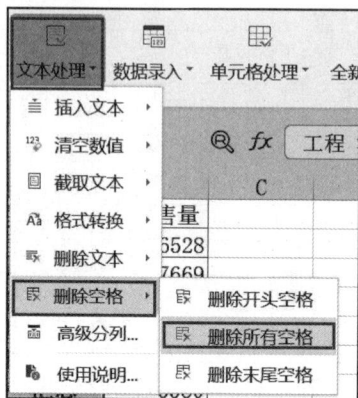

图7.62　文本处理

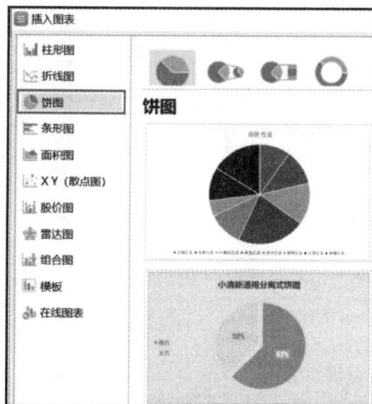

图7.63　插入图表

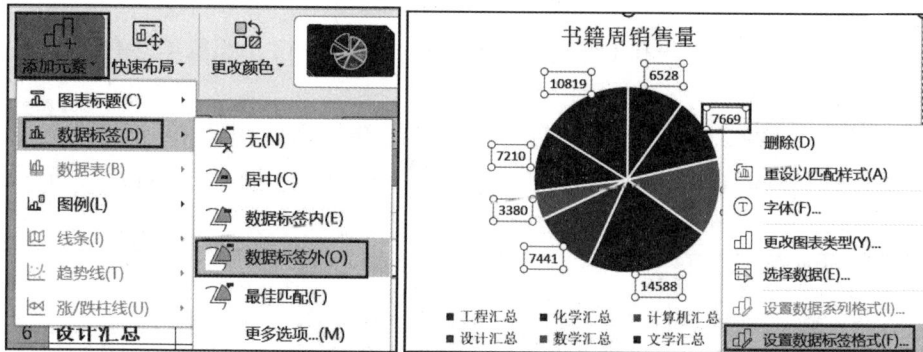

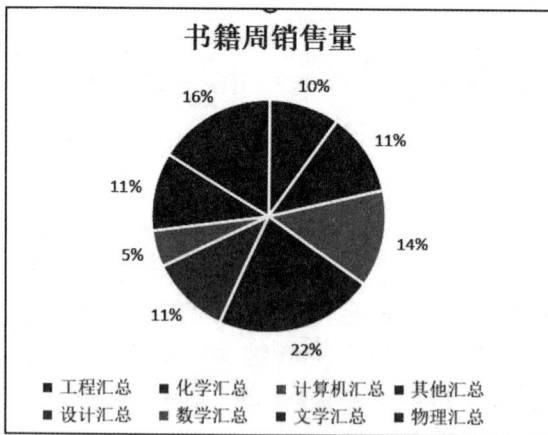

图7.64　饼图

任务 7.4　销售统计表的分析

学习目的

本任务要利用 WPS-Excel 分析"销售统计表"中的销售数据,涉及的知识点主要有数据透视表、高级筛选的操作过程,以及 VLOOKUP 函数的使用。

7.4.1　相关知识

7.4.1.1　数据透视表

如图 7.65 所示是某品牌分店 3 月销售商品数据表,我现在想要统计各商品及各分店的销售总额,可以使用筛选+求和功能。但步骤比较烦琐,数据处理工具-数据透视表,可快速进行数据分析汇总。

分店	销售月份	商品	数量	总金额
北京	2019年3月	冰箱	46	220800
北京	2019年3月	电视机	53	159000
北京	2018年3月	空调	29	130500
上海	2019年3月	电视机	62	186000
上海	2019年3月	冰箱	51	244800
上海	2018年3月	空调	21	94500
深圳	2019年3月	电视机	46	138000
深圳	2019年3月	冰箱	40	192000
深圳	2018年3月	空调	53	238500

图 7.65　销售商品数据表

(1)首先任意选中一个有数据的单元格,点击菜单栏"插入"-"数据透视表"。此处的区域会自动选择,不需要修改,点击"确定"。

(2)此时弹出一个新工作表,看到右边的数据透视表窗格,分为两大板块,"字段列表"和"数据透视表区域";而区域分为四块内容,"行区域""列区域""值区域""筛选器"。选中需要进行分析的字段,长按拖动至需要的区域,将呈现出不一样的统计结果。

(3)想要统计各商品及各分店的销售总额。所以将"商品"字段拖进"行区域""分店"字段拖动至"列区域""总金额"字段拖进"值区域"。此时可看到工作表已自动算出各商品及各分店的销售总额,如图 7.66 所示。

(4)其中"值汇总"默认是求和,我们也可以任意选中一个有数据的单元格,鼠标单击右键,找到"值汇总依据"。这里可以选择"计数""平均值""最大值"等。此处可看到"值显示方式"也可变化,根据自己需要设置即可。

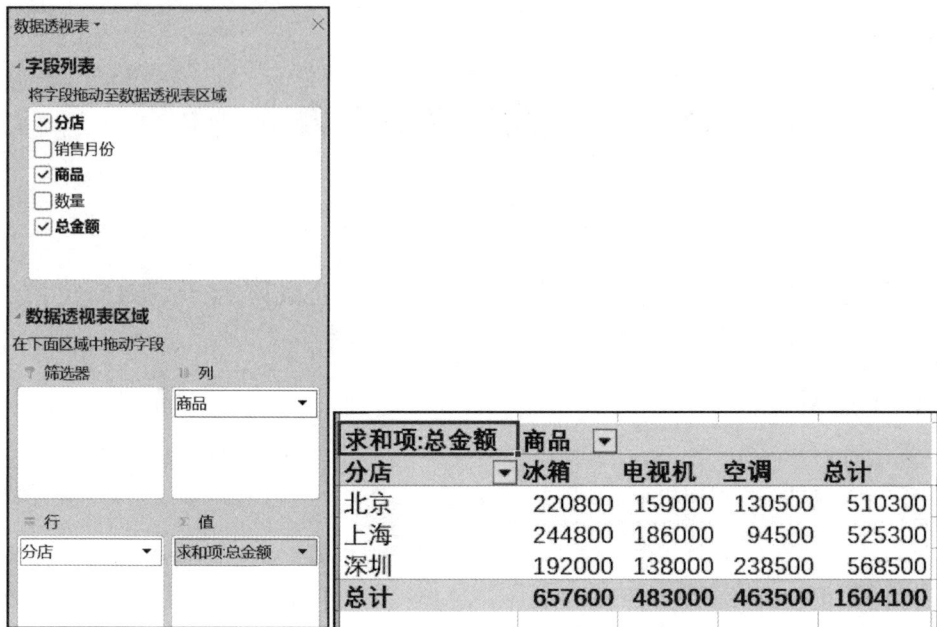

图 7.66　数据透视表设置

（5）现在再来看看"筛选器"的作用，将刚刚的字段调整一下位置。"商品"拖至"筛选器"区域、"销售月份"拖至"行区域"。此时表格布局发生了变化，首行新增了一项"商品"项，如图 7.67 所示。

（6）点击"下拉箭头"可以选择想要查看的商品数据，比如选择"冰箱"。那么此时整个表格显示的就是各分店 3 月份冰箱的销售数据了，如图 7.67 所示。

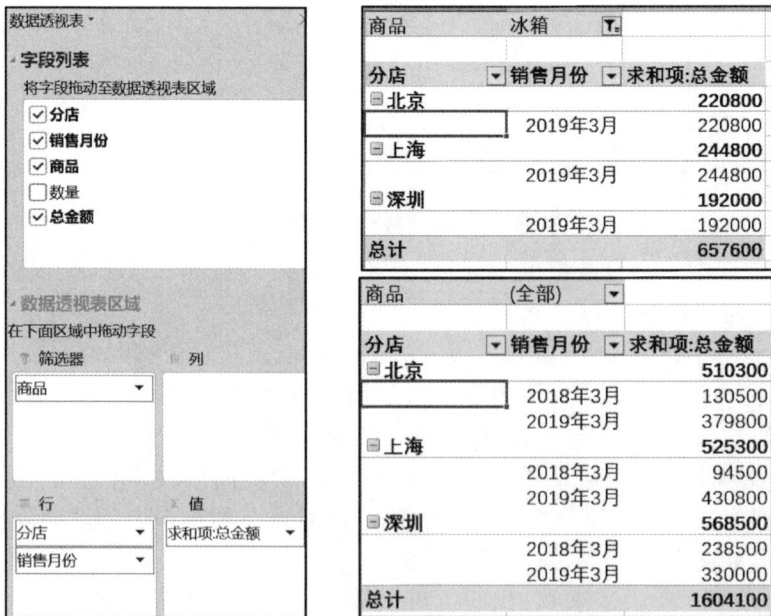

图 7.67　数据透视表

(7)点击菜单栏"分析"-"数据透视图",选择一种图表可以显示出数据透视表对应的图表。

7.4.1.2　高级筛选

在 Excel 中筛选功能是我们在工作中最常使用的功能之一,在普通筛选的基础上,还可以进行高级筛选。高级筛选可以横向筛选条件为且的关系、纵向筛选条件为或的关系、横纵向混合筛选条件为且和或的关系,如图 7.68 所示。

点击开始-筛选-高级筛选,列表区域已自动填充。在条件区域输入相对应的条件,产地江苏且数量大于 5 000 的数据,或者产地辽宁数量大于 3 000 的数据。点击确定即可快速筛选。

图 7.68　高级筛选

7.4.2　任务实施

7.4.2.1　填充产品名称和产品单价

统计表中包含产品型号、产品名称和产品单价可以在产品清单表中获取对应的值。具体操作如下。

Step 1:在 G3 单元格中输入"=vl",选择提示的函数"VLOOKUP",如图 7.69 所示,单击"插入函数"按钮,打开函数参数窗口,查找值选择单元格 F3,数据表选择单元格区域 A3:C10,按 F4 将单元格区域设置为绝对引用。因为产品名称在第 2 列,列序号设置为 2,匹配条件忽略。单击确定,将公式向下复制。

Step 2:用同样的方法获取产品单价,H3 单元格的公式:=VLOOKUP(F3,$A$3:$C$10,3)。

7.4.2.2　计算销售金额

根据表格所列,计算出统计销售表中销售金额,在销售业绩统计表中计算总销售额和排名。具体操作如下。

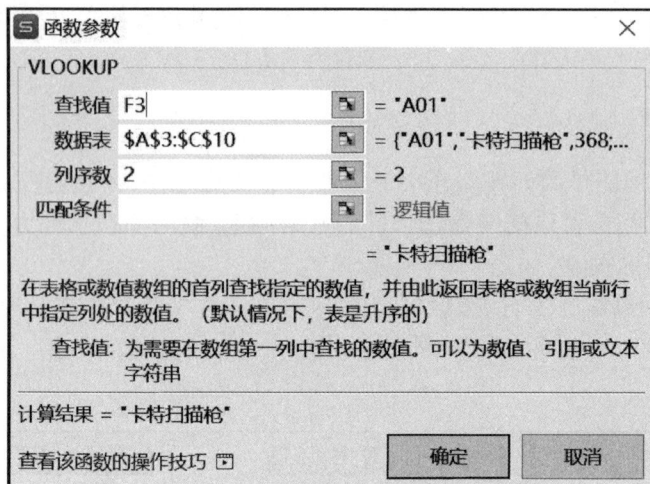

图 7.69 VLOOKUP 函数

Step 1：在 L3 单元格输入"＝"，选择 H3 单元格，输入"＊"，再选择 I3 单元格，回车确认公式，将公式向下复制。

Step 2：在 O3 单元格输入"＝sum"，选择提示函数中的"SUMIF"，如图 7.70 所示，点击"插入函数"按钮，在函数参数窗口中，区域是所属部门这一列，选择单元格区域 K3：K44，条件选择 N3，求和区域为销售金额列，选择单元格区域 L3：L44，单击确定确认公式，将公式向下复制。

Step 3：在 P3 单元格中输入"＝rank"，选择提示函数中的"RANK.EQ"，如图 7.71 所示，点击"插入函数"按钮，在函数参数窗口中，数值选择 O3 单元格，引用为 O3：O5 单元格，按 F4 键将单元格引用设置为绝对引用。排位方式为降序，可输入 0。确认公式，将公式下拉复制。

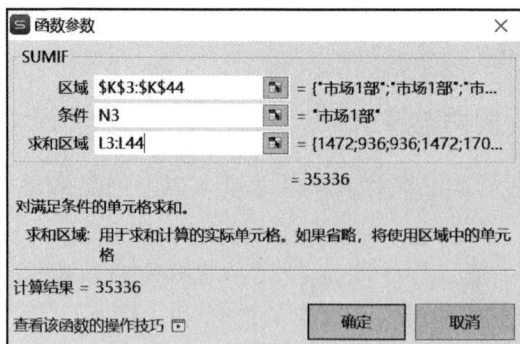

图 7.70 SUMIF 函数

7.4.2.3 筛选数据

对销售统计表数据进行高级筛选，筛选出市场 1 部，销售金额小于 1 000 和超过 1 500 的数据。具体操作如下。

Step 1：选择 E 列到 L 列，复制到 Sheet2，使用选择性粘贴→粘贴值和数字格式。

Step 2：在 K、L 列输入条件，如 K2、L2 分别输入所属部门、销售金额，在 K3、L3 分别输入

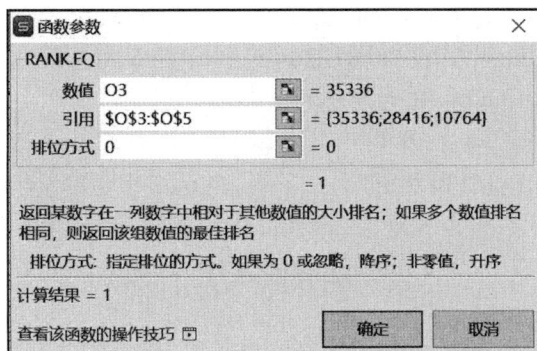

图 7.71　RANK. EQ 函数

"市场 1 部""<1000",K4、L4 分别输入所属部门、销售金额,在 K3、L3 分别输入"市场 1 部""">1500"。

　　Step 3:选择 A2:H44 单元格区域,点击菜单栏【开始】中的筛选按钮中下拉箭头,选择高级筛选。

　　Step 4:高级筛选对话框中,列表区域已经选好,条件区域选择 K、L 列输入的条件,如图 7.72 所示,单击确定完成高级筛选。

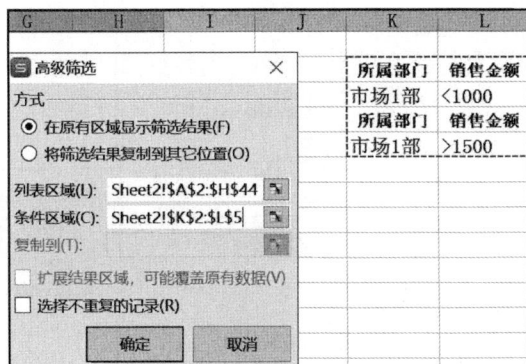

图 7.72　高级筛选

知识链接

VLOOKUP 函数:

在表格或数值数组的首列查找指定的数值,并由此返回表格或数组当前行中指定列处的数值。默认情况下,表是升序的。

语法:

VLOOKUP(lookup_value,table_array,col_index_num,[range_lookup])

　　·Lookup_value 为需要在数据表第一列中进行查找的数值。Lookup_value 可以为数值、引用或文本字符串。当 vlookup 函数第一参数省略查找值时,表示用 0 查找。

　　·Table_array 为需要在其中查找数据的数据表。使用对区域或区域名称的引用。

　　·col_index_num 为 table_array 中查找数据的数据列序号。col_index_num 为 1 时,返回

table_array 第一列的数值, col_index_num 为 2 时, 返回 table_array 第二列的数值, 以此类推。如果 col_index_num 小于 1, 函数 VLOOKUP 返回错误值#VALUE!; 如果 col_index_num 大于 table_array 的列数, 函数 VLOOKUP 返回错误值#REF!。

·Range_lookup 为一逻辑值, 指明函数 VLOOKUP 查找时是精确匹配, 还是近似匹配。如果为 FALSE 或 0, 则返回精确匹配, 如果找不到, 则返回错误值#N/A。如果 range_lookup 为 TRUE 或 1, 函数 VLOOKUP 将查找近似匹配值, 也就是说, 如果找不到精确匹配值, 则返回小于 lookup_value 的最大数值。如果 range_lookup 省略, 则默认为 1。

7.4.3 拓展知识

7.4.3.1 中文大写

功能描述: 在财务工作中, 我们经常需要将小写的金额数字转换成中文大写金额, 如填写发票、员工填写差旅费报销凭证等, 利用 WPS 表格的单元格数字格式也可以很轻松地实现。

操作步骤: 选中金额数据单元格→右击鼠标→选中设置单元格格式→特殊→人民币大写, 如图 7.73 所示。

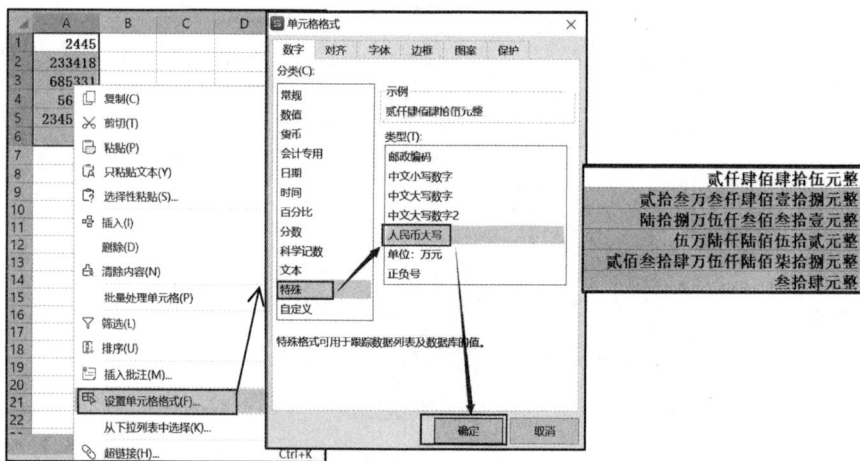

图 7.73 人民币大写

7.4.3.2 智能显示非法、错误数据

1. 重复值限制录入

功能描述: 在录入数据时, 经常会遇到数据不能重复, 通过 WPS 的重复项功能可以很轻松地限制重复值的录入。

操作步骤: 选择单元格区域→"数据"选项卡→拒绝录入重复项→确定, 如图 7.74 所示。

2. 高亮显示重复项

功能描述: 查看报表时通过 WPS 表格中的重复项功能快速查找、高亮显示重复项。

操作步骤: 选择单元格区域→"数据"选项卡→高亮显示重复项→确定, 如图 7.75 所示。

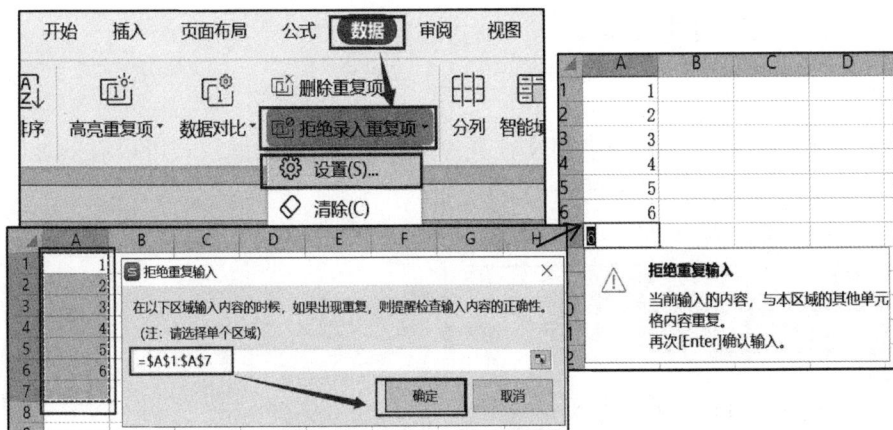

图 7.74　拒绝录入重复项

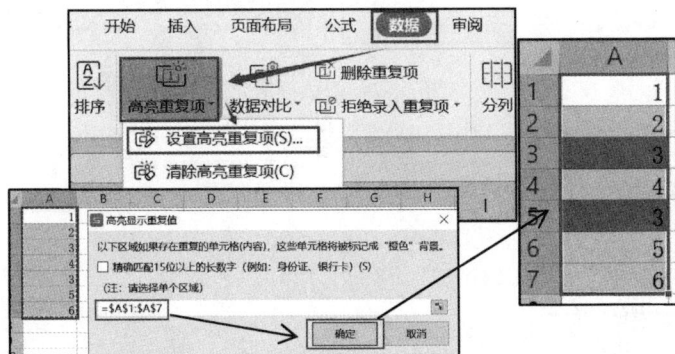

图 7.75　高亮显示重复项

3. 删除重复项

功能描述：快速将某一列有重复的值删除掉，仅保留一个。

操作步骤：选择单元格区域→"数据"选项卡→删除重复项→确定，如图 7.76 所示。

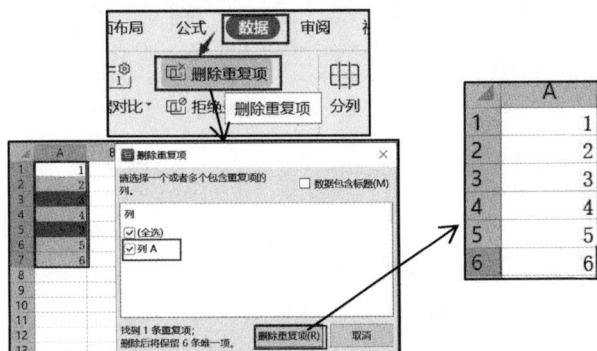

图 7.76　删除重复项

7.4.3.3 格式设置和阅读工具

1.阅读模式

功能描述:在进行复杂数据表格阅读查找等工作时,使用阅读模式可以有效地防止数据阅读串行,方便了我们对数据把评标的查阅。

操作步骤:状态栏→阅读模式,如图 7.77 所示。

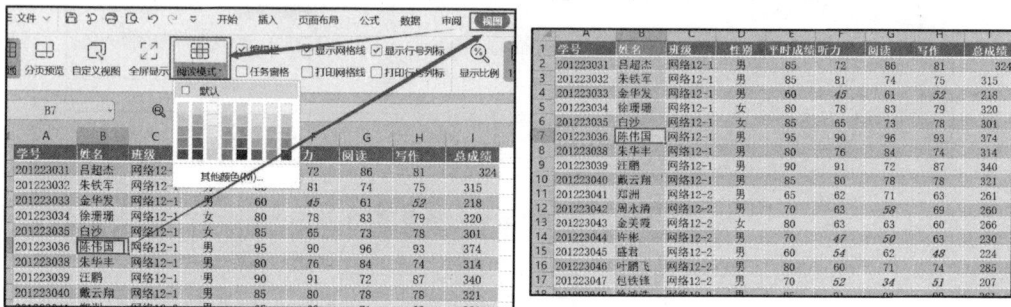

图 7.77 阅读模式

2.护眼模式

功能描述:在长时间进行复杂数据表格阅读查找等工作时,护眼模式可以保护用户的眼镜不易疲惫。

操作步骤:状态栏→护眼模式,如图 7.78 所示。

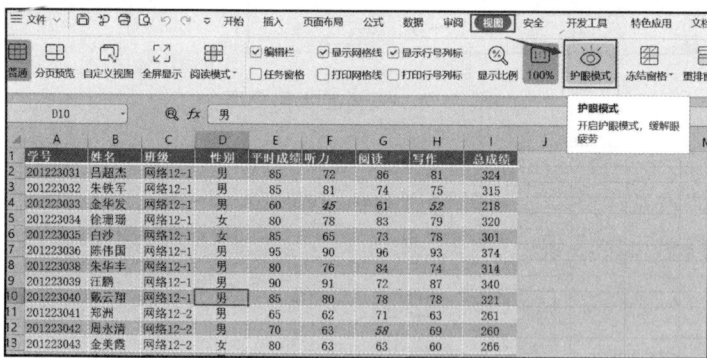

图 7.78 护眼模式

3.大数据阅读

功能描述:将数字的分隔符用中文显示出来,便于用户一眼看出多位数据的单位,尤其适合财务人员,例如:1,123,456,789,在 WPS 表格状态栏中显示为:11 亿 2345 万 6789。

操作步骤:状态栏→右击→勾选带中文单位分隔,如图 7.79 所示。

4.编辑栏折叠

功能描述:当单元格内容过多时,编辑栏就会呈多行显示,此时会导致编辑栏下方的单元格被遮挡,而"编辑框折叠"功能很好地解决了这个问题,便于单元格的阅读与编辑。

操作步骤:点击编辑栏下方向上的双箭头即可对编辑栏进行缩放选择,,如图 7.80 所示。

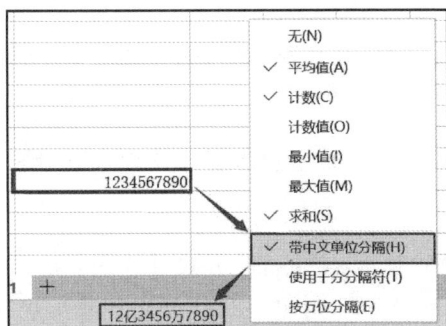

图 7.79　大数据阅读

当单元格内容过多时，编辑栏就会呈多行显示，此时会导致编辑栏下方的单元格被遮挡，而"编辑栏折叠"功能很好的解决了这个问题，便于单元格的阅读与编辑。

当单元格内容过多时，编辑栏就会呈多行显示，此时会导致编辑栏下方的单元

图 7.80　编辑栏折叠

7.4.4　拓展训练

实训一　制作课程表

【实训要求】

根据本学期的课程安排制作一张如图 7.81 的课程表。

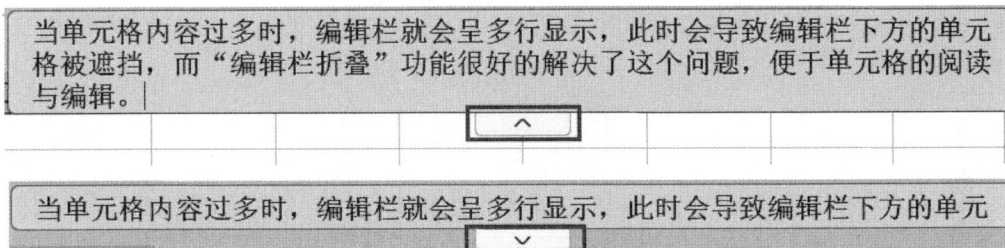

图 7.81　课程表

【实训思路】

首先按照图中所示,结合实际课程设置,进行单元格合并;再输入文字内容。内容输完后进行单元格格式设置,包括对齐方式、字体、背景填充、边框等。

实训二　现金流水账收支明细表分析

【实训要求】

根据"现金流水账收支明细表.xlsx",利用公式计算出结余,并计算出汇总各账户收支总额-自动计算汇总表中的收入和支出。对数据进行筛选和数据透视表分析,插入图表。

【实训思路】

首先计算结余,结余为前一天的结余+当天的收入-当天的支出;利用条件求和函数SUMIF计算汇总表中的收入和支出。对收入做一个筛选,摘要和收入做一个图表,对支出做一个筛选,摘要和支出做一个图表。

项目8
精通WPS-PowerPoint演示文稿设计

项目情景

　　演示文稿制作软件已广泛应用于教学、报告、宣传、演示等方面,成为人们在各种场合下进行信息交流的重要工具。新入学,班级里面要求每位同学介绍自己、介绍家乡,通过演示文稿向同学介绍,可以促进同学之间的相互了解,让同学尽快熟悉班集体,本项目要求大家制作一套家乡宣传演示文稿,通过该项目的学习从而掌握 WPS-PowerPoint 演示文稿的设计技能。

项目要求

1. 熟悉 WPS-PowerPoint 工作界面几个组成部分的作用;
2. 掌握演示文稿的新建和保存等基本操作;
3. 掌握幻灯片的新建、移动、删除等基本操作;
4. 掌握幻灯片的背景和版式设计;
5. 掌握幻灯片中文本、图片和音视频的插入与设置;
6. 掌握幻灯片母版的设计;
7. 掌握幻灯片页眉和页脚设置;
8. 掌握幻灯片动画的设置;
9. 掌握幻灯片的超链接设置;
10. 掌握幻灯片切换效果的设置;
11. 掌握幻灯片的放映设置。

任务8.1 创建并编辑演示文稿

学习目的

本任务要利用 WPS-PowerPoint 创建演示文稿并完成内容编辑,涉及的知识点主要有演示文稿的新建保存,幻灯片的编辑操作,幻灯片中文本、图片、音视频等内容的插入和母版设计。

8.1.1 相关知识

8.1.1.1 界面介绍

界面可以大致分为五个部分:标题栏、菜单栏、幻灯片/大纲窗格、编辑区、状态栏和视图工具,如图8.1所示。

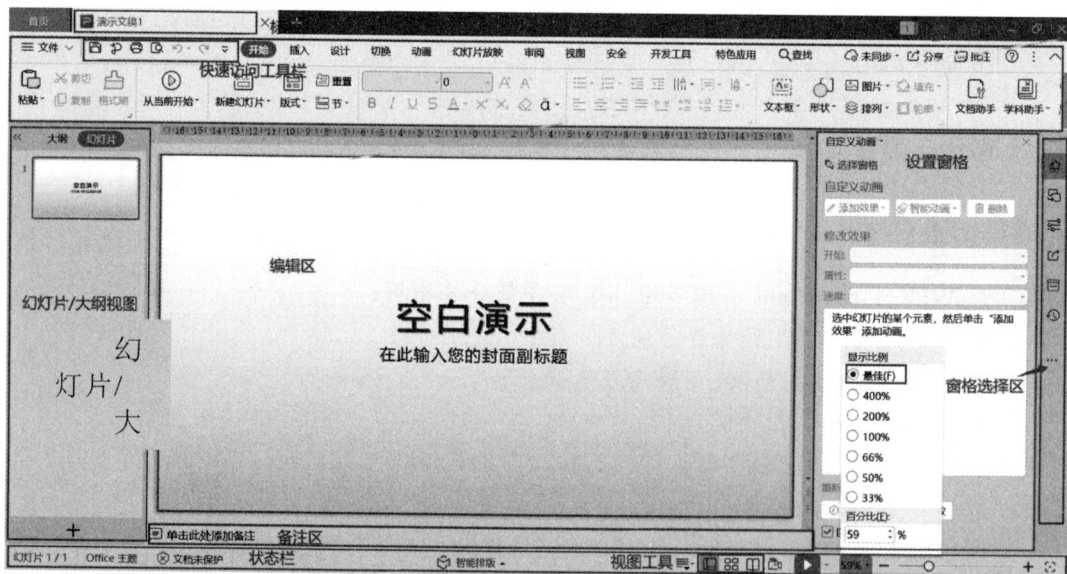

图 8.1 WPS-PowerPoint 界面

(1)标题栏。点击首页应用栏中的加号新建一个文档,选择"演示"→"新建空白文档",就新建了一个演示文稿(PPT),此处会显示演示文稿的名称。

(2)菜单栏。在菜单栏的左侧,这几个小图标是"快速访问栏",在快速访问栏里,可以快速对 PPT 进行一些基础操作。在菜单栏内点击不同的选项卡,会显示不同的操作工具。

(3)幻灯片/大纲窗格。在此可以查看所有幻灯片和切换幻灯片。

(4)编辑区。在此编辑演示文稿的内容。幻灯片的备注在编辑区下方备注区添加。

(5)状态栏、视图工具。在状态栏里可以看到 PPT 页数。幻灯片默认是"普通视图"。在此调整是否显示备注母版,快速切换"幻灯片浏览"和"阅读"视图。以及创建"演讲实录",调整"放映方式"。还可调整"页面缩放比例",拖动滚动条可快速调整,最右侧的是"最佳显示比例"按钮。

8.1.1.2　视图方式

点击上方菜单栏视图,在左侧我们可见四种视图模式:普通、幻灯片浏览、备注页和阅读视图,如图 8.2 所示。

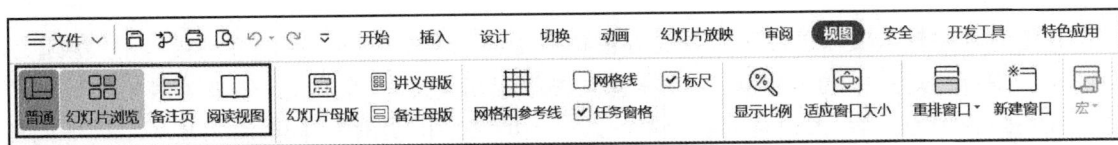

图 8.2　视图选项卡

(1)系统默认的视图模式是普通模式,由大纲栏、幻灯片栏和备注栏组成。

(2)幻灯片浏览的作用是便于对幻灯片进行快捷更改与排版,点击幻灯片浏览我们可以随意拖动幻灯片进行排版更改。

(3)点击备注页,我们可以对当前幻灯片输入备注,备注功能也可在普通视图模式下方"单击此处添加备注"使用。

(4)阅读模式的作用是可以在 WPS 窗口播放幻灯片,方便查看动画的切换效果。

8.1.1.3　编辑演示文稿

在制作演示文稿的过程中,如果需要添加、删除、复制和移动幻灯片,其最佳的视图方式是大纲视图或幻灯片浏览视图。

1. 添加幻灯片

在新建演示文稿后,文档会自动建立一张新的幻灯片,随着制作过程的推进,需要在演示文稿中添加更多的幻灯片。添加新的幻灯片主要有以下几种方法:

方法一:打开"开始"选项卡→"新建幻灯片"按钮。

方法二:在普通视图中的"幻灯片"选项卡中右击,从打开的快捷菜单中选择"新建幻灯片"命令。

方法三:在普通视图中的"幻灯片"选项卡中,在任意一张幻灯片后,按"Enter"键,可在该幻灯片之后插入一张与它版式相同的空幻灯片。

2. 删除幻灯片

在普通视图的幻灯片视图窗格或幻灯片浏览视图中,直接选择要删除的幻灯片,右击鼠标执行"删除幻灯片"命令,或选择幻灯片后直接按键盘上的 Delete 键,均可删除幻灯片。

3. 复制幻灯片

选择一张或若干张幻灯片,可以在"开始"选项卡"剪贴板"组中,利用"复制""粘贴"按钮进行复制操作;也可以在选中幻灯片上右击,在快捷菜单中执行"复制幻灯片"命令,或者可以直接使用键盘操作。

4. 移动幻灯片

在大纲视图或幻灯片视图中可以很方便地移动幻灯片的位置。在选定某一幻灯片后,直接用鼠标拖动到目标位置即可完成移动操作。

8.1.1.4 文本的输入与编辑

文本是幻灯片中最基本的部分,对文本的编辑是幻灯片设计的主要内容。

1. 通过占位符添加文本

在幻灯片中输入文本的一种方法是在占位符中添加文本信息。占位符是指当用户新建幻灯片时出现在幻灯片中的虚线框,这些虚线框占据着相应文本、图像、剪贴画等各种对象的位置。在占位符中单击后,占位符内以样本形式呈现的文字说明消失,同时会出现一个闪烁的插入光标,提示用户可以输入文字。完成文本输入以后,可单击幻灯片的空白区域取消占位符的选中状态,用来定义占位符的虚线框消失,用户可以看到完成文本输入后的幻灯片实际效果。

2. 利用文本框添加文本

在幻灯片中,除了使用占位符添加文本以外,还可以利用文本框输入文本,特别是对空白版式的幻灯片,必须通过文本框才能加入文本。文本框有两种,即水平文本框和垂直文本框。

8.1.1.5 各种对象的插入与编辑

演示文稿中不能只包含单调的文本内容,还可以插入图片、表格、图表、各种图形、音频和视频等对象。在幻灯片中添加对象的方法有两种:建立幻灯片时,通过选择幻灯片版式添加对象提供占位符,再输入需要的对象;或通过单击菜单栏中的"插入"选项卡,选择相应的按钮来插入,如图 8.3 所示。

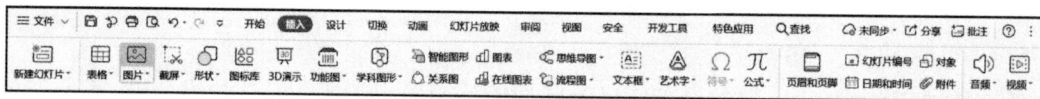

图 8.3　插入选项卡

8.1.2　任务实施

8.1.2.1 新建和保存演示文稿

在 WPS 中新建演示文稿,可以根据实际情况新建空白的或带有模板的演示文稿。在新建工作簿后需及时将其保存,以便下次使用,可以避免意外情况而造成数据丢失。其具体操作如下。

Step 1:打开 WPS,选择【文件】→【新建】菜单命令,在打开的面板中选择【演示】,单击"新建空白文档",如图 8.4(a)所示。

Step 2:如上操作后,新建演示文稿完成,如图 8.4(b)所示。

Step 3:选择【文件】→【保存】菜单命令或按【Ctrl+S】组合键,打开"另存为"对话框。

Step 4:在"保存位置"下拉列表框中选择保存的路径,在"文件名"下拉列表框中输入要保

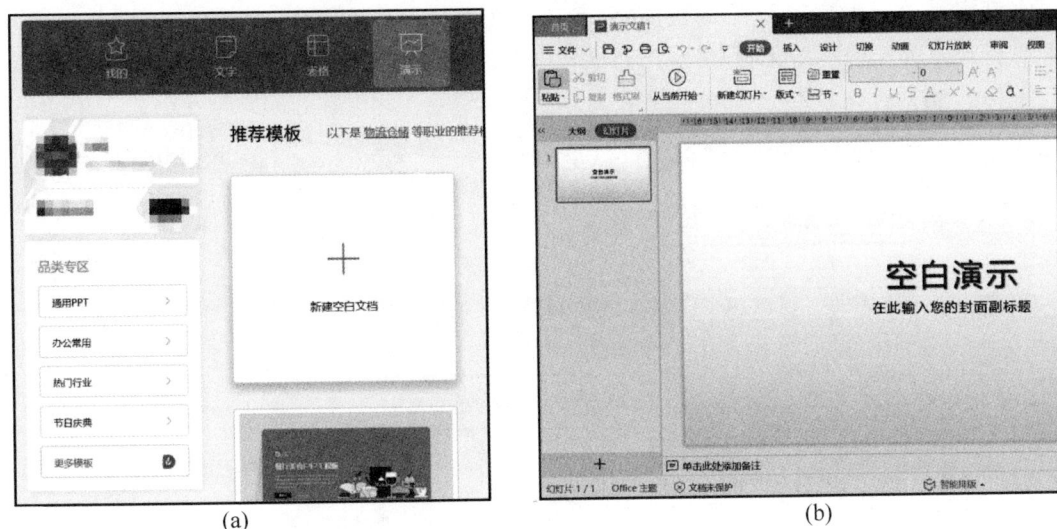

(a)　　　　　　　　　　　　　　　(b)

图 8.4　新建演示文稿

存的文件名称"我的家乡",单击"保存"按钮。

8.1.2.2　输入文本内容

Step 1:新建后的第一张幻灯片是标题版式幻灯片,在占位符"空白演示"处输入标题"我的家乡——舟山"。

Step 2:在幻灯片/大纲窗格中,第一张幻灯片的后面按回车键,添加一张幻灯片,在标题区输入"目录"。通过菜单【开始】的字体组,将其字号设置为 36,如图 8.5 所示。通过段落组将其设置为居中对齐,如图 8.6 所示。

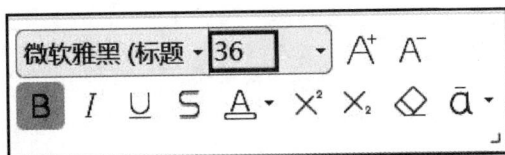

图 8.5　字号设置

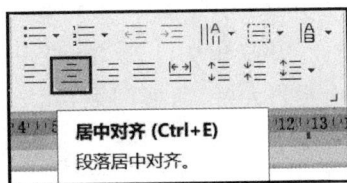

图 8.6　居中设置

Step 3:在内容区域输入三行文字:

舟山简介

舟山旅游

舟山美食

将其字号设置为28。选中3行文字,单击段落组右下角的段落对话框按钮,在对话框中设置对齐方式为"居中",行距为"双倍行距",如图8.7所示。

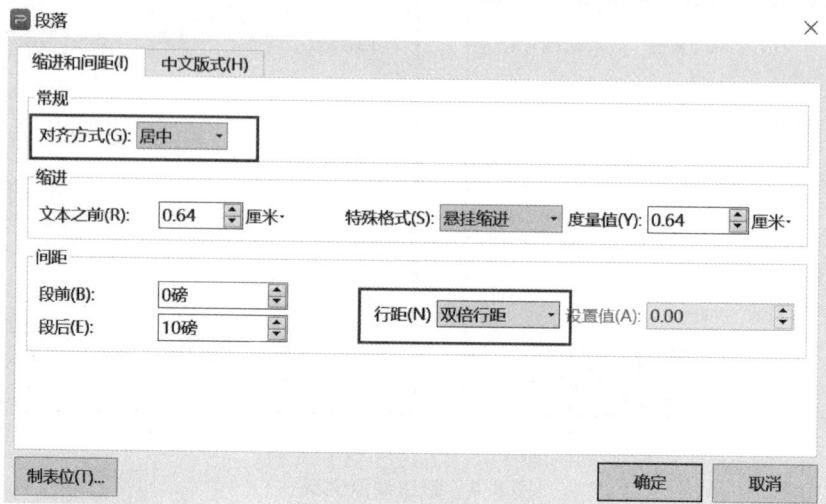

图8.7 段落设置

Step 4:新建一张幻灯片,在该幻灯片上右击,快捷菜单中选择"幻灯片版式…",选择如图8.8所示的版式。标题输入"舟山简介",左侧单击占位符中的插入图片按钮,在插入图片对话框中,找到需要插入的图片,选择插入。

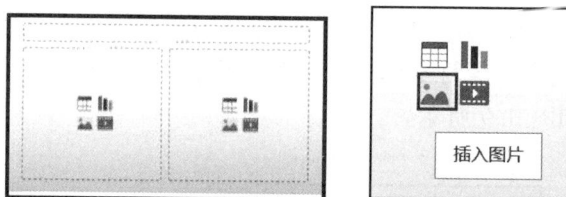

图8.8 版式

Step 5:右侧输入文字:

> 　　舟山市,浙江省地级市,位于浙江省东北部,东临东海、西靠杭州湾、北界上海市。四面环海,属亚热带季风气候,冬暖夏凉,温和湿润,光照充足。舟山下辖2区2县,总面积为2.22万平方千米,其中海域面积为2.08万平方千米。4 696个岛礁陆地总面积为1 440.2平方千米,有岛屿1 390个。1999年9月26日,舟山跨海大桥的第一座大桥岑港大桥正式动工,此后响礁门大桥、桃夭门大桥、西堠门大桥、金塘大桥相继完工,舟山跨海大桥2009年通车。

将光标定位到第一个字前面,按退格键删除项目符号。选中所有文字,设置字号为18,打开段落对话框,设置特殊格式为"首行缩进",行距为1.5倍行距,如图8.9所示。

Step 6:使用同样的方法,新建第4张幻灯片,版式选择"配套版式"中3组图片和文本混排的版式,如图8.10所示。

Step 7:在图片上右击,快捷菜单中选择"更改图片…",换成景点图片"普陀山.jpg""朱

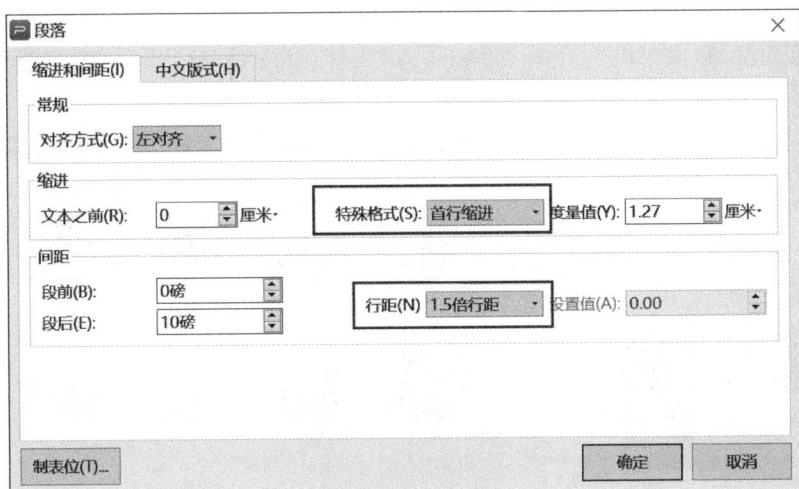

图 8.9　段落设置

图 8.10　配套版式

家尖.jpg""东极.jpg",在对应的文本框中分别输入如下文字,适当调整文字大小和段落设置,用鼠标拖动调整文本框的大小和位置。

普陀山,与山西五台山、四川峨眉山、安徽九华山并称为中国佛教四大名山,是观世音菩萨教化众生的道场。2007 年 5 月 8 日,舟山市普陀山风景名胜区,经国家旅游局正式批准,成为国家 5A 级旅游风景区。	朱家尖,国家级重点风景名胜区,是舟山群岛核心旅游区"普陀金三角"的重要组成部分。绵亘岛际总长 6 300 米的九个连环沙滩,好似一条黄金项链,镶嵌在青山碧海之间。自 1999 年以来,每年在此举办中国舟山国际沙雕节。	东极岛位于中国大陆东端。东极诸岛远离舟山本岛,距沈家门 45 千米,拥有大小 28 个岛屿和 108 个岩礁。不仅有渔家特色,它几乎包揽了真正意义上的阳光、碧海、岛礁、海味。且气候宜人,水质清澈,是少有的纯洁之地。东极主要风景有庙子湖、青浜岛、东福山、黄兴岛。此地为电影《后会无期》的拍摄地点,被称为海上的丽江。

Step 8:使用同样的方法创建第 5 张幻灯片,接收其他旅游景点。

Step 9:新建第 6 张幻灯片,采用空白版式的幻灯片,使用【插入】选项卡中的"绘制文本框"按钮,绘制标题的文本框,输入内容"舟山美食"。选择第 5 张幻灯片,选中其标题内容,单击【开始】选项卡剪贴板组中的格式刷按钮,切换到第 6 张幻灯片,将格式刷刷到标题文字上。

Step 10:插入图片,单击【插入】选项卡的图片按钮,单击其中的"本地图片"。在"插入图片"对话框中,如图 8.11 所示,选择所有要插入的图片,单击插入。在备注区输入各图片对应的美食名称,葱油蟹、呛蟹、螺拼、望潮、海鲜面、富贵虾、虾皮、醉虾、佛手,图片处理在下一任务中进行。

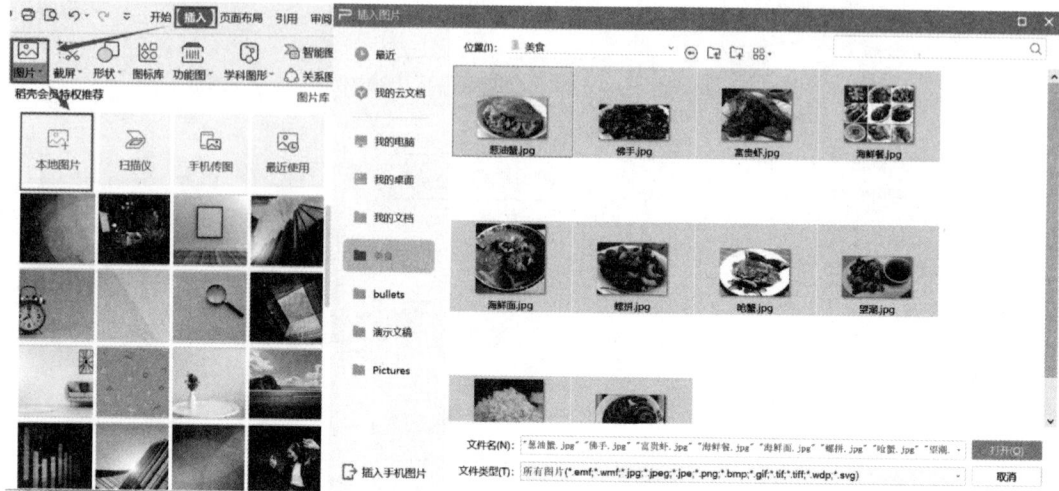

图 8.11 插入图片

Step 11:新建第 7 张幻灯片,版式选择空白版式,在这张幻灯片中插入一个宣传视频,点击【插入】选项卡中的"视频"按钮,选择"嵌入本地视频",如图 8.12 所示,在插入视频对话框中选择要插入的视频。

图 8.12 插入视频

视频插入成功后,拉动视频四周的小圆点,可以缩放视频大小。在【视频工具】中可设置音量、开始方式和播放方式,并且可以点击"裁剪视频"进行视频编辑裁剪,如图 8.13 所示。

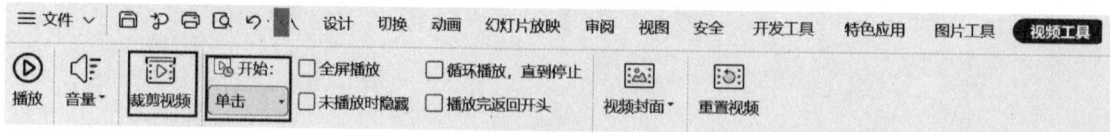

图 8.13 视频工具

Step 12:单击第 7 张幻灯片右下方的"新建幻灯片"按钮,选择"结束页",选择一个合适的模板,下载应用。这时,右侧出现【智能创作】窗格,可在其中选择一种动画效果,去除多余的内容。若要更换图片,需要修改母版,单击【设计】选项卡中的"编辑母版"按钮,进入幻灯片母版视图,找到对应版式,在图片上右击更改图片,在更改图片对话框中选择合适的图片进行更换。更换完成后,关闭"幻灯片母版"视图,如图 8.14 所示。

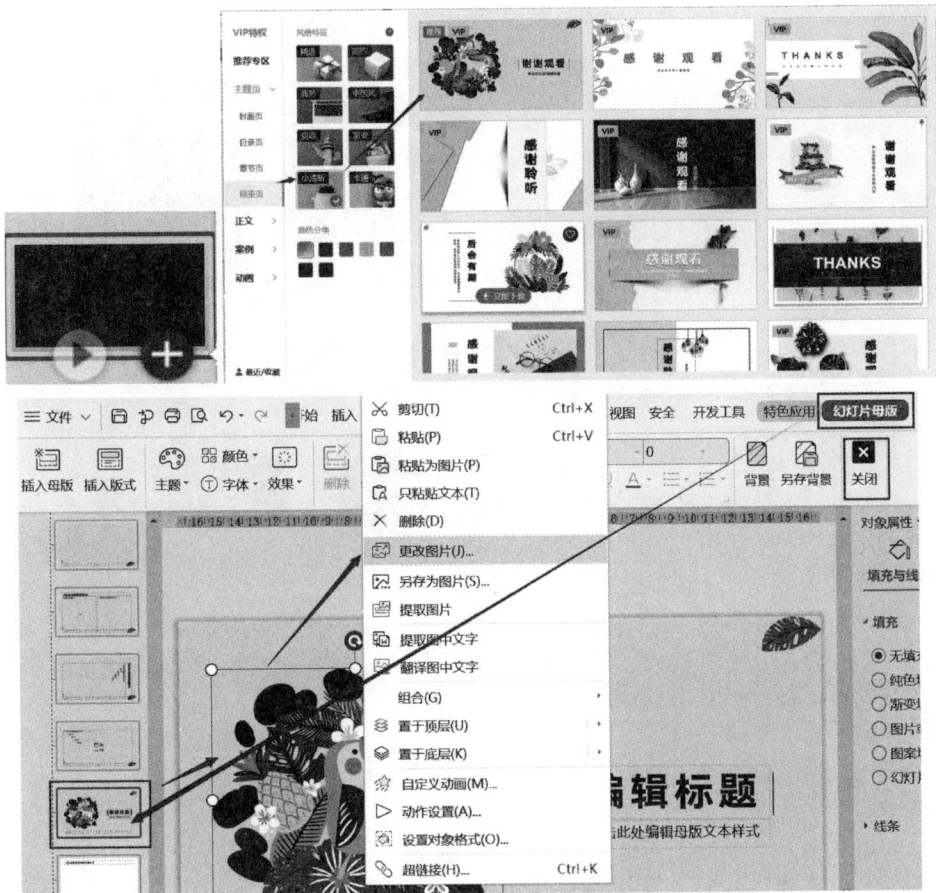

图 8.14 智能模板与母版编辑

知识链接

1. 图文排版和多种模板一键套用

PPT 的主要作用是对内容进行更形象化的展示,但很多人会发愁如何对 PPT 进行排版、美化。WPS 的 PPT 演示内有一个精美的素材库,使用模板素材,一键让你的 PPT 展示更美观。

方法/步骤:

·点击新建幻灯片,我们可见有封面、目录、章节等,种类繁多,可以覆盖 PPT 的所有内容。选择封面,此处可以按风格或者颜色筛选封面。例如我们需要做一份毕业答辩的 PPT,可以选择小清新类型封面。这里有设计师精心设计的模板,选中所需模板,即可一键套用,如图 8.15 所示。

·图文结合方式可以加深观众对 PPT 内容的理解。在此可以使用新建幻灯片中快捷的图文排版功能,我们可以选择图片的数量和版式布局。这里有设计师精心设计的模板,选中所需模板,即可一键套用。选定模板后,点击模板原有图片右下角替换图片标志就可以替换图片了。所替换的图片会自动裁剪,适应模板布局。

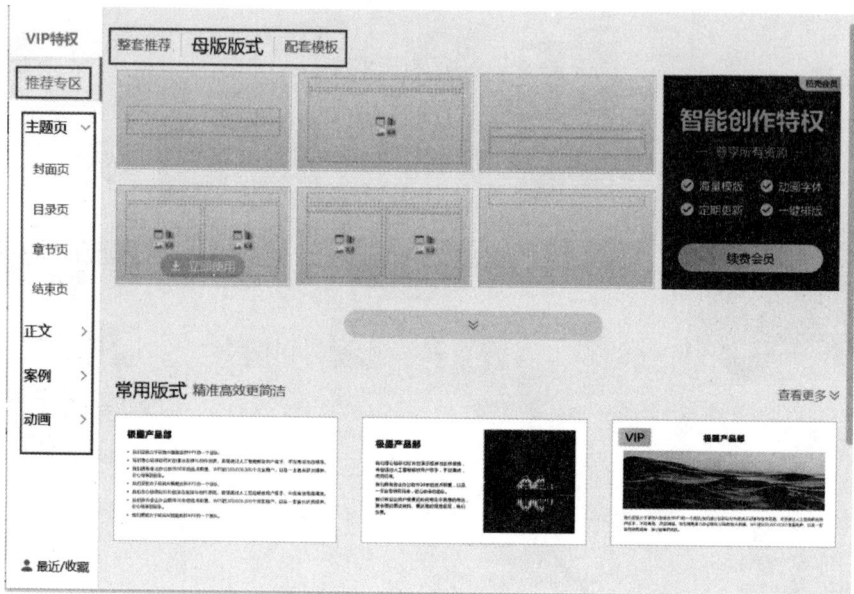

图 8.15　图文排版模板

2. 母版修改

在工作中我们常常使用 WPS 演示去制作幻灯片。WPS 演示中的母版可以在新建幻灯片时,统一修改幻灯片的字体、颜色、背景等格式,提高我们的办公效率。

方法/步骤:

·那么如何使用幻灯片母版呢?点击上方菜单栏→视图→幻灯片母版,此时进入母版编辑模式,如图 8.16 所示。插入母版的作用是插入一个新的幻灯片母版。插入版式的作用是插入一个包括标题样式的幻灯片母版。主题、字体、颜色和效果,可以统一修改所有幻灯片的主题、字体、颜色和效果。例如我们点击字体,选择幼圆字体,所有的幻灯片就统一修改成幼圆字体了。

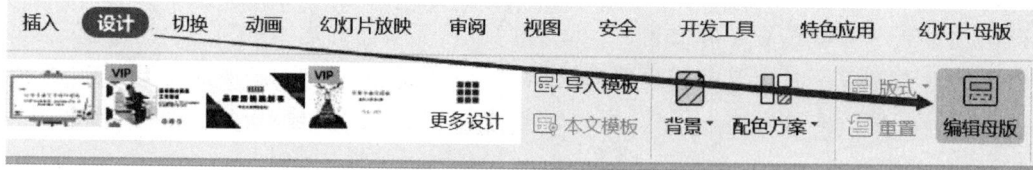

图 8.16　编辑母版

·点击"设计"→"编辑母版"。母版分为"主母版"和"版式母版",更改主母版,则所有页面都会发生改变。设置主母版的"背景"颜色为白色,这样所有的幻灯片背景就变成了白色。点击关闭母版编辑,这时新建幻灯片,出现的空白幻灯片也是白色了,如图 8.17 所示。

·在新建幻灯片时,母版设置还有其他的作用。若常常要新建一个同样的幻灯片样式,可以在母版内存储这个设计,方便我们新建幻灯片,相当于制作一个属于你自己的"模板"。

·点击"设计"→"编辑母版"。选择一个合适的位置"插入版式",这样就新建了一个母版版式。插入一张图片,然后关闭母版视图。点击加号新建幻灯片,就可以在"母版版式"中

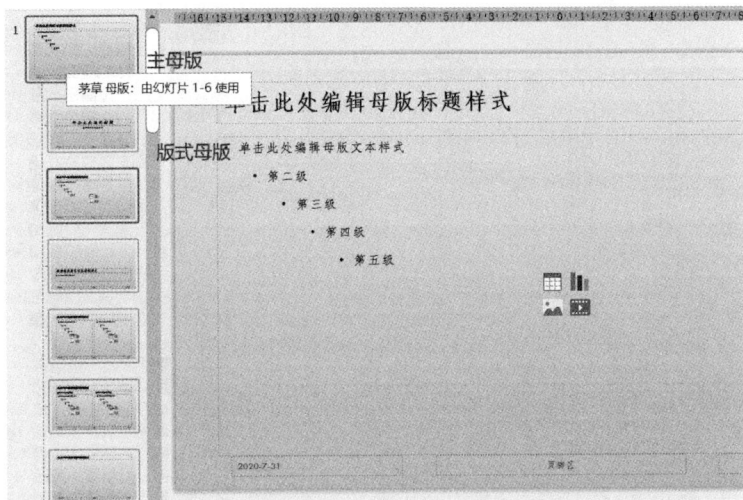

图 8.17　母版视图

使用这个背景模板了。此时按 Ctrl+M 或 Enter 键,可以快速新建这个母版版式的空白幻灯片。

任务8.2　美化演示文稿

学习目的

本任务要利用 WPS-PowerPoint 完成演示文稿的美化和链接,给幻灯片增添色彩、确定内容的链接关系和播放顺序。涉及的知识点主要有幻灯片的设置背景格式、配色调整、项目符号设置、页眉页脚设置和插入超链接。

8.2.1　相关知识

8.2.1.1　设置背景格式

(1)如何对幻灯片进行美化,更改幻灯片背景呢?

点击上方菜单栏→设计→背景,在弹窗中我们可见有背景、保存背景和渐变填充。点击背景,在右侧的对象属性中我们可见有纯色填充、渐变填充、图片或纹理填充和图案填充。我们选择图片和纹理填充,在图片填充中选择本地文件,在弹出的对话框中选择图片路径,点击打开,这样就可以选择图片作为幻灯片背景了,如图 8.18 所示。

(2)配色方案可以更改整个文档的配色方案。例如我们要调整幻灯片 6 的配色方案,点击幻灯片 6,进入文档,点击设计→配色方案,在弹窗中选择我们需要的方案,例如行云流水,这样就可以调整文档的配色方案了,如图 8.19 所示。

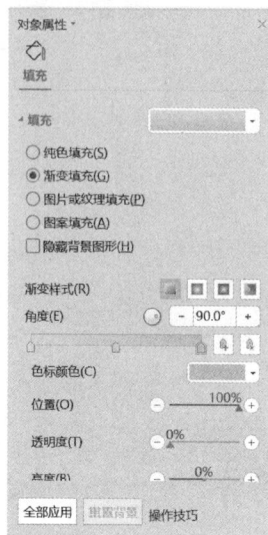

图 8.18　背景图片设置

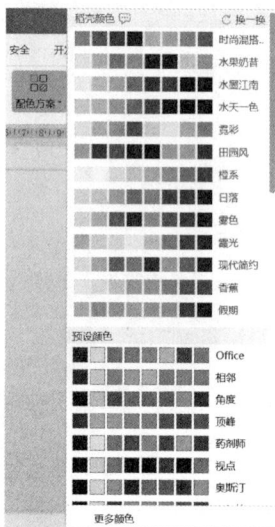

图 8.19　配色方案

8.2.1.2　插入超链接

在使用 WPS 演示制作演示幻灯片时,常需要在文本中添加超链接跳转网页或者跳转到其他幻灯片部分。

(1)点击上方菜单栏插入→超链接→原有文件或网页,在下方地址处输入网址。若想插入网址但显示指定的文本内容,可以在上方输入需要显示的文字和屏幕提示。设置好后,点击确定就可插入,如图 8.20 所示。

(2)若我们点击链接可以跳转到其他文档。点击上方菜单栏插入→超链接→原有文件或网页,选择需要插入的文档,修改显示文字,点击确定就可插入。

(3)除此以外,还可以插入超链接,快速跳转到其他幻灯片部分。点击上方菜单栏插入→超链接→本文档中的位置,设置文档中的位置与显示文字。

(4)还可以添加电子邮件,点击就可快速发送邮件。点击上方菜单栏插入-超链接-点击邮件地址,输入电子邮件地址和主题,设置显示文字。点击确定,插入到幻灯片中,这样点击邮件地址,就可以快速启动邮箱发送邮件了。

8.2.2　任务实施

8.2.2.1　设置背景格式

第一张幻灯片设置背景图片,其他幻灯片使用统一的背景色,因最后一张幻灯片是套用了模板,可以直接采用该幻灯片的背景。目录中的三项文本内容与后面对应的幻灯片创建超链接,一项内容放完后返回目录,并修改目录中三项文本内容的项目符号。具体操作如下。

Step 1:在幻灯片窗格中,最后一张幻灯片上右击,快捷菜单中选择"设置背景格式..."命令。这时在右侧出现"对象属性"窗格,单击其中的"全部应用"按钮,如图 8.21 所示。

Step 2:在幻灯片窗格中,第一张幻灯片上右击,快捷菜单中选择"更换背景图片..."命

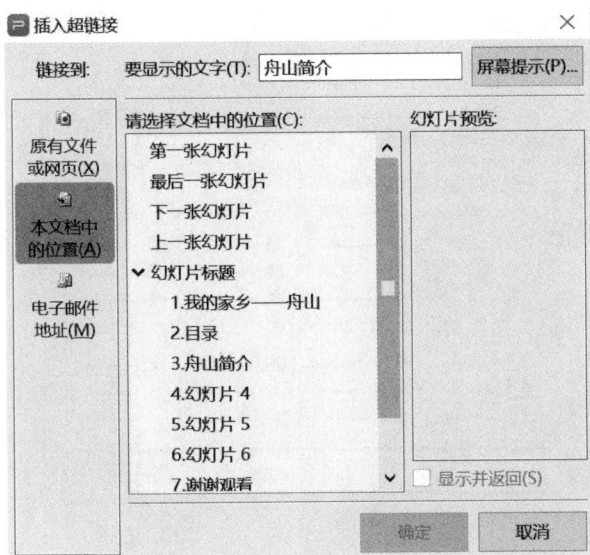

图 8.20　插入超链接

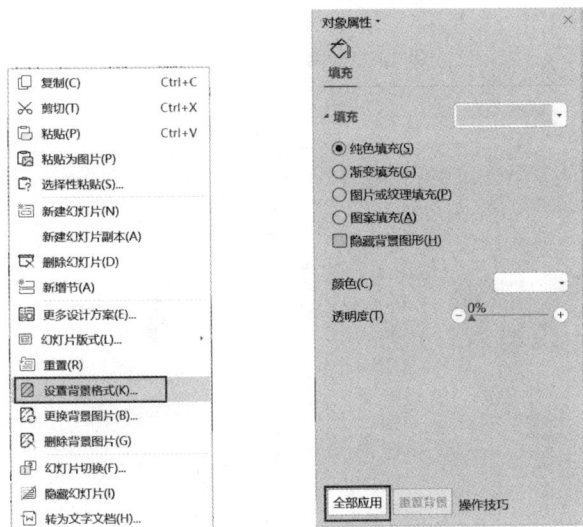

图 8.21　设置背景格式

令,在弹出的选择纹理对话框中选择合适的图片,将标题文字更改为白色。

Step 3:选中第 2 张中的文本内容,修改 3 行文本前面的项目符号,单击【开始】选项卡–段落组中的"项目符号"按钮中的下拉按钮,选择"其他项目符号"。在"项目符号与编号"对话框中,将大小设置为 150%,单击"图片"按钮,在打开图片窗口中选择一张合适的图片,如图 8.22 所示。

Step 4:在第 2 张幻灯片中,选择第一行文字"舟山简介",点击【插入】选项卡中的"超链接"按钮。在插入超链接对话框中,选择"本文档中的位置",选择位置为第 3 张幻灯片,如图 8.23 所示。用类似的方法设置第二行和第三行的超链接。设置完链接后,链接处的文字颜色发生了改变,如果颜色不够明显,需要更改颜色,那么需要点击【设计】选项卡中的"配色方案"来修改链接文字的颜色,如选择"波形"配色方案,链接文字为蓝色。但是也会影响其他文字,所以需要把其他受影响的文字颜色再单独进行重新设置。

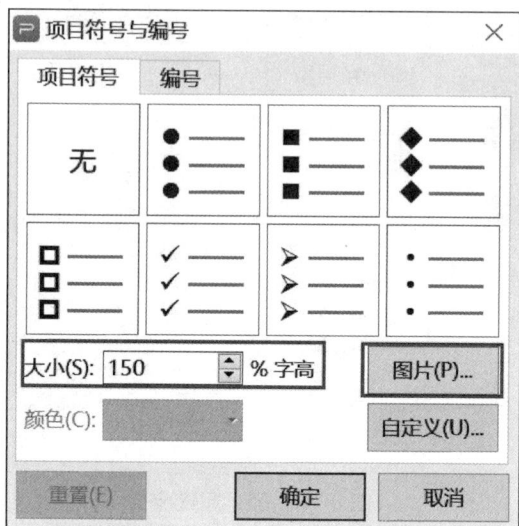

图 8.22　项目符合与编号

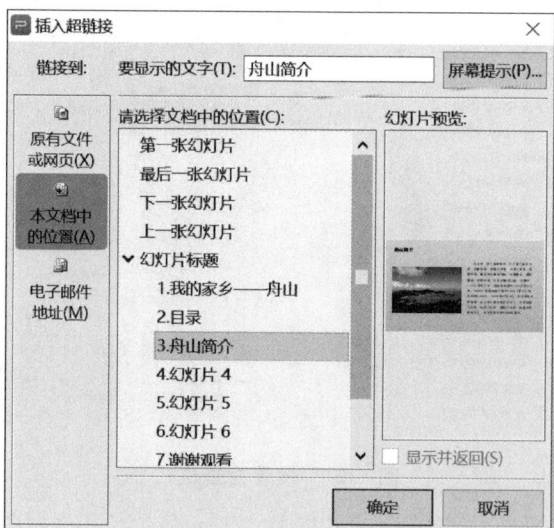

图 8.23　链接到本文档中的位置

Step 5 在第 3 张幻灯片中,单击【插入】→形状→动作按钮,选择后退或前一项按钮,弹出动作设置窗口,选择"幻灯片…"→"2. 目录"。将动作按钮复制到第 5、6 张幻灯片中,如图8.24 所示。

Step 6:在每一张幻灯片中插入日期(自动更新)、幻灯片编号和页脚(美丽的舟山)。点击【插入】选项卡中的"页面和页脚"按钮。在页面和页脚对话框中,勾选"日期和时间""自动更新""幻灯片编号"和"页脚",在"页脚"下方输入页脚内容"美丽的舟山",单击"全部应用"。

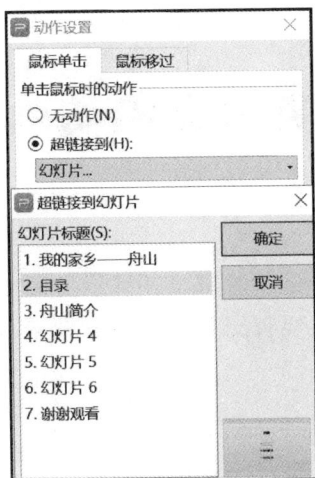

图 8.24　动作按钮设置

如果这三项内容在幻灯片中显示的颜色较浅,可以修改母版,单击【设计】选项卡中的"编辑母版"按钮,进入幻灯片母版视图,找到主母版,选中日期区、页脚区和幻灯片编号区,如图 8.25 所示,将其字号设置为 14,颜色设置为黑色。设置完成后,关闭"幻灯片母版"视图。

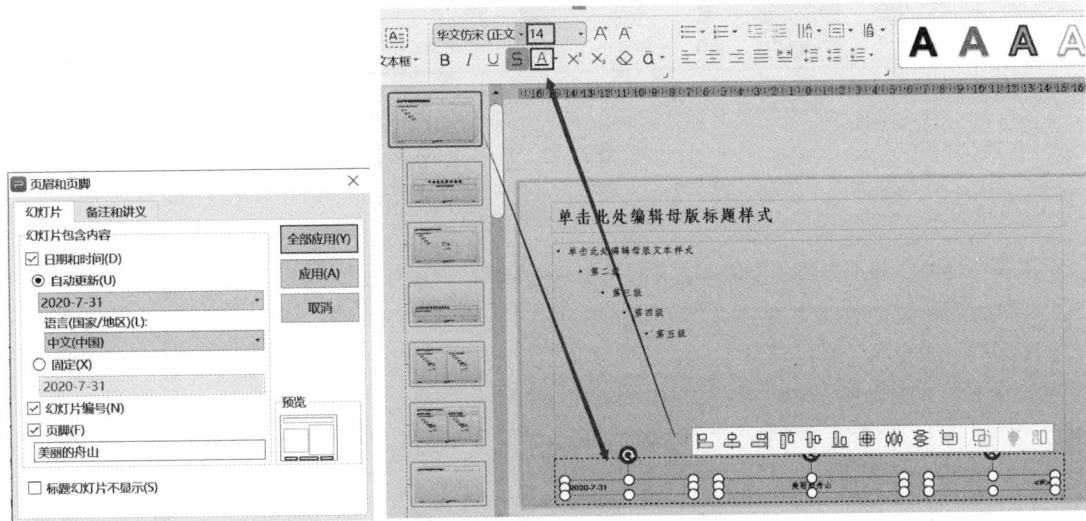

图 8.25　页面和页脚设置

8.2.2.2　设置超链接

根据需要,可以在演示文稿的目录等处插入超链接,从而跳转到幻灯片的某一帧,从而实现快速向导功能。

任务8.3 演示文稿动画和切换设置

学习目的

　　幻灯片动画效果设置和切换效果设置可以让演示文稿在播放时有动态效果，WPS 中还可以设置智能动画。涉及的知识点主要有幻灯片的动画效果设置、切换效果设置、智能排版、智能动画和幻灯片放映。

8.3.1　相关知识

8.3.1.1　动画设置

　　动画设置之前需要选中幻灯片中的对象，点击【动画】选项卡，展开预设动画，选择需要的动画效果，如图 8.26 所示。

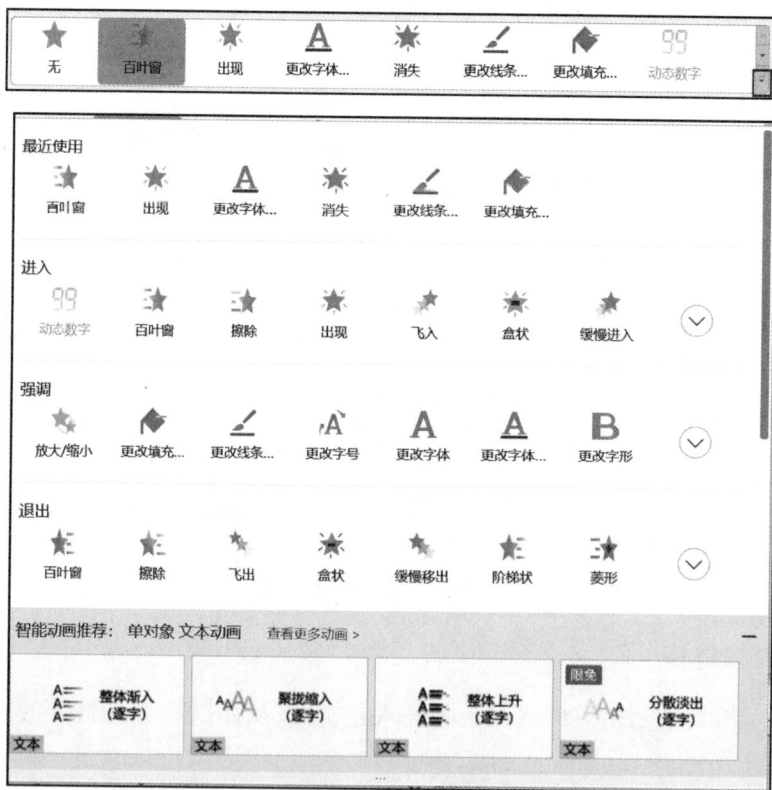

图 8.26　动画设置

　　当预设的动画效果不能满足我们的需求时，可以使用 PPT 中的自定义动画功能来详细设置动画效果。

（1）单击动画-自定义动画,弹出设置窗口。选择窗格,即选择文档中需要自定义动画的幻灯片元素,单击选中图片即可。也可直接选中图片后单击动画-自定义动画,如图 8.27 所示。

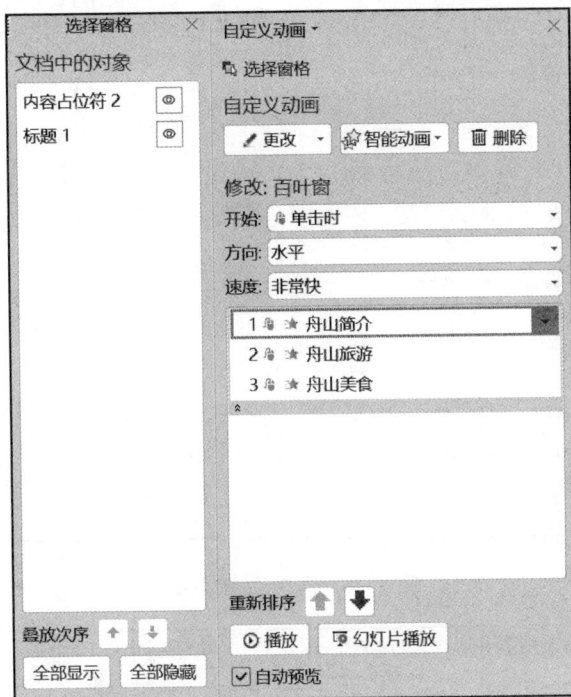

图 8.27　动画窗格

（2）单击添加效果的折叠框,可以看到很多预设的效果。选择一个效果,然后在下方的修改界面中就可以自定义修改了。可选择修改动画开始时间、方向和速度。

（3）可为一个幻灯片元素添加多个动画效果,再点击一次添加效果,选择所需动画即可。还可在下方的动画项目栏为动画效果排序,也可以双击项目详细设置更多效果,如图 8.28 所示。

（4）删除动画效果的方法还有单击选中含有动画的对象,点击动画-删除动画。若没有选择内容,点击删除动画可删除当前幻灯片中所有内容的动画。也可选中多张 PPT 内容,再点击删除动画,批量删除动画效果。

8.3.1.2　切换设置

切换也是动态效果,它与动画不同,是幻灯片与幻灯片之间的切换。设置的时候可以选择要设置的幻灯片,选择设置切换效果,随后再修改效果选项、速度、换片方式和应用范围,如图 8.29 所示。效果选项一般包含方向设置。

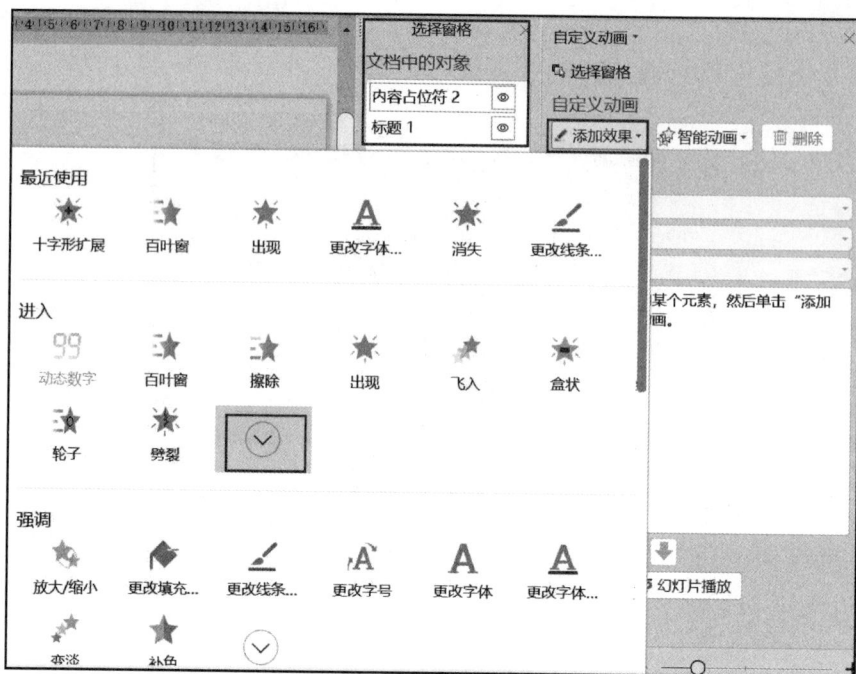

图 8.28　添加动画效果

图 8.29　幻灯片切换效果

8.3.2　任务实施

8.3.2.1　动画设置

对幻灯片中的元素进行动画设置,可以采用预设动画、自定义动画、图片轮播或智能动画等方式进行设置。具体操作如下。

Step 1:点击界面右侧"自定义动画"按钮,展开自定义动画窗格,再点击窗格中的"选择窗格"按钮,展开选择窗格,如图 8.30 所示。

Step 2:在选择窗格中选择"标题 1",切换到【动画】选项卡,展开"进入动画",选择一个动画,并根据情况设置动画的开始方式、方向和速度。

Step 3:可以用类似的方法设置第 2、3 张幻灯片的动画。

Step 4:第 4 张幻灯片,按住 Ctrl 键选中 3 张图片,在预设动画下拉列表中选择一种合适的强调动画,如"陀螺旋",并将开始方式统一设置为"单击时",注意播放次序,如图 8.31 所示。

Step 5:第 5 张幻灯片,选择其中的所有元素,点击【动画】选项卡中的"智能动画",选择一种合适的智能动画效果,如"智能聚拢",如图 8.32 所示。

Step 6:第 6 张幻灯片,首先在选择窗格选择所有插入好的图片,点击【图片工具】中的"多

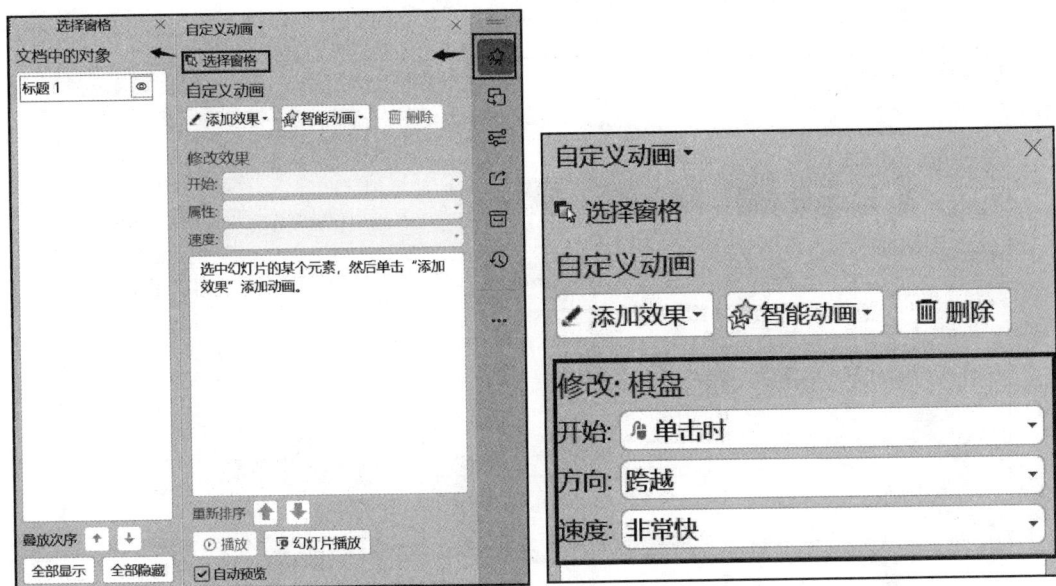

图 8.30　自定义动画窗格与选择窗格

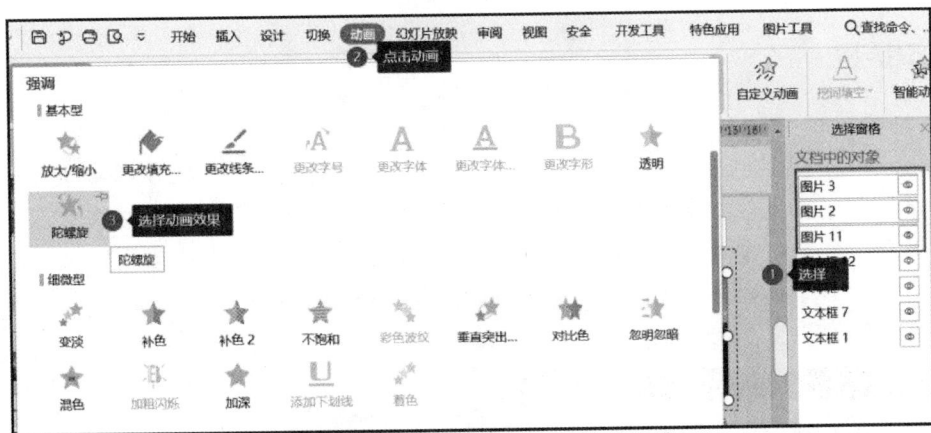

图 8.31　添加强调动画

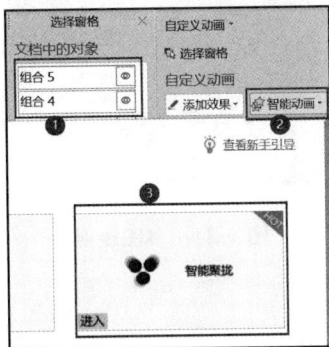

图 8.32　设置智能动画

图轮播",在多图动画中选择一种,如"水平"选项卡中的"圆形图中心滚动",如图 8.33 所示。

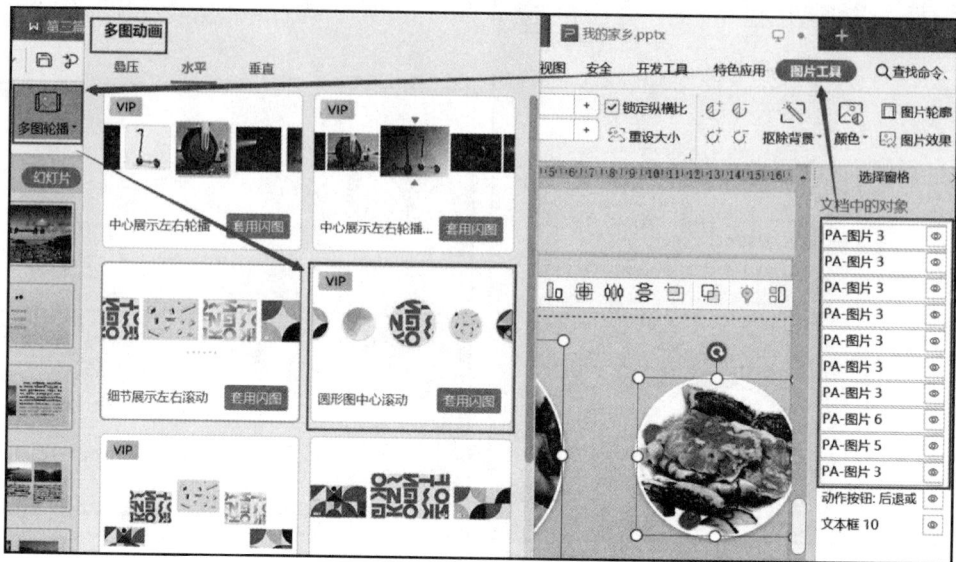

图 8.33　多图动画

知识链接

多图轮播:

如图 8.34 所示,多张图片进行动画设置,需要很长时间来设置,WPS 中提供了快捷的设置方式,如智能动画和图片轮播。选择若干张图片,在【图片工具】选项卡中单击"图片轮播"按钮,在弹出的窗格中选择一种多图动画。自定义动画窗格中已出现自动设置的动画。

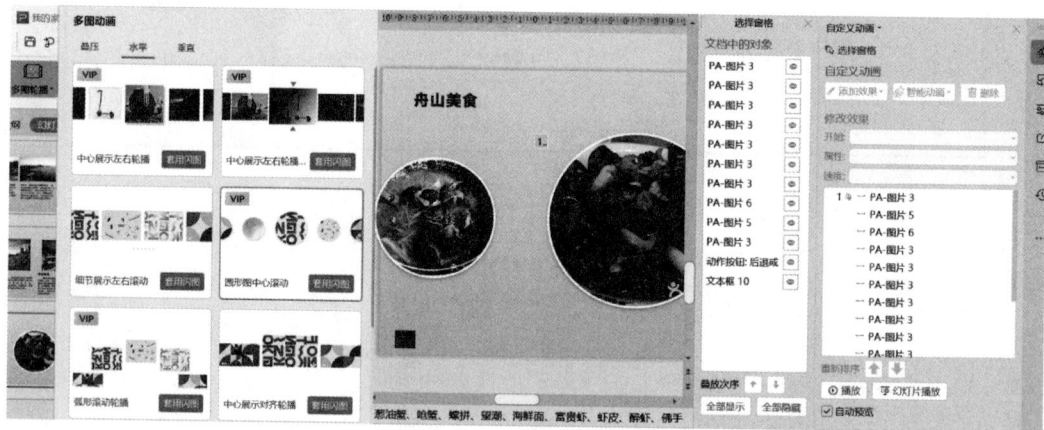

图 8.34　多图轮播

8.3.2.2　切换设置

同一个演示文稿中切换效果不宜过多,可以选择一种切换效果,再全部应用。具体操作如下。

Step 1：点击界面右侧"幻灯片切换"按钮，展开幻灯片切换窗格。

Step 2：在幻灯片窗格中，选中其中一张幻灯片，点击【切换】选项卡，在预设切换效果中选择一种，如"形状"。

Step 3：在"效果选项"中选择一种效果，再单击"应用到全部"按钮，如图 8.35 所示。

图 8.35　切换效果设置

8.3.2.3　幻灯片放映

幻灯片制作完成后，将演示文稿保存。下面进行幻灯片放映，幻灯片放映分成 4 种形式，一是手动放映，二是按排练计时放映，三是自动循环放映，四是手机遥控，如图 8.36 所示。

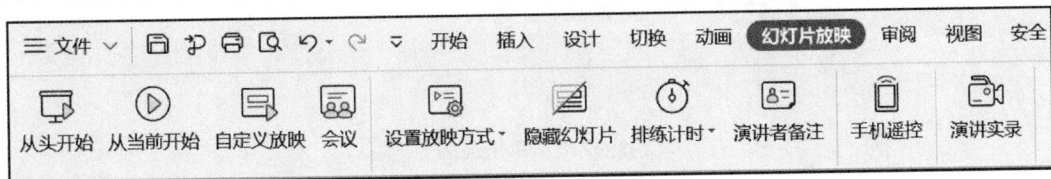

图 8.36　幻灯片放映选项卡

具体操作如下。

Step 1：手动放映，点击"设置放映方式"，在下拉列表中选择"设置放映方式"打开对话框。在对话框中，设置放映类型为"演讲者放映（全屏幕）"，换片方式为"手动"，如图 8.37 所示。设置完成后，可以从头开始放映或从当前开始。

Step 2：在手动放映的情况下，可以使用手机遥控，点击"手机遥控"按钮，会给出该文档的二维码，用手机中的 WPS APP 扫码，即可用手机来遥控演示文稿的放映，如图 8.38 所示。

Step 3：按排练计时放映，首先需要排练计时，点击"排练计时"，选择"排练全部"，进行排练放映，并保留排练计时。在设置放映方式对话框中，放映方式选择"如果存在排练时间，则使用它"。设置完后可以进行放映测试。

Step 4：自动播放，即在设置放映方式对话框中，设置放映类型为"展台自动循环放映（全屏幕）"。设置完成后进行放映测试。

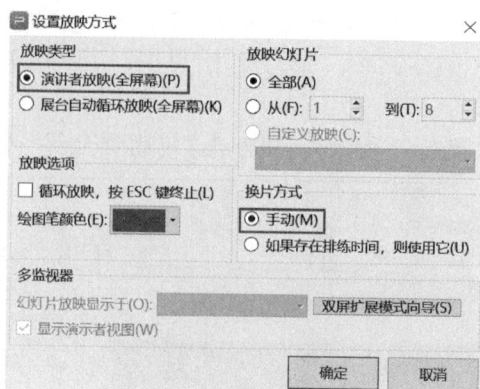

图 8.37　设置手动放映方式

图 8.38　手机遥控

8.3.3　拓展知识

8.3.3.1　图片拼图和智能排版

传统的 PPT 排版,需要 PPT 制作者了解版式设计的相关知识。而现在使用 WPS 制作 PPT,智能模板+AI 排版,让每个 PPT 新手都能快速制作美观的 PPT!

(1)在 PPT 内,点击加号新建幻灯片,点击"正文"→"图文"。选择图片数量,版式布局,选择一个模板,点击插入。

(2)更改图片和文字内容,富有设计感的 PPT 迅速排版完成!

(3)点击下方"智能排版",智能推荐其他版式,一键更换,如图 8.39 所示。

(4)双击图片,在图片工具中,使用"图片拼图",快速完成多图排版。

(5)还可以在"正文"→"图文"找到带有多图拼图的图文模板,如图 8.40 所示。

8.3.3.2　智能动画

传统的 PPT 动画制作,需要理解各种动画关系并逐个添加。现在使用 WPS 的黑科技——智能动画,一键就能为所有图形元素智能添加动画。下面一起来体验 PPT 动画的新

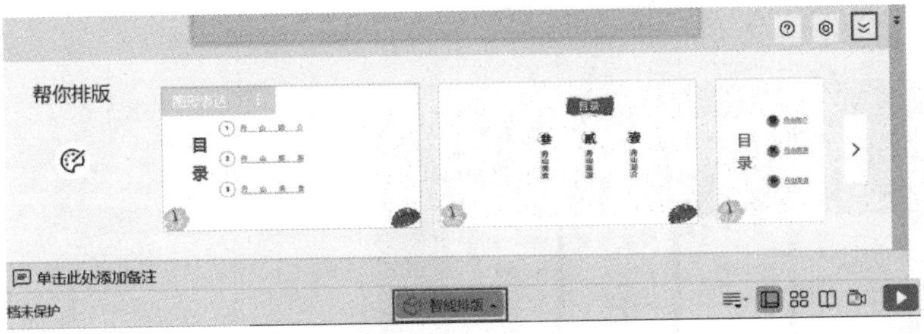

图 8.39　智能排版

图 8.40　图片拼图

玩法。

（1）选中 PPT 中的元素，点击"动画"→"智能动画"。WPS 会自动识别 PPT 内的图形元素，推荐动画效果，让你一键完成动画制作。

（2）而当我们使用了 WPS 的智能模板，还可以智能使用动画效果。例如我们要制作分条列举的内容，点击幻灯片右下角加号，"正文"→"纯文本"→"分条列举"，选择一个智能模板使用后，可灵活设置动画效果。在智能创作窗格中可选择智能动画，如图 8.41 所示。例如逐项强调内容，让表达更直观；触发式动画，非常酷炫。

（3）WPS 还支持添加图片轮播动画，选中图片后，在"智能动画"添加即可，如图 8.42所示。

8.3.3.3　演示工具

演示工具是 PPT 中一个方便快捷的小助手，让我们省时省力地完成 PPT 设置，如图 8.43所示。

方法/步骤：

（1）点击设计→演示工具下拉符号，有四项工具。

（2）替换字体，可快捷将全部幻灯片内使用的某种字体替换为其他字体。例如将微软雅黑替换成仿宋，点击替换，可以看到所有幻灯片中包含微软雅黑字体的都改变了。

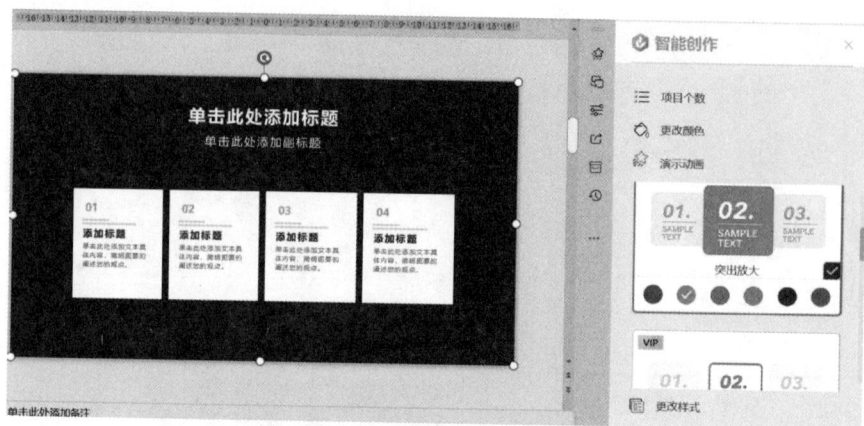

图 8.41　智能创作–智能动画

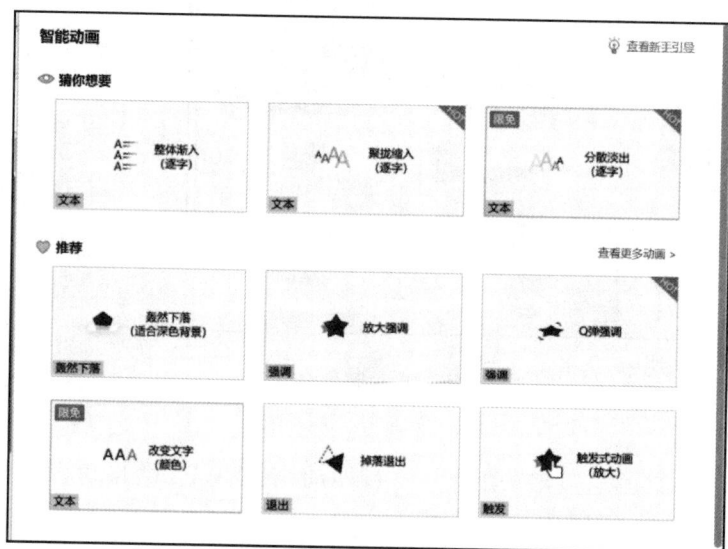

图 8.42　智能动画中的动画效果

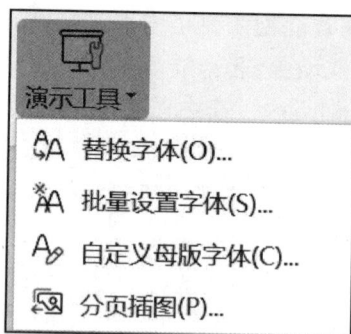

图 8.43　演示工具

　（3）批量设置字体，是更详细的替换字体设置。可选择字体替换范围、替换目标、设置样式、字号、加粗、下划线、斜体、字色。

（4）自定义母版字体，可选择设置母版内的某项文本框的文本格式。选中要替换的母版文本框，在下方设置文本格式。例如将仿宋替换成-华文彩云，点击应用即可。

（5）分页插入图片，可一次在 PPT 内插入多张图片，每张图片自动分页添加。若幻灯片页数不足，会自动新建幻灯片并插入图片。点击分页插入图片，选择保存好的图片，点击打开即可。

8.3.4 拓展训练

实训　制作餐厅展示演示文稿

【实训要求】

幻灯片中母版设计和动画设置是演示文稿制作的重点，设计得当可以让演示文稿显得精美，更吸引人。一家餐厅刚开业，要在餐厅门口播放餐厅展示的演示文稿，要求以餐厅的图片为底图进行母版设计，对幻灯片动画进行精心设计，经过放映排练计时，幻灯片要能自动循环播放。

【步骤提示】

第一步，准备好图片资料和文字资料，进行母版设计；第二步，将内容插入到演示文稿中，再进一步美化；第三步，动画设计和切换设置；第四步，进行放映测试。建议多使用智能设置、智能创作。

参考文献

［1］周剑敏. 计算机应用基础. 哈尔滨：哈尔滨工程大学出版社，2007.

［2］白宝兴,周剑敏,贲黎明等. 大学计算机基础. 2 版. 天津：南开大学出版社，2018.

［3］黄解军,潘和平,万幼川. 数据挖掘技术的应用研究. 计算机工程与应用，2003(2)：45-47.

［4］方巍,郑玉,徐江. 大数据：概念、技术及应用研究综述. 南京信息工程大学学报：自然科学版，2014,6(5)：405-419.